● 陈万林 编著

网页好设计

移动网站页面设计与效果整合实战开发

HTML5+CSS3+jQueryMobile

内容简介

jQuery Mobile 是目前最流行的跨平台移动开发框架，本书以 Dreamweaver 为工具，配合 jQuery Mobile 制作移动网页，通过具体的范例从基础到高级循序渐进地进行讲解。本书全面而系统地对 jQuery Mobile 的所有功能、特性、开发方法和技巧进行全面而透彻的讲解，是直观学习 jQuery Mobile 的案例宝典。在写作方式上，本书以一种开创性的方式使理论与实践达到了极好的平衡，不仅对理论知识进行清晰透彻的阐述，而且根据读者理解这些知识的需要精心设计和构思了大量实战案例，每个案例分为功能描述、实现代码、效果展示和代码分析，旨在帮助读者通过实践的方式达到迅速掌握 jQuery Mobile 的目的。

本书以实例驱动讲解的方式，让零基础读者也能轻松掌握 jQueryMobile 下的应用开发。内容详尽、实例丰富，是广大 jQueryMobile 初学者、跨平台移动开发人员必备的参考书，同时也适合作为高等院校和培训学校相关专业师生的教学参考书。

图书在版编目（CIP）数据

网页好设计！：移动网站页面设计与效果整合实战开发：HTML5+CCS3+jQuery Mobile / 陈万林编著. —北京：中国铁道出版社，2016.11

ISBN 978-7-113-22058-7

Ⅰ. ①网… Ⅱ. ①陈… Ⅲ. ①网页制作工具 Ⅳ. ①TP393.092

中国版本图书馆 CIP 数据核字（2016）第 165796 号

书　　名：网页好设计！移动网站页面设计与效果整合实战开发（HTML5+CSS3+jQuery Mobile）

作　　者：陈万林　著

策　　划：苏　茜　　　　读者热线电话：010-63560056

责任编辑：张　丹

责任印制：赵星辰　　　　封面设计：MXK DESIGN STUDIO

出版发行：中国铁道出版社（北京市西城区右安门西街 8 号　邮政编码：100054）

印　　刷：北京鑫正大印刷有限公司

版　　次：2016 年 11 月第 1 版　　2016 年 11 月第 1 次印刷

开　　本：787mm×1 092mm　1/16　　印张：18.5　　字数：485 千

书　　号：ISBN 978-7-113-22058-7

定　　价：59.00 元

前言

Dreamweaver 是一款功能强大的网页编辑软件，它能够帮助用户快速编辑网页，提供各种常用而方便的工具。用户可以不必编写任何代码，只要使用 Dreamweaver 中的菜单或工具栏按钮，即可完成大部分网页所需的功能。对建立商业网站、Web 应用、复杂交互式网页等，Dreamweaver 都能够轻松地完成。

编写本书的目的是希望通过本书内容讲解给学习移动网页设计的读者提供一条快速而完整的学习捷径。读者不仅可以了解移动页面制作的基本方法、如何使用 Dreamweaver 来设计手机版网页。最重要的是设计各种移动版应用效果，交互式操作，让读者几乎可以不必编写任何的代码，就可以创建更智能的网页。

关于本书

本书从初学者的角度进行选材和编写，在编写过程中考虑到读者的实际技术水平和战术能力，注重基础知识和实战应用的结合，主要讲解网页布局和版式设计的一般用法、扩展应用及其实战演练。全书共分为 9 章，简单介绍如下。

第 1 章 熟悉 Dreamweaver CC。本章重点介绍 Dreamweaver CC 的基本操作方法。

第 2 章 移动 Web 设计概述。本章先简单介绍移动 Web 设计的特点，然后对 jQuery Mobile 进行详细介绍，最后通过一个简单完整的开发实例进行介绍。

第 3 章 HTML5+CSS3 基础。本章介绍 HTML5 和 CSS3 文档基础知识，以及详细介绍 HTML5 中新增的主体结构元素的定义、使用方法、使用场合，同时讲解了 CSS3 页面布局、字体、颜色、背景或其他动画效果的实现方法。

第 4 章 设计响应式页面。本章将结合 Dreamweaver CC 介绍快速设计响应式页面的各种方法和实现技巧。

第 5 章 设计 jQuery Mobile 页面。本章将介绍 jQuery Mobile 页面结构及工具栏、页面格式化设计 。

第 6 章 使用组件。本章将介绍 jQuery Mobile 常用小组件，如按钮组件、列表组件等。

第 7 章 应用主题。本章将介绍 jQuery Mobile 主题及自定义页面主题，在页面元素中实现主题的混搭效果。

第 8 章 高级开发。本章将介绍 jQuery Mobile 高级开发，包括方法、事件、定制组件、设计样式等。

第 9 章 综合案例：飞鸽记事。本章将通过一个完整的记事本应用程序的开发，详细介绍在 jQuery Mobile 中使用 localStorage 对象开发移动项目的方法与技巧。

读者对象

本书适合网页制作的初学者、广大网页设计师和前端技术人员阅读参考。读者在阅读本书之前，最好能初步了解 HTML、CSS 基础知识。本书将帮助读者掌握 HTML5、CSS3 和 JavaScript 基础应用技巧，能够设计移动页面，熟练掌握 jQuery Mobile。

正确使用

本书内容操作性比较强，适合读者边阅读边上机实践。在学习之前，建议访问本社官方网站下载本书示例源码文件压缩包。然后根据章节索引每个操作案例的练习模板和效果文件，最后根据书中操作步骤耐心操作练习。

如果实例文件中的网页无法预览，请直接使用记事本打开学习和研究其中的代码。

本书示例可运行于 /XP/Server 2003 /Vista/Server 2008 及 Windows 7 的操作系统下，支持在各主流浏览器中进行测试和预览。

本书主要根据 Dreamweaver 为操作对象进行介绍。建议读者学习之前应访问 http://www.adobe.com/ 官网下载 Dreamweaver 软件，并正确安装到本地系统中。

本书主要以 Dreamweaver CC 版本为基础进行讲解。

注意：本书配套案例源代码文件仅供个人学习和练习时使用，未经许可不得用于任何商业行为。

关于作者

本书由陈万林编写，参与资料整理及编写的还有常才英、袁祚寿、袁衍明、张敏、袁江、田明学、唐荣华、毛荣辉、卢敬孝、刘玉凤、李坤伟、旷晓军、陈万林、陈锐、钱佩林、苏敬波、冉东林、杨龙贵、张炜、王慧明、涂怀清、卢国才、苏恢定、司成向、胡体清、陈宗亮、徐清银、周秀成、颜昌学、王幼平、冉原洲、李经键、胡厚成等，在此对大家的辛勤工作表示衷心的感谢。

由于水平有限，书中难免会有疏漏之处，恳请广大读者提出宝贵意见，并将个人的意见、建议或问题发送到 wwb_beijing@163.com，以便我们与您进行交流。

编　者

2016 年 8 月

Chapter01 | 熟悉 Dreamweaver CC

Chapter02 | 移动 Web 设计概述

目录

CONTENTS

Chapter03 | HTML5+CSS3 基础

Chapter04 | 设计响应式页面

Chapter05 | 设计 jQuery Mobile 页面

目录

CONTENTS

Chapter07 | 应用主题

目录

CONTENTS

Chapter09 | 综合案例：飞鸽记事

Chapter 01

熟悉Dreamweaver CC

对应版本

8
CS3
CS4
CS5
CS5.5
CS6

学习难易度

1
2
3
4
5

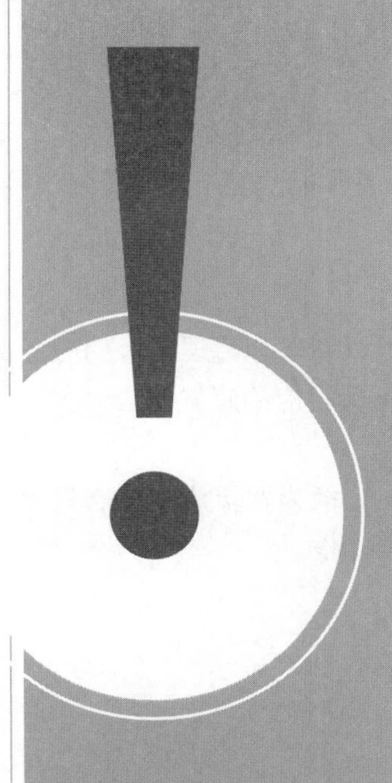

CHAPTER 01

熟悉Dreamweaver CC

Dreamweaver是专业级的网页设计和开发工具，利用它可以轻松设计网页、开发网站和实现各种Web应用。借助Dreamweaver提供的可视化编辑工具或直接在【代码】视图中快速编写代码，当然也可以两者配合，就能够自由轻松地完成开发项目。

总之，只要了解网页制作的简单知识，即可制作出比较漂亮、复杂的页面。本章重点介绍Dreamweaver CC的基本概念和基本操作方法，为后面的实战学习奠定基础。

1.1 Dreamweaver概述

作为Adobe CC开发套件的组成部分，Dreamweaver是目前最流行的Web设计和开发工具之一。它提供了可视化操作环境和代码编程环境，提供了超强的所见即所得的功能，与其他网页编辑软件相比，Dreamweaver具有如下主要特点。

1. 操作方便、快捷

Dreamweaver提供了可视化操作环境，用户基本上不需要编写多少代码，即可快速制作网页或架设站点。利用其提供的各种面板，可以查看站点或Web应用的所有元素或资源，并将它们从面板直接拖到页面中。另外，Dreamweaver能够与Photoshop、Flash、Fireworks等其他Adobe的CC套装软件实现无缝协作，使图像制作和编辑、动画设计变得更加轻松自如。

Dreamweaver提供了HTML代码编辑器，并且可方便地在可视化编辑状态与源代码编辑状态之间自由切换。在Dreamweaver的【代码】视图中，光标所处代码的位置，切换到【设计】视图之后，依然显示对应网页的位置。

2. 生成高效网页源代码

Dreamweaver可视化的网页编辑器可以把设计者的操作转换成高效的HTML源代码，不会产生大量冗余代码，而且还可以利用Dreamweaver提供的工具清除网页源代码中已有的冗余代码。

3. 提供强大的动态网站开发功能

Dreamweaver支持多种服务器技术，如ASP、JSP和PHP等。可以创建和管理强大的服务器站点，开发Web应用程序。在本地站点中，Dreamweaver可以自动更新相应的超链接，大大地简化了工作，并通过FTP等协议上传、更新或管理远程站点。

利用Dreamweaver行为，用户不需要了解JavaScript脚本语言，也能为网页添加动态效果，通过【服务器行为】面板，还可以在页面中添加各种复杂的服务器端操作。

4. 提供强大的扩展功能

Dreamweaver提供了功能全面的代码编辑工具，例如，HTML、CSS、JavaScript编辑工具，并可以自由导入导出各种代码。同时，Dreamweaver支持第三方插件，允许用户自定义插件，扩展Dreamweaver操作功能，使Dreamweaver更方便使用。

1.2 Dreamweaver CC工作环境

安装完Dreamweaver CC并启动程序之后，弹出一个对话框，要求用户选择一种默认编辑器，这样Adobe Dreamweaver CC会自动设置所选文件类型为默认编辑器，当用户双击相应类型的文件时，会自动启动Dreamweaver CC进行编辑。

Dreamweaver CC包含两种工作区布局，在顶部的【设计器】下拉菜单中可以选择切换布局，以实现在不同开发环境中操作，如图1.1所示，当然用户也可以自定义主界面的布局风格，以实现个性化开发需要。

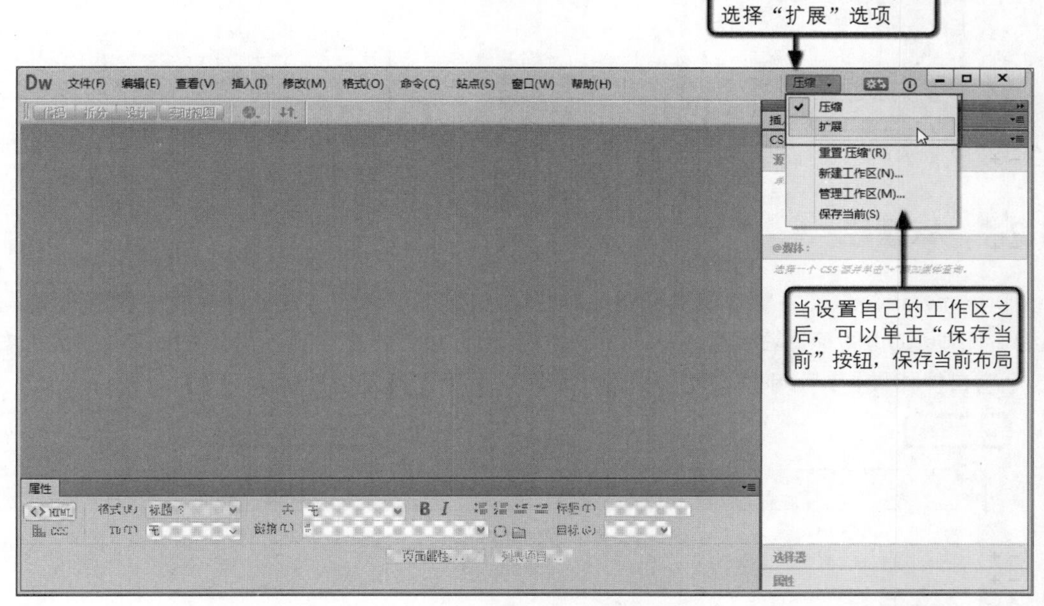

图 1.1　Dreamweaver CC 布局选项

! TIPS

可以选择【窗口】|【工作区布局】命令，在打开的子菜单中选择相应的布局命令即可。在该菜单中，用户可以选择不同样式的布局。同时也可以保存个人使用布局。由于使用习惯的差异。经常使用时，建议保存符合个人习惯的工作区布局，当工作区布局被改变后，可以快速恢复至以前保存的布局。

Dreamweaver CC主窗口包括标题栏、菜单栏、文档工具栏、编辑窗口、属性面板、浮动面板6个部分，如图1.2所示。

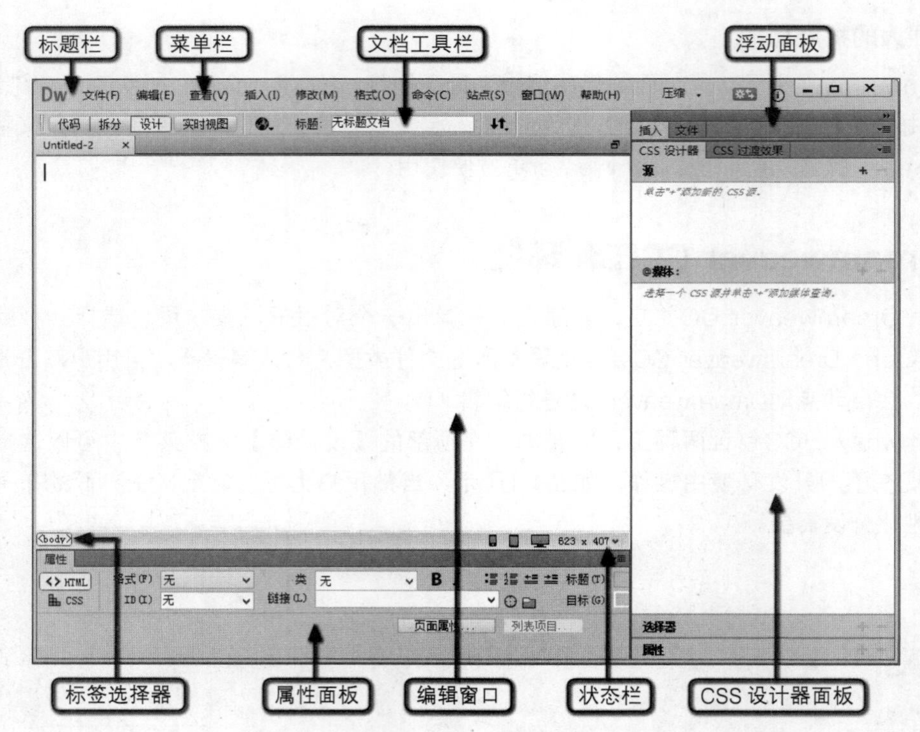

图 1.2　Dreamweaver CC 主窗口布局示意图

1.2.1　标题栏

在Dreamweaver CC主窗口的顶部是标题栏，如图1.3所示。与传统的标题栏截然不同，CC标题栏左侧显示DW图标，右侧显示3个常用的操作项：设计器、同步设置和帮助。标题栏最右侧显示3个窗口操作按钮，分别对应主窗口的【最小化】、【最大化】和【关闭】命令。

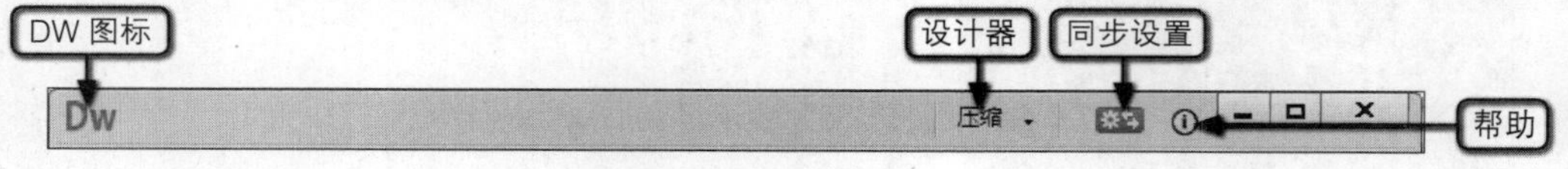

图 1.3　标题栏

1.2.2　菜单栏

Dreamweaver CC菜单栏共有10种菜单，包括文件、编辑、查看、插入、修改、格式、命令、站点、窗口、帮助。单击其中任意一个菜单，就会打开一个下拉菜单。例如，单击【修改】菜单，会打开该下拉菜单，如图1.4所示。

- 如果菜单命令选项显示为浅灰色，则表示该指令在当前的状态下不能执行。
- 如果命令的右边显示有键盘的代码，则表示该命令的快捷键，熟练使用快捷键可以提高工作效率。
- 如果命令的右边显示有一个小黑三角的符号 ▸，则表示该命令还包含有子菜单，鼠标光标停留在该菜单项上片刻即可显示子菜单，也可以单击此符号打开子菜单。
- 如果命令的右边显示有省略号的符号...，则表示该命令能打开一个对话框，需要用户进一步设置才能执行命令。

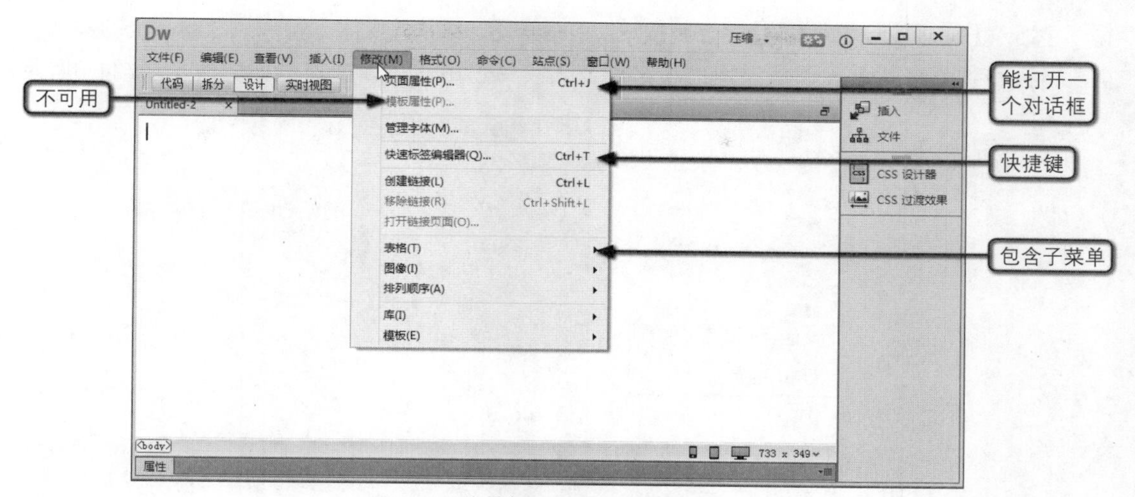

图 1.4　菜单栏以及【修改】菜单

除了菜单栏外，Dreamweaver CC还提供各种快捷菜单，利用这些快捷菜单可以选择与当前选择区域相关的命令。例如，在Dreamweaver CC主窗口中右击，可以打开右键菜单；单击面板右上角的菜单按钮，可以打开面板菜单。

1.2.3　工具面板和工具栏

Dreamweaver CC把【插入】面板设计为面板，停靠在右侧面板组中。选择【窗口】|【插入】命令，可以打开【插入】面板。另外，选择【查看】|【工具栏】命令，在打开的子菜单中还可以选择显示【文档】和【标准】工具栏。如果在【代码】视图下，在【工具栏】子菜单中还可以显示【代码】工具栏。

在默认状态下，Dreamweaver CC只显示【文档】工具栏。另外，选择【窗口】|【插入】菜单命令，可以打开或关闭【插入】面板。在【插入】面板的子菜单中可以选择显示不同类型的工具项，如图1.5所示。

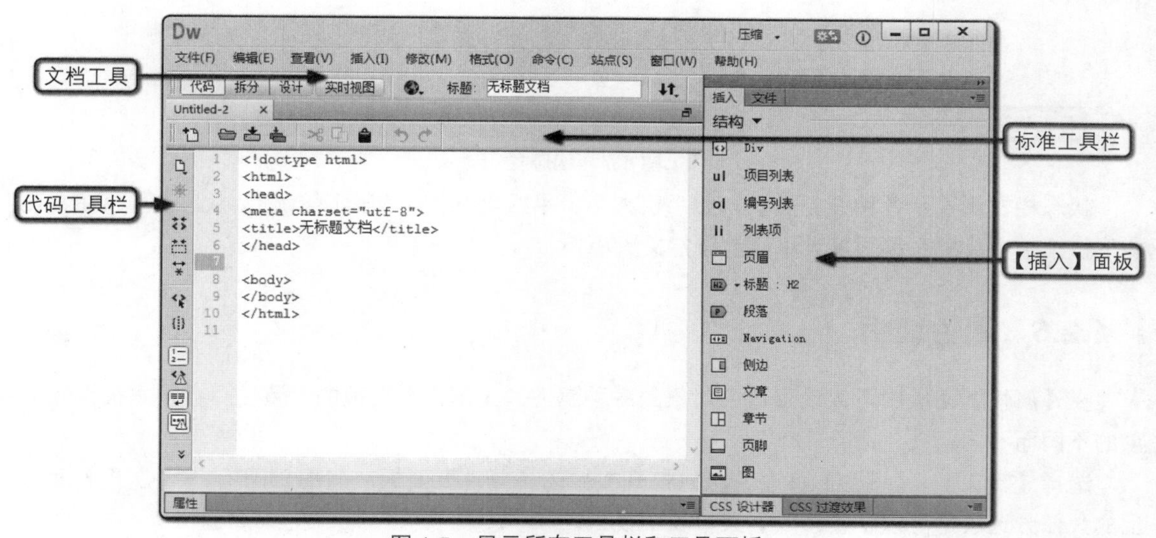

图 1.5　显示所有工具栏和工具面板

【插入】面板中包含对8类快捷控制按钮，包括常用、结构、媒体、表单、jQuery Mobile、jQuery UI、模板和收藏夹。系统默认显示为【常用】工具栏，用户可以快速进行切换，如图1.6所示。

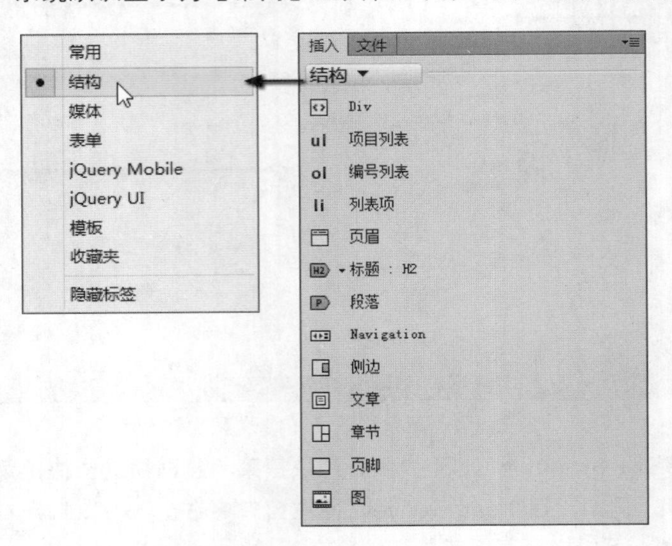

图1.6　【插入】面板中的工具分类

1.2.4　状态栏

状态栏位于文档编辑窗口的底部，如图1.7所示。在状态栏最左侧是【标签选择器】，显示当前选定内容标签的层次结构。单击该层次结构中的任何标签可以选择该标签及其全部内容。例如，单击<body>标签可以选择整个文档。

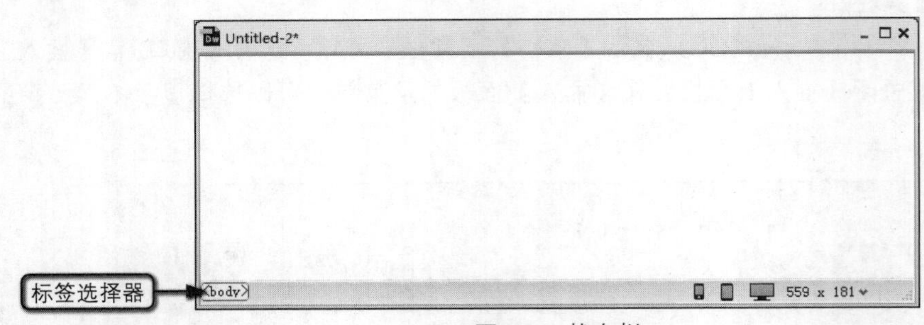

图 1.7　状态栏

状态栏右侧显示各种设备类型，如手机大小、平板电脑大小和桌面电脑大小，也可以在右侧的下拉菜单中选择一种屏幕大小或者自定义大小。

1.2.5　属性面板

在【属性】面板中可以设置选中对象的各种属性。【属性】面板的设置项目会根据被设计对象的不同而不同。

选择【窗口】|【属性】命令，可以打开或关闭【属性】面板，如图1.8所示。【属性】面板上的大部分选项都可以在【修改】菜单项中找到。

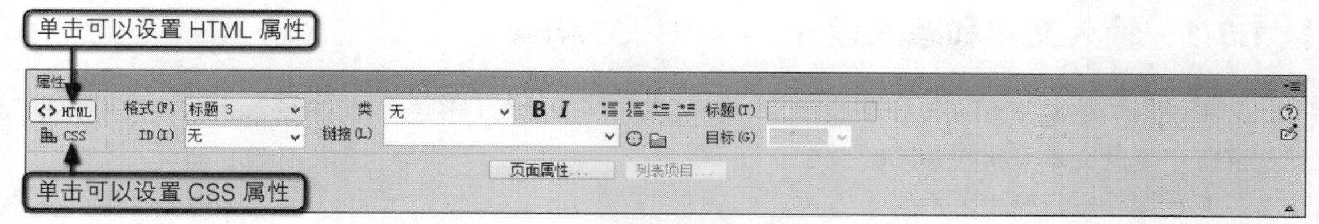

图 1.8 【属性】面板

Dreamweaver CC把所有对象的属性分为两大类：HTML和CSS。单击面板左侧的[HTML]按钮，可以切换到对象的HTML属性设置状态，在这种状态下，所设置的属性都是以HTML标签属性的方式定义的。单击面板左侧的[CSS]按钮，可以切换到对象的CSS样式设置状态，在这种状态下，所设置的对象属性都是以CSS样式的方式定义的。

1.2.6 浮动面板

浮动面板集中了Dreamweaver CC的大部分功能，包括很多重要的扩展功能，如图1.9所示。使用浮动面板不仅可以节省屏幕空间，而且用户能够根据需要显示不同的浮动面板。例如，拖动面板可以脱离面板组，使其停留在不同的位置。

- 单击浮动面板标题栏中的灰色区域，可以折叠或展开面板。
- 单击浮动面板组的标题栏，可以展开或收缩所有面板。
- 用鼠标拖动面板标题栏，可以把面板从面板组中拖出来，作为独立的浮动面板放置在Dreamweaver工作区域的任意位置。同样，用相同的方法可以将自由浮动的面板拖回默认状态。

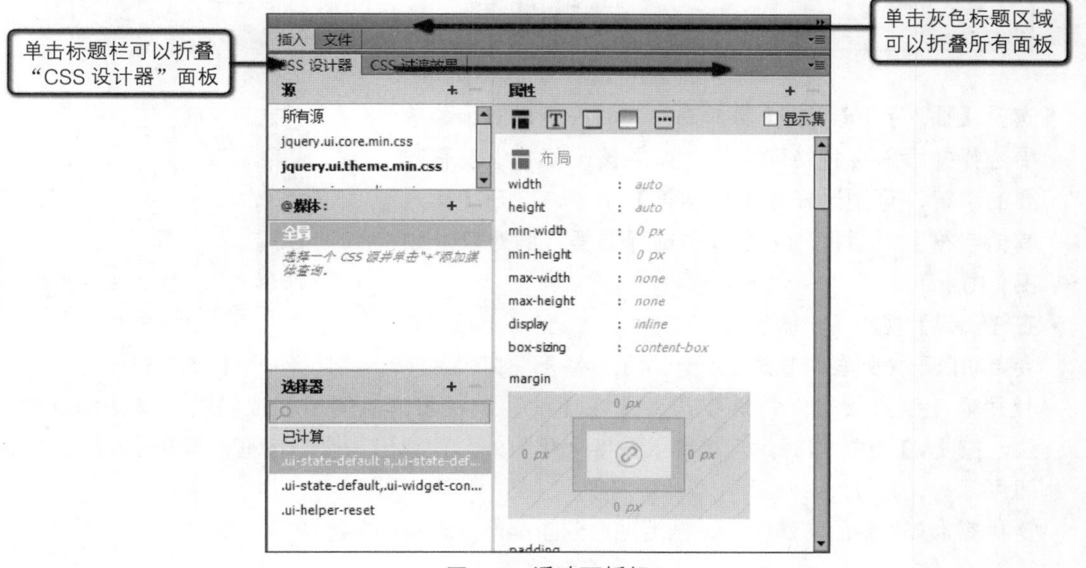

图 1.9 浮动面板组

1.3 Dreamweaver CC基本操作

Dreamweaver CC支持各种流行的Web技术，使用它提供的工具和面板能够轻松插入和设置各种网页元素。

1.3.1　输入文本和版式设计

文本是网页的基本元素，在Dreamweaver CC文档编辑窗口中可以自由输入文本，也可以从其他窗口中复制文本到文档编辑窗口中。

下面重点介绍特殊文本的输入方法。

1．输入特殊字符

输入特殊字符的操作方法有如下5种。

- 选择【插入】面板的【常用】选项，然后单击最下边的扩展按钮，在弹出的下拉菜单中选择一种特殊字符，也可以选择【其他字符】选项，将提供更多的字符，如图1.10所示。

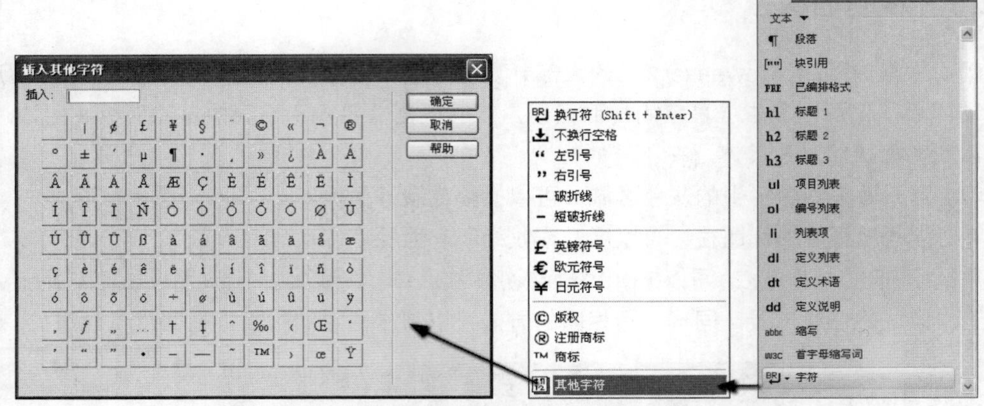

图 1.10　利用【插入】面板插入特殊字符

- 选择【插入】|【字符】菜单命令，可在弹出的子菜单中选择并插入各种特殊字符，如果该子菜单中没有需要的字符，可则选择【其他字符】命令，打开【插入其他字符】对话框，可在其中选择要插入的对象，如图1.10所示。

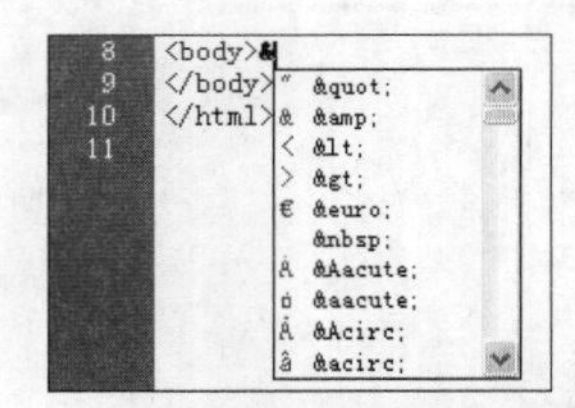

图 1.11　使用代码快速输入特殊字符

- 在【代码】视图下，输入“&”字符，Dreamweaver CC会自动以下拉列表的方式显示全部特殊字符，如图1.11所示，选择一个特殊字符即可。
- 使用输入法直接输入特殊字符。即在【设计】视图下，使用区位码或者其他标准输入法，按【V】键的同时，直接输入数字（零除外），弹出一个列表框，选择一个特殊字符即可。
- 复制其他文档中的特殊字符，然后粘贴到Dreamweaver的文档中。

2．输入空格

浏览器在解析HTML源代码时，将忽略连续多个空格，只显示一个空格。因此，在Dreamweaver中不能直接输入多于一个的空格，只能用其他方法，具体如下。

- 切换中文输入法为全角模式，输入全角的空格。
- 选择【插入】|【字符】|【不换行空格】命令，插入空格。
- 按【Ctrl+Shift+Space】组合键，快速插入多个空格。

- 在【插入】面板的【常用】选项中，单击【字符】按钮，选择【不换行空格】命令。
- 在【代码】视图下，输入多个“ ”， 表示空格的意思。

3．输入日期

在Dreamweaver中输入日期的方法有以下两种。

- 在【设计】视图中直接以文本方式输入日期。
- 在【插入】面板的【常用】选项中，单击【日期】按钮，在打开的【插入日期】对话框中设置插入日期的格式，如图1.12所示。

输入文本之后，选中该文本，然后在【属性】面板中设置该文本的格式和版式，如图1.13所示。

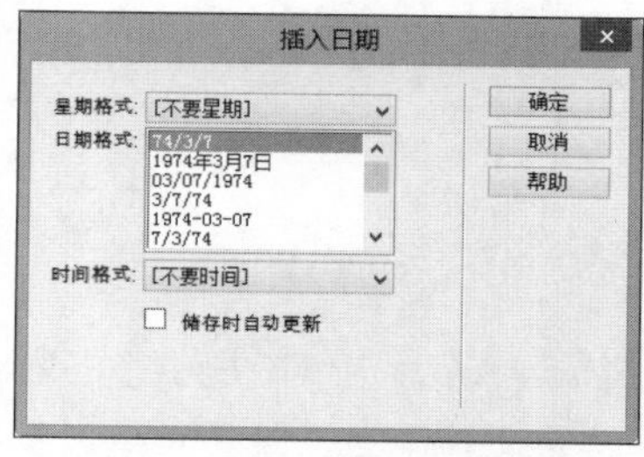

图 1.12 【插入日期】对话框

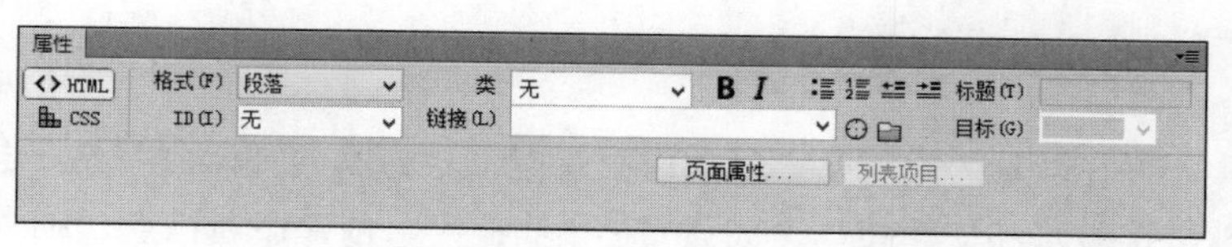

图 1.13 文本【属性】面板

1.3.2 插入图像和多媒体

图像和多媒体在网页中比较常见。在网页中加入合适的图像和动画，能给浏览者留下深刻的印象。插入图像和多媒体的方法基本相同，下面列出常用的两种方法。

- 选择【插入】|【图像】或者【插入】|【媒体】子菜单中选择相应的命令，即可插入所需的对象。
- 在【插入】面板的【常用】选项中，单击【图像】按钮，或者【媒体】选项中选择相应的选项即可插入所需要的对象。

在插入的过程中，可能需要多个操作步骤，要求用户确定相关属性和指定对象源文件，因此在插入图像和多媒体之前应先制作好对象。

在Dreamweaver中插入图像，Dreamweaver会自动生成该图像的路径引用，如果要使图像能够正确地在网页中显示，必须保证此图像文件在当前的站点内。如果不在站点内，Dreamweaver会提示是否将此图像复制到当前站点的文件夹中。

在Dreamweaver CC中，插入的图像包括3种对象。

- 插入单个图像。
- 插入鼠标经过图像。

鼠标经过图像由两幅图像组成：一个是主图像，就是首次载入页面时显示的图像；另一个是次图像，就是当鼠标移过主图像时显示的图像，当鼠标指针移开时，又恢复成原来的图像。这两幅图像应该大小相等，如果这两幅图像的大小不同，Dreamweaver CC会自动调整第2幅图像，使之与第1幅图像相匹配。

- 插入Fireworks HTML。

使用Fireworks设计的网页图像，当插入该图像后，Dreamweaver CC会自动把它转换为网页形式显示，切换到代码视图下可以看到Dreamweaver CC生成的HTML代码。

在Dreamweaver CC中，插入的媒体包括6种对象，如图1.14所示。插入图像和多媒体之后，选中该对象，在【属性】面板中设置该对象的属性。

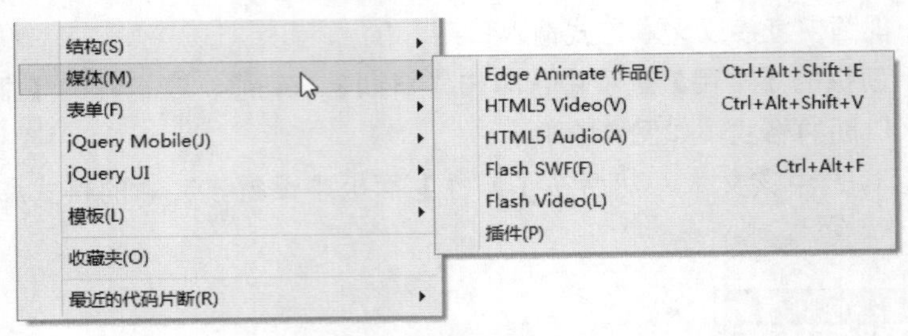

图 1.14　6 种媒体对象

1.3.3　创建链接

在网站内或网站之间，网页都是通过超链接技术联系在一起，Dreamweaver CC提供了各种链接方法和使用技巧，如设置E-mail链接、创建命名锚点、脚本链接、文件下载、跳转菜单以及空链接等。

1. 创建文本超链接

在浏览网页时，当鼠标指针经过某些文本，鼠标指针会变成小手形状，同时文本也会发生相应的变化，提示浏览者这是带链接的文本。此时单击，会打开所链接的网页，这就是文本超链接。创建文本超链接的具体操作步骤如下：

1 在【设计】视图中选择文本。

2 选择【窗口】|【属性】命令，打开【属性】面板，单击【HTML】按钮，切换到HTML属性设置状态下。

3 单击【链接】文本框右边的【选择文件】图标按钮，在打开的【选择文件】对话框中浏览并选择一个文件，如图1.15所示。在【URL】文本框中显示被链接文件的路径，在【相对于】下拉列表中可以选择【文件】选项（设置相对路径）或【站点根目录】选项（设置根路径），然后单击【确定】按钮。

4 选择被链接文件的载入目标。在默认情况下，被链接文件在当前窗口或框架中打开。要使被链接的文件显示在其他地方，需要从【属性】面板的【目标】下拉列表中选择一个选项，如图1.16所示。

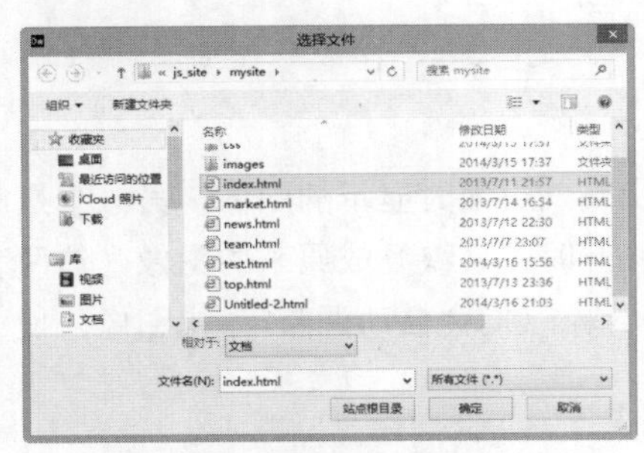

图 1.15　【选择文件】对话框

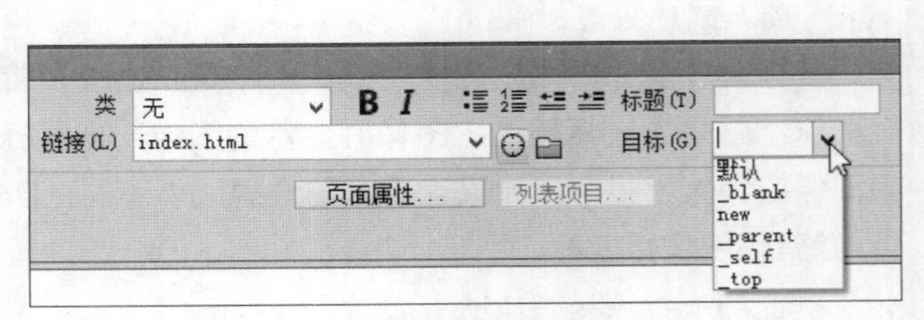

图 1.16　设置【目标】属性

- _blank：将被链接文件载入新的未命名浏览器窗口中。
- _parent：将被链接文件载入父框架集或包含该链接的框架窗口中。
- _self：将被链接文件载入与该链接相同的框架或窗口中。
- _top：将被链接文件载入整个浏览器窗口并删除所有框架。

2．创建E-mail链接

E-mail链接可以帮助用户设计方便、快速的反馈交流机会。当浏览者单击电子邮件链接时，会打开浏览器默认的电子邮件处理程序（如Outlook Express），收件人邮件地址被电子邮件链接中指定的地址自动更新，浏览者不用手动输入。

创建E-mail链接的操作步骤如下：

1 在【设计】视图中将光标置于希望显示电子邮件链接的地方。

2 选择【插入】|【电子邮件链接】命令，或者在【插入】面板中单击【电子邮件链接】按钮。

3 在打开的【电子邮件链接】对话框的【文本】文本框中输入作为电子邮件链接显示在网页中的文本，中英文都可以。

4 在E-mail文本框中输入邮件应该送达的E-mail地址，如图1.17所示。

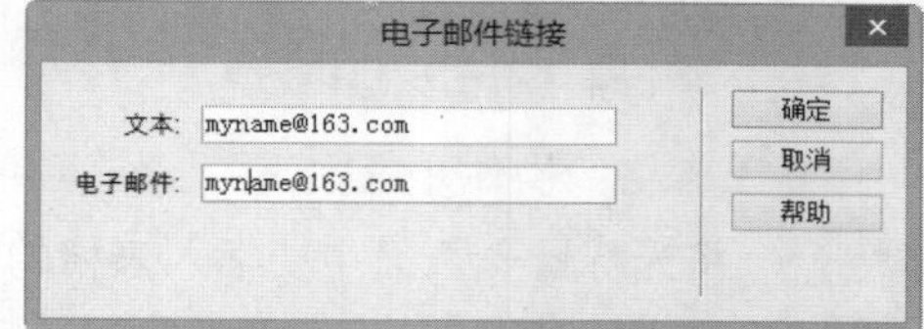

图 1.17 【电子邮件链接】对话框

5 单击【确定】按钮即可。

3．创建图像热点链接

在同一幅图像上单击不同区域可以链接到不同的页面，这就是图像热点链接。创建图像热点链接的操作步骤如下：

1 在【设计】视图下选择【插入】|【图像】|【图像】命令，插入图像，然后选中图像。

2 在【属性】面板的【地图】文本域中输入热点区域名称。如果一个网页的图像中有多个热点区域，则必须依次为每个图像热点区域起一个唯一的名称。

3 选择热区绘图工具，根据对象形状可以选择不同的热区绘图工具，这里单击【矩形热点工具】按钮，在选中的图像上拖动鼠标指针创建图像热区，如图1.18所示。

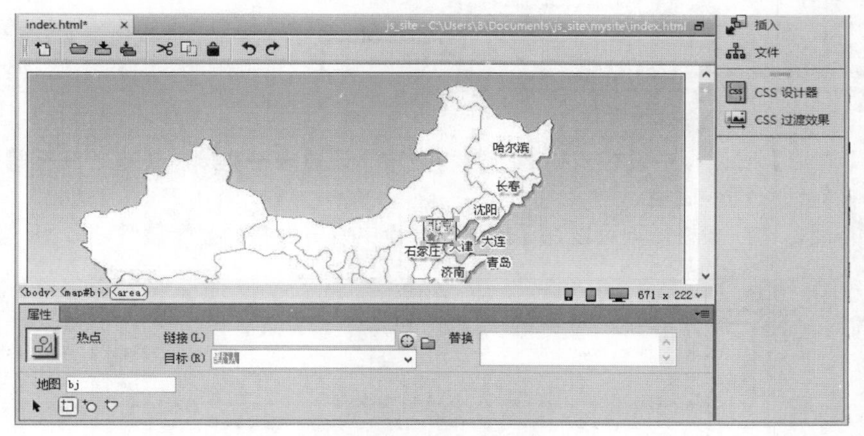

图 1.18 创建热点区域

4 选中该热区，在【属性】面板中设置链接属性，如图1.19所示（可参照创建文本超链接的方法）。

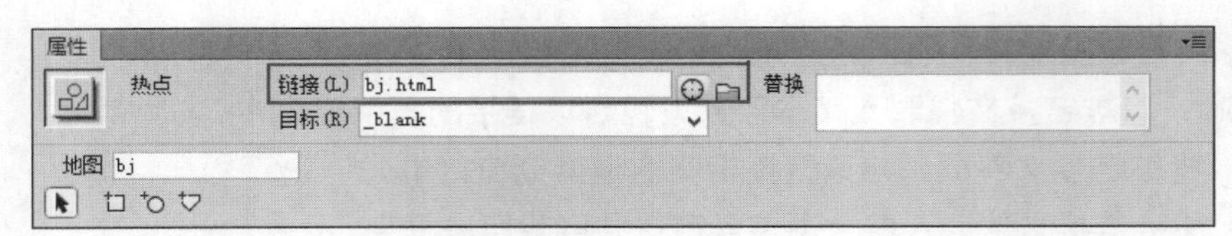

图 1.19　设置热点区域链接属性

1.3.4　创建表格

表格在网页设计中非常有用，主要用于排列数据。在传统网页布局还可以使用表格定位网页对象。通过设置表格宽度、高度及彼此之间的比例大小等参数，即可把不同的网页元素分别插入不同的单元格中以达到页面的平衡。

一张表格横向称为行，纵向称为列。行列交叉部分称为单元格。单元格中的内容和边框之间的距离称为边距。单元格和单元格之间的距离称为间距。整张表格的边缘称为边框。表格各部分名称如图1.20所示。

插入表格的操作步骤如下：

1 将光标置于页面中要插入表格的位置。

2 选择【插入】|【表格】命令（快捷键为【Ctrl+Alt+T】），或者单击【插入】面板中第4个【表格】按钮图标，打开【表格】对话框，如图1.21所示。

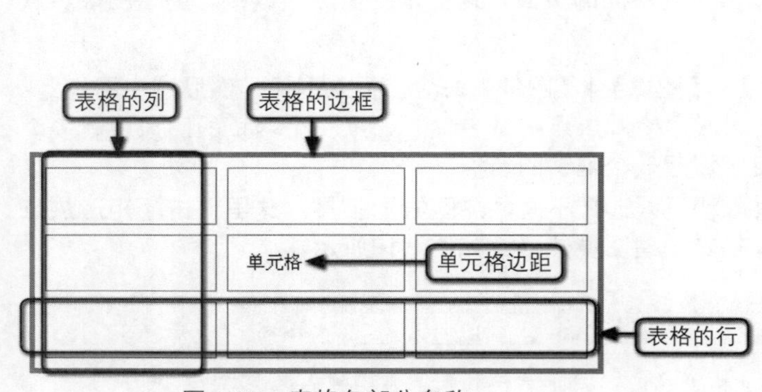

图 1.20　表格各部分名称

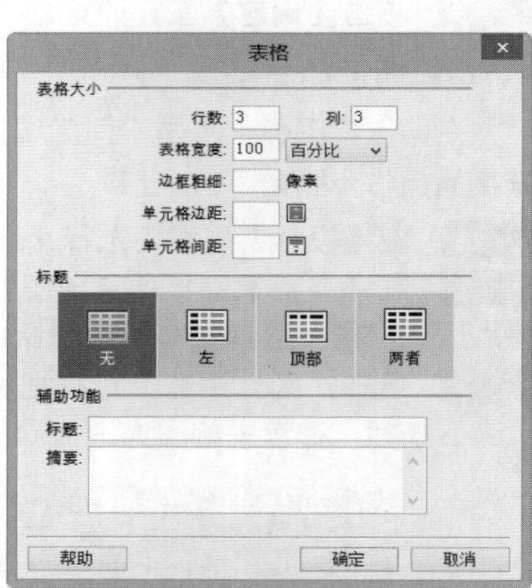

图 1.21　【表格】对话框

3 在【表格】对话框中设置表格的行数和列数，设置表格宽度、边框、间距等属性后，单击【确定】按钮即可插入表格。

插入表格后，选中表格，则可以在【属性】面板中设置表格的显示属性，如图1.22所示。

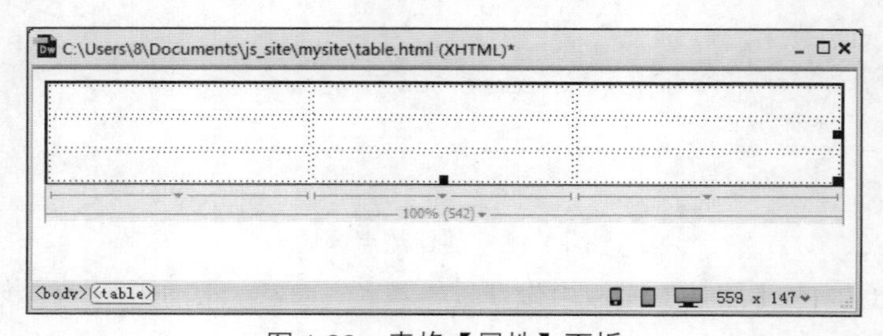

图 1.22　表格【属性】面板

如果选中单元格，或者把光标置于单元格内部，则可以在【属性】面板的底部设置单元格的显示属性，如图1.23所示。

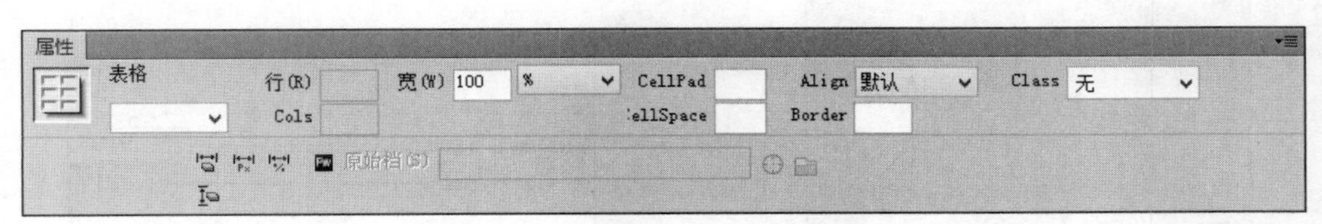

图 1.23 单元格【属性】面板

1.3.5 创建CSS样式

CSS样式用来控制网页的外观。CSS属于网页表现层的语言，而HTML属于网页结构层的语言，CSS和HTML结构，就可以设计结构合理且显示漂亮的页面。

使用CSS样式表，可以方便控制HTML标签的显示属性。对页面布局、字体、颜色、背景和其他图文效果实现更加精确地控制。用户只修改一个CSS样式表文件就可以实现改变一批网页的外观和格式，就可保证在所有浏览器和平台之间的兼容性，拥有更少的编码、更少的页数和更快的下载速度。

创建CSS的操作步骤如下：

1 在Dreamweaver CC中，选择【窗口】|【CSS设计器】命令，打开【CSS设计器】面板，如图1.24所示。

2 在“源”窗格标题栏右侧单击“+”按钮，在弹出的下拉菜单中选择“在页面中定义”选项，在文档中定义一个内部样式表，如图1.25所示。

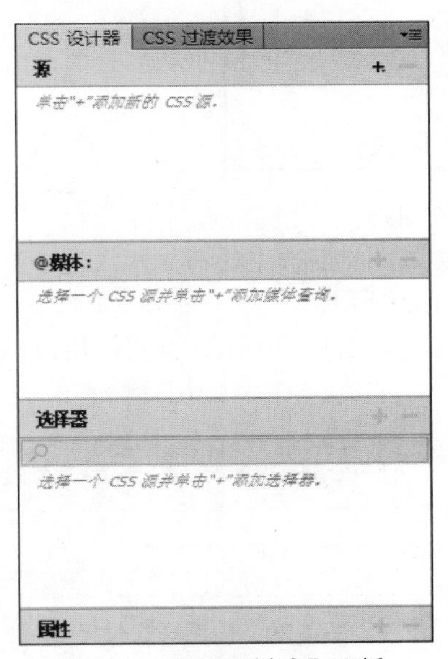

图 1.24 【CSS 样式】面板

图 1.25 【新建 CSS 规则】对话框

3 在“源”选项区域选择“<style>”选项，然后在“@媒体”窗格中选择“全局”选项，即不设置设备类型，定义样式将作用于任何设备类型，如图1.26所示。

4 在“选择器”窗格标题栏右侧单击“+”按钮，添加一个选择器，然后命名为“.red”，即定义一个类样式，如图1.27所示。

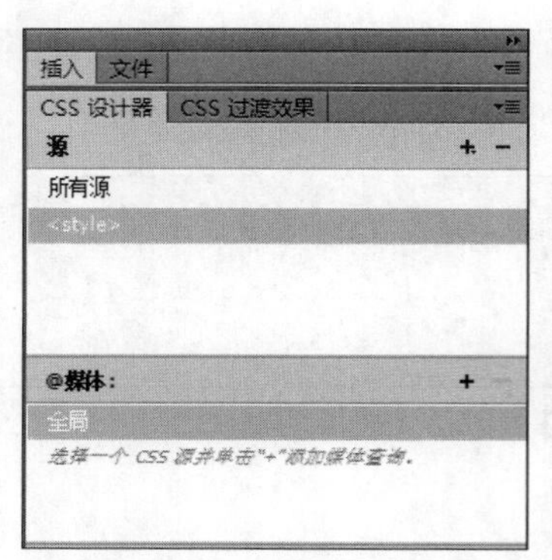

图 1.26　选择设备类型

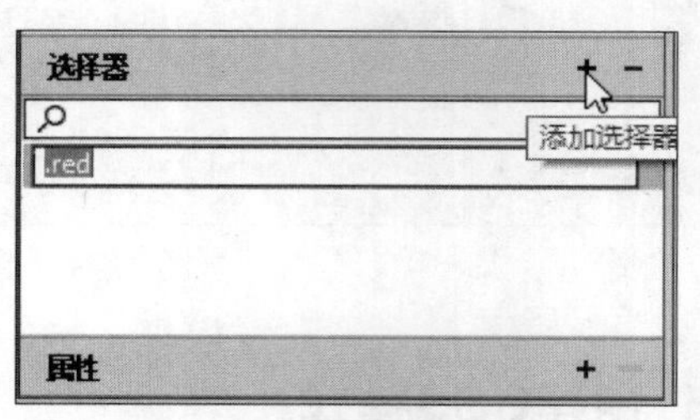

图 1.27　定义类样式

5 展开“属性”窗格，在这里可以详细定义red类的规则。在【字体】分类选项中设置字体颜色为红色，如图1.28所示。

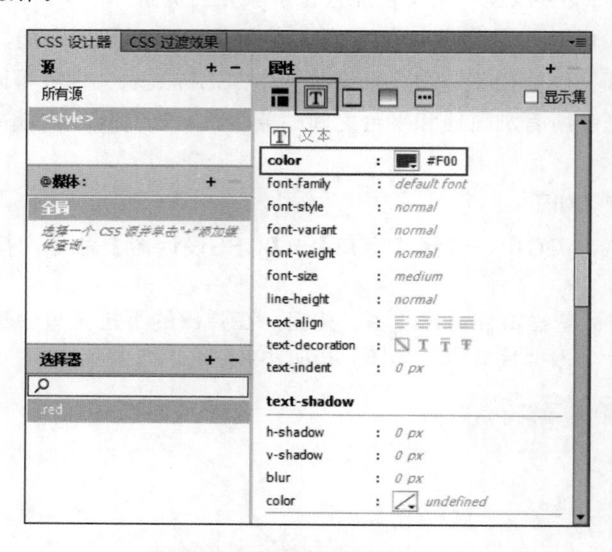

图1.28　设置类样式的规则

6 设计完毕，返回编辑窗口，在页面中输入一行文本，然后选中该行文本，在【属性】面板中的【类】下拉菜单中选择刚定义的类样式red，如图1.29所示。

7 单击【实时视图】按钮，在编辑窗口中预览效果，如图1.30所示。当然，用户也可以组合使用不同的样式，设计出不同的效果。

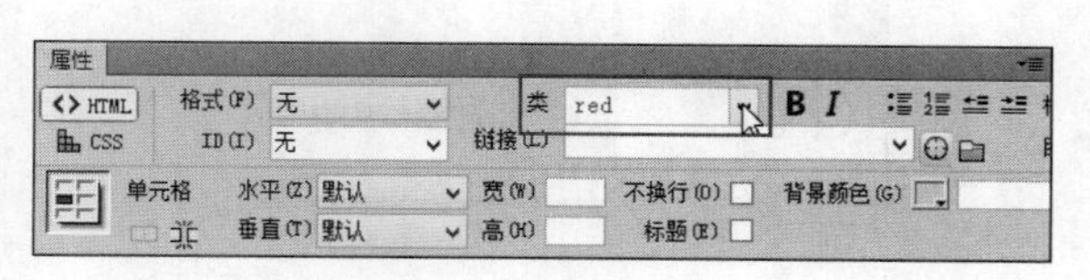

图 1.29　应用样式

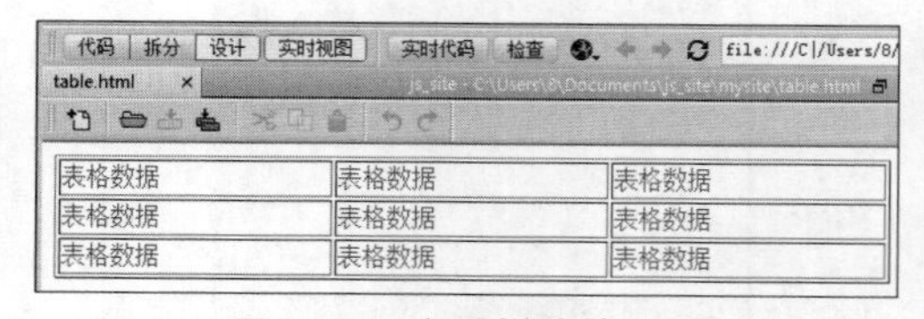

图 1.30　应用样式效果

1.3.6　创建表单

表单是实现网页交互的基础。通过表单把用户的信息提交给服务器，实现信息的动态交互。表单由一个表单域和若干个表单对象组成。制作表单页面的第一步是插入表单域。

在Dreamweaver CC中插入表单域的操作步骤如下：

1 将光标置于要插入表单的位置。

2 选择【插入】|【表单】|【表单】菜单命令。也可以在【插入】面板中选择【表单】选项，然后在【表单】选项中单击【表单】按钮▢。

3 这时在编辑窗口中显示表单框，如图1.31所示。其中红色虚线界定的区域就是表单，它的大小随包含的内容多少自动调整，虚线不会在浏览器中显示。

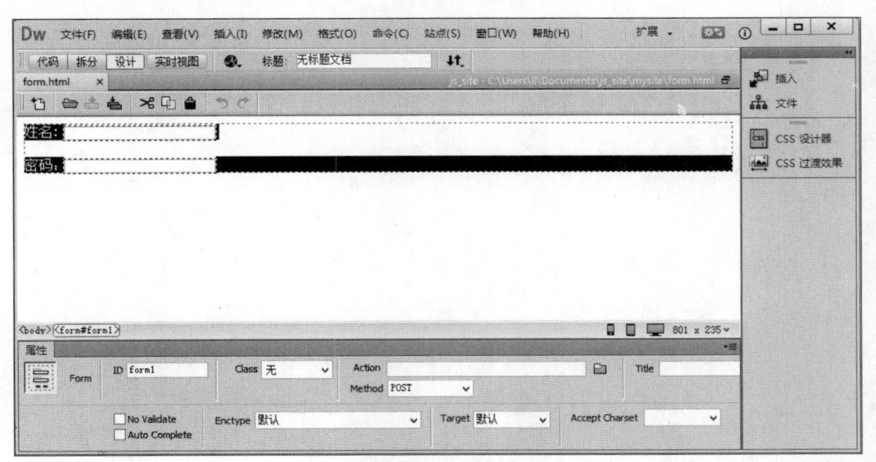

图 1.31 插入表单域

4 然后，在该表单域中插入其他表单对象，实现动态交互。

当插入表单域或者表单对象之后，选中该表单域或者表单对象可以在【属性】面板中设置其属性。

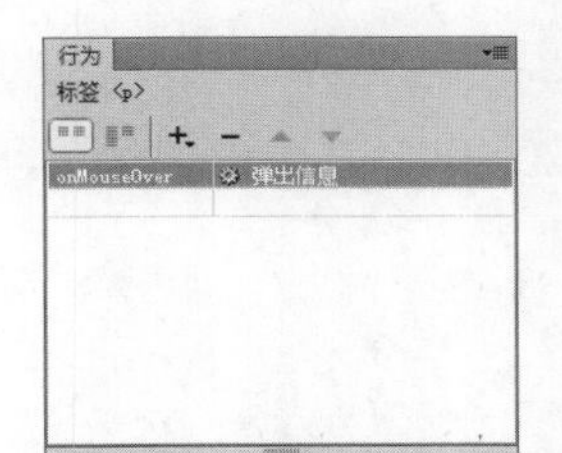

图 1.32 【行为】面板

1.3.7 添加行为

行为是指响应某一具体事件而采取的一个或多个动作，当指定的事件被触发时，将运行相应的JavaScript程序，执行相应的动作。所以在创建行为时，必须先指定一个动作，然后再指定触发动作的事件。

在Dreamweaver CC中，向网页中添加行为和对行为进行控制主要是通过【行为】面板来实现的。选择【窗口】|【行为】命令，即可打开【行为】面板，如图1.32所示。

在页面中定义行为的具体步骤如下：

1 在编辑窗口中，选择要增加行为的对象，或者在编辑窗口底部的【标签选择器】中单击相应的页面元素标签，如<body>。

2 单击【行为】面板中的【加号】按钮 +，在打开的行为菜单中选择一种行为。

3 选择行为后，一般会打开一个参数设置对话框，根据需要设置完成即可。

4 单击【确定】按钮，这时在【行为】面板的列表中将显示添加的事件及对应的动作。

5 如果要设置其他触发事件，可单击事件列表右边的下拉按钮，弹出事件下拉菜单，从中选择一个需要的事件。

Chapter 02 移动Web设计概述

对应版本

CS4

CS6

学习难易度

1

2

3

4

5

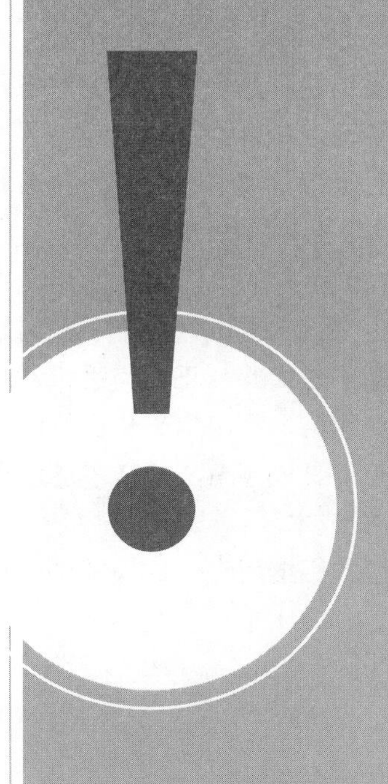

CHAPTER 02

移动Web设计概述

随着HTML5的快速普及，网络技术的逐步成熟，移动互联网将代表下一阶段互联网发展的一个方向。许多可供移动设备终端下载的应用，无须下载或升级，直接通过浏览器登录即可使用。现在的互联网，可以称为名副其实的移动互联网。不仅可以利用无线网卡随处随地上网，还可以直接利用手机浏览网页、下载文件，而且现在的无线运营商也正在大力发展无线网络、扩展手机上网带宽。因此手机网页的制作需求也越来越多。

本章先简单介绍移动Web设计的特点，然后对jQuery Mobile进行详细介绍，最后通过一个简单完整的开发实例的介绍，使读者对jQuery Mobile开发移动应用程序有了一个初步的了解，为后面的学习奠定基础。

2.1 移动开发基础

Web应用程序开发有几个选择：第一，应用程序可严格编写为服务器上的 HTML、CSS 和 JavaScript 文件。当然，HTML 内容可以产生自静态HTML文件，也可以从任何的服务器端技术（如 PHP、 ASP.NET、Java Servlets 等）动态生成。所有这些技术追根到底都可简单地用术语 HTML 指代；第二，用户通过在移动设备上（如iPhone或Android）打开浏览器应用程序，输入目标服务器对应的 URL访问 Web 应用程序。特定的某个移动 Web 应用程序总是从一般的 Web 站点进化为高度特定于平台的移动 Web 应用程序。

2.1.1 国内移动Web设计概况

国内手机网站目前还算是个新鲜事物，相应的手机网站前端开发也并不是特别成熟，对于一个网页设计师来说要做一个手机网站还是会碰到许多问题，有着许多不为人知的困难：

- 可参考的资料太少，大部分手机网站都处于起步阶段，很多时候都是摸着石头过河，而鉴于移动设备的特殊性，也使得开发者在参考成功案例之余，要做更多的思考。
- 兼容性工作异常艰辛，难度一点也不比Web网站的兼容性工作低。

作为一个手机网站的前端开发，也往往容易被人误解和忽视，也许会觉得做好一个手机网站很容易，了解一点HTML和CSS，甚至不需要熟悉JavaScript，事实却不是如此，正因为手机网站的开发受到设备的太多限制，前端开发人员常常为了节约几个字节而纠结，写出语义化良好的代码也显得更加重要，而多版本的开发需求也对于JavaScript的优雅降级要求甚高，这样才能使得网站有分版本需求时可以公用同一套HTML代码，最大限度地降低开发成本。

对于手机网站来说，相信现在仅仅只是个开始，随着各种新机型的相继面世，这块领域必将成为兵家必争的新高地。

1. 移动设备统计分析

拥有全面的用户数据，无疑能帮助我们做出更符合用户需求的产品。内部数据能帮我们精确了解我们的目标用户群的特征；而外部数据能告诉我们大环境下的手机用户状况，并且能在内部数据不够充分时给予一些非常有用的信息。

从外部数据来看，国内浏览器品牌市场占有率前三甲的是：苹果Safari、谷歌Android、Opera Mini。当然，作为中国的手机网站开发者，不能忽视强大的山寨机市场，这类手机通常使用的是MTK操作系统。国内易观智库发布数据显示QQ浏览器、UC浏览器及百度浏览器占据中国第三方手机浏览器市场前三名。

2. 手机浏览器兼容性测试结果概要

以下所说的“大多数”是指在测试过的机型中，发生此类状况的手机占比达50%及以上，“部分”为20%~50%；“少数”为20%及以下。而这个概率也仅仅限于所测试过的机型，虽然这里采集的样本尽量覆盖各种特征的手机，但并不代表所有手机的情况。

（一） HTML部分

（1） 大多数手机不支持的特性：表单元素的disable属性

（2）部分手机不支持的特性：

- button标签
- input[type=file]标签
- iframe标签

虽然只有部分手机不支持这几个标签，但因为这些标签在页面中往往具有非常重要的功能，所以属于高危标签，要谨慎使用。

（3）少数手机不支持的特性：select标签

该标签如果被赋予比较复杂的CSS属性，可能会导致显示不正常，如vertical-align:middle。

（二）CSS部分

大部分手机不支持的特性：

- font-family属性：因为手机基本上只安装了宋体这一种中文字体。
- font-family:bold;：对中文字符无效，但一般对英文字符是有效的。
- font-style: italic;：对中文字符无效，但一般对英文字符是有效的。
- font-size属性：如12px的中文和14px的中文看起来一样大，当字符大小为18px的时候也许能看出来一些区别。
- white-space/word-wrap属性：无法设置强制换行，所以当网页有很多中文时，需要特别关注不要让过多连写的英文字符撑开页面。
- background-position属性：背景图片的其他属性设定是支持的。
- position属性。
- overflow属性。
- display属性。
- min-height和min-weidth属性。

部分手机不支持的特性：

- height属性：对height的支持不太好。

• pading属性

• margin属性：更高比例的手机不支持margin的负值。

少数手机不支持的特性：少数手机对CSS完全不支持。

（三）JavaScript部分

部分手机支持基本的DOM操作、事件等。支持（包括不完全支持）JavaScript的手机比例大约在一半，当然，对于开发人员来说，最重要的不是这个比例，而是如何做好JavaScript的优雅降级。

（四）其他部分

部分手机不支持png8和png24，所以尽量使用jpg和gif的图片。

对于平滑的渐变等精细的图片细节，部分手机的色彩支持度并不能达到要求，所以慎用有平滑渐变的设计。

部分手机对于超大图片，既不进行缩放，也不显示横向滚动条。

少数手机在打开超过20k大小的页面时，会显示内存不足。

3. 开发中可能遇到的问题

（1）手机网页编码需要遵循什么规范？

遵循XHTML Mobile Profile规范（WAP-277-XHTMLMP-20011029-a.pdf），简称为XHTML MP，也就是通常说的WAP2.0规范。 XHTMLMP 是为不支持XHTML的全部特性且资源有限的客户端所设计的。它以XHTML Basic为基础，加入了一些来自XHTML 1.0的元素和属性。这些内容包括一些其他元素和对内部样式表的支持。与XHTML Basic相同，XHTML MP是严格的XHTML 1.0子集。

（2）网页文档推荐使用扩展名？

推荐命名为xhtml，按照WAP2.0的规范标准写成html/htm等也是可以的。但少数手机对html支持得不好。

（3）为什么现今大多数的网站一行字数上限为14个中文字符？

由于手持设备的特殊性，其页面中实际文字大小未必是我们在CSS中设定的文字大小，尤其是在第三方浏览器中，如Nokia5310，其内置浏览器页面内文字大小与CSS设定相符，但是第三方浏览器OperaMini与UCWEB页面内文字大小却大于CSS设定。经测试，其文本大概为16px。假如屏幕分辨率宽度为240px，去除外边距，那么其一行显示14个字以内，是比较保险（避免文本换行）的做法。

（4）使用WCSS还是CSS？

WCSS（WAP Cascading Style Sheet 或称 WAP CSS）是移动版本的CSS样式表。它是CSS2的一个子集，去掉了一些不适于移动互联网特性的属性，并加入一些具有WAP特性的扩展（如-wap- input-format/-wap-input-required/display:-wap-marquee等）。需要注意的是，这些特殊的属性扩展并不是很实用，所以在实际的项目开发中，不推荐使用WCSS特有的属性。

（5）避免空值属性

如果属性值为空，在Web页面中是完全没有问题的，但是在大部分手机网页上会报错。

（6）网页大小限制

建议低版本页面不超过15k，高版本页面不超过60k。

（7）用手机模拟器和第三方手机浏览器的在线模拟器来测试页面是不是靠谱？

建议在手机实体上进行测试，因为目标客户群的手机设备总是在不断变化的，这些手机模拟器通常不能完全正确地模拟页面在手机上的显示情况，如图片色彩，页面大小限制等就很难在模拟器上测试出来。当然，一些第三方手机浏览器的在线模拟器还是可以进行测试的，第三方浏览器相对来说受手机设备的影响较小。

2.1.2 认识WebKit

WebKit是一种浏览器引擎，支撑着苹果（iOS）和安卓（Android）两大主流移动系统的内置浏览器。WebKit 是一个开源项目，并催生了面向移动设备的现代 Web 应用程序。WebKit 还应用在桌面 Safari 浏览器内，该浏览器是Mac OS X平台默认的浏览器。

WebKit优先支持HTML和CSS特性。实际上，WebKit 还支持尚未被其他浏览器采纳的一些CSS 样式和HTML5特性。HTML5 规范是一个技术草案集，涵盖了各种基于浏览器的技术，包括客户端SQL存储、转变、转型、转换等。HTML5 的出现已经有些时间了，虽然尚未完成，但是一旦其特性集因主要浏览器平台支持的加入而逐渐稳定后，Web 应用程序的简陋开端将成为永久的记忆。Web 应用程序开发将成为主导，移动将一跃成为首要考虑，而不再是后备之选。

图 2.1　被缩放的页面效果

WebKit 精致的HTML+CSS解析引擎，再配以iPhone 和Android平台上的高度直观的 UI，实际上就使得几乎任何一个基于HTML的Web站点都能呈现在此设备上。Web页能被正确呈现，不再像原来的移动浏览器那种体验：内容被包裹起来或是根本不显示。

当页面加载后，内容通常被完全缩放以便整个页面都可见，尽管内容会被缩放得非常小，甚至不可读，如图2.1所示。不过，页面是可滚动、放大、缩小的，这就提供了对全部内容的访问。默认浏览器使用 980 px宽的视见区或逻辑尺寸。

要想使Web页面从一般的页面变成支持移动设备的页面，Web应用程序可以在几个方面进行修改。虽然页面可以在WebKit中正确呈现，但是，一个以鼠标为中心的设备（如笔记本电脑或台式机）与一个以触摸为中心的设备（如iPhone或Android 智能手机）还是有区别的。其中主要的一些差异包括“可单击” 区域的物理大小、“悬浮样式”的缺少以及完全不同的事件顺序。以下是在设计一个能被移动用户正常查看的Web站点时需要注意的一些事情：

- iPhone/Android 浏览器呈现的屏幕是可读的，大大好于传统的移动浏览器 ，所以不要急于制作网站的移动版本。
- 手指要大过鼠标指针。在设计可单击的导航时要特别注意这一点，不要把链接放得相互太靠近，因为用户不太可能单击一个链接而不触及相邻的链接。

- 悬浮样式将不再奏效，因为用手指不能进行用鼠标指针进行的“悬浮”。
- 与mouse-down、mouse-move等相关的事件在基于触摸的设备上会大相径庭。这类事件中有一些将被取消，不要指望移动设备上的事件顺序与桌面浏览器上的一样。

要使一个Web站点对iPhone或Android用户具有友好性所面临的最为明显的一个挑战：屏幕大小。我们今天使用的实际移动屏幕尺寸是 320×480。由于用户可能会选择横向查看 Web 内容，所以屏幕大小也可以是 480×320。

WebKit 将能很好地呈现面向桌面的Web页面，但是文本可能会太小以至于若不进行缩放或其他操作就无法有效阅读内容。那么，该如何应对这个问题呢？

最为直观也是最不唐突的适合移动用户的方式是通过使用一个特殊的视口标记。<meta>标签是一个放入HTML文档的<head>标签内HTML标记。下面是一个使用 viewport 标记的简单例子：

```
<meta name="viewport" content="width=device-width" />
```

当这个<meta>标签被添加到一个HTML页面后，此页面被缩放到更为适合这个移动设备的大小，如图 2.2 所示。如果浏览器不支持此标记，它会简单地忽略此标记。

为了设置特定的值，将 viewport metatag 的 content 属性设为一个显式的值：

```
<meta name="viewport" content="width=device-width, initial-scale=1.0
user-scalable=yes" />
```

通过改变初始值，屏幕就可以按要求被放大或缩小。将值分别设置在 1.0～1.3 之间对于 iPhone 和 Android 平台是比较合适的。viewport metatag 还支持最小和最大伸缩，可用来限制用户对呈现页面的控制力。

图 2.2　放大显示的页面效果

自具有320×480布局的iPhone面世以来，其形态系数就一直没有改变过，而随着来自不同制造商、针对不同用户群的更多设备的出现，Android则有望具备更多样的物理特点。在开发应用程序并以诸如 Android这类移动设备为目标时，一定要考虑屏幕尺寸、形态系数及分辨率方面的潜在多样性。

2.2　jQuery Mobile概述

jQuery是非常流行的JavaScript类库，但它只是为PC端的浏览器而设计。在移动互联网中为了满足浏览器更好地运行Web程序的需求，在基于jQuery和jQuery UI 的基础之上，推出了jQuery Mobile这套框架，其主要目的就是在进行移动项目开发的过程中，为开发者提供统一的接口与特征，依靠强大的jQuery类库，节省JavaScript代码的开发时间，提高项目开发的效率。

2.2.1　为什么要学jQuery Mobile

如果通过移动设备终端的浏览器登录网站直接使用产品或应用，那么，面临的最大问题就是各移动终端设备浏览器的兼容性，这些浏览器的种类比传统的PC端还要多，且调试更为复杂。解决这些兼容性问题、开发出一个可以跨移动平台的应用，需要引入一个优秀、高效的jQuery

Mobile框架。

jQuery一直以来都是非常流行的JavaScript类库，然而一直以来它都是为桌面浏览器设计的，没有特别为移动应用程序设计。jQuery Mobile是一个新的项目，用来添补在移动设备应用上的缺憾。它为基本jQuery框架并提供了一定范围的用户接口和特性，以便于开发人员在移动应用上使用。使用该框架可以节省大量的Javascript代码开发时间。

确切来说，jQuery Mobile是专门针对移动终端设备的浏览器开发的Web脚本框架，它基于强悍的jQuery和jQuery UI基础之上，统一用户系统接口，能够无缝隙运行于所有流行的移动平台之上，并且易于主题化地设计与建造，是一个轻量级的Web脚本框架。它的出现打破了传统JavaScript对移动终端设备的脆弱支持的局面，使开发一个跨移动平台的Web应用真正成为可能。

2.2.2 jQuery Mobile主要功能

jQuery Mobile以"Write Less, Do More"作为目标，为所有的主流移动操作系统平台提供了高度统一的UI框架，jQuery的移动框架可以为所有流行的移动平台设计一个高度定制和品牌化的Web应用程序，而不必为每个移动设备编写独特的应用程序或操作系统。

jQuery Mobile目前支持的移动平台有苹果公司的iOS（iPhone、iPad、iPod Touch）、Android、Black Berry OS6.0、惠普WebOS、Mozilla的Fennec和Opera Mobile，此外包括Windows Mobile、Symbian和MeeGo在内的更多移动平台。jQuery Mobile提供的主要功能简单概括如下：

- jQuery Mobile为开发移动应用程序提供了非常简单的用户接口。
- 这种接口的配置是标签驱动的，这意味着开发人员可以在HTML中建立大量的程序接口而不需要写一行Javascript代码。
- 提供了一些自定义的事件用来探测移动和触摸动作，如tap（敲击）、tap-and-hold（单击并按住）、swipe、orientation change。
- 使用一些加强的功能时需要参照一下设备浏览器支持列表。
- 使用预设主题可以轻松定制应用程序外观。

2.2.3 jQuery Mobile主要特性

jQuery Mobile 为开发移动应用程序提供十分简单的应用接口，而这些接口的配置则是由标记驱动的，开发者在HTML页中无须使用任何JavaScript代码，就可以建立大量的程序接口。使用页面元素标记驱动是jQuery Mobile仅是它众多特点之一。概括而言，jQuery Mobile主要特性包括：

- 强大的Ajax驱动导航

无论页面数据的调用还是页面间的切换，都是采用Ajax进行驱动的，从而保持了动画转换页面的干净与优雅。

- 以jQuery和jQuery UI为框架核心

jQuery Mobile 的核心框架是建立在jQuery基础之上的，并且利用了jQuery UI的代码与运用模式，使熟悉jQuery 语法的开发者能通过最小的学习曲线迅速掌握。

• 强大的浏览器兼容性

jQuery Mobile 继承了jQuery 的兼容性优势，目前所开发的应用兼容于所有主要的移动终端浏览器，使用开发者集中精力做功能开发，而不需要考虑复杂的浏览兼容性问题。

目前jQuery Mobile 1.0.1版本支持绝大多数的台式机、智能手机、平板和电子阅读器的平台，此外，对有些不支持的智能手机与旧版本的浏览器，通过渐进增强的方法，将逐步实现能够完全支持。jQuery Mobile兼容所有主流的移动平台，如iOS、Android、BlackBerry、Palm WebOS、Symbian、Windows Mobile、BaDa、MeeGo，以及所有支持HTML的移动平台。

• 框架轻量级

jQuery Mobile 最新的稳定版本压缩后的体积大小为24KB，与之相配套的CSS文件压缩后的体积大小为6KB，框架的轻量级将大大加快程序执行时的速度。基于速度考虑，对图片的依赖也降到最小。

• HTML5标记驱动

jQuery Mobile采用完全的标记驱动而不需要JavaScript的配置。快速开发页面，最小化的脚本能力需求。

• 渐进增强

jQuery Mobile采用完全的渐进增强原则，通过一个全功能的HTML网页及一个额外的JavaScript功能层，提供顶级的在线体验。即使移动浏览器不支持JavaScript，基于jQuery Mobile的移动应用程序仍能正常的使用。核心内容和功能支持所有的手机、平板和桌面平台，而较新的移动平台能获得更优秀的用户体验。

• 自动初始化

通过在一个页面的HTML标签中使用data-role属性，jQuery Mobile可以自动初始化相应的插件，这些都基于HTML5。同时，通过使用 mobilize()函数自动初始化页面上的所有jQuery部件。

• 易用性

为了使这种广泛的手机支持成为可能，所有在jQuery Mobile中的页面都是基于简洁、语义化的HTML构建，这样可以确保能兼容于大部分支持Web浏览的设备。在这些设备解析CSS和Javascript的过程中 ，jQuery Mobile使用了先进的技术并借助jQuery和CSS本身的能力，以一种不明显的方式将语义化的页面转化成富客户端页面。一些简单易操作的特性（如WAI-ARIA）通过框架紧密集成进来，以给屏幕阅读器或者其他辅助设备（主要指手持设备）提供支持。

通过这些技术的使用，jQuery Mobile官网尽最大努力来保证残障人士也能够正常使用基于jQuery Mobile构建的页面。

• 支持触摸与其他鼠标事件

jQuery Mobile 提供了一些自定义的事件，用来侦测用户的移动触摸动作，如tap（单击）、tap-and-hold（单击并按住）、swipe（滑动）等事件，极大提高了代码开发的效率。为用户提供鼠标、触摸和光标焦点简单的输入法支持，增强了触摸体验和可主题化的本地控件。

• 强大的主题

jQuery Mobile提供强大的主题化框架和UI接口。借助于主题化的框架和ThemeRoller应用程序，jQuery Mobile 可以快速地改变应用程序的外观或自定义一套属于产品自身的主题，有助于树立应用产品的品牌形象。

2.2.4 jQuery Mobile开发优势

在过去很长时间里，笔者一直在使用jQuery Mobile为不同网站开发基于HTML5的手机/平板前端应用。之前曾经写过Android和iOS应用程序（分别用Java和Objective-C），因此只要编写一段基础代码就可以在主流平台上运行并能够快速地用HTML和JavaScript迭代。

使用HTML5和JavaSript构建一个手机应用，开发人员需要写很多JavaScript代码。然而，带有触摸屏的设备的UI控制和处理与标准的Web应用程序非常不同。因此，一般都应该使用现成的手机HTML5/JavaScrip框架，如jQTouch、 Sencha Touch 等。

jQuery以其至简哲学、出色的核心特性和插件及社区的贡献获取大量铁杆粉丝。基于jQuery的jQuery Mobile当然也让人心动，它具有以下三大优点：

• 上手迅速并支持快速迭代

与Android和iOS相比，使用jQuery Mobile和HTML5构建UI和逻辑会比在原生系统下构建快得多。

提示，这里的原生系统是指原装的操作系统，如Android原生系统是Google发布未经修改的系统。原生应用指直接用系统提供的API开发的程序，与JQuery Mobile开发的程序相对应。

Apple的Builder接口的学习曲线十分陡峭，同样学习令人费解的Android布局系统也很耗时间。此外，要使用原生代码将一个列表视图连接到远程的数据源并具有漂亮的外观是十分复杂的，在Android上是ListView, 在iOS上是UITableView。通过已经掌握的JavaScript、HTML、CSS知识快速地实现同样的功能，无须学习新的技术和语言，只需编写jQuery代码就可以做到。

• 避免麻烦的应用商店审批过程以及调试、构建带来的麻烦

为手机开发应用，尤其是iOS系统的手机，最痛苦的过程莫过于通过Apple应用商店的审批。想要让一个原生应用程序发布给iOS用户，用户需要等待一个相当长的过程。不仅在第一次发布程序时要经历磨难，以后的每一次升级也是如此。这使得QA和发布流程变得复杂，还会增加额外的时间。由于jQuery Mobile应用程序仅仅是一种Web应用程序，因此它继承了所有Web环境的优点：当用户加载网站时，就可以升级到最新的版本。可以马上修复bug和添加新的特性。即使是在Android系统——应用市场的要求比起Apple环境要宽松得多，在用户不知不觉中就能完成产品升级。

同时，发布beta或测试版本会更加容易。只要告诉用户用浏览器打开指定的网址就可以了，不需要考虑iOS令人抓狂的DRM，也不需要理会Android必需的APK。

• 支持跨平台和跨设备开发

jQuery Mobile巨大的好处是，应用程序马上可以在Android和IOS上工作，同样也可以在其他平台上工作。作为一个独立开发者，为不同的平台维护基础代码是一项巨大的工作。为单个手机平台编写高质量的手机应用需要全职工作，为每个平台重复做类似的事情需要大量的资源。应用程序能够在Android和IOS设备上同时工作对用户来说是一个巨大收获。

尤其是对于运行Android各种分支的设备，它们大小和形状各异，想要让你的应用程序在各种各样屏幕分辨率的手机上看起来都不错，这是真正的挑战。对于要求严格的Android开发者来说，按照屏幕大小进行屏幕分割（从完全最小化到最大进行缩放）会需要很多开发时间。由于浏览器会在每个设备上以相同的方式呈现，关于这个方面你不必有任何担心。

2.2.5 jQuery Mobile的短板

当然jQuery Mobile也存在先天不足，简单介绍如下：

- 比原生程序运行慢

这也是jQuery Mobile最大的缺点，即使是在最新的Android和iOS硬件上，JQuery Mobile应用程序都会明显慢于原生程序。尤其是在Android上，浏览器比起iOS更慢且bug更多。

- 不很完美的用户体验

jQuery Mobile最大的一个问题是各种浏览器在不同的手机平台上古怪的表现。这个问题一直为人诟病。应用程序可能看上去有些古怪，虽然jQuery Mobile团队在widget和主题上做得很好，但的确和原生程序看起来有显著的不同。这个问题到底对用户有多大影响不得而知，但是这一点需要引起注意。

- 有限的能力

很明显，运行在浏览器上的JavaScript不能完全地访问设备的很多特性。一个典型的例子就是摄像头。然而，类似PhoneGap这样的工具能够帮助解决很多常见问题。实际上，很多用户已经开始将应用程序通过PhoneGap将几个版本部署到iOS和Android上。

总之，使用jQuery Mobile和HTML5作为手机应用开发平台是可行的。然而，这并不适用于所有类型的应用程序。对于简单的内容显示和数据输入类型的应用程序，jQuery Mobile是对原生程序一个有力的增强。用户不再需要同时为Android和iOS维护绞尽脑汁。随着硬件变得越来越快，手机设备越来越多样化，相信jQuery Mobile和HTML5在手机应用开发中会成为更加重要的技术。

2.3 使用jQuery Mobile

在使用jQuery Mobile框架之前，需要先获取与jQuery Mobile相关的插件文件。如果直接使用Dreamweaver CC可视化方式设计移动页面，可以不用手动安装，Dreamweaver CC会自动完成相关插件文件的捆绑。

2.3.1 下载插件文件

要运行jQuery Mobile移动应用页面需要包含3个相关框架文件，分别为：

- jQuery-1.10.2.min.js：jQuery主框架插件，目前稳定版本为1.10.2。
- jQuery.Mobile-1.3.2.min.js：jQuery Mobile框架插件，目前最新版本为1.4.0。
- jQuery.Mobile-1.3.2.min.css：与jQuery Mobile框架相配套的CSS样式文件，最新版本为1.4.0。

有两种方法需要获取相关文件：分别为下载相关插件文件和使用URL方式加载相应文件。

登录jQuery Mobile官方网站（http://jquerymobile.com），单击导航条中的Download链接进入文件下载页面，如图2.3所示。

在jQuery Mobile下载页中，可以下载上述3个必需文件中的任意一个，也可以单击下载地址（http://code.jquery.com/mobile/），获取jQuery Mobile页面执行所需的全部文件，包含压缩前后的JavaScript与CSS样式和实例文件。

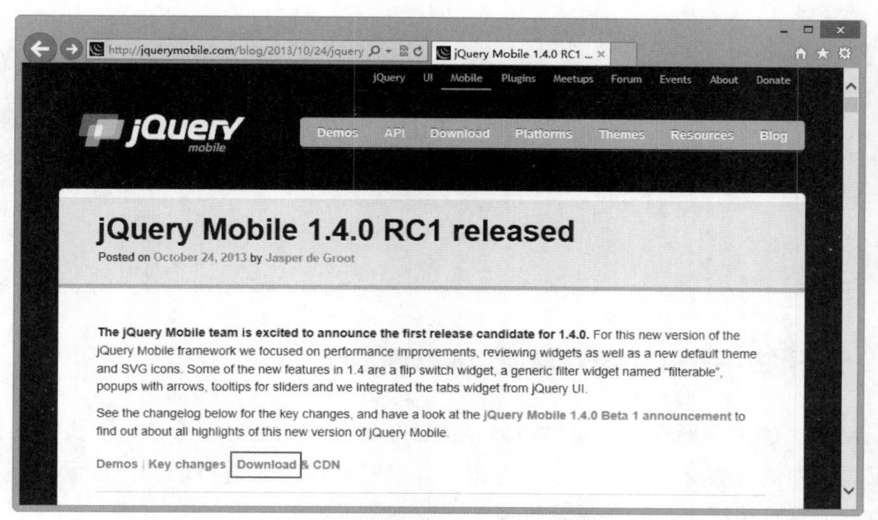

图 2.3　下载 jQuery Mobile 压缩包

除在jQuery Mobile下载页下载对应文件外，jQuery Mobile还提供了URL方式从jQuery CDN下载插件文件。CDN的全称是Content Delivery Network，用于快速下载跨Internet常用的文件，只要在页面的<head>元素中加入下列代码，同样可以执行jQuery Mobile 移动应用页面。加入的代码如下：

```
<link rel="stylesheet" href=" http://code.jquery.com/mobile/1.3.2/jquery.mobile-1.3.2.min.css" />
<script src="http://code.jquery.com/jquery-1.10.2.min.js"></script>
<script src=" http://code.jquery.com/mobile/1.3.2/jquery.mobile-1.3.2.min.js"></script>
```

通过URL加载jQuery Mobile插件的方式使版本的更新更加及时，但由于是通过jQuery CDN服务器请求的方式进行加载，在执行页面时必须保证网络的畅通，否则，不能实现jQuery Mobile移动页面的效果。

2.3.2　初始安装配置

新建HTML5文档，在<head>中按顺序加入框架的引用，注意加载的顺序：

```
<link rel="stylesheet" type="text/css" href="jquery.mobile-1.3.2.min.css">
<script src="jquery-1.10.2.min.js"></script>
<!-- 这里加入项目中其他的引用 -->
<script src="jquery.mobile-1.3.2.min.js"></script>
```

建议在文档头部的<meta>标签中加入charset=utf-8声明，避免出现乱码和响应方面的问题：

```
<meta http-equiv="Content-Type" content="text/html; charset=utf-8" />
```

或者

```
<meta charset="utf-8" />
```

> **! TIPS**
>
> 建议在页面中使用HTML5标准的页面声明和标签，因为移动设备浏览器对HTML5标准的支持程度要远远优于PC设备，因此使用简洁的HTML5标准可以更加高效地进行开发，免去了因为声明错误出现的兼容性问题。HTML5页面基础元素如下：

```
<!DOCTYPE HTML>
<html>
<head>
<title> 标题 </title>
<meta charset="UTF-8">
</head>
<body>
</body>
</html>
```

2.3.3 设计第一个jQuery Mobile页面

jQuery Mobile的工作原理是：提供可触摸的UI小部件和Ajax导航系统，使页面支持动画式切换效果。以页面中的元素标记为事件驱动对象，当触摸或单击时进行触发，最后在移动终端的浏览器中实现一个个应用程序的动画展示效果。

与开发桌面浏览中的Web页面相似，构建一个jQuery Mobile页面也十分容易。jQuery Mobile通过<div>元素组织页面结构，根据元素的data-role属性设置角色。每一个拥有data-role属性的<div>标签就是一个容器，它可以放置其他的页面元素。接下来通过一个简单实例详细介绍如何开发第一个jQuery Mobile页面。

使用Dreamweaver CC新建HTML5文档，在头部导入三个jQuery Mobile框架文件，然后在主体区域输入下面结构，如图2.4所示。

```
<div id="page1" data-role="page">
    <div data-role="header">
        <h1>jQuery Mobile</h1>
    </div>
    <div data-role="content" class="content">
        <p>Hello World!</p>
    </div>
    <div data-role="footer">
        <h1><a href="http://jquerymobile.com/">http://jquerymobile.com/</a></h1>
    </div>
</div>
```

```
1  <!doctype html>
2  <html>
3  <head>
4  <meta charset="utf-8">
5  <title></title>
6  <link href="jquery.mobile/jquery.mobile-1.4.0-beta.1/jquery.mobile-1.4.0-beta.1.css" rel="stylesheet" type="text/css">
7  <script type="text/javascript" src="jquery.mobile/jquery-1.9.1.js"></script>
8  <script type="text/javascript" src="jquery.mobile/jquery.mobile-1.4.0-beta.1/jquery.mobile-1.4.0-beta.1.js"></script>
9  </head>
10 <body>
11 <div id="page1" data-role="page">
12     <div data-role="header">
13         <h1>jQuery Mobile</h1>
14     </div>
15     <div data-role="content" class="content">
16         <p>Hello World!</p>
17     </div>
18     <div data-role="footer">
19         <h1><a href="http://jquerymobile.com/">http://jquerymobile.com/</a></h1>
20     </div>
21 </div>
22 </body>
23 </html>
```


图 2.4　设计 jQuery Mobile 页面

然后在头部添加<meta>标签，定义视图尺寸，代码如下：

```
<meta name="viewport" content="width=device-width,initial-scale=1" />
```

上面示例使用HTML5结构编写一个jQuery Mobile 页面，将在页面中输出“Hello World!”字样，如图2.5所示。

图 2.5　jQuery Mobile 页面预览效果

! TIPS

为了更好地在PC端浏览jQuery Mobile页面在移动终端的执行效果，可以下载Opera公司的移动模拟器Opera Mobile Emulator，下载地址：http://cn.opera.com/developer/tools/mobile/，目前最新的版本为12.0。本书示例效果都在Opera Mobile Emulator 12.0中进行过测试。也可以使用iBBDemo模拟iPhone浏览器。

! 代码解释

在页面代码的<head>头部标签中，先通过<meta>标记的content属性设置页面的宽度与模拟器的宽度一致，以保证页面可以在浏览器中完全填充：

```
<meta name="viewport" content="width=device-width,initial-scale=1" />
```

在代码的<body>主体中，通过多个<div>标签进行层次的划分。因为在jQuery Mobile中每个<div>标签都是一个容器，根据指定的data-role属性值，确定容器对应的身份，如果属性data-role的值为header，则该<div>标签的为头部区域。

data-role属性是HTML5的一个新特征，通过设置该属性，jQuery Mobile就可以很快地定位到指定的元素，并对内容进行相应的处理。

由于jQuery Mobile已经全面支持HTML5结构，因此，<body>主体元素的代码也可以修改为以下代码：

```
<section id="page1" data-role="page">
    <header data-role="header">
        <h1>jQuery Mobile</h1>
    </header>
    <div data-role="content" class="content">
        <p>Hello World!</p>
    </div>
    <footer data-role="footer">
        <h1><a href="http://jquerymobile.com/">http://jquerymobile.com/</a></h1>
    </footer>
</section>
```

上述代码执行后的效果与修改前完全相同。

在jQuery Mobile中，如果将页面元素的data-role属性值设置为page，则该元素成为一个容器，即页面的某块区域。在一个页面中，可以设置多个元素成为容器，虽然元素的data-role属性值都为page，但它们对应的ID值是不允许相同的。

在jQuery Mobile 中，将一个页面中的多个容器当作多个不同的页面，它们之间的界面切换是通过增加一个<a>元素、并将该元素的href属性值设置为“#”加对应ID值的方式来进行。详细讲解请参阅后面章节内容。

Chapter 03

HTML5+CSS3基础

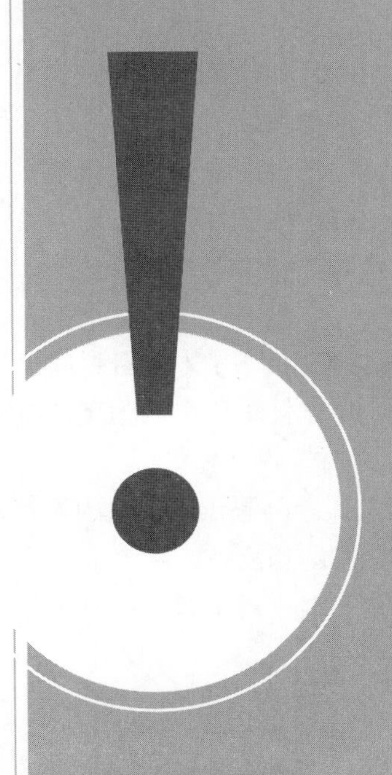

Style for Dreamweaver

对应版本

CS6

学习难易度

1

4

5

CHAPTER 03

HTML5+CSS3基础

HTML5对传统HTML文档进行修改，使文档结构更加清晰明确，容易阅读，增加了很多新的结构元素，避免不必要的复杂性，这样既方便浏览者的访问，也提高了Web设计人员的开发速度。本章将详细介绍HTML5中新增的主体结构元素的定义、使用方法，以及使用场合。

CSS3增强了CSS2.1 的功能，减少图片的使用次数及解决HTML 页面上的特殊效果，可以更加有效地对页面布局、字体、颜色、背景或其他动画效果实现精确的控制。目前，CSS3 是移动Web 开发的主要技术之一，它在界面修饰方面占有重要的地位。由于移动设备的Web 浏览器都支持CSS3，对于不同浏览器之间的兼容性问题，它们之间的差异非常小。不过对于移动Web 浏览器的某些CSS 特性，仍然需要做一些兼容性的工作。

3.1 HTML5文档结构

与HTML4文档一样，HTML5文档扩展名为htm或者html。现在主流浏览器都能够正确解析HTML5文档，如Chrome、Firefox、Safri、IE9+。例如，下面是一个简单的HTML5文档源代码。

```
<!DOCTYPE html>
<html>
<head>
<meta charset="utf-8" />
<title>Hello HTML5</title>
</head>
<body>
</body>
</html>
```

HTML5文档以<!DOCTYPE html>开头，这是一个文档类型声明，且必须位于HTML5文档的第一行，它可以用来告诉浏览器或任何其他分析程序它们所查看的文件类型。

<html>标签是HTML5文档的根标签，紧跟在<!DOCTYPE html>下面。<html>标签支持HTML5全局属性和manifest属性。manifest属性主要在创建HTML5离线应用的时候使用。

<head>标签是所有头部元素的容器。位于<head>内部的元素可以包含脚本、样式表、元信息等。<head>标签支持HTML5全局属性。

<meta>标签位于文档的头部，不包含任何内容。标签的属性定义了与文档相关联的名称/值对。该标签提供页面的元信息（meta-information），如针对搜索引擎和更新频度的描述和关键词。

<meta charset="utf-8" />定义了文档的字符编码是UTF-8。这里charset是meta标签的属性，而utf-8是该属性的值。HTML5中的很多标签都有属性，从而扩展了标签的功能。

<title>标签位于head标签内，定义了文档的标题。该标签定义了浏览器工具栏中的标题、

提供页面被添加到收藏夹时的标题、显示在搜索引擎结果中的页面标题。所以该标签非常重要，在写HTML5文档时一定要记得写这个标签。title标签支持HTML5全局属性。

<body>标签定义文档的主体，文档的所有内容，如文本、超链接、图像、表格、列表等都包含在该标签中。

知识拓展

下面列出一个详细的、符合标准的HTML5文档结构完整代码，并进行详细注释供用户参考。

```
<!DOCTYPE html>                         <!-- 声明文档类型 -->
<html lang=zh-cn>                       <!-- 声明文档语言编码 -->
    <head>                              <!-- 文档头部区域 -->
        <meta charset=utf-8>            <!-- 定义字符集，设置字符编码，utf-8 表示国际通用编码 -->
        <!--[if IE]><![endif]-->        <!—IE 专用标签，兼容性写法 -->
        <title>文档标题</title>         <!-- 文档标题 -->
        <!--[if IE 9]><meta name=ie content=9><![endif]--> <!—兼容 IE9 -->
        <!--[if IE 8]><meta name=ie content=8 ><![endif]--><!—兼容 IE8 -->
        <meta name=description content=文档描述信息><!-- 定义文档描述信息 -->
        <meta name=author content=文档作者><!—开发人员署名 -->
        <meta name=copyright content=版权信息><!-- 设置版权信息 -->
        <link rel=shortcut icon href=favicon.ico><!—网页图标 -->
        <link rel=apple-touch-icon href=custom_icon.png><!-- apple设备图标的引用 -->
        <meta name=viewport content=width=device-width, user-scalable=no ><!-- 不同接口设备的特殊声明 -->
        <link rel=stylesheet href=main.css><!-- 引用外部样式文件 -->
        <!--[if IE]><link rel=stylesheet href=win-ie-all.css><![endif]--><!-- 兼容 IE 的专用样式表 --><!--[if IE 7]>
        <link rel=stylesheet type=text/css href=win-ie7.css><![endif]--><!-- 兼容 IE7 浏览器 -->
         <!--[if lt IE 8]><script src=http://ie7-js.googlecode.com/svn/version/2.0(beta3)/IE8.    js></
script><![endif]--><!-- 让 IE8 及其早期版本也兼容 HTML5 的 JavaScript 脚本 -->
        <script src=script.js></script><!-- 调用 JavaScript 脚本文件 -->
    </head>
    <body>
        <header>HTML5 文档标题</header>
        <nav>HTML5 文档导航</nav>
        <section>
            <aside>HTML5 文档侧边导航 </aside>
            <article>HTML5 文档的主要内容</article>
        </section>
        <footer>HTML5 文档页脚</footer>
    </body>
</HTML>
```

3.2 了解HTML5新标签

HTML5新增了27个元素，废弃了16个元素，根据现有的标准规范，把HTML5的元素按优先等级定义为结构性元素、级块性元素、行内语义性元素、交互性元素四大类。

1. 结构性元素

结构性元素主要负责Web的上下文结构的定义，确保HTML文档的完整性，这类元素包括以下几个。

- section：用于表达书的一部分或一章，或者一章内的一节。在Web页面应用中，该元素也可以用于区域的章节表述。

- header：页面主体上的头部，注意区别于head元素。这里可以给初学者提供一个判断的小技巧：head元素中的内容往往是不可见的，而header元素往往在一对body元素中。
- footer：页面的底部（页脚）。通常，人们会在这里标出网站的一些相关信息，例如关于我们、法律申明、邮件信息、管理入口等。
- nav：是专门用于菜单导航、链接导航的元素，是navigator的缩写。
- article：用于表示一篇文章的主体内容，一般为文字集中显示的区域。

2. **级块性元素**

级块性元素主要完成Web页面区域的划分，确保内容的有效分隔，这类元素包括以下几个。

- aside：用以表达注记、贴士、侧栏、摘要、插入的引用等作为补充主体的内容。从一个简单页面显示上看，就是侧边栏，可以在左边，也可以在右边。从一个页面的局部看，就是摘要。
- figure：是对多个元素进行组合并展示的元素，通常与figcaption联合使用。
- code：表示一段代码块。
- dialog：用于表达人与人之间的对话。该元素还包括dt和dd这两个组合元素，它们常常同时使用。dt用于表示说话者，而dd则用来表示说话者说的内容。

3. **行内语义性元素**

行内语义性元素主要完成Web页面具体内容的引用和表述，是丰富内容展示的基础，这类元素包括以下几个。

- meter：表示特定范围内的数值，可用于工资、数量、百分比等。
- time：表示时间值。
- progress：用来表示进度条，可通过对其max、min、step等属性进行控制，完成对进度的表示和监视。
- video：视频元素，用于支持和实现视频（含视频流）文件的直接播放，支持缓冲预载和多种视频媒体格式，如MPEG-4、OggV和WebM等。
- audio：音频元素，用于支持和实现音频（音频流）文件的直接播放，支持缓冲预载和多种音频媒体格式。

4. **交互性元素**

交互性元素主要用于功能性的内容表达，会有一定的内容和数据的关联，是各种事件的基础，这类元素包括以下几个。

- details：用来表示一段具体的内容，但是内容默认可能不显示，通过某种手段（如单击）与legend交互才会显示出来。
- datagrid：用来控制客户端数据与显示，可以由动态脚本即时更新。
- menu：主要用于交互菜单（这是一个曾被废弃现在又被重新启用的元素）。
- command：用来处理命令按钮。

3.3 构建HTML5主体结构

在HTML5中，为了使文档的结构更加清晰明确，追加了几个与页眉、页脚、内容区块等文档结构相关联的结构元素。需要说明的是，本章所讲的内容区块是指将HTML页面按逻辑进行分割后的单位。例如对于书籍来说，章、节都可以称为内容区块；对于博客网站来说，导航菜单、文章正文、文章的评论等每一个部分都可称为内容区块。接下来将详细讲解HTML5中在页面的主体结构方面新增加的结构元素。

3.3.1 标识文章

article元素用来表示文档、页面中独立的、完整的、可以独自被外部引用的内容。它可以是一篇博客或报纸中的文章、一篇论坛帖子、一段用户评论或独立的插件等。除了内容部分，一个article元素通常有它自己的标题，一般放在一个header元素里面，有时还有自己的脚注。当article元素嵌套使用时，内部的article元素内容必须和外部article元素内容相关。article元素支持HTML5全局属性。

【示例1】下面代码演示了如何使用article元素设计网络新闻展示。

```
<!DOCTYPE HTML>
<html>
<head>
<meta http-equiv="Content-Type" content="text/html; charset=utf-8">
<title>新闻</title>
</head>
<body>
<article>
    <header>
        <h1>谷歌董事长施密特：每天把手机电脑关机1小时</h1>
        <time pubdate="pubdate">2013年12月21日 09:04</time>
    </header>
    <p>新浪科技讯 北京时间12月21日早间消息，谷歌（微博）执行董事长埃里克·施密特(Eric Schmidt)周日在波士顿大学发表演讲时表示，大学生应当将目光从智能手机和电脑屏幕上移开。
</p>
    <footer>
        <p>http://www.sina.com.cn</p>
    </footer>
</article>
</body>
</html>
```

这个示例是一篇讲述科技新闻的文章，在header元素中嵌入了文章的标题部分，在这部分中，文章的标题被镶嵌在h1元素中，文章的发表日期镶嵌在time元素中。在标题下部的p元素中，嵌入了一大段该博客文章的正文，在结尾处的footer元素中，嵌入了文章的著作权作为脚注。整个示例的内容相对比较独立、完整，因此，对这部分内容使用了article元素。

article元素可以嵌套使用，内层的内容在原则上需要与外层的内容相关联。例如，一篇科技新闻中，针对该新闻的相关评论就可以使用嵌套article元素的方式，用来呈现评论的article元素被包含在表示整体内容的article元素里面。

【示例2】下面示例是在上面代码的基础上演示如何实现article元素嵌套使用。

```
<!DOCTYPE HTML>
<html>
<head>
<meta http-equiv="Content-Type" content="text/html; charset=utf-8">
<title>新闻</title>
```

```
</head>
<body>
<article>
    <header>
        <h1> 谷歌董事长施密特：每天把手机电脑关机 1 小时 </h1>
        <time pubdate="pubdate">2013 年 12 月 21 日  09:04</time>
    </header>
    <p> 新浪科技讯 北京时间 12 月 21 日早间消息，谷歌（微博）执行董事长埃里克·施密特 (Eric Schmidt) 周日在波士顿大学发表演讲时表示，大学生应当将目光从智能手机和电脑屏幕上移开。 </p>
    <footer>
        <p>http://www.sina.com.cn</p>
    </footer>
    <section>
        <h2> 评论 </h2>
        <article>
            <header>
                <h3> 张三 </h3>
                <p>
                    <time pubdate datetime="2014-1-1 19:10-08:00"> 1 小时前 </time>
                </p>
            </header>
            <p>ok</p>
        </article>
        <article>
            <header>
                <h3> 李四 </h3>
                <p>
                    <time pubdate datetime="2014-1-2 19:10-08:00"> 1 小时前 </time>
                </p>
            </header>
            <p>well</p>
        </article>
    </section>
</article>
</body>
</html>
```

这个示例中的内容比上面示例中的内容更加完整，它添加了评论内容。整个内容比较独立、完整，因此对其使用article元素。具体来说，示例内容又分为几部分，文章标题放在了header元素中，文章正文放在了header元素后面的p元素中，然后section元素把正文与评论部分进行了区分，在section元素中嵌入了评论的内容，评论中每一个人的评论相对来说是比较独立、完整的，因此对它们都使用一个article元素，在评论的article元素中，又可以分为标题与评论内容部分，分别放在header元素与p元素中。

另外，article元素也可以用来表示插件，它的作用是使插件看起来好像内嵌在页面中一样。下面代码使用article元素表示插件使用。

```
<article>
    <h1> 使用插件 </h1>
    <object>
        <param name="allowFullScreen" value="true">
        <embed src="#" width="600" height="395"></embed>
    </object>
</article>
```

3.3.2 内容分段

section元素用于对网站或应用程序中页面上的内容进行分区。一个section元素通常由内容及其标题组成。div元素也可以用来对页面进行分区，但section元素并非一个普通的容器元素，当一个容器需要被直接定义样式或通过脚本定义行为时，推荐使用div，而非section元素。

【提示】div元素关注结构的独立性，而section元素关注内容的独立性，section元素包含的内容可以单独存储到数据库中或输出到Word文档中。

【示例1】下面示例使用section元素把新歌排行榜的内容进行单独分隔，如果在HTML5之前，习惯使用div元素来分隔该块内容。

```
<!DOCTYPE HTML>
<html>
<head>
<meta http-equiv="Content-Type" content="text/html; charset=utf-8">
<title></title>
</head>
<body>
<section>
    <h1>新歌TOP10</h1>
    <ol>
        <li>心术 张宇</li>
        <li>最亲爱的你 范玮琪</li>
        <li>珍惜 李宇春</li>
        <li>思凡 林宥嘉 </li>
        <li>错过 王铮亮</li>
        <li>好难得 丁当</li>
        <li>抱着你的感... 费玉清</li>
        <li>好想你也在 郁可唯</li>
        <li>不难 徐佳莹 </li>
        <li>我不能哭 莫艳琳</li>
    </ol>
</section>
</body>
</html>
```

article元素与section元素都是HTML5新增的元素，它们的功能与div类似，都是用来区分不同区域，它们的使用方法也相似，因此很多初学者会将其混用。HTML5之所以新增这两种元素，就是为了更好地描述文档的内容，所以它们之间肯定是有区别的。

article元素代表文档、页面或者应用程序中独立完整的可以被外部引用的内容。例如，博客中的一篇文章，论坛中的一个帖子或者一段浏览者的评论等。因为article元素是一段独立的内容，所以article元素通常包含头部（header元素）、底部（footer元素）。

section元素用于对网站或者应用程序中页面上的内容进行分块。一个section元素通常由内容及标题组成。

section元素需要包含一个<hn>标题元素，一般不用包含头部（header元素）或者底部（footer元素）。通常用section元素为那些有标题的内容进行分段。

section元素的作用，是对页面上的内容分块处理，如对文章分段等。相邻的section元素的内容应当是相关的，而不是像article那样独立。

```
<article>
    <header>
```

```
        <h1>潜行者 m 的个人介绍 </h1>
    </header>
    <p>潜行者 m 是一个中国男人，是一个帅哥。。。。</p>
    <section>
        <h2>评论 </h2>
        <article>
            <h3>评论者：潜行者 n</h3>
            <p>确实，m 同学真得很帅 </p>
        </article>
        <article>
            <h3>评论者：潜行者 a</h3>
            <p>M 今天吃药了没？ </p>
        </article>
    </section>
</article>
```

在上面示例中，能够观察到article元素与section元素的区别。事实上article元素可以看作是特殊的section元素。article元素更强调独立性、完整性，section更强调相关性。

既然article、section是用来划分区域的，又是HTML5的新元素，那么是否可以用article、section取代div来布局网页呢？

答案是否定的，div的用处就是用来布局网页，划分大的区域，HTML4只有div、span来划分区域，所以习惯性地把div当作一个容器。而HTML5改变了这种用法，它让div的工作更纯正。div是用来布局大块，在不同的内容块中，按照需求添加article、section等内容块，并且显示其中的内容，这样才能合理地使用这些元素。

因此，在使用section元素时应该注意以下几个问题：

- 不要将section元素当作设置样式的页面容器，对于此类操作应该使用div元素实现。
- 如果article元素、aside元素或nav元素更符合使用条件，不要使用section元素。
- 不要为没有标题的内容区块使用section元素。

通常不推荐为那些没有标题的内容使用section元素，可以使用HTML5轮廓工具（http://gsnedders.html5.org/outliner/）来检查页面中是否有没标题的section，如果使用该工具进行检查后，发现某个section的说明中有“untitiled section”（没有标题的section）文字，这个section就有可能使用不当，但是nav元素和aside元素没有标题是合理的。

【示例2】section元素的作用是对页面上的内容进行分块，类似对文章进行分段，与具有完整、独立的内容模块article元素不同。下面来看article元素与section元素混合使用的示例。

```
<article>
    <h1>W3C</h1>
    <p>万维网联盟（World Wide Web Consortium，W3C），又称 W3C 理事会。1994 年 10 月在麻省理工学院计算机科学实验室成立。建立者是万维网的发明者蒂姆 &middot; 伯纳斯 - 李。</p>
    <section>
        <h2>CSS</h2>
        <p>全称 Cascading Style Sheet，级联样式表，通常又称为 " 风格样式表（Style Sheet）"，它是用来进行网页风格设计的。</p>
    </section>
    <section>
        <h2>HTML</h2>
        <p>全称 Hypertext Markup Language，超文本标记语言，用于描述网页文档的一种标记语言。</p>
    </section>
</article>
```

在上面代码中，首先可以看到整个版块是一段独立的、完整的内容，因此使用article元素。

该内容是一篇关于W3C的简介，该文章分为3段，每一段都有一个独立的标题，因此使用了两个section元素。

【注意】对文章分段的工作是使用section元素完成的。为什么没有对第一段使用section元素，其实是可以使用的，但是由于其结构比较清晰，分析器可以识别第一段内容在一个section元素里，所以也可以将第一个section元素省略，但是如果第一个section元素里还要包含子section元素或子article元素，那么就必须写明第一个section元素。

接着来看一个包含article元素的section元素示例。

```
<section>
    <h1>W3C</h1>
    <article>
        <h2>CSS</h2>
        <p>全称Cascading Style Sheet，级联样式表，通常又称为"风格样式表（Style Sheet）"，它是用来进行网页风格设计的。
</p>
    </article>
        <h2>HTML</h2>
        <p> 全称 Hypertext Markup Language，超文本标记语言，用于描述网页文档的一种标记语言。</p>
</section>
```

这个示例比第一个示例复杂了一些。首先，它是一篇文章中的一段，因此没有使用article元素。但是，在这一段中有几块独立的内容，所以嵌入了几个独立的article元素。

在HTML5中，article元素可以看成是一种特殊种类的section元素，它比section元素更强调独立性。即section元素强调分段或分块，而article强调独立性。具体来说，如果一块内容相对来说比较独立、完整时，应该使用article元素，但是如果想将一块内容分成几段时，应该使用section元素。另外，在HTML5中，div元素变成了一种容器，当使用CSS样式时，可以对这个容器进行一个总体的CSS样式的套用。

在HTML5中，可以将所有页面的从属部分，如导航条、菜单、版权说明等，包含在一个统一的页面中，以便统一使用CSS样式来进行装饰。

3.3.3 设计导航信息

nav元素是一个可以用作页面导航的链接组，其中的导航元素链接到其他页面或当前页面的其他部分。并不是所有的链接组都要被放进nav元素，只需将主要的、基本的链接组放进nav元素即可。

例如，在页脚中通常会有一组链接，包括服务条款、首页、版权声明等，这时使用footer元素是最恰当。一个页面中可以拥有多个nav元素，作为页面整体或不同部分的导航。具体来说，nav元素可以用于以下场合：

- 传统导航条。常规网站都设置有不同层级的导航条，其作用是将当前画面跳转到网站的其他主要页面上去。
- 侧边栏导航。现在主流博客网站及商品网站上都有侧边栏导航，其作用是将页面从当前文章或当前商品跳转到其他文章或其他商品页面上。
- 页内导航。页内导航的作用是在本页面几个主要的组成部分之间进行跳转。
- 翻页操作。翻页操作是指在多个页面的前后页或博客网站的前后篇文章滚动。

【示例1】在HTML5中，只要是导航性质的链接，就可以很方便地将其放入nav元素中。该元素可以在一个文档中多次出现，作为页面或部分区域的导航。

```
<!DOCTYPE HTML>
<html>
<body>
<nav draggable="true">
    <a href="index.html">首页</a>
    <a href="book.html">图书</a>
    <a href="bbs.html">论坛</a>
</nav>
</body>
</html>
```

上述代码创建了一个可以拖动的导航区域，nav元素中包含了三个用于导航的超级链接，即“首页”、“图书”和“论坛”。该导航可用于全局导航，也可放在某个段落，作为区域导航。

【示例2】在下面示例中，页面由几部分组成，每个部分都带有链接，但只将最主要的链接放入nav元素中。

```
<!DOCTYPE HTML>
<html>
<head>
<meta http-equiv="Content-Type" content="text/html; charset=gb2312">
<title></title>
</head>
<body>
<h1>技术资料</h1>
<nav>
    <ul>
        <li><a href="/">主页</a></li>
        <li><a href="/blog">博客</a></li>
    </ul>
</nav>
<article>
    <header>
        <h1>HTML5+CSS3</h1>
        <nav>
            <ul>
                <li><a href="#HTML5">HTML5</a></li>
                <li><a href="#CSS3">CSS3</a></li>
            </ul>
        </nav>
    </header>
    <section id="HTML5">
        <h1>HTML5</h1>
        <p>HTML5 特性说明</p>
    </section>
    <section id="CSS3">
        <h1>CSS3</h1>
        <p>CSS3 特性说明。</p>
    </section>
    <footer>
        <p> <a href="?edit">编辑</a> | <a href="?delete">删除</a> | <a href="?add">添加</a> </p>
    </footer>
</article>
<footer>
    <p><small>版权信息</small></p>
</footer>
```

```
</body>
</html>
```

在这个例子中，第一个nav元素用于页面导航，将页面跳转到其他页面上去，如跳转到网站主页或博客页面；第二个nav元素放置在article元素中，表示在文章中内进行导航。除此之外，nav元素也可以用于其他所有你觉得是重要的、基本的导航链接组中。

【提示】在HTML5中不要用menu元素代替nav元素。很多用户喜欢用menu元素进行导航，menu元素主要用在一系列交互命令的菜单上的，如使用在Web应用程序中的。

3.3.4 设计辅助信息

aside元素用来表示当前页面或文章的附属信息部分，它可以包含与当前页面或主要内容相关的引用、侧边栏、广告、导航条，以及其他类似的有别于主要内容的部分。aside元素主要有以下两种使用方法。

- 作为主要内容的附属信息部分，包含在article元素中，其中的内容可以是与当前文章有关的参考资料、名词解释等。

【示例1】下面代码使用aside元素解释在HTML5历史中两个名词。这是一篇文章，网页的标题放在了header元素中，在header元素的后面将所有关于文章的部分放在了一个article元素中，将文章的正文部分放在了一个p元素中，但是该文章还有一个名词解释的附属部分，用来解释该文章中的一些名词，因此，在p元素的下部又放置了一个aside元素，用来存放名词解释部分的内容。

```
<!DOCTYPE html>

<head>
<meta charset="utf-8">
<title></title>
</head>
<body>
<header>
    <h1>HTML5</h1>
</header>
<article>
    <h1>HTML5 历史 </h1>
    <p>HTML5 草案的前身名为 Web Applications 1.0，于 2004 年被 WHATWG 提出，于 2007 年被 W3C 接纳，并成立了新的 HTML 工作团队。HTML5 的第一份正式草案已于 2008 年 1 月 22 日公布。HTML5 仍处于完善之中。然而，大部分现代浏览器已经具备了某些 HTML5 支持。</p>
    <aside>
        <h1> 名词解释 </h1>
        <dl>
            <dt>WHATWG</dt>
             <dd>Web Hypertext Application Technology Working Group,HTML 工作开发组的简称，目前与 W3C 组织同时研发 HTML5。</dd>
        </dl>
        <dl>
            <dt>W3C</dt>
             <dd>World Wide Web Consortium，万维网联盟，万维网联盟是国际著名的标准化组织。1994 年成立后，至今已发布近百项相关万维网的标准，对万维网发展做出了杰出的贡献。</dd>
        </dl>
    </aside>
</article>
</body>
```

因为这个aside元素被放置在一个article元素内部，因此引擎将这个aside元素的内容理解成article元素的内容相关联。

- 作为页面或站点全局的附属信息部分，在article元素之外使用。最典型的形式是侧边栏，其中的内容可以是友情链接、博客中其他文章列表、广告单元等。

【示例2】下面代码使用aside元素为个人网页添加一个友情链接版块。

```
<!DOCTYPE html>
<head>
<meta charset="utf-8">
<title></title>
</head>
<body>
<aside>
    <nav>
        <h2>友情链接</h2>
        <ul>
            <li> <a href="#">网站1</a></li>
            <li> <a href="#">网站2</a></li>
            <li> <a href="#">网站3</a></li>
        </ul>
    </nav>
</aside>
</body>
```

友情链接在博客网站中比较典型，一般放在左右两侧的边栏中，因此可以使用aside元素来实现，但是该侧边栏又是具有导航作用的，因此嵌套了一个nav元素，该侧边栏的标题是“友情链接”，放在h2元素中，在标题之后使用了一个Ul列表，用来存放具体的导航链接。

3.3.5 设计微格式

HTML5微格式的提出主要目的是简化Web开发的数据提取。曾从网页中提取过数据的Web开发人员都知道，现有的HTML结构除了告诉浏览器这些信息在哪里之外，几乎不能再提供任何有意义的信息。开发人员需要了解与数据本身有关的信息，这些信息能帮助程序员了解这些数据的真正含义。 HTML5中的微格式（Microformat）引入了一种新的机制，它在HTML中新增了一些专门的标签，可以帮助程序员分析标签之中的数据的真实含义。

没有人能够预测微格式到底将带给网络多少改变，但很容易看出，这种新的机制将给程序员带来很大方便，帮助程序员开发出更有效率的Web应用。例如，如果有一个好的、标准的方式来表示日期和时间，那么程序员在为网站开发与时间有关的Web程序时，就无须另外编写专门的代码来分析或者猜测别人可能用什么时间格式。这样，日历、时间表、日程安排等需要从多个数据源收集时间信息的应用也就变成非常简单的工作了。

微格式是一种利用HTML的class属性来对网页添加附加信息的方法，附加信息如新闻事件发生的日期和时间、个人电话号码、企业邮箱等。微格式并不是在HTML5之后才有的，在HTML5之前它就和HTML结合使用了，但是在使用过程中发现在日期和时间的机器编码上出现了一些问题，编码过程中会产生一些歧义。HTML5增加了一种新的元素用来无歧义地、明确地对机器的日期和时间进行编码，并且以让人易读的方式来展现它。这个元素就是time元素。

time元素代表24小时中的某个时刻或某个日期，表示时刻时允许带时差。它可以定义很多格式的日期和时间，如下所示：

```
<time datetime="2013-11-13">2013 年 11 月 13 日 </time>
<time datetime="2013-11-13">11 月 13 日 </time>
<time datetime="2013-11-13"> 我的生日 </time>
<time datetime="2013-11-13T20:00"> 我生日的晚上 8 点 </time>
<time datetime="2013-11-13T20:00Z"> 我生日的晚上 8 点 </time>
<time datetime="2013-11-13T20:00+09:00"> 我生日的晚上 8 点的美国时间 </time>
```

编码时引擎读到的部分在datetime属性里，而元素的开始标记与结束标记中间的部分是显示在网页上的。datetime属性中日期与时间之间要用“T”文字分隔，“T”表示时间。

注意倒数第二行，时间加上Z文字表示给机器编码时使用UTC标准时间，倒数第一行则加上了时差，表示向机器编码另一地区时间，如果是编码本地时间，则不需要添加时差。

3.3.6 添加发布日期

pubdate属性是一个可选的布尔值属性，它可以用在article元素中的time元素上，意思是time元素代表了文章（artilce元素的内容）或整个网页的发布日期。

【示例】下面示例使用pubdate属性为文档添加引擎检索的发布日期。

```
<article>
    <header>
        <h1> 谷歌董事长施密特：每天把手机电脑关机 1 小时 </h1>
        <p> 发布日期 <time datetime="2013-5-22" pubdate>2013 年 5 月 22 日 </time></p>
    </header>
    <p> 新浪科技讯 北京时间 5 月 21 日早间消息，谷歌 ( 微博 ) 执行董事长埃里克·施密特 (Eric Schmidt) 周日在波士顿大学发表演讲时表示，大学生应当将目光从智能手机和电脑屏幕上移开。
</p>
    <footer>
        <p>http://www.sina.com.cn</p>
    </footer>
</article>
```

由于time元素不仅仅表示发布时间，而且还可以表示其他用途的时间，如通知、约会等。为了避免引擎误解发布日期，使用pubdate属性可以显式告诉引擎文章中哪个是真正的发布时间。

```
<article>
    <header>
        <h1> 谷歌董事长施密特：每天把手机电脑关机 1 小时 </h1>
        <p> 发布日期 <time datetime="2013-5-22" pubdate>2013 年 5 月 22 日 </time></p>
        <p> 关于 <time datetime=2013-5-23>5 月 23 日 </time> 更正通知 </p>
    </header>
    <p> 新浪科技讯 北京时间 5 月 21 日早间消息，谷歌 ( 微博 ) 执行董事长埃里克·施密特 (Eric Schmidt) 周日在波士顿大学发表演讲时表示，大学生应当将目光从智能手机和电脑屏幕上移开。
</p>
    <footer>
        <p>http://www.sina.com.cn</p>
    </footer>
</article>
```

在这个例子中，有两个time元素，分别定义了两个日期：更正日期和发布日期。由于都使用了time元素，所以需要使用pubdate属性表明哪个time元素代表了新闻的发布日期。

3.4 定义语义块

除了以上几个主要的结构元素之外，HTML5内还增加了一些表示逻辑结构或附加信息的非主体结构元素。

3.4.1 添加标题块

header元素是一种具有引导和导航作用的结构元素，通常用来放置整个页面或页面内的一个内容区块的标题，但也可以包含其他内容，如数据表格、搜索表单或相关的LOGO图片，因此整个页面的标题应该放在页面的开头。

【示例1】在一个网页内可以多次使用header元素，下面示例显示为每个内容区块加一个header元素。

```
<!DOCTYPE html>
<head>
<meta charset="utf-8">
<title></title>
</head>
<body>
<header>
    <h1> 网页标题 </h1>
</header>
<article>
    <header>
        <h1> 文章标题 </h1>
    </header>
    <p> 文章正文 </p>
</article>
</body>
```

在HTML5中，header元素通常包含h1~h6元素，也可以包含hgroup、table、form、nav等元素，只要应该显示在头部区域的语义标签，都可以包含在header元素中。

【示例2】下面页面是个人博客首页的头部区域代码示例，整个头部内容都放在header元素中。

```
<!DOCTYPE html>
<head>
<meta charset="utf-8">
<title></title>
</head>
<body>
<header>
    <hgroup>
        <h1> 我的博客 </h1>
        <a href="#">[URL]</a> <a href="#">[ 订阅 ]</a> <a href="#">[ 手机订阅 ]</a> </hgroup>
    <nav>
        <ul>
            <li> 首页 </li>
            <li><a href="#"> 目录 </a></li>
            <li><a href="#"> 社区 </a></li>
            <li><a href="#"> 微博我 </a></li>
        </ul>
    </nav>
</header>
</body>
```

3.4.2 标题分组

hgroup元素可以为标题或者子标题进行分组，通常它与h1～h6元素组合使用，一个内容块中的标题及其子标题可以通过hrgoup元素组成一组。但是，如果文章只有一个主标题，则不需要hgroup元素。

【示例】下面示例显示如何使用hgroup元素把主标题、副标题和标题说明进行分组，以便让引擎更容易识别标题块。

```
<!DOCTYPE html>
<head>
<meta charset="utf-8">
<title></title>
</head>
<body>
<article>
    <header>
        <hgroup>
            <h1> 主标题 </h1>
            <h2> 副标题 </h2>
            <h3> 标题说明 </h3>
        </hgroup>
        <p>
            <time datetime="2013-6-20"> 发布时间：2013 年 6 月 20 日 </time>
        </p>
    </header>
    <p> 新闻正文 </p>
</article>
</body>
```

3.4.3 添加脚注块

footer元素可以作为内容块的注脚，如在父级内容块中添加注释，或者在网页中添加版权信息等。脚注信息有很多种形式，如作者、相关阅读链接及版权信息等。

【示例1】在HTML5之前，要描述注脚信息，一般使用<div id="footer">标签定义包含框。自从HTML5新增了footer元素，这种方式将不再使用，而是使用更加语义化的footer元素来替代。在下面代码中使用footer元素为页面添加版权信息栏目。

```
<!DOCTYPE html>
<head>
<meta charset="utf-8">
<title></title>
</head>
<body>
<article>
    <header>
        <hgroup>
            <h1> 主标题 </h1>
            <h2> 副标题 </h2>
            <h3> 标题说明 </h3>
        </hgroup>
        <p>
            <time datetime="2013-03-20"> 发布时间：2013 年 10 月 29 日 </time>
        </p>
```

```
    </header>
    <p> 新闻正文 </p>
</article>
<footer>
    <ul>
        <li> 关于 </li>
        <li> 导航 </li>
        <li> 联系 </li>
    </ul>
</footer>
</body>
```

【示例2】与header元素一样，页面中也可以重复使用footer元素。同时，可以为article元素或section元素添加footer元素。在下面代码中分别在article、section和body元素中添加footer元素。

```
<!DOCTYPE html>
<head>
<meta charset="utf-8">
<title></title>
</head>
<body>
<header>
    <h1> 网页标题 </h1>
</header>
<article> 文章内容
    <h2> 文章标题 </h2>
    <p> 正文 </p>
    <footer> 注释 </footer>
</article>
<section>
    <h2> 段落标题 </h2>
    <p> 正文 </p>
    <footer> 段落标记 </footer>
</section>
<footer> 网页版权信息 </footer>
</body>
```

3.4.4 添加联系信息

address元素用来在文档中定义联系信息，包括文档作者或文档编辑者名称、电子邮箱、真实地址、电话号码等。

【示例1】address元素的用途不仅仅是用来描述电子邮箱或真实地址，还可以描述与文档相关的联系人的所有联系信息。下面代码展示了博客侧栏中的一些技术参考网址链接。

```
<!DOCTYPE html>
<head>
<meta charset="utf-8">
<title></title>
</head>
<body>
<address>
    <a href="http://www.w3.org/">W3C</a>
    <a href="http://www.whatwg.org/">WHATWG</a>
    <a href="http://www.mhtml5.com/">HTML5 研究小组 </a>
```

```
</address>
</body>
```

【示例2】也可以把footer元素、time元素与address元素结合起来使用，以实现设计一个比较复杂的板块结构。

```
<!DOCTYPE html>
<head>
<meta charset="utf-8">
<title></title>
</head>
<body>
<footer>
    <section>
        <address>
        <a title="作者：html5" href="http://www.whatwg.org/">HTML5+CSS3 技术趋势 </a>
        </address>
        <p> 发布于：
            <time datetime="2013-6-1" >2013 年 6 月 1 日 </time>
        </p>
    </section>
</footer>
</body>
```

在这个示例中，把博客文章的作者、博客的主页链接作为作者信息放在address元素中，把文章发表日期放在time元素中，把这个address元素与time元素中的总体内容作为脚注信息放在footer元素中。

3.5 CSS3选择器

CSS3增强了选择器的功能，提供更多伪类选择器和属性选择器，通过使用CSS3 的选择器，可以提高开发人员的工作效率。在本节中，将介绍属性选择器和伪类选择器的基本用法。

3.5.1 属性选择器

在CSS3 中，可以使用HTML元素的属性名称选择性地定义CSS样式。其实，属性选择器早在CSS2 中就被引入了，其主要作用就是为带有指定属性的HTML 元素设置样式。例如，通过指定div元素的id属性，设定相关样式。

属性选择器一共分为4 种匹配模式选择器：

- 完全匹配属性选择器
- 包含匹配选择器
- 首字符匹配选择器
- 尾字符匹配选择器

1. 完全匹配属性选择器

其含义就是完全匹配字符串。当div 元素的id 属性值为test 时，利用完全匹配选择器选择任何id 值为test 的元素都使用该样式。如下代码通过指定id 值将属性设置为红色字体：

```
<div id="article">测试完全匹配属性选择器 </div>
<style type="text/css">
[id=article]{
```

```
color:red;
}
</style>
```

2．包含匹配选择器

包含匹配比完全匹配范围更广。只要元素中的属性包含有指定的字符串，元素就使用该样式。其语法是：[attribute*=value]。其中attribute 是指属性名，value是指属性值，包含匹配采用“*=”符号。

例如，下面三个div 元素都符合匹配选择器的选择，并将div 元素内的字体设置为红色字体：

```
<div id="article">测试完全匹配属性选择器</div>
<div id="subarticle">测试完全匹配属性选择器</div>
<div id="article1">测试完全匹配属性选择器</div>
<style type="text/css">
[id*=article]{
    color:red;
}
</style>
```

3．首字符匹配选择器

首字符匹配就是匹配属性值开头字符，只要开头字符符合匹配，则元素使用该样式。其语法是：[attribute^=value]。其中attribute 是指属性名，value 是指属性值，首字符匹配采用“^=”符号。

例如，下面三个div 元素使用首字符匹配选择器后，只有id 为article 和article1 的元素才被设置为红色字体。

```
<div id="article">测试完全匹配属性选择器</div>
<div id="subarticle">测试完全匹配属性选择器</div>
<div id="article1">测试完全匹配属性选择器</div>
<style type="text/css">
[id^=article]{
    color:red;
}
</style>
```

4．尾字符匹配选择器

尾字符匹配跟首字符匹配原理一样。尾字符只匹配结尾的字符串，只要结尾字符串符合匹配，则元素使用该样式。其语法是：[attribute$=value]。其中attribute 指的是属性名，value 是指属性值，尾字符匹配采用“$=”符号。

例如，下面三个div 元素使用尾字符匹配选择器时，只有id 为subarticle 的元素才被设置为红色字体。

```
<div id="article">测试完全匹配属性选择器</div>
<div id="subarticle">测试完全匹配属性选择器</div>
<div id="article1">测试完全匹配属性选择器</div>
<style type="text/css">
[id$=article]{
    color:red;
}
</style>
```

3.5.2 伪类选择器

在CSS3 选择器中，伪类选择器种类非常多。然后在CSS2.1 时代，伪类选择器就已经存在，例如超链接的四个状态选择器：a:link、a:visited、a:hover、a:active。CSS3 增加了非常多的选择器，其中包括：

- first-line 伪元素选择器
- first-letter 伪元素选择器
- root 选择器
- not 选择器
- empty 选择器
- target 选择器

这些伪类选择器是CSS3 新增的选择器，它们都能得到在Android 和iOS 平台下Web浏览器的支持。

1．before

before 伪类元素选择器主要的作用是在选择某个元素之前插入内容，一般用于清除浮动。目前，before 选择器得到支持的浏览器包括：IE8+、Firefox、Chrome、Safari、Opera、Android Browser 和iOS Safari。before 选择器的语法如下：

```
元素标签 :before{
    content:" 插入的内容 "
}
例如，在p 元素之前插入“文字 ":
p.before{
    content:" 文字 "
}
```

2．after

after 伪类元素选择器和before 伪类元素选择器原理一样，但after 是在选择某个元素之后插入内容。目前，before 选择器得到支持的浏览器包括：IE8+、Firefox、Chrome、Safari、Opera、Android Browser 和iOS Safari。after 选择器的语法如下：

```
元素标签 :after{
    content:" 插入的内容 "
}
```

3．first-child

指定元素列表中第一个元素的样式。语法如下：

```
li:first-child{
    color:red;
}
```

4．last-child

与 first-child 是同类型的选择器。last-child 指定元素列表中最后一个元素的样式。语法如下：

```
li:last-child{
    color:red;
}
```

5. nth-child 和nth-last-child

nth-child 和nth-last-child 可以指定某个元素的样式或从后数起某个元素的样式。例如：

```
//指定第 2 个 li 元素
li:nth-child(2){}
//指定倒数第 2 个 li 元素
li:nth-last-child{}
//指定偶数个 li 元素
li:nth-child(even){}
//指定奇数个 li 元素
li:nth-child(odd){}
```

本节只介绍了部分常用的CSS 选择器，其余的选择器不再详细介绍，有兴趣的读者可以阅读CSS3 相关资料。

3.6 阴影

CSS3已经支持阴影样式效果。目前可以使用的阴影样式一共分成两种：一种是文本内容的阴影效果；另一种是元素阴影效果。下面分别介绍这两种阴影样式。

3.6.1 box-shadow

CSS3 的box-shadow 属性是让元素具有阴影效果，其语法如下：

```
box-shadow:<length> <length> <length> || color;
```

其中，第一个length 值是阴影水平偏移值；第二个length 值是阴影垂直偏移值；第三个length 值是阴影模糊值。水平和垂直偏移值都可取正负值，如4px 或-4px。目前，box-shadow 已经得到Firefox 3.5+、Chrome 2.0+、Safari 4+等现代浏览器的支持。

可是，在基于Webkit 的Chrome 和Safari 等浏览器上使用box-shadow 属性时，需要将属性的名称写成-webkit-box-shadow 的形式。Firefox 浏览器则需要写成-moz-box-shadow 的形式。

从浏览器支持的情况来看，基于Android 和iOS 的移动Web 浏览器也完全支持box-shadow 属性。因此，在编写CSS 样式时可以使用box-shadow 属性来修饰移动Web 应用程序的界面。下面代码为使用box-shadow 的简单示例，该示例兼容Chrome、Safari 及Firefox 浏览器：

```
<style type="text/css">
div{
    /* 其他浏览器 */
    box-shadow:3px 4px 2px #000;
    /*webkit 浏览器 */
    -webkit-box-shadow:3px 4px 2px #000;
    /*Firefox 浏览器 */
    -moz-box-shadow:3px 4px 2px #000;
    padding:5px 4px;
}
</style>
```

3.6.2 text-shadow

text-shadow 属性用于设置文本内容的阴影效果或模糊效果。目前，text-shadow 属性已经得到Safari、Firefox、Chrome和Opera 浏览器的支持。IE8 版本以下的IE 浏览器都不支持该特性。

从Web 浏览器支持的情况来看，大部分移动平台的Web 浏览器都能得到很好的支持。

```
text-shadow 的语法和 box-shadow 的语法基本上一致：
text-shadow:<length> <length> <length> || color
如下代码为使用 text-shadow 的简单示例：
<style type="text/css">
div{
    text-shadow:5px -10px 5px red;
    color:#666;
    font-size:16px;
}
</style>
```

3.7 背景

CSS3 对背景属性增加了很多新特性，如支持背景的显示范围，也支持多图片背景。最重要的是它可以通过属性设置，为背景的颜色设置渐变或任何颜色效果，功能非常丰富。以往使用图片来替代各种页面修饰，逐渐发展到可以通过CSS3 背景属性替换。这些功能对页面加载速度，特别是在移动设备平台，是一个页面性能的提升。

3.7.1 background-size

background-size 属性用于设置背景图像的大小。目前，background-size 属性已经得到Chrome、Safari、Opera 浏览器的支持，同时该属性也支持Android 和iOS 平台的Web 浏览器。

background-size 属性在不同的Web 浏览器下的语法方面有一定的差别。在基于Webkit 的Chrome 和Safari 浏览器下，其写法为-webkit-background-size；而在Opera 浏览器下则不需要-webkit 前缀，只需要写成background-size。在移动Web 开发项目应用中，建议采用兼容模式的写法，例如下面代码：

```
background-size:10px 5px;
-webkit-background-size:10px 5px;
```

3.7.2 background-clip

background-clip 属性用于确定背景的裁剪区域。虽然 background-clip 属性支持除IE 以外的大部分Web 浏览器，但在实际项目应用中应用范围不广。其语法如下：

```
background-clip:border-box | padding-box | content-box | no-clip
```

其中border-box 是从border 区域向外裁剪背景；padding-box 是从padding 区域向外裁剪背景；content-box 是从内容区域向外裁剪背景；no-clip 是从border 区域向外裁剪背景。

3.7.3 background-origin

background-origin 属性指定background-position 属性的参考坐标的起始位置。background-origin 属性有三种值可以选择，border 值指定从边框的左上角坐标开始；content 值指定从内容区域的左上角坐标开始；padding 值指定从padding 区域开始。

3.7.4 background

background 属性在CSS3 中被赋予非常强大的功能。其中一个非常重要的功能就是多重背景。以前设置图片背景时，只能使用一张图片，而在CSS3 中，则可以设置多重背景图片，例如代码：

```
background:url(background1.png) left top no-repeat,url(background2.png) left top no-repeat;
```

Chrome和Safari 浏览器都支持background 属性的多重背景功能。由于它们都是基于Webkit浏览器，因此该功能也支持Android 和iOS 移动平台的移动Web 浏览器。但鉴于采用图片的方式设置背景会严重影响在移动Web 端的体验，因此可以使用Webkit 的其中一种特性对背景采用颜色渐变，而非采用图片方式。语法如下：

```
-webkit-gradient(<type>, <port>[, <radius>]?,<point> [, <radius>]? [, <stop>]*)
```

上述语法比较复杂，对于入门新手的CSS3 读者而言的确是一个门槛。然而，语法虽然复杂，但在实际使用时是极其简单的，甚至在一些网站上也提供该属性的可视化配置。type 类型是指采用渐变类型，如线性渐变linear 或径向渐变radial。如下代码：

```
background:-webkit-gradient(linear,0 0,0 100%,form(#FFF),to(#000));
```

上述代码的含义是定义一个渐变背景色，该渐变色是线性渐变并且是由白色向黑色渐变的。其中前两个0 表示为渐变开始X 和Y 坐标位置；0 和100%表示为渐变结束X 和Y 坐标位置。

3.8 圆角边框

CSS3 已经能够轻松地实现圆角效果，只要定义border-radius 属性，就可以随意实现圆角效果。到目前为止，border-radius 属性已经得到Chrome、Safari、Opera、Firefox和IE浏览器的支持。但浏览器之间样式名称的写法有些差别，例如Chrome和Safari 浏览器需要写成-webkit-border-radius； Firefox 浏览器需要写成-moz-border-radius；而Opera浏览器则不需要加前缀，只需要写成border-radius 即可。兼容代码如下：

```
border-radius:10px 5px;
-moz-border-radius:10px 5px;
-webkit-border-radius:10px 5px;
```

或者

```
border-radius:10px 5px 10px 5px;
-moz-border-radius:10px 5px 10px 5px;
-webkit-border-radius:10px 5px 10px 5px;
```

需要注意的是，border-radius 属性是不允许使用负值的，当其中一个值为0 时，则该值对应的角为矩形，否则为圆角。

Style for Dreamweaver

Chapter 04 设计响应式页面

对应版本

8 CS3 CS4 CS5 CS5.5 CS6

学习难易度

1 2 3 4 5

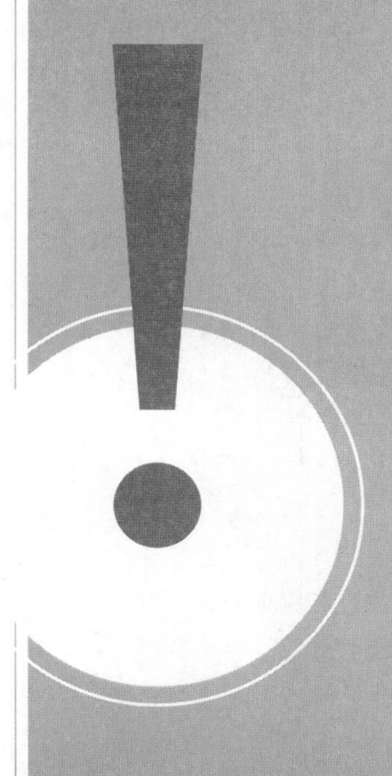

CHAPTER 04

设计响应式页面

随着移动页面设计的普及，响应式Web设计（Responsive Web design）概念及相关技术也开始流行起来。响应式Web设计理念是：页面的设计与开发应该根据用户行为及设备环境（如系统平台、屏幕尺寸、屏幕定向等）进行相应的响应和调整。具体的实现技术包括弹性网格和布局、图片、CSS media query的使用等。无论用户正在使用笔记本电脑，还是iPad，所设计的页面都应该能够自动切换分辨率、图片尺寸及相关脚本功能等，以适应不同设备，即页面应有能力去自动响应用户的设备环境。这样就可以不必为不断出现的新设备做专门的版本设计和开发。本章将结合Dreamweaver CC介绍快速设计响应式页面的各种方法和实现技巧。

4.1 响应式设计入门

在Web设计和开发领域，开发者是无法跟上设备与分辨率革新的步伐，对于多数网站来说，为每种新设备、分辨率设计独立的版本是不切实际的。一个网站如何能够兼容多个终端，而不是为每个终端做一个特定的版本呢？通过响应式设计可以帮助我们避免这种情况的发生。

4.1.1 认识响应式设计

手机的屏幕比较小，宽度通常在600px以下，PC的屏幕宽度，一般都在1 000px以上。同样的内容，要在大小迥异的屏幕上，都呈现出满意的效果，并不是一件容易的事。

最初网站为了解决这个问题，解决方式是为不同的设备提供不同的网页，如专门提供一个mobile版本，或者iPhone/iPad版本。这样做固然保证了效果，但是比较麻烦，同时要维护好几个版本，大大增加了架构设计的复杂度，如图4.1所示。

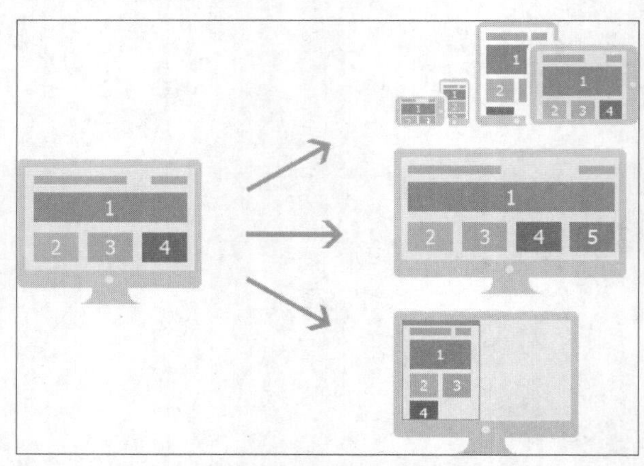

图 4.1　适应不同设备的多套网站效果

如何实现“一次设计，普遍适用”，让同一张网页自动适应不同大小的屏幕，根据屏幕宽度，自动响应调整布局呢？响应式Web设计就是这样一种技术，它可以让网站适应任何设备，如智能手机、平板电脑、TV、PC显示器、iPhone和Android手机，包括横向、纵向的屏幕，如图4.2所示。

图 4.2 风格多样的屏幕设备

不同设备都有各自屏幕分辨率、清晰度及屏幕定向方式（如横屏、竖屏、正方形等），对于日益流行的iPhone、iPad及其他一些智能手机、平板电脑，用户还可以通过转动设备任意切换屏幕的定向方式，如图4.3所示。

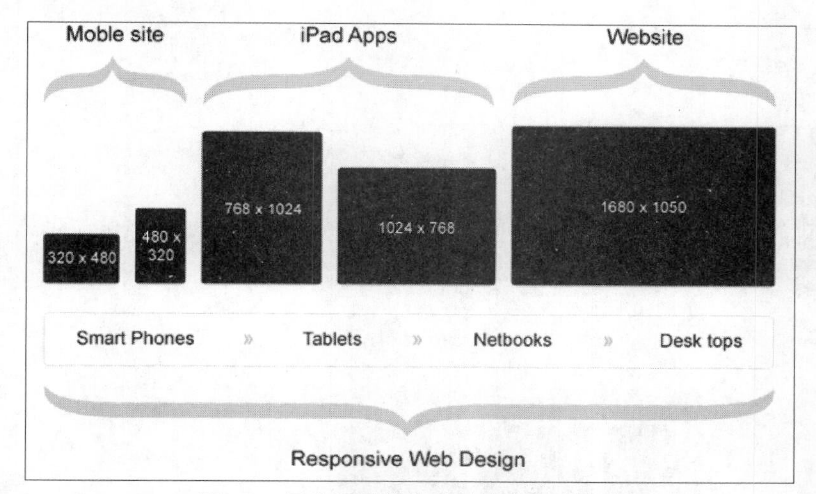

图 4.3 适应不同设备类型的响应式设计

响应式Web设计的实现方法包括：弹性网格、液态布局、弹性图片显示、使用CSS Media Query技术等。无论用户正在使用台式机、笔记本电脑、平板电脑（如iPad）、移动设备（如iPhone）等，设计的页面都能够自动切换分辨率、图片尺寸及相关脚本功能等，以适应不同设备，即页面应该有能力去自动响应用户的设备环境。

2010年Ethan Marcotte提出了响应式Web设计（Responsive Web Design）概念，他制作了一个范例，展示了响应式Web设计在页面弹性方面的特性（http://alistapart.com/d/responsive-web-design/ex/ex-site-flexible.html），页面内容是《福尔摩斯历险记》六个主人公的头像。如果屏幕宽度大于1 300px，则6张图片并排在一行，如图4.4所示。

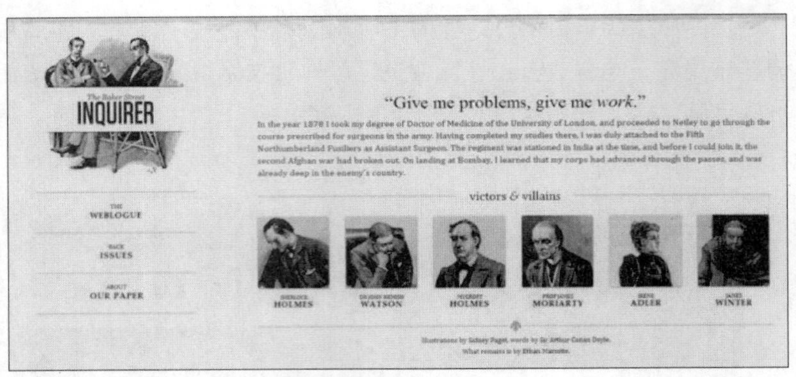

图 4.4　宽屏显示效果

如果屏幕宽度在600～1 300px之间，则6张图片分成两行，如图4.5（左）所示。如果屏幕宽度在400~600px之间，则导航栏移到网页头部，如图4.5（中）所示。如果屏幕宽度在400px以下，则6张图片分成三行，如图4.5（右）所示。

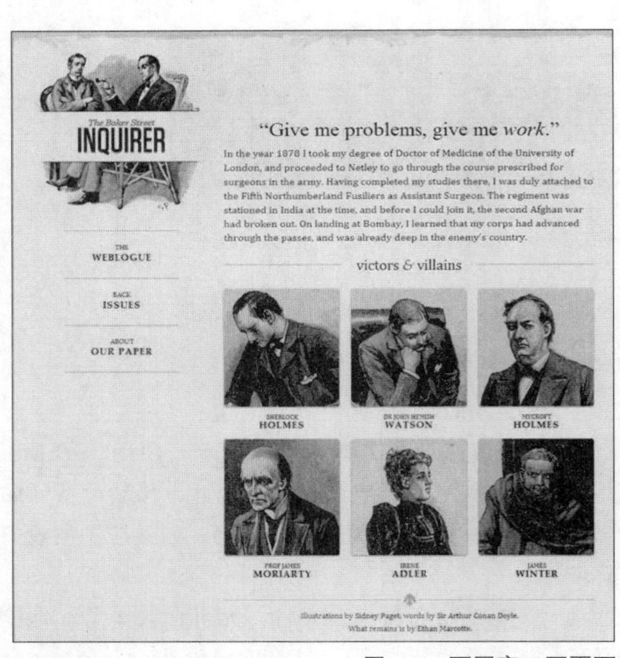

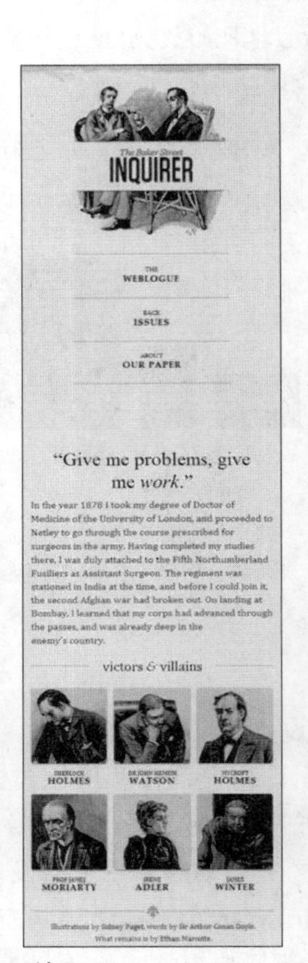

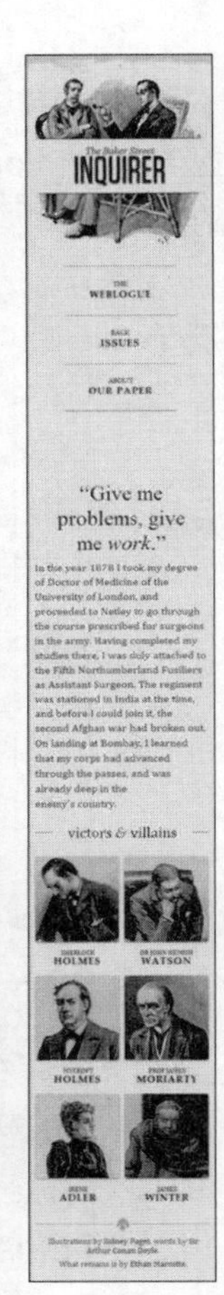

图 4.5　不同窗口下页面显示效果

如果将浏览器窗口不断调小，会发现LOGO图片的文字部分始终会保持同比缩小，保证其完整可读，而不会和周围的插图一样被两边裁掉。所以整个LOGO其实包括两部分：插图作为页面标题的背景图片，会保持尺寸，但会随着布局调整而被裁切；文字部分则是一张单独的图片。

```
<h1 id="logo">
    <a href="#"><img src="site/logo.png" alt="The Baker Street Inquirer" /></a>
</h1>
```

其中，<h1>标记使用插图作为背景，文字部分的图片始终保持与背景的对齐。

该实例的实现方式完美地结合了液态网格和液态图片技术，展示了响应式Web设计的思路。mediaqueri.es网站（http://mediaqueri.es/）提供了更多这样的例子，还可以使用一个测试工具（http://www.benjaminkeen.com/open-source-projects/smaller-projects/responsive-design-bookmarklet/），可以在一张网页上，同时显示不同分辨率屏幕的测试效果。

4.1.2 响应式Web设计流程

第1步：确定需要兼容的设备类型、屏幕尺寸。

通过用户研究，了解用户使用的设备分布情况，确定需要兼容的设备类型、屏幕尺寸。

设备类型：包括移动设备（手机、平板）和PC。对于移动设备，设计和实现时注意增加手势的功能。

屏幕尺寸：包括各种手机屏幕的尺寸（包括横向和竖向）、各种平板的尺寸（包括横向和竖向）、普通电脑屏幕和宽屏。

在设计中要注意以下几个问题：

- 在响应式设计页面时，确定页面适用的尺寸范围。例如，1688搜索结果页面，跨度可以从手机到宽屏，而1688首页，由于结构过于复杂，想直接迁移到手机上，不太现实，不如直接设计一个手机版的首页。
- 结合用户需求和实现成本，对适用的尺寸进行取舍。如一些功能操作的页面，用户一般没有在移动端进行操作的需求，没有必要进行响应式设计。

第2步：制作线框原型。

针对确定需要适应的几个尺寸，分别制作不同的线框原型，需要考虑清楚不同尺寸下，页面的布局如何变化，内容尺寸如何缩放，功能、内容的删减，甚至针对特殊的环境作特殊化的设计等。这个过程需要设计师和开发人员保持密切的沟通。

第3步：测试线框原型。

将图片导入相应的设备进行一些简单的测试，可以尽早发现可访问性、可读性等方面存在的问题。

第4步：视觉设计。

由于移动设备的屏幕px密度与传统电脑屏幕不一样，在设计时需要保证内容文字的可读性、控件可单击区域的面积等。

第5步：脚本实现。

与传统的Web开发相比，响应式设计的页面由于页面布局、内容尺寸发生了变化，所以最终的产出更有可能与设计稿出入较大，需要开发人员和设计师多沟通。

4.1.3 设计响应式图片

在响应式Web设计中，首先需要解决如何让图片具有弹性显示的能力。弹性图片的设计思路：无论何时，都确保在图片原始宽度范围内，以最大的宽度完整地显示图片。用户不必在样式表中为图片设置宽度和高度，只需要让样式表在窗口尺寸发生变化时，辅助浏览器对图片进行缩放。

有很多同比缩放图片的技术，比较流行的方法是使用CSS的max-width属性。

```
img {
    max-width: 100%;
}
```

只要没有层叠样式的干扰，页面上所有的图片就会以其原始宽度进行加载，除非其容器可视部分的宽度小于图片的原始宽度。上面的代码确保图片最大的宽度不会超过浏览器窗口或是其容器可视部分的宽度，所以当窗口或容器的可视部分开始变窄时，图片的最大宽度值也会相应地减小，图片本身永远不会被容器边缘隐藏和覆盖。

老版本的IE不支持max-width，可以单独设置为：

```
img {
    width: 100%;
}
```

此外，Windows平台缩放图片时，可能出现图像失真现象。这时，可以尝试使用IE的专有命令：

```
img {
    -ms-interpolation-mode: bicubic;
}
```

或者使用Ethan Marcotte开发的专用插件imgSizer.js（http://unstoppablerobotninja.com/demos/resize/imgSizer.js）。

```
addLoadEvent(function() {
    var imgs = document.getElementById("content").getElementsByTagName("img");
    imgSizer.collate(imgs);
});
```

如果有条件，最好能够根据不同大小的屏幕，加载不同分辨率的图片。有很多方法可以做到这一条，在服务器端和客户端都可以实现。

图片分辨率与加载时间是另外一个需要考虑的响应问题。虽然通过上面的方法，可以很轻松地缩放图片，确保在移动设备的窗口中可以被完整浏览，但如果原始图片本身过大，便会显著降低图片文件的下载速度，对存储空间也会造成没有必要的消耗。

要实现图片的智能响应，应该解决两个问题：自适应图片缩放尺寸，在小设备上能够自动降低图片的分辨率。为此，Filament Group提供了一种解决方案，这个方案的实现需要配合使用几个相关文件：rwd-images.js和.htaccess，读者可以在Github上获取（https://github.com/filamentgroup/Responsive-Images），具体使用方法可以参考Responsive Images的说明文档（https://github.com/filamentgroup/Responsive-Images#readme）。

Responsive Images的设计原理：使用rwd-images.js文件检测当前设备的屏幕分辨率，如果是大屏幕设备，则向页面头部区域添加Base标记，并将后续的图片、脚本和样式表加载请求定向到一个虚拟路径"/rwd-router"。当这些请求到达服务器端，.htacces文件会决定这些请求所需要的是原始图片，还是小尺寸的响应式图片，并进行相应的反馈输出。对于小屏幕的移动设备，原始尺寸的大图片永远不会被用到。

该技术支持大部分现代的浏览器，如IE8+、Safari、Chrome和Opera，以及这些浏览器的移动设备版本。在FireFox及一些旧浏览器中，则仍可得到小图片的输出，但同时原始大图也会被下载。

例如，用户可以尝试使用不同的设备访问http://filamentgroup.com/examples/responsive-images/页面，则会发现，不同设备中所显示的图片分辨率是不同，如图4.6所示。

图 4.6　不同设备下图片分比率不同

! TIPS

在iPhone、iPod Touch中，页面会被自动的同比例缩小至最适合屏幕大小的尺寸，x轴不会产生滚动条，用户可以上下拖动浏览全部页面，或在需要的时候放大页面的局部。这里会产生一个问题，即使使用响应式Web设计的方法，专门为iPhone输出小图片，它同样会随着整个页面一起被同比例缩小，如图4.7（左）所示。

图 4.7　不同设备下视图下的效果

针对上面问题，可以使用苹果专有<meta>标签来解决类似问题。在页面的<head>部分添加以下代码：

```
<meta name="viewport" content="width=device-width; initial-scale=1.0">
```

viewport是网页默认的宽度和高度，上面这行代码的意思是，网页宽度默认等于屏幕宽度（width=device-width），原始缩放比例（initial-scale=1）为1.0，即网页初始大小占屏幕面积的100%。

4.1.4 设计响应式结构

由于网页需要根据屏幕宽度自动调整布局，首先，用户不能使用绝对宽度的布局，也不能使用具有绝对宽度的元素。具体地说，不能使用px单位定义宽度：

```
width: 940 px;
```

只能指定百分比宽度：

```
width: 100%;
```

或者

```
width:auto;
```

网页字体大小也不能使用绝对大小（px），而只能使用相对大小（em）。例如：

```
body {
    font: normal 100% Helvetica, Arial, sans-serif;
}
上面的代码定义字体大小是页面默认大小的100%，即16px。
h1 {
    font-size: 1.5em;
}
```

然后，定义一级标题的大小是默认字体大小的1.5倍，即24px（24/16=1.5）。

```
small {
    font-size: 0.875em;
}
```

定义small元素的字体大小是默认字体大小的0.875倍，即14px（14/16=0.875）。

流体布局（http://alistapart.com/article/fluidgrids）是响应式设计中一个重要方面，它要求页面中各个区块的位置都是浮动的，不是固定不变的。

```
.main {
    float: right;
    width: 70%;
}
.leftBar {
    float: left;
    width: 25%;
}
```

Float的优势是如果宽度太小，并列显示不下两个元素，后面的元素会自动换前面元素的下方显示，而不会出现水平方向overflow（溢出），避免了水平滚动条的出现。另外，应该尽量减少绝对定位（position: absolute）的使用。

在响应式网页设计中，除了图片方面，还应考虑页面布局结构的响应式调整。一般可以使用独立的样式表，或者使用CSS Media Query技术。例如，可以使用一个默认主样式表来定义页面的主要结构元素，如#wrapper、#content、#sidebar、#nav等的默认布局方式及一些全局性的样式方案。

然后可以监测页面布局随着不同的浏览环境而产生的变化，如果它们变得过窄、过短、过宽、过长，则通过一个子级样式表来继承主样式表的设定，并专门针对某些布局结构进行样式覆盖。

例如，下面的代码可以放在默认主样式表style.css中：

```
html, body {}
h1, h2, h3 {}
```

```
p, blockquote, pre, code, ol, ul {}
/* 结构布局元素 */
#wrapper {
    width: 80%;
    margin: 0 auto;
    background: #fff;
    padding: 20px;
}
#content {
    width: 54%;
    float: left;
    margin-right: 3%;
}
#sidebar-left {
    width: 20%;
    float: left;
    margin-right: 3%;
}
#sidebar-right {
    width: 20%;
    float: left;
}
```

下面的代码可以放在子级样式表mobile.css中，专门针对移动设备进行样式覆盖：

```
#wrapper {
    width: 90%;
}
#content {
    width: 100%;
}
#sidebar-left {
    width: 100%;
    clear: both;
    border-top: 1px solid #ccc;
    margin-top: 20px;
}
#sidebar-right {
    width: 100%;
    clear: both;
    border-top: 1px solid #ccc;
    margin-top: 20px;
}
```

CSS3支持在CSS2.1中定义的媒体类型，同时添加了很多涉及媒体类型的功能属性，包括max-width（最大宽度）、device-width（设备宽度）、orientation（屏幕定向：横屏或竖屏）和color。在CSS3发布之后，新上市的iPad、Android相关设备都可以完美地支持这些属性。所以，可以通过Media Query为新设备设置独特的样式，而忽略那些不支持CSS3的台式机中的旧浏览器。

例如，下面代码定义了如果页面通过屏幕呈现，非打印一类，并且屏幕宽度不超过480px，则加载shetland.css样式表。

```
<link rel="stylesheet" type="text/css" media="screen and (max-device-width: 480px)" href="shetland.css" />
```

用户可以创建多个样式表，以适应不同设备类型的宽度范围。当然，更有效率的做法是：将多个Media Queries整合在一个样式表文件中：

```
@media only screen  and (min-device-width : 320px)  and (max-device-width : 480px) {
    /* Styles */
}
@media only screen  and (min-width : 321px) {
    /* Styles */
}
@media only screen  and (max-width : 320px) {
    /* Styles */
}
```

上面代码可以兼容各种主流设备。这样整合多个Media Queries于一个样式表文件的方式，与通过Media Queries调用不同样式表是不同的。

上面代码被CSS2.1和CSS3支持，也可以使用CSS3专有的Media Queries功能来创建响应式Web设计。通过min-width可以设置在浏览器窗口或设备屏幕宽度高于这个值的情况下，为页面指定一个特定的样式表，而max-width属性则反之。

例如，使用多个Media Queries整合在单一样式表中，这样做更加高效，减少请求数量。

```
@media screen and (min-width: 600px) {
    .hereIsMyClass {
        width: 30%;
        float: right;
    }
}
```

上面代码中定义的样式类只有在浏览器或屏幕宽度超过600px时才会有效。

```
@media screen and (max-width: 600px) {
    .aClassforSmallScreens {
        clear: both;
        font-size: 1.3em;
    }
}
```

而这段代码的作用则相反，该样式类只有在浏览器或屏幕宽度小于600px时才会有效。

因此，使用min-width和max-width可以同时判断设备屏幕尺寸与浏览器实际宽度。如果希望通过Media Queries作用于某种特定的设备，而忽略其上运行的浏览器是否由于没有最大化，而在尺寸上与设备屏幕尺寸产生不一致的情况。这时，可以使用min-device-width与max-device-width属性来判断设备本身的屏幕尺寸。

```
@media screen and (max-device-width: 480px) {
    .classForiPhoneDisplay {
        font-size: 1.2em;
    }
}
@media screen and (min-device-width: 768px) {
    .minimumiPadWidth {
        clear: both;
        margin-bottom: 2px solid #ccc;
    }
}
```

还有一些其他方法，可以有效使用Media Queries锁定某些指定的设备。

对于iPad来说，orientation属性很有用，它的值可以是landscape（横屏）或portrait（竖屏）。

```
@media screen and (orientation: landscape) {
    .iPadLandscape {
        width: 30%;
```

```
        float: right;
    }
}
@media screen and (orientation: portrait) {
    .iPadPortrait {
        clear: both;
    }
}
```

这个属性目前只在iPad上有效。对于其他可以转屏的设备（如iPhone），可以使用min-device-width和max-device-width来变通实现。

下面将上述属性组合使用，来锁定某个屏幕尺寸范围：

```
@media screen and (min-width: 800px) and (max-width: 1200px) {
    .classForaMediumScreen {
        background: #cc0000;
        width: 30%;
        float: right;
    }
}
```

上面的代码可以作用于浏览器窗口或屏幕宽度在800~1 200px之间的所有设备。

其实，用户仍然可以选择使用多个样式表的方式来实现Media Queries。如果从资源的组织和维护的角度出发，这样做更高效。

```
<link rel="stylesheet" media="screen and (max-width: 600px)" href="small.css" />
<link rel="stylesheet" media="screen and (min-width: 600px)" href="large.css" />
<link rel="stylesheet" media="print" href="print.css" />
```

读者可以根据实际情况决定使用Media Queries的方式。例如，对于iPad，可以将多个Media Queries直接写在一个样式表中。因为iPad用户随时有可能切换屏幕定向，这种情况下，要保证页面在极短的时间内响应屏幕尺寸的调整，我们必须选择效率最高的方式。

Media Queries不是绝对唯一的解决方法，它只是一个以纯CSS方式实现响应式Web设计思路的手段。另外，还可以使用Javascript来实现响应式设计。特别是当某些旧设备无法完美支持CSS3的Media Queries时，它可以作为后备支援。用户可以使用专业的Javascript库来帮助支持旧浏览器（如IE 5+、Firefox 1+、Safari2等）支持CSS3的Media Queries。使用方法很简单，下载css3-mediaqueries.js（http://code.google.com/p/css3-mediaqueries-js/），然后在页面中调用它即可。

所有主流浏览器都支持Media Queries，包括IE9，对于老式浏览器（主要是IE6、7、8）则可以考虑使用css3-mediaqueries.js。

```
<!-[if lt IE 9]>
<script src="http://css3-mediaqueries-js.googlecode.com/svn/trunk/css3-mediaqueries.js"></script>
<![endif]->
例如，下面代码演示了如何使用简单的几行 jQuery 代码来检测浏览器宽度，并为不同的情况调用不同的样式表：
<script type="text/javascript" src="http://ajax.googleapis.com/ajax/libs/jquery/1.9.1/jquery.min.js"></
script>
<script type="text/javascript">
$(document).ready(function(){
    $(window).bind("resize", resizeWindow);
    function resizeWindow(e){
        var newWindowWidth = $(window).width();
        if(newWindowWidth < 600){
            $(“link[rel=stylesheet]").attr({href : "mobile.css"});
```

```
        }
        else if(newWindowWidth > 600){
            $("link[rel=stylesheet]").attr({href : "style.css"});
        }
    }
});
</script>
```

类似这样的解决方案还有很多，借助JavaScript，则可以实现更多的变化。

4.1.5 自适应内容显示

对于响应式Web设计，同比例缩放元素尺寸及调整页面结构布局是两个重要的响应方法。但是对于页面中的文本信息来说，则不能简单地以同比缩小，或者用调整布局结构的方法进行处理。对于手机等移动设备来说：一方面要保证页面元素及布局具有足够的弹性，来兼容各类设备平台和屏幕尺寸；另一方面则需要增强可读性和易用性，帮助用户在任何设备环境中都能更容易地获取最重要的内容信息。

因此，可以在一个针对某类小屏幕设备的样式表中使用它来隐藏页面中的某些块级元素，也可以使用前面的方法，通过Javascript判断当前硬件屏幕规格，在小屏幕设备的情况下直接为需要隐藏的元素添加工具类class。例如，对于手机类设备，可以隐藏大块的文字内容区，而只显示一个简单的导航结构，其中的导航元素可以指向详细内容页面。

! TIPS

隐藏部分内容显示，不要使用visibility: hidden的方式，因为这只能使元素在视觉上不做呈现；display属性则可帮助我们设置整块内容是否需要被输出。

例如，下面示例通过简单的几步设计一个初步响应式页面效果。

1 使用Dreamweaver新建一个HTML5文档，在头部区域定义<meta>标签。大多数移动浏览器将HTML页面放大为宽的视图（viewport）以符合屏幕分辨率。这里可以使用视图的Meta标签来进行重置，让浏览器使用设备的宽度作为视图宽度并禁止初始的缩放。

```
<!doctype html>
<html>
<head>
<meta charset="utf-8">
<title></title>
<!-- viewport meta to reset iPhone inital scale -->
<meta name="viewport" content="width=device-width, initial-scale=1.0">
</head>
<body>
</body>
</html>
```

2 IE8或者更早的浏览器并不支持Media Query。可以使用media-queries.js或者respond.js来为IE添加Media Query支持。

```
<!-- css3-mediaqueries.js for IE8 or older -->
<!--[if lt IE 9]>
    <script src="http://css3-mediaqueries-js.googlecode.com/svn/trunk/css3-mediaqueries.js"></script>
<![endif]-->
```

3 设计页面HTML结构。整个页面基本布局包括:头部、内容、侧边栏和页脚。头部为固定高度180px，内容容器宽度600px，而侧边栏宽度300px，线框图如图4.8所示。

```
<!doctype html>
<html>
<head>
<meta charset="utf-8">
<title></title>
<!-- viewport meta to reset iPhone inital scale -->
<meta name="viewport" content="width=device-width, initial-scale=1.0">
<!-- css3-mediaqueries.js for IE8 or older -->
<!--[if lt IE 9]>
    <script src="http://css3-mediaqueries-js.googlecode.com/svn/trunk/css3-mediaqueries.js"></script>
<![endif]-->
</head>
<body>
<div id="pagewrap">
    <div id="header">
        <h1>Header</h1>
        <p>Tutorial by <a href="#">Myself</a> (read <a href="#">related article</a>)</p>
    </div>
    <div id="content">
        <h2>Content</h2>
        <p>text</p>
    </div>
    <div id="sidebar">
        <h3>Sidebar</h3>
        <p>text</p>
    </div>
    <div id="footer">
        <h4>Footer</h4>
    </div>
</div>
</body>
</html>
```

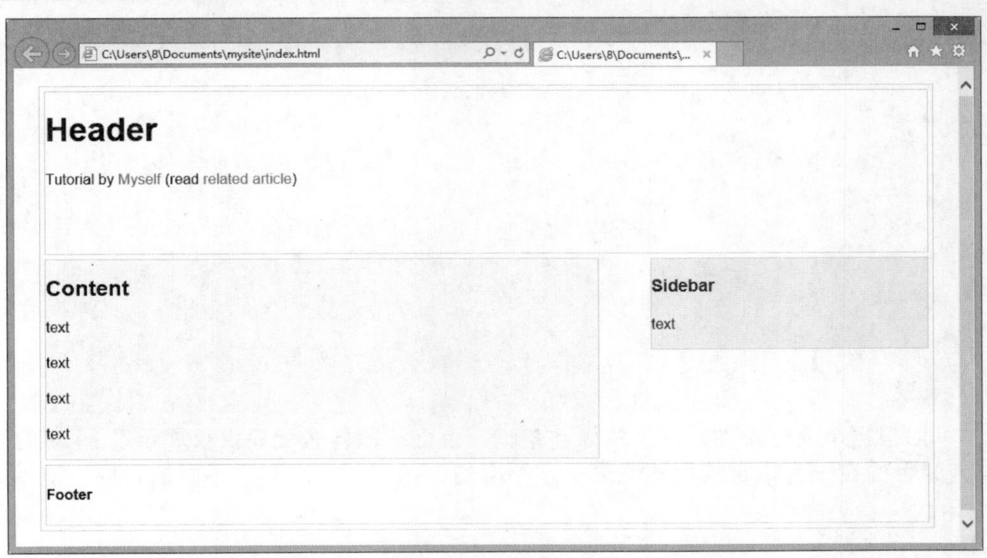

图 4.8 设计页面结构

CHAPTER 04 设计响应式页面

4 使用Media Queries。CSS3 Media Query-媒介查询是响应式设计的核心，它根据条件指引浏览器如何为指定视图宽度渲染页面。

当视图宽度为小于等于980px时，如下规则将会生效。基本上，会将所有的容器宽度从px值设置为百分比以使得容器大小自适应。

```
/* for 980px or less */
@media screen and (max-width: 980px) {

    #pagewrap {
        width: 94%;
    }
    #content {
        width: 65%;
    }
    #sidebar {
        width: 30%;
    }
}
```

5 为小于等于700px的视图指定#content和#sidebar的宽度为自适应并且清除浮动，使得这些容器按全宽度显示。

```
/* for 700px or less */
@media screen and (max-width: 700px) {
        #content {
                width: auto;
                float: none;
        }
        #sidebar {
                width: auto;
                float: none;
        }
}
```

6 对于小于等于480px（手机屏幕）的情况，将#header元素的高度设置为自适应，将h1的字体大小修改为24px并隐藏侧边栏。

```
/* for 480px or less */
@media screen and (max-width: 480px) {
        #header {
                height: auto;
        }
        h1 {
                font-size: 24px;
        }
        #sidebar {
                display: none;
        }
}
```

7 可以根据个人好添加足够多的媒介查询。上面三段样式代码仅仅展示了3个媒介查询。媒介查询的目的在于为指定的视图宽度指定不同的CSS规则，来实现不同的布局。演示效果如图4.9所示。

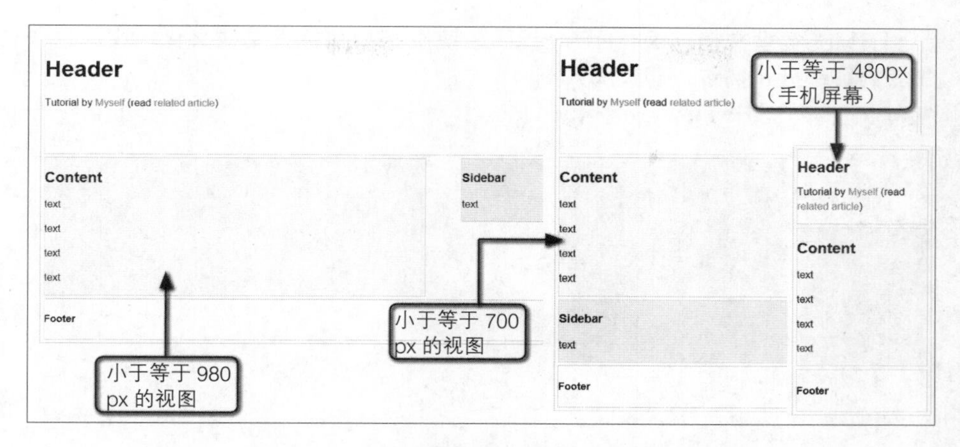

图4.9　设计不同宽度下的视图效果

4.1.6　响应式Web设计实战

在本节示例中，将页面父级容器宽度设置为固定的980px，对于桌面浏览环境，该宽度适用于任何宽于1 024px的分辨率。通过Media Query来监测那些宽度小于980px的设备分辨率，并将页面的宽度设置由固定方式改为液态版式，布局元素的宽度随着浏览器窗口的尺寸变化进行调整。当可视部分的宽度进一步减小到650px以下时，主要内容部分的容器宽度会增大至全屏，而侧边栏将被置于主内容部分的下方，整个页面变为单栏布局。演示效果如图4.10所示。

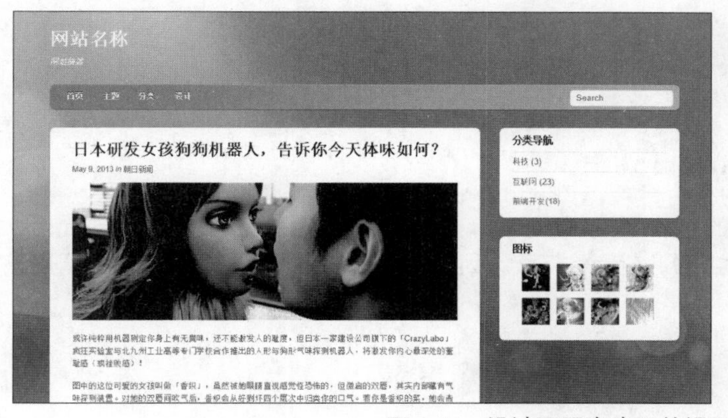

图 4.10　设计不同宽度下的视图效果

在本示例中，主要应用了以下几个技术和技法。

- Media Query JavaScript。对于那些尚不支持Media Query的浏览器，在页面中调用css3-mediaqueries.js。
- 使用CSS Media Queries实现自适应页面设计，使用CSS根据分辨率宽度的变化来调整页面布局结构。
- 设计弹性图片和多媒体。通过max-width: 100%和height: auto实现图片的弹性化。通过width: 100%和height: auto实现内嵌元素的弹性化。
- 字号自动调整的问题，通过-webkit-text-size-adjust:none禁用iPhone中Safari的字号自动调整。

1 新建HTML5类型文档，编写HTML代码。使用HTML5标签更语义化地实现这些结构，包括页头、主要内容部分、侧边栏和页脚。

```
<!doctype html>
<html>
<head>
<meta charset="utf-8">
<title> 无标题文档 </title>
</head>
<body>
<div id="pagewrap">
    <header id="header">
        <hgroup>
            <h1 id="site-logo">Demo</h1>
            <h2 id="site-description">Site Description</h2>
        </hgroup>
        <nav>
            <ul id="main-nav">
                <li><a href="#">Home</a></li>
            </ul>
        </nav>
        <form id="searchform">
            <input type="search">
        </form>
    </header>
    <div id="content">
        <article class="post"> blog post </article>
    </div>
    <aside id="sidebar">
        <section class="widget"> widget </section>
    </aside>
    <footer id="footer"> footer </footer>
</div>
</body>
</htm
```

2 对于HTML5标签，IE9之前的版本无法提供支持。目前的最佳解决方案仍是通过html5.js来帮助这些旧版本的IE浏览器创建HTML5元素节点。因此，这里添加如下兼容技法，调用该JS文件。

```
<!--[if lt IE 9]>
<script src="http://html5shim.googlecode.com/svn/trunk/html5.js"></script>
<![endif]-->
```

3 设计HTML5块级元素样式。首先仍是浏览器兼容问题，虽然经过上一步努力已经可以在低版本的IE中创建HTML5元素节点，但仍需要在样式方面做些工作，将这些新元素声明为块级样式。

```
article, aside, details, figcaption, figure, footer, header, hgroup, menu, nav, section {
      display: block;
}
```

4 设计主要结构的CSS样式。这里将忽略细节样式设计，将注意力集中在整体布局上。整体设计在默认情况下页面容器的固定宽度为980px，页头部分（header）的固定高度为160px，主要内容部分（content）的宽度为600px，左浮动。侧边栏（sidebar）右浮动，宽度为280px。

```
<style type="text/css">
#pagewrap {
    width: 980px;
```

```
    margin: 0 auto;
}
#header { height: 160px; }
#content {
    width: 600px;
    float: left;
}
#sidebar {
    width: 280px;
    float: right;
}
#footer { clear: both; }
</style>
```

5 初步完成了页面结构的HTML和默认结构样式，当然，具体页面细节样式就不再赘述，读者可以参考本节示例源代码。

此时预览页面效果，由于还没有做任何Media Query方面的工作，页面还不能随着浏览器尺寸的变化而改变布局。在页面中调用css3-mediaqueries.js文件，解决IE8及其以前版本支持CSS3 Media Queries。

```
<!--[if lt IE 9]>
    <script src="http://css3-mediaqueries-js.googlecode.com/svn/trunk/css3-mediaqueries.js"></script>
<![endif]-->
```

6 创建CSS样式表，并在页面中调用：

```
<link href="media-queries.css" rel="stylesheet" type="text/css">
```

7 借助Media Queries技术设计响应式布局。

当浏览器可视部分宽度大于650px小于980px时（液态布局），将pagewrap的宽度设置为95%，将content的宽度设置为60%，将sidebar的宽度设置为30%。

```
@media screen and (max-width: 980px) {
    #pagewrap { width: 95%; }
    #content {
        width: 60%;
        padding: 3% 4%;
    }
    #sidebar { width: 30%; }
    #sidebar .widget {
        padding: 8% 7%;
        margin-bottom: 10px;
    }
}
```

8 当浏览器可视部分宽度小于650px时（单栏布局），将header的高度设置为auto；将searchform绝对定位在top: 5px的位置；将main-nav、site-logo、site-description的定位设置为static；将content的宽度设置为auto(主要内容部分的宽度将扩展至满屏)，并取消float设置；将sidebar的宽度设置为100%，并取消float设置。

```
@media screen and (max-width: 650px) {
    #header { height: auto; }
    #searchform {
        position: absolute;
        top: 5px;
        right: 0;
    }
    #main-nav { position: static; }
```

```
    #site-logo {
        margin: 15px 100px 5px 0;
        position: static;
    }
    #site-description {
        margin: 0 0 15px;
        position: static;
    }
    #content {
        width: auto;
        float: none;
        margin: 20px 0;
    }
    #sidebar {
        width: 100%;
        float: none;
        margin: 0;
    }
}
```

9 当浏览器可视部分宽度小于480px时，480px也就是iPhone横屏时的宽度。当可视部分的宽度小于该数值时，禁用HTML节点的字号自动调整。默认情况下，iPhone会将过小的字号放大，这里可以通过-webkit-text-size-adjust属性进行调整。将main-nav中的字号设置为90%。

```
@media screen and (max-width: 480px) {
    html {
        -webkit-text-size-adjust: none;
    }
    #main-nav a {
        font-size: 90%;
        padding: 10px 8px;
    }
}
```

10 设计弹性图片。为图片设置max-width: 100%和height: auto，实现其弹性化。对于IE，仍然需要一点额外的工作。

```
img {
    max-width: 100%;
    height: auto;
    width: auto\9; /* ie8 */
}
```

11 设计弹性内嵌视频。对于视频也需要做max-width: 100%的设置，但是Safari对embed的该属性支持不是很好，所以使用以width: 100%来代替。

```
.video embed,    .video object,    .video iframe {
    width: 100%;
    height: auto;
    min-height: 300px;
}
```

12 在iPhone中的初始化缩放。在默认情况下，iPhone中的Safari浏览器会对页面进行自动缩放，以适应屏幕尺寸。这里可以使用以下的meta设置，将设备的默认宽度作为页面在Safari的可视部分宽度，并禁止初始化缩放。

```
<meta name="viewport" content="width=device-width; initial-scale=1.0">
```

4.2 Dreamweaver流体网格布局

网站的布局应该适应不同尺寸的设备。Dreamweaver流体网格布局为创建与显示网站的设备相符的不同布局提供了一种可视化的方式。例如，将在PC、平板电脑和移动手机上查看网站，可使用流体网格布局为其中每种设备指定布局。根据在桌面计算机、平板电脑还是移动手机上显示网站，将使用相应的布局显示网站。

Dreamweaver CC包括很多针对流体网格布局的增强功能，如对 HTML5 结构元素的支持，以及可轻松编辑嵌套的元素。但Dreamweaver CC不再提供流动网格布局文档的检查模式。

4.2.1 创建流体网格布局

使用Dreamweaver CC创建流体网格布局比较简单，下面通过一个示例进行说明。

1 启动Dreamweaver CC，选择【文件】|【新建】菜单命令，打开【新建文档】对话框，在该对话框中选择“流体网格布局”项，设置文档类型为“HTML5”，如图4.11所示。

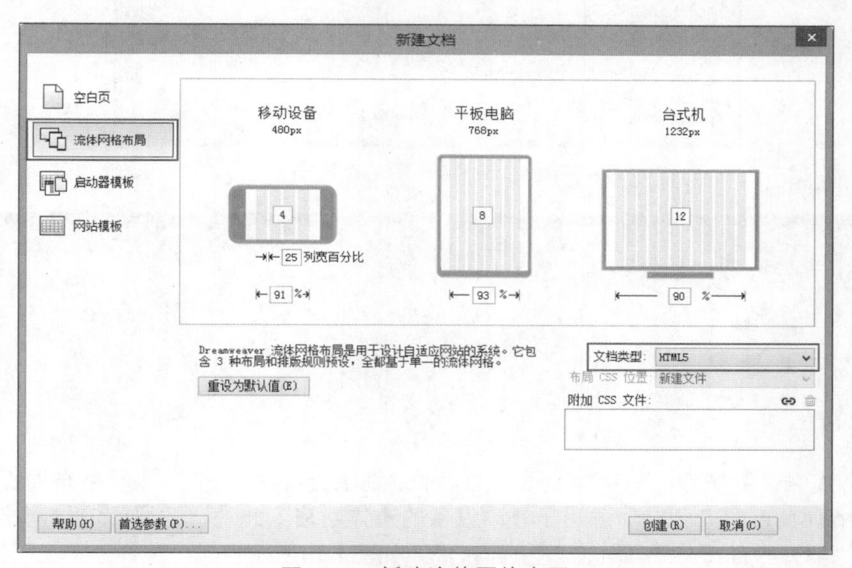

图 4.11 新建流体网格布局

! TIPS

Dreamweaver流体网格布局是用于设计自适应网站的系统。它包含3种布局和排版规则预设，全部都是基于单一的流体网格。网格间距为网格单元格宽度的25%，预设设备具体说明如下：

- 移动设备：预设宽度为480px，页面宽度为91%。
- 平板电脑：预设宽度为768px，页面宽度为93%。
- 台式机：预设宽度为1232px，页面宽度为90%。

2 媒体类型的中央将显示网格中列数的默认值。要自定义设备的列数，请按需编辑该值，如图4.12所示。

3 设置布局页面的宽度，应该相对于屏幕大小设置页面宽度，必须以百分比形式设置该值，还可更改栏间距宽度。栏间距是两列之间的空间，如图4.12所示。

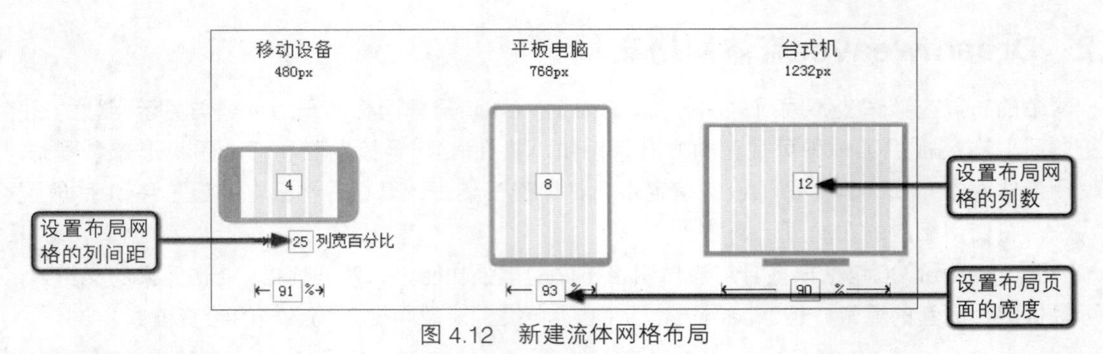

图 4.12　新建流体网格布局

4 保留默认设置，然后单击【创建】按钮，系统会要求指定一个 CSS 文件，打开【另存为】对话框，指定页面的 CSS 选项，在该对话框中保存Dreamweaver流体网格布局的样式表文件，这里设置样式表文件名称为style.css，存放到站点根目录下css文件夹内，如图4.13所示。

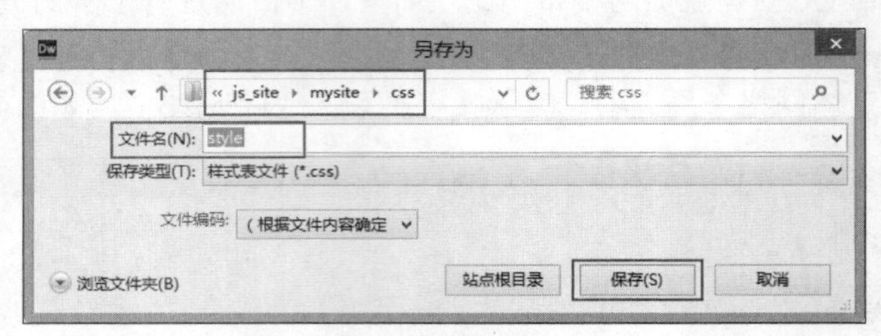

图 4.13　保存样式表文件

! TIPS

在这里可以执行以下操作之一：

- 创建新CSS文件。
- 打开现有CSS文件。
- 指定作为流体网格CSS文件打开的CSS文件。

5 单击【保存】按钮，保存样式表文件，此时系统会新建一个流体网格布局页面。在默认情况下Dreamweaver窗口会显示适用于移动设备的流体网格。此外，还显示流体网格的“插入”面板。使用“插入”面板中选项可创建页面布局，如图4.14所示。

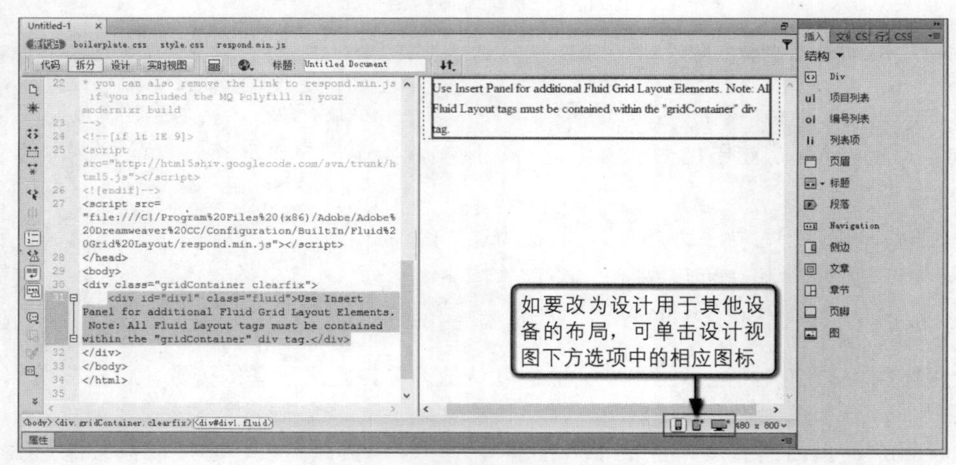

图 4.14　新建流体网格布局页面

6 选择【文件】|【保存】菜单命令，保存该文件为index.html。保存HTML文件时，系统提示将相关框架文件（如 boilerplate.css 和 respond.min.js）保存到本地某个位置。指定一个位置，然后单击【复制】按钮，如图4.15所示。

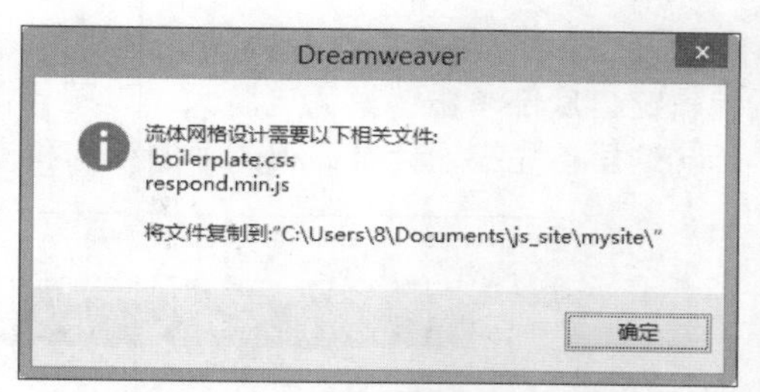

图 4.15 保存相关框架文件

! TIPS

boilerplate.css是基于 HTML5样板文件。该文件是一组 CSS 样式，可确保在多个设备上渲染网页的方式保持一致。respond.min.js 是一个JavaScript 库文件，可帮助在旧版本的浏览器中向媒体查询提供支持。

4.2.2 插入流体网格元素

4.2.1节介绍了如何创建流体网格布局页面，本节将在上一节操作基础上介绍如何利用“结构”命令快速设计一个完整的响应式页面。

1 启动Dreamweaver CC，选择【文件】|【打开】菜单命令，打开上一节创建的流体网格布局页面index.html。

2 选择【窗口】|【插入】菜单命令，打开【插入】面板，单击【常用】右侧的下拉按钮，在弹出的下拉菜单中选择【结构】选项，打开结构选项面板，如图4.16所示。

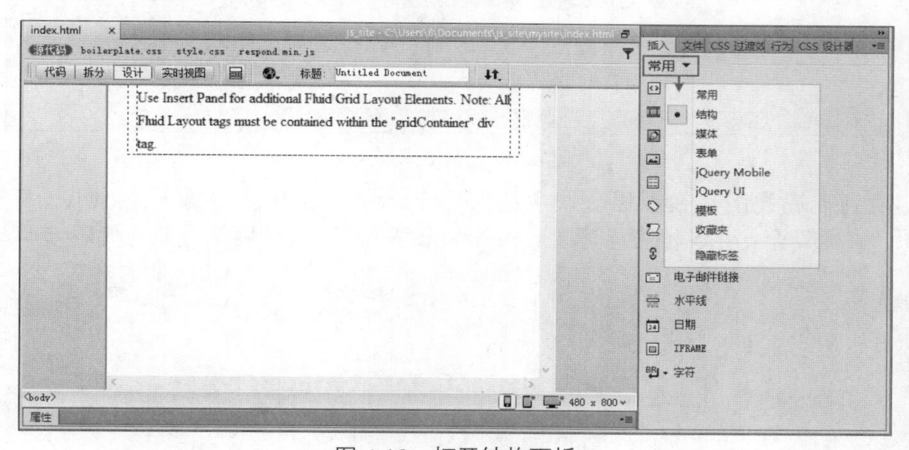

图 4.16 打开结构面板

! TIPS

使用“结构”面板能够在页面中快速插入常用的流体网格布局元素，用户也可以选择【插入】|【结构】菜单命令，从打开的子菜单项中选择对应的命令。这些流体布局元素必须包含在<div class="gridContainer">标签中，gridContainer类样式是Dreamweaver CC设计流体网格布局的默认包含框。"插入"面板列出可在流动网格布局中使用的元素，在插入元素时，可作为流体元素插入它。

3 选中<div id="div1" class="fluid">标签及其包含的文本，按【Delete】键删除。同时在编辑窗口底部单击“桌面电脑大小”图标按钮，快速切换到桌面电脑大小视图状态，如图4.17所示。这里首先在设计桌面视图下的结构和样式。

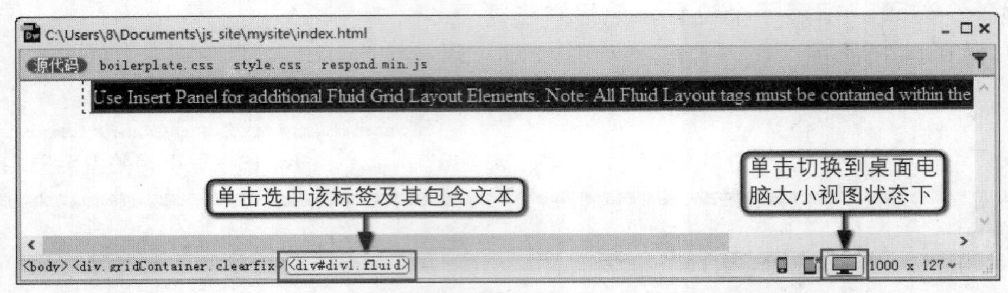

图 4.17　切换到电脑桌面大小视图下

4 在“插入”面板中单击“页眉”图标，打开【插入Header】对话框，设置Class为container，勾选“作为流体元素插入”复选框，在页面中插入页眉区块，如图4.18所示。

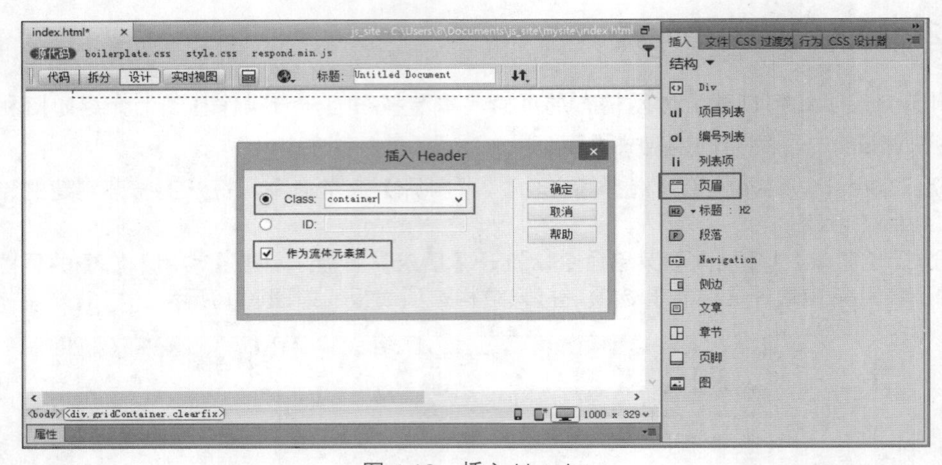

图 4.18　插入 Header

5 切换到代码视图，在页眉区块中插入两个<div>标签，在第一个<div>标签中插入LOGO标识，在第二个<div>标签标签中嵌入一个无序列表，设计网站导航，代码如下。

```
<body>
    <div class="gridContainer clearfix">
        <header class="fluid container">
                <div> </div>
                <div></div>
        </header>
    </div>
</body>
```

6 把光标置于第一个子包含框中，选择【插入】|【图像】|【图像】菜单命令，插入LOGO图标。选中该图标，在属性面板中设置“链接”为“#”，定义空链接。

7 把光标置于第二个子包含框中，在“插入”面板中单击“项目列表”图标，打开【插入Unordered List】对话框，设置Class为mainMenu，勾选“作为流体元素插入”复选框，在页面中插入项目列表区块，如图4.19所示。

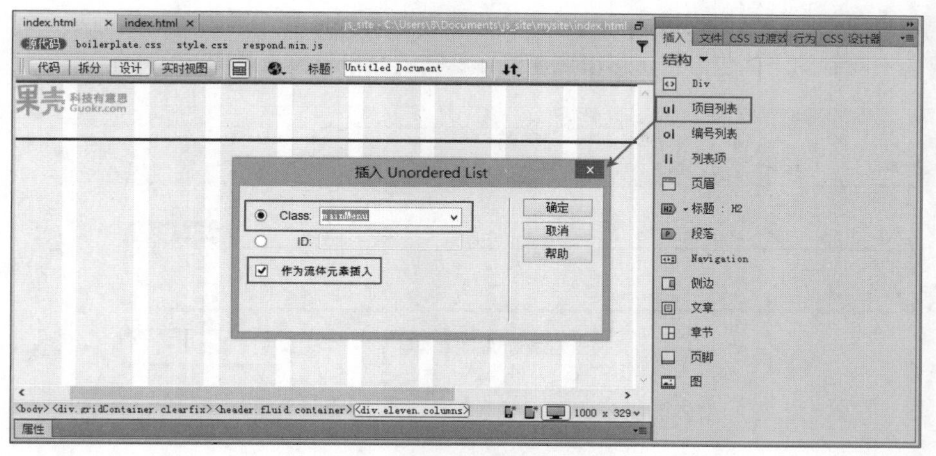

图 4.19　插入流体项目列表

! TIPS

如果将流体元素嵌套在其他流体元素内，确保焦点处于父元素内。然后，在“插入”面板中选择一种标签，插入所需的子元素。也可以支持嵌套复制。嵌套复制可以复制（所选元素的）HTML 并生成相关的流体 CSS。将相应地放置所选元素内包含的绝对元素。也可使用重制按钮重制嵌套元素。

删除父元素时，将删除与该元素、其子元素和关联 HTML 对应的 CSS。也可使用“删除”按钮一并删除嵌套元素（快捷键：【Ctrl+Delete】）。

8 切换到设计视图，选中插入的<header>标签，Dreamweaver将显示隐藏、复制、锁定或删除 Div的选项，对于相互重叠的 Div，还将显示交换Div的选项，如图4.20所示。

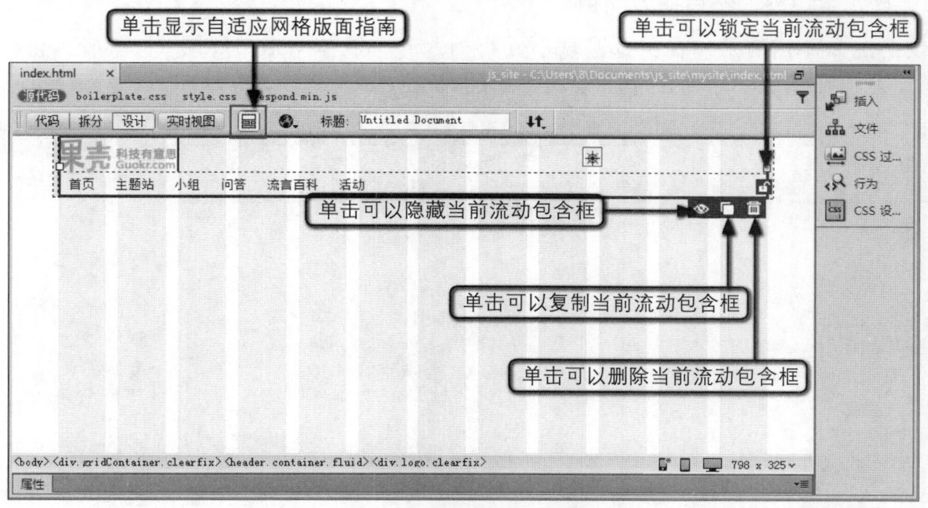

图 4.20　打开自适应网格版面指南

! TIPS

启动自适应网格版面设计操作，需要在文档工具栏中单击“显示自适应网格版面指南”图标，如图4.20所示，然后就可以在设计视图中观察页面网格布局效果。如果选中一个流体网格对象，则会显示快捷操作工具栏，说明如图4.20所示。

当单击“复制”按钮时，会复制当前流体标签及其包含内容，同时还会复制链接到该元素的CSS。当选中复制的流体包含框，可以调整流体标签的显示位置，如图4.21所示。

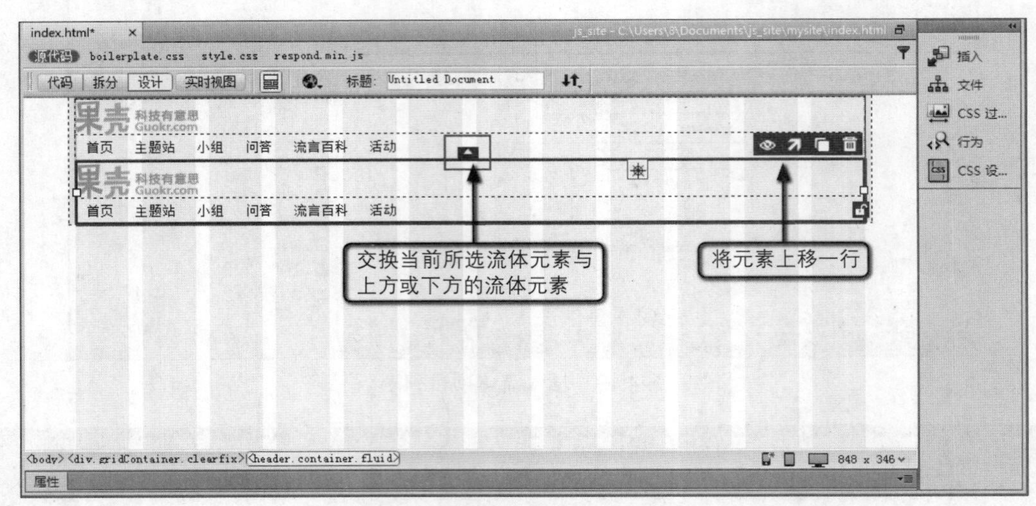

图 4.21　复制并调整流体包含框

当隐藏元素之后，要取消隐藏元素，请执行以下操作之一：

- 要取消隐藏 ID 选择器，请在 CSS 文件将显示属性更改为 block（display:block）。
- 要取消隐藏类选择器，请在源代码中删除应用的类（hide）。

当删除时，对于ID选择器，同时删除 HTML 和 CSS。如仅删除 HTML，请按“删除”。 对于类选择器，仅删除HTML。

当锁定元素之后，将元素转换为绝对定位的元素。可使用左右方向键循环地转动页面上的流体元素。选择元素边界，然后按方向键。

9 模仿上面操作方法，在头部区块下面再插入一个流体网格布局层（<div class="container clearfix">），在该层中包含三个子模块，如图4.22所示。

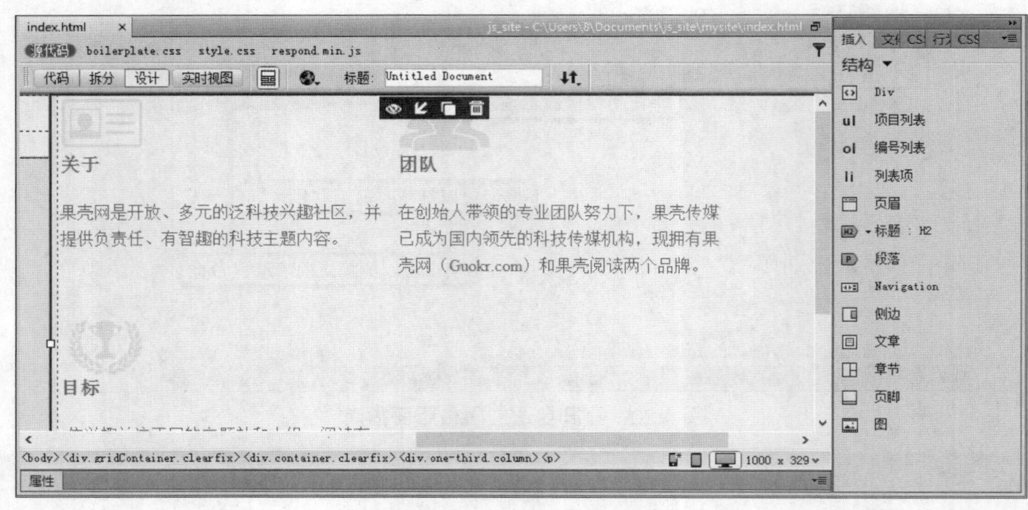

图 4.22　设计主体区域模块

4.3 Media Queries移动布局

Media Queries是一种全新的样式技术。通过Media Queries 样式模块，可以实现根据移动设备的屏幕大小，定制网站页面的不同布局效果。使用Media Queries技术，开发者只需要设计一套样式，就能够在所有平台的浏览器下访问网站的不同效果。

4.3.1 使用viewport

在iPhone 中使用Safari 浏览器浏览传统Web 网站时，Safari 浏览器为了能够将整个页面的内容在页面中显示出来，会在屏幕上创建一个980px宽度的虚拟布局窗口，并按照980px 宽度的窗口大小显示网页。同时网页可以允许以缩放的形式放大或缩小网页。

在传统设计中，为了能够适应不同显示器分辨率大小，通常在设计网站或开发一套网站的时候，都会以最低分辨率800×600 的标准作为页面大小的基础，而且还不会考虑适应移动设备的屏幕大小的页面。但是，iPhone 的分辨率是320×480，对于以最低分辨率大小显示的网站，在iPhone的Safari 浏览器下访问的效果是非常糟糕的。

Apple 为了解决移动版Safari 的屏幕分辨率大小问题，专门定义了viewport 虚拟窗口。它的主要作用是允许开发者创建一个虚拟的窗口（viewport），并自定义其窗口的大小或缩放功能。

如果开发者没有定义这个虚拟窗口，移动版Safari 的虚拟窗口默认大小为980 px。现在，除了Safari 浏览器外，其他浏览器也支持viewport 虚拟窗口。但是，不同的浏览器对viewport 窗口的默认大小支持都不一致。默认值分别如下：

- Android Browser 浏览器的默认值是800 px。
- IE浏览器的默认值是974 px。
- Opera 浏览器的默认值是850 px。

viewport 虚拟窗口是在<meta>标签中定义的，其主要作用是设置Web 页面适应移动设备的屏幕大小。用法如下所示：

```
<meta name="viewport" content="width=device-width,initial-scale=1,user-scalable=0" />
```

该代码的主要作用是自定义虚拟窗口，并指定虚拟窗口width 宽度为device-width，初始缩放比例大小为1 倍，同时不允许用户使用手动缩放功能。

Apple 在加入viewport 时，基本上使用width=device-width 的表达方式来表示iPhone 屏幕的实际分辨率大小的宽度，如width=320。其他浏览器厂商在实现其viewport 的时候，也兼容了device-width 这样的特性。代码中的content 属性内共定义三种参数。实际上content 属性允许设置6 种不同的参数，分别如下：

- width 指定虚拟窗口的屏幕宽度大小。
- height 指定虚拟窗口的屏幕高度大小。
- initial-scale 指定初始缩放比例。
- maximum-scale 指定允许用户缩放的最大比例。
- minimum-scale 指定允许用户缩放的最小比例。
- user-scalable 指定是否允许手动缩放。

4.3.2 使用Media Queries

Media Queries的出现让开发者开发一套跨平台的网站应用成为可能。下面结合4.3.1节示例介绍如何使用Dreamweaver CC快速设计响应式页面。

1 启动Dreamweaver CC，打开上一节制作的index..html文档。选择【窗口】|【CSS设计器】菜单命令，打开【CSS设计器】面板，在“源”中选择样式表文件，如style.css；然后在“@媒体”选项框标题栏中单击“+”按钮，打开【定义媒体查询】对话框，如图4.23所示。

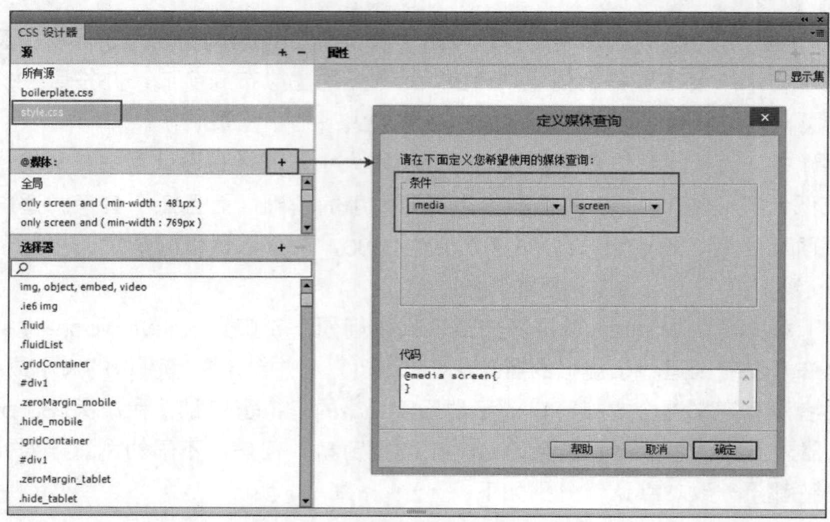

图 4.23　打开【定义媒体查询】对话框

知识拓展

Media Queries 的语法如下：

```
@media [media_query] media_type and media_feature
```

使用Media Queries 样式模块时都必须以“@media”方式开头。media_query 表示查询关键字，在这里可以使用not 关键字和only 关键字。not 关键字表示对后面的样式表达式执行取反操作。例如，如下代码：

```
@media not screen and (max-device-width:480px)
```

only 关键字的作用，是让不支持Media Queries 的设备能读取Media Type 类型的浏览器忽略这个样式。例如，如下代码：

```
@media only screen and (max-device-width:480px)
```

对于支持Media Queries 的移动设备来说，如果存在only 关键字，移动设备的Web浏览器会忽略only 关键字并直接根据后面的表达式应用样式文件。对于不支持MediaQueries 的设备但能够读取Media Type 类型的Web 浏览器，遇到only 关键字时会忽略这个样式文件。虽然media_query 这个类型在整个Media Queries 语法中并不是必需的类型，但是有时在实际开发过程中却是非常重要的查询参数类型。

2 【定义媒体查询】对话框包含两个条件，一是设备特征；二是设备类型。单击对话框左侧的下拉菜单，可以选择设备特征，如图4.24所示。

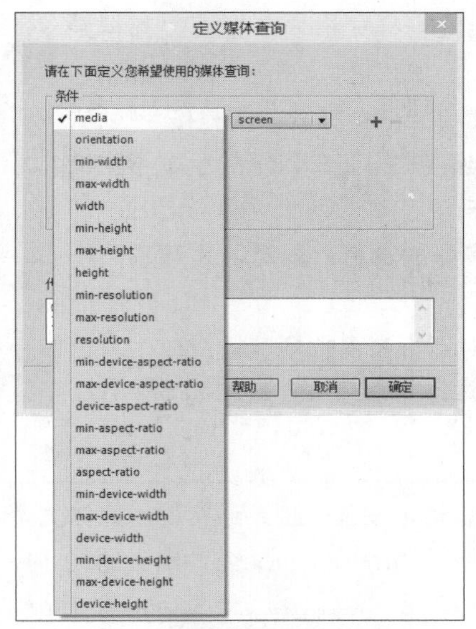

图 4.24　选择媒体特性

知识拓展

media_feature参数主要作用是定义CSS 中的设备特性，大部分移动设备特性都允许接受min/max 的前缀。例如，min-width 表示指定大于等于该值；max-width 表示指定小于等于该值。Media Queries主要特性说明如表4.1所示。

表4.1　media_feature设备特性的种类列表

设 备 特 性	是否允许min/max前缀	特 性 的 值	说　明
width	允许	含单位的数值	指定浏览器窗口的宽度大小，如480 px。
height	允许	含单位的数值	指定浏览器窗口的高度大小，如320 px。
device-width	允许	含单位的数值	指定移动设备的屏幕分辨率宽度大小，如480 px。
device-height	允许	含单位的数值	指定移动设备的屏幕分辨率高度大小，如320 px。
orientation	不允许	字符串值	指定移动设备浏览器的窗口方向。只能指定portrait（纵向）和landscape（横向）两个值。
aspect-radio	允许	比例值	指定移动设备浏览器窗口的纵横比例，如16:9。
device-aspect-radio	允许	比例值	指定移动设备屏幕分辨率的纵横比例，如16:9。
color	允许	整数值	指定移动设备使用多少位的颜色值。
color-index	允许	整数值	指定色彩表的色彩数。
monochrome	允许	整数值	指定单色帧缓冲器中每px的字节数。
resolution	允许	分辨率值	指定移动设备屏幕的分辨率。
scan	不允许	字符串值	指定电视机类型设备的扫描方式。只能指定两种值：progressive 表示逐行扫描和interlace 表示隔行扫描。
grid	不允许	整数值	指定是基于栅格还是基于位图进行显示。基于栅格时该值为1，否则为0。

到目前为止，Media Queries 样式模块在桌面端都得到了大部分现代浏览器的支持。例如，IE9、Firefox、Safari、Chrome、Opera都支持Media Queries 样式。但是IE 系列的浏览器中只有最新版本才支持该特性，IE8 以下的版本不支持Media Queries。从移动平台来说，基于两大平台Android 和iOS 的Web 浏览器也都得到良好的支持。同时，黑莓系列手机也支持Media Queries 特性。

3 在【定义媒体查询】对话框条件选项区域，单击右侧的下拉按钮，从下拉列表框中选择设备类型，如图4.25所示。

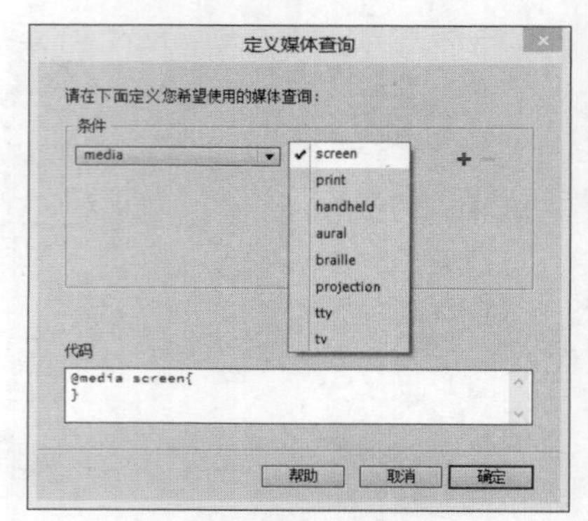

图 4.25　选择设备类型

知识拓展

media_type 参数的作用是指定设备类型，通常称为媒体类型。实际上在CSS2.1 版本时已经定义了该媒体类型，表4.2所示为media_type允许定义的10 种设备类型。

表4.2　media_type 设备可用类型列表

设 备 类 型	说　明
all	所有设备
aural	听觉设备
braille	点字触觉设备
handled	便携设备，如手机、平板电脑
print	打印预览图等
projection	投影设备
screen	显示器、笔记本、移动端等设备
tty	如打字机或终端等设备
tv	电视机等设备类型
embossed	盲文打印机

4 可以在条件选项区域，设置多个条件，单击条件右侧的加号按钮，可以增加一个条件，多个条件逻辑关系为AND，即需要都满足的情况下应用样式，如图4.26所示。

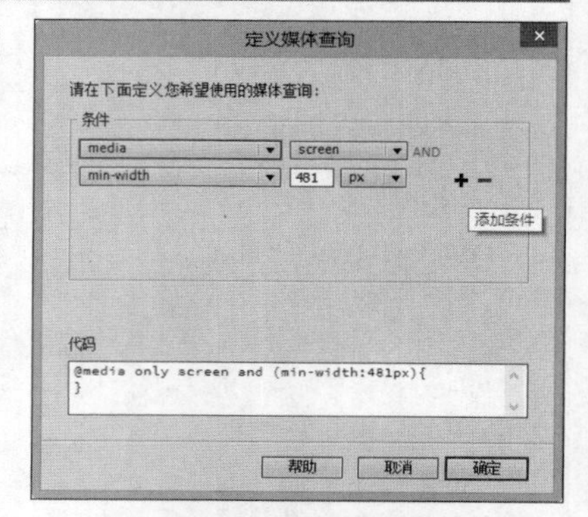

图 4.26　添加多个查询条件

5 添加一条媒体类型之后，可以继续在“@媒体”标题栏右侧单击加号按钮，添加更多媒体类型样式。在本例中添加了7个媒体类型样式，如图4.27所示。

6 设计完媒体样式结构之后，就可以在每个媒体样式表中添加样式了。例如，在@media only screen and (min-width: 481px)媒体样式表中添加.gridContainer类样式，设计布局样式：width: 90.675%、padding-left: 1.1625%、padding-right: 1.1625%、clear: none、float: none、margin-left: auto，如图4.28所示。

7 以此方法不断为不同媒体样式表添加样式，最后在不同设备下浏览页面，则效果如图4.29所示。

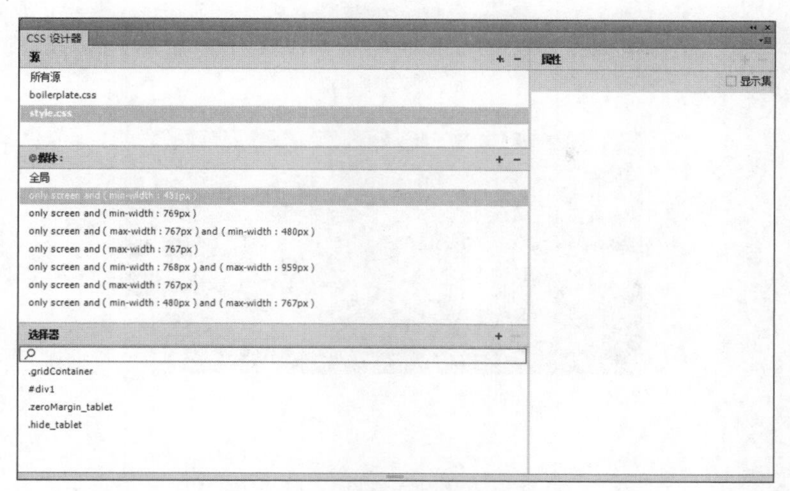

图 4.27　添加多个媒体样式

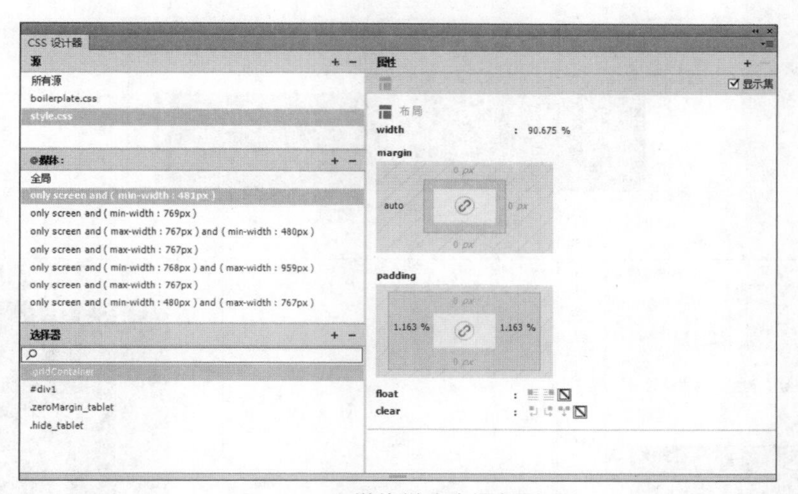

图 4.28　为媒体样式表添加样式

桌面电脑中的预留效果

图 4.29　在不同设备中预览效果

iPad 中的预览效果

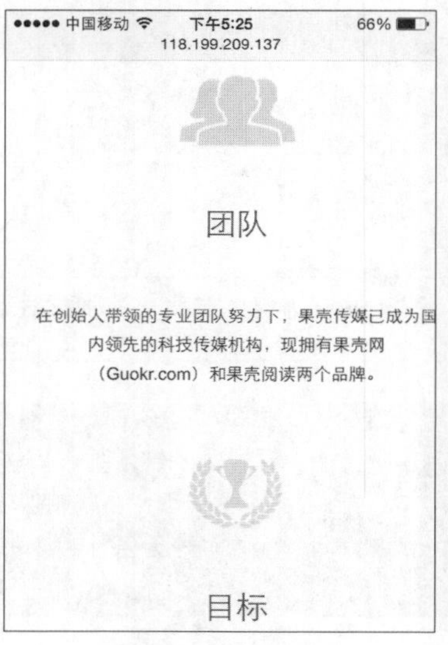

iPhone 中的预览效果

图 4.29　在不同设备中预览效果（续）

技法拓展

我们可以把传统网站移植到移动端，接下来看一下如何将一个真正的网站实现为移动端的Web 网站版本。在不影响页面的桌面预览前提下，可以在首页的HTML 文件的<head>标签内新增以下Media Queries 样式文件模块，代码如下：

```
<link rel="stylesheet" type="text/css" media="only screen and (max-width:480px),only screen and(max-device-width:480px)" href="/resources/style/device.css"/>
```

实际上，应用Media Queries模块的具体用法有以下4种，简单说明如下：

- 使用media 属性定义当前屏幕可视区域的宽度最大值是600 px时应用该样式文件。

```
<link rel="stylesheet" media="screen and(max-width:600px)" href="small.css"/>
```

在small.css 样式文件内，需要定义media 类型的样式，例如：

```
@media screen and (max-width:600px){
.demo{
    background-color:#CCC;
}
}
```

- 如果当屏幕可视区域的宽度长度在600~900 px之间时，应用该样式文件。导入CSS 文件写法如下：

```
<link rel="stylesheet" media="screen and(min-width:600px) and(max-width:900px)" href="small.css"/>
small.css 样式文件内对应写法如下：
@media screen and (min-width:600px) and(max-width:900px){
.demo{
    background-color:#CCC;
}
}
```

- 如果当手机（如iPhone）最大屏幕可视区域是480 px时，应用该样式文件。导入CSS文件写法如下：

```
<link rel="stylesheet" media="screen and(max-device-width:480px)" href="small.css"/>
small.css 样式文件内对应写法如下：
@media screen and (max-device-width:480px){
.demo{
    background-color:#CCC;
}
}
```

- 同样也可以判断当移动设备（如iPad）的方向发生变化时应用该样式。以下代码是当移动设备处于纵向（portrait）模式下时，应用portrait 样式文件；当移动设备处于横向（landscape）模式下时，应用landscape 样式文件。

```
<link rel="stylesheet" media="all and(orientation:portrait)" href="portrait.css"/>
<link rel="stylesheet" media="all and(orientation:landscape)" href="landscape.css"/>
```

上述4 种不同情况显示了使用Media Queries 样式模块定义在各种屏幕分辨率下的不同样式应用。这种语法风格有点类似于编写兼容IE浏览器各个版本的方式，唯一不同的是将需要兼容IE 的CSS 样式导入文件写在<!--和-->之间。

Chapter 05

设计jQuery Mobile页面

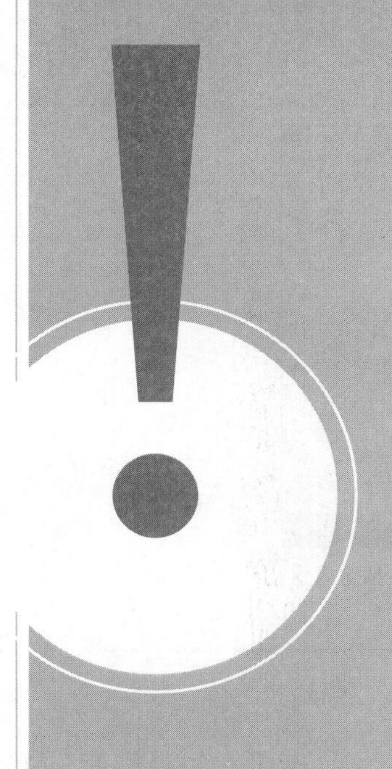

对应版本

8 CS3 CS4 CS5 CS5.5 CS6

学习难易度

1 2 3 4 5

CHAPTER 05

设计jQuery Mobile页面

第4章初步介绍了jQuery Mobile的基础知识、工作方式和设计思路，jQuery Mobile可以支持单页面和多个Page视图页，本章将介绍jQuery Mobile页面结构及工具栏、页面格式化设计。

jQuery Mobile的许多功能需要借助于HTML5的新增标签和属性，因此，页面必须以HTML5的声明文档开始，在<head>标签中分别依次导入jQuery Mobile的样式文件、jQuery基础框架文件和jQuery Mobile插件文件。

5.1 设计Mobile起始页

本节先介绍jQuery Mobile应用程序的基本页面结构，通过一个个简单的实例开发，使读者逐步了解移动应用的基本框架和多页面视图的结构及如何实现链接外部页面与后退的方法。通过本节的学习，读者能够进一步了解与掌握jQuery Mobile基本框架与常用元素的使用技巧。

5.1.1 单页结构

jQuery Mobile提供了标准的页面结构模型：在<body>标签中插入一个<div>标签，为该标签定义data-role属性，设置值为“page”，利用这种方式可以设计一个视图。

视图一般包含三个基本的结构，分别是data-role属性为header、content、footer的三个子容器，它们用来定义标题、内容、页脚三个页面组成部分，用以包裹移动页面包含的不同内容。

在下面示例中将创建一个jQuery Mobile基本模板页，并在页面组成部分中分别显示其对应的容器名称，如图5.1所示。

范例效果

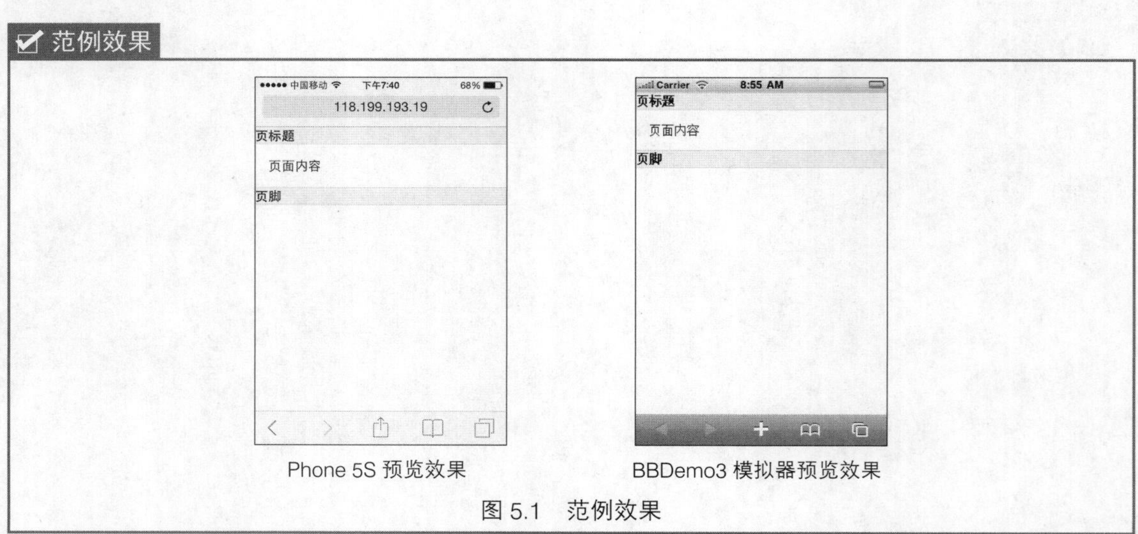

Phone 5S 预览效果　　BBDemo3 模拟器预览效果

图 5.1　范例效果

1 启动Dreamweaver CC，选择【文件】|【新建】菜单命令，打开【新建文档】对话框，如图5.2所示。在该对话框中选择“空白页”项，设置页面类型为“HTML”，设置文档类型为“HTML5”，然后单击【确定】按钮，完成文档的创建操作。

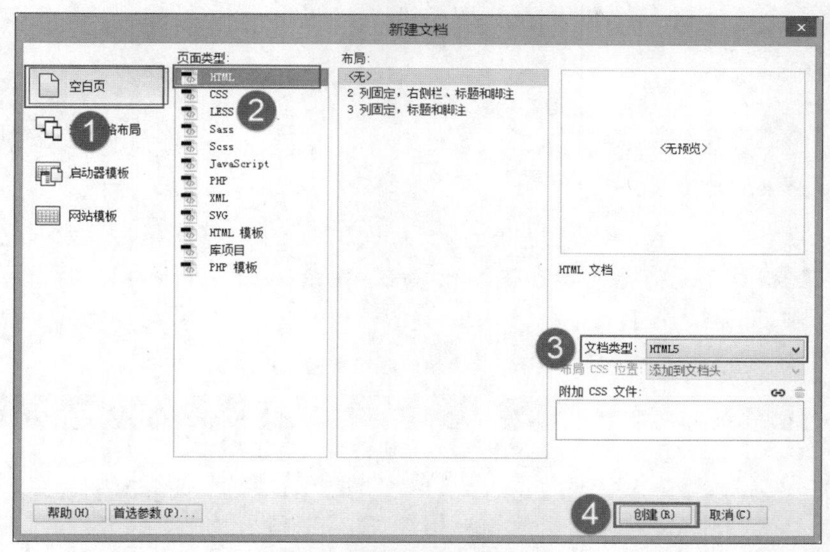

图 5.2　新建 HTML5 类型文档

2 按【Ctrl+S】组合键，保存文档为index.html。选择【窗口】|【CSS设计器】菜单命令，打开【CSS设计器】面板，在【源】选项标题栏中单击加号按钮+，从弹出的下拉菜单中选择【附加现有的CSS文件】命令，打开【使用现有的CSS文件】对话框，链接已下载的样式表文件jquery.mobile-1.4.0-beta.1.css，设置如图5.3所示。

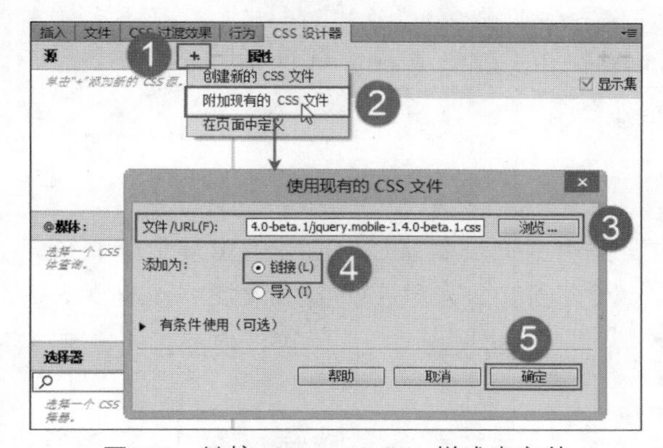

图 5.3　链接 jQuery Mobile 样式表文件

3 切换到代码视图，在头部可以看到新添加的<link>标签，使用<link>标签链接外部的jQuery Mobile样式表文件。然后，在该行代码下面手写如下代码，导入jQuery库文件和jQuery Mobile脚本文件。

```
<script type="text/javascript" src="jquery.mobile/jquery-1.9.1.js"></script>
<script type="text/javascript" src="jquery.mobile/jquery.mobile-1.4.0-beta.1/jquery.mobile-1.4.0-beta.1.js"></script>
```

4 在<body>标签中手写输入下面代码，定义页面基本结构。

```
<div data-role="page">
    <div data-role="header"> 页标题 </div>
    <div data-role="content"> 页面内容 </div>
```

```
    <div data-role="footer">页脚</div>
</div>
```

！代码解析

jQuery Mobile应用了HTML5标准的特性，在结构化的页面中完整的页面结构分为header、content、footer三个主要区域。

```
<div data-role="page">
    <div data-role="header"></div>
    <div data-role="content"></div>
    <div data-role="footer"></div>
</div>
```

data-role="page"表示当前div是一个Page，在一个屏幕中只会显示一个Page，header定义标题，content表示内容块，footer表示页脚。data-role属性还可以包含其他值，详细说明如表5.1所示。

表5.1　data-role参数表

参　数	说　明
page	页面容器，其内部的mobile元素将会继承这个容器上所设置的属性
header	页面标题容器，这个容器内部可以包含文字、返回按钮、功能按钮等元素
footer	页面页脚容器，这个容器内部也可以包含文字、返回按钮、功能按钮等元素
content	页面内容容器，这是一个很宽容的容器，内部可以包含标准的html元素和jQuery Mobile元素
controlgroup	将几个元素设置成一组，一般是几个相同的元素类型
fieldcontain	区域包裹容器，用增加边距和分割线的方式将容器内的元素和容器外的元素明显分隔
navbar	功能导航容器，通俗地讲，就是工具条
listview	列表展示容器，类似手机中联系人列表的展示方式
list-divider	列表展示容器的表头，用来展示一组列表的标题，内部不可包含链接
button	按钮，将链接和普通按钮的样式设置为jQuery Mobile的风格
none	阻止框架对元素进行渲染，使元素以html原生的状态显示，主要用于form元素

知识扩展

一般情况下，移动设备的浏览器默认以900px的宽度显示页面，这种宽度会导致屏幕缩小，页面放大，不适合网页浏览。如果在页面中添加<meta>标签，设置content属性值为”width=device-width,　　initial-scale=1”，可以使页面的宽度与移动设备的屏幕宽度相同，更适合用户浏览。

因此，建议在<head>中添加一个名称为viewport的<meta>标签，并设置标签的content属性，代码如下：

```
<meta name="viewport" content="width=device-width,initial-scale=1" />
```

上面一行代码的功能：设置移动设备中浏览器缩放的宽度与等级。

针对上面示例，另存为index1.html，然后在编辑窗口中，把“页标题”格式化为“标题1”，把“页脚”格式化为“标题4”，把“页面内容”格式化为“段落”文本，设置如图5.4所示。

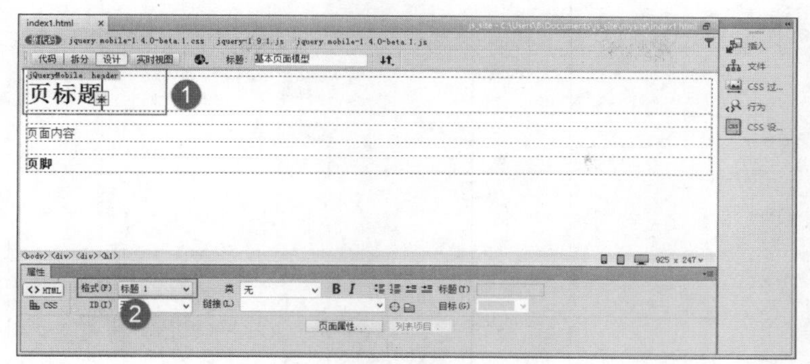

图 5.4　格式化页面文本

然后在移动设备中预览，则显示效果如图5.5所示。

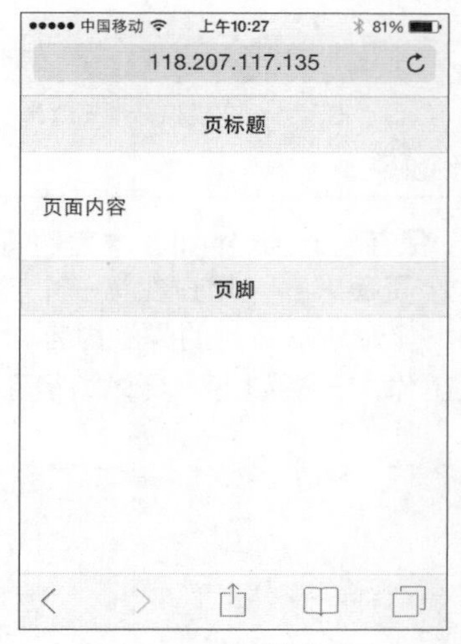

iPhone 5S 预览效果

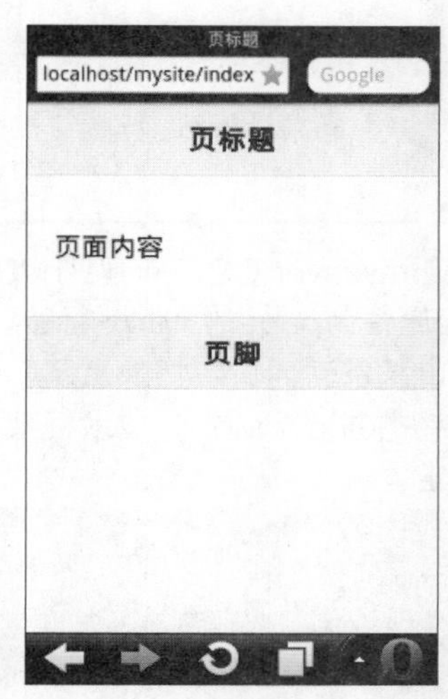

Opera Mobile12 模拟器预览效果

图 5.5　格式化后页面效果

5.1.2　多页结构

在jQuery Mobile文档中，可以包含多页结构，即一个文档可以包含多个标签属性data-role为page的容器，从而形成多容器页面结构。容器之间各自独立，拥有唯一的ID值。当页面加载时，会同时加载；容器访问时，以锚点链接实现，即内部链接“#”加对应ID值的方式进行设置。单击该链接时，jQuery Mobile将在文档中寻找对应ID的容器，以动画的效果切换至该容器中，实现容器间内容的互访，范例效果如图5.6所示。

! TIPS

这种结构模型的优势在于，可以使用普通的链接标签不需要任何复杂配置就可以优雅地工作，并且可以很方便地使一些富媒体应用本地化。另外，在jQuery Mobile页面中，通过Ajax功能可以很方便地自动读取外部页面，支持使用一组动画效果进行页面间的相互切换。也可以通过调用对应的脚本函数，实现预加载、缓存、创建、跳转页面的功能。同时，支持将页面以对话框的形式展示在移动终端的浏览器中。

范例效果

iPhone 5S 预览效果

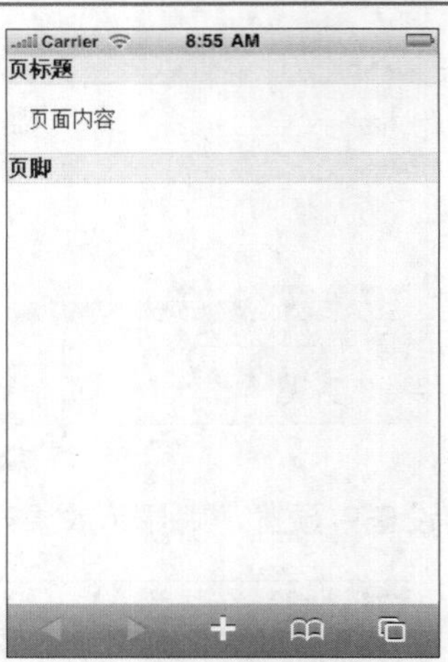

iBBDemo3 模拟器预览效果

图 5.6　范例效果

1 启动Dreamweaver CC，新建HTML5文档，保存为index.html。本案例将设计：在页面中添加2个data-role属性为page的<div>标签，定义2个页面容器，用户在第一个容器中选择需要查看新闻列表，单击某条新闻后，切换至第二个容器，显示所选新闻的详细内容。

2 在头部完成jQuery Mobile技术框架的导入工作，代码如下。具体路径和版本，读者应该根据个人设置而定。

```
<link href="jquery.mobile/jquery.mobile-1.4.0-beta.1/jquery.mobile-1.4.0-beta.1.css" rel="stylesheet"
type="text/css">
<script type="text/javascript" src="jquery.mobile/jquery-1.9.1.js"></script>
<script type="text/javascript" src="jquery.mobile/jquery.mobile-1.4.0-beta.1/jquery.mobile-1.4.0-
beta.1.js"></script>
```

3 配置页面视图，在头部位置输入下面代码，设置页面在不同设备中都是满屏显示，如图5.7所示。

```
<meta name="viewport" content="width=device-width,initial-scale=1" />
```

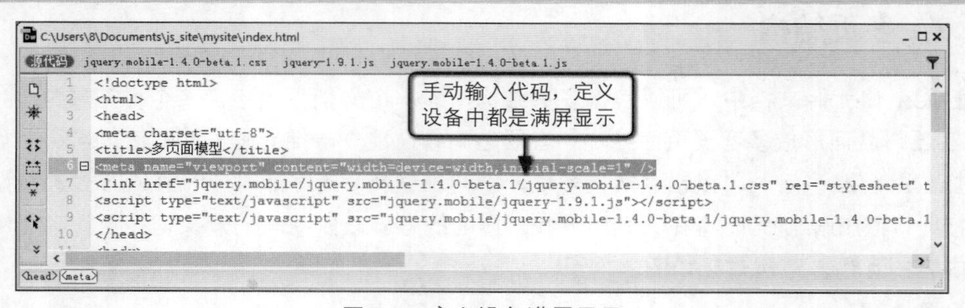

图 5.7　定义设备满屏显示

4 模仿上一节介绍的单页结构模型，完成首页视图设置，代码如下：

```
<div data-role="page" id="home">
    <div data-role="header">
        <h1> 新闻早报 </h1>
    </div>
    <div data-role="content">
        <p><a href="#new1">jQuery Mobile 1.4.0 Beta 发布 </a></p>
    </div>
```

```
    <div data-role="footer">
        <h4>©2014 jm.cn studio</h4>
    </div>
</div>
```

5 然后，在首页视图底部输入下面代码，设计详细页视图，代码如下：

```
<div data-role="page" id="new1">
    <div data-role="header">
        <h1>jQuery Mobile: Touch-Optimized Web Framework for Smartphones & Tablets</h1>
    </div>
    <div data-role="content">
         <p><img src="images/devices.png" style="width:100%" alt=""/></p>
          <p>A unified, HTML5-based user interface system for all popular mobile device platforms, built on the rock-solid jQuery and jQuery UI foundation. Its lightweight code is built with progressive enhancement, and has a flexible, easily themeable design. </p>
    </div>
    <div data-role="footer">
        <h4>©2014 jm.cn studio</h4>
    </div>
</div>
```

在上面代码中包含两个Page视图页：主页（ID为home）和详细页（ID为new1）。从首页链接跳转到详细页面采用链接地址为#new1。jQuery Mobile会自动切换链接的目标视图显示到移动浏览器中。该框架将隐藏除第一个包含data-role="page"的<div>标签以外的其他视图页。

6 在移动浏览器中预览，在屏幕中首先看到如图5.8（左）所示的视图效果，单击超链接文本，会跳转到第二个视图页面，效果如图5.8（右）所示。

首页视图效果

详细页视图效果

图 5.8　设计多页结构

技法拓展

在本实例页面中，从第一个容器切换至第二个容器时，采用的是“#”加对应ID值的内部链接方式。因此，在一个页面中，不论相同框架的Page容器有多少，只要对应的ID值是唯一的，就可以通过内部链接的方式进行容器间的切换。在切换时，jQuery Mobile会在文档中寻找对应ID容器，然后通过动画的效果切换到该页面中。

从第一个容器切换至第二个容器后，如果想要从第二个容器返回第一个容器，有下面两种方法：

- 在第二个容器中，增加一个<a>标签，通过内部链接“#”加对应ID的方式返回第一个容器。
- 在第二个容器的最外层框架<div>元素中，添加一个data-add-back-btn属性。该属性表示是否在容器的左上角增加一个“回退”按钮，默认值为false，如果设置为true，将出现一个返回按钮，单击该按钮，回退上一级的页面显示。

！注意

如果是在一个页面中，通过“#”加对应ID的内部链接方式，可以实现多容器间的切换，但如果不在一个页面，此方法将失去作用。因为在切换过程中，首先要找到页面，再去锁定对应ID容器的内容，而并非直接根据ID切换至容器中。

【快速操作】

Dreamweaver CC提供了构建多页视图的页面快速操作方式，具体操作步骤如下：

1 选择【文件】|【新建】菜单命令，打开【新建文档】对话框，在该对话框中选择“启动器模板”选项，设置示例文件夹为“Mobile起始页”，示例页为“jQuery Mobile（本地）”，设置文档类型为“HTML5”，然后单击【创建】按钮，完成文档的创建操作，如图5.9所示。

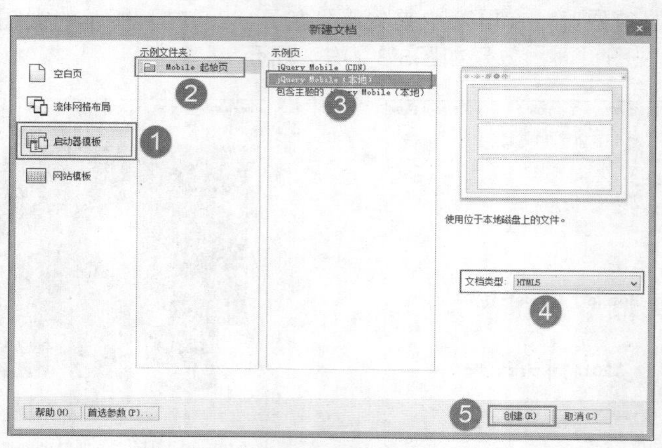

图 5.9　新建 jQuery Mobile 起始页

2 按【Ctrl+S】组合键，保存文档为index3.html。此时，Dreamweaver CC会弹出对话框提示保存相关的框架文件，如图5.10所示。

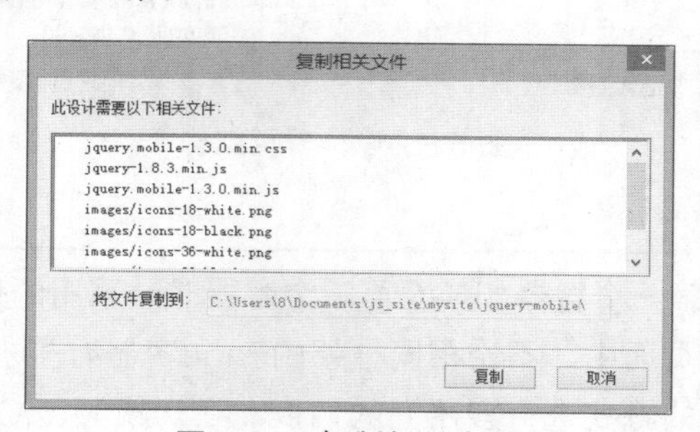

图 5.10　复制相关文件

3 在编辑窗口中，可以看到Dreamweaver CC新建了包含4个页面的HTML5文档，其中第一个页面为导航列表页，第2～4页为具体的详细页面。在站点中新建了jquery-mobile文件夹，包括了所有需要的相关技术文件和图标文件，如图5.11所示。

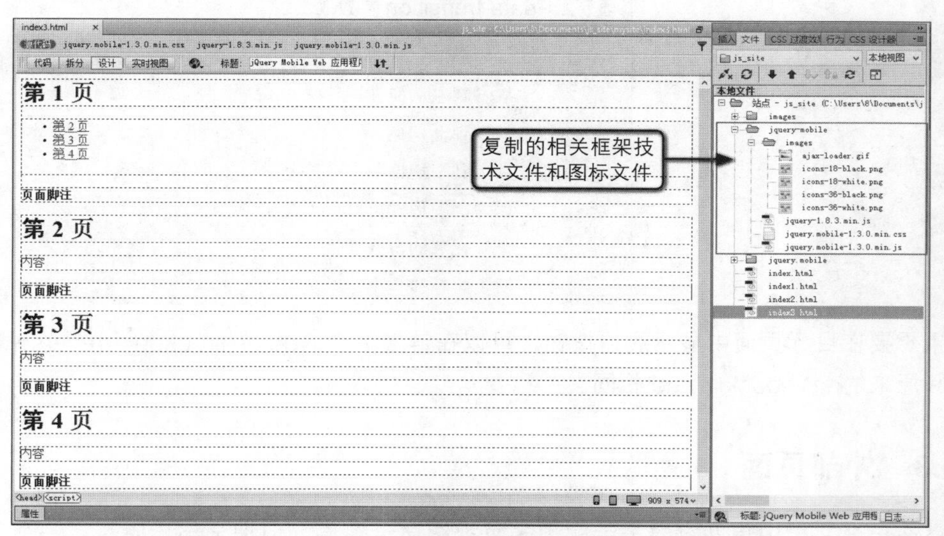

图 5.11　使用 Dreamweaver CC 新建 jQuery Mobile 起始页

4 切换到代码视图，可以看到大致相同的HTML结构代码，此时用户可以根据需要删除部分页结构或者添加更多页结构，也可以删除列表页结构。并根据需要填入页面显示内容。在默认情况下，jQuery Mobile起始页预览效果如图5.12所示。

列表页（首页）视图效果

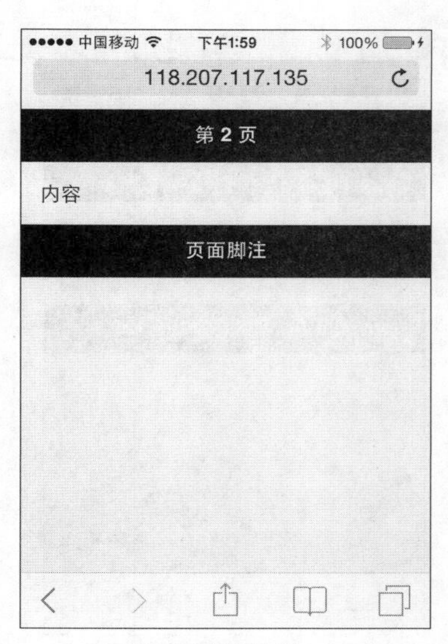

第 2 页视图效果

图 5.12　jQuery Mobile 起始页预览效果

技法拓展

在多页面切换过程中，可以使用data-transition属性定义页面切换的动画效果。例如：

```
<p><a href="#new1" data-transition="pop">jQuery Mobile 1.4.0 Beta 发布</a></p>
```

上面内部链接将以从中心渐显展开的方式弹出视图页面。data-transition属性支持的属性值说明如表5.2所示。

表5.2　data-transition参数表

参数	说明
slide	从右到左切换（默认）
slideup	从下到上切换
slidedown	从上到下切换
pop	以弹出的形式打开一个页面
fade	渐变褪色的方式切换
flip	旧页面翻转飞出，新页面飞入

如果想要在目标页面中显示后退按钮，可以在链接中加入data-direction="reverse"属性，这个属性和原来的data-back="true"相同。

5.1.3　外部页面

虽然在一个文档中借助容器框架实现多页视图显示效果，但把全部代码写在一个文档中会延缓页面加载的时间，也造成大量代码冗余，且不利于功能的分工、维护及安全性设计。因此，在jQuery Mobile中，可以采用创建多个文档页面，并通过外部链接的方式，实现页面相互切换的效果，如图5.13所示。

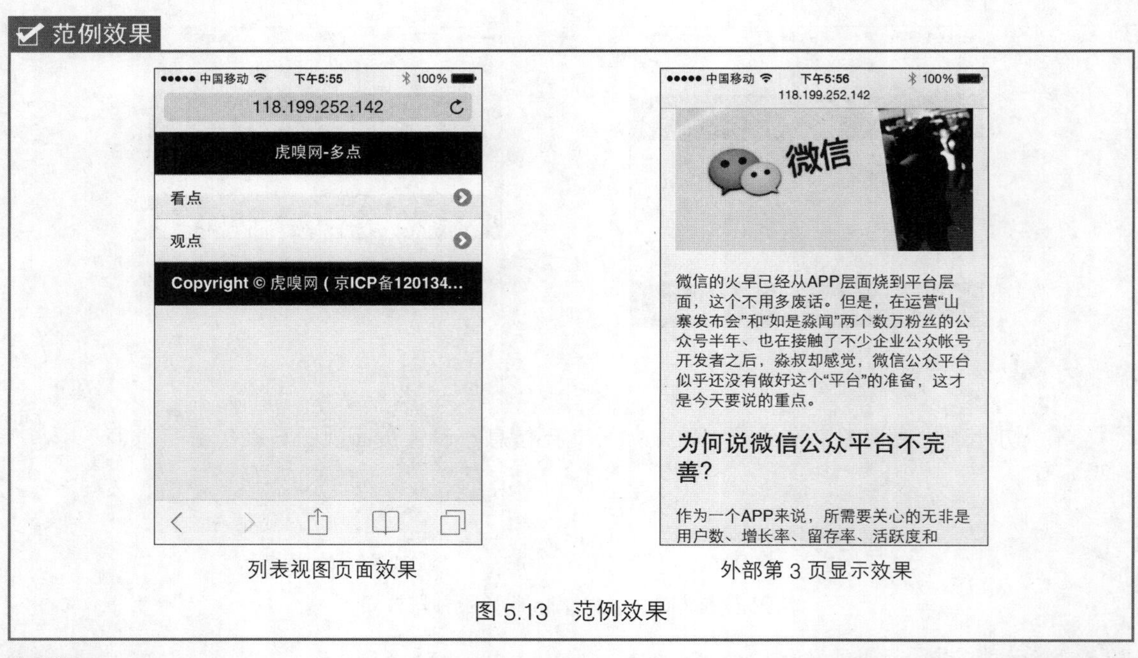

图 5.13　范例效果

1 启动Dreamweaver CC，新建HTML5文档。选择【文件】|【新建】菜单命令，打开【新建文档】对话框，在该对话框中选择“启动器模板”选项，设置示例文件夹为“Mobile起始页”，示例页为“jQuery Mobile（本地）”，设置文档类型为“HTML5”，然后单击【创建】按钮，完成文档的创建操作。

2 按【Ctrl+S】组合键，保存文档为index.html。此时，Dreamweaver CC会弹出对话框提示保存相关的框架文件，单击【确定】按钮，把相关的框架文件复制到本地站点。

3 在编辑窗口中，拖选第2~4页视图结构，然后按【Delete】键删除，如图5.14所示。

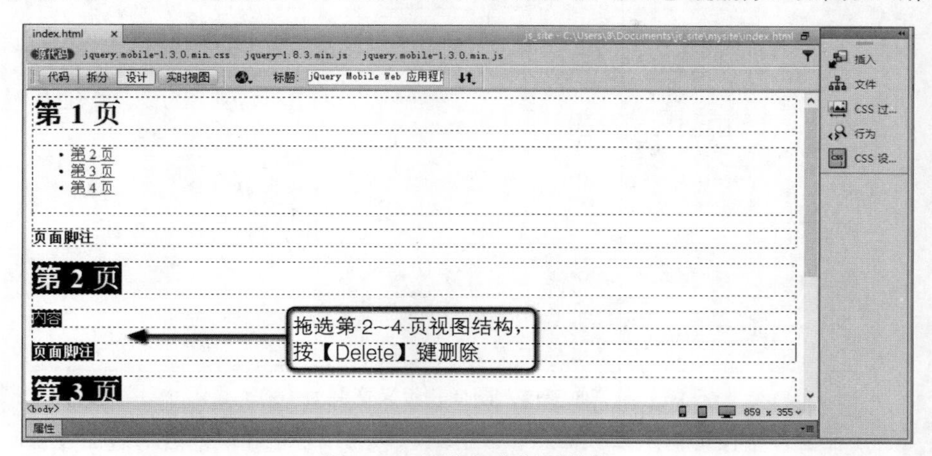

图 5.14　删除部分视图结构

4 修改标题、链接列表和页脚文本，删除第4页链接。然后把第2页的内部链接“#page2”改为“page2.html”，同样把第3页的内部链接“#page3”改为“page3.html”，设置如图5.15所示。

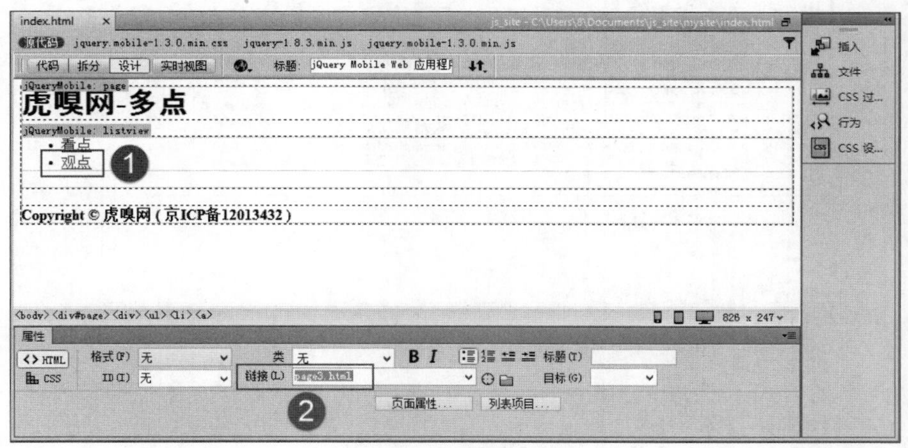

图 5.15　设计列表页效果

5 切换到代码视图，在头部位置添加视口元信息，设置页面视图与设备屏幕宽度一致，代码如下：

```
<meta name="viewport" content="width=device-width,initial-scale=1" />
```

6 把index.html另存为page2.html。在index.html文档窗口内，选择【文件】|【另存为】菜单命令，在打开的【另存为】对话框中设置另存为文档名称为page2.html。

7 修改标题为新闻看点“微信公众平台该改变了！”，删除列表视图结构，选择【插入】|【图像】|【图像】菜单命令，插入images/2.jpg，然后在代码视图中删除自动设置的width="700"和height="429"，

8 选中图像，在【CSS设计器】面板中单击【源】标题栏右侧的加号按钮+，从弹出的下拉菜单中选择“在页面中定义”选项，然后在【选择器】标题栏右侧单击加号按钮+，自动添加一个选项器，自动命名为“#page div p img”，在【属性】列表框中设置width为100%，

设置如图5.16所示。

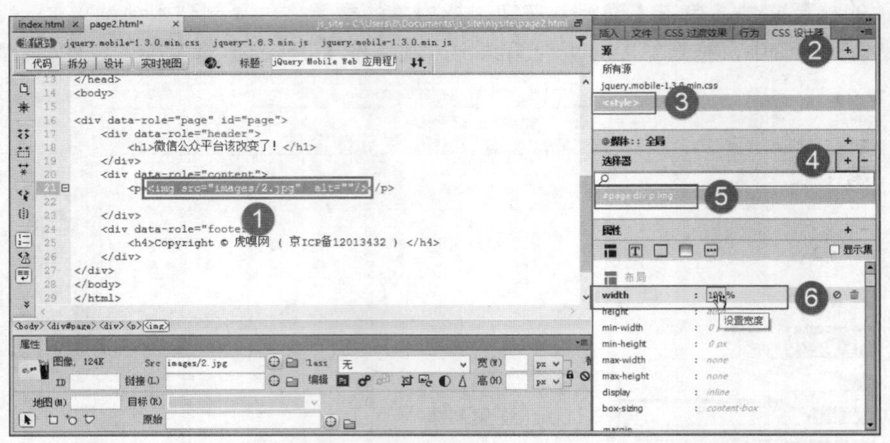

图 5.16　在页面中插入图像并定义宽度为 100% 显示

9 然后，在窗口中换行输入二级标题和段落文本，完成整个新闻内容的版面设置，如图5.17所示。

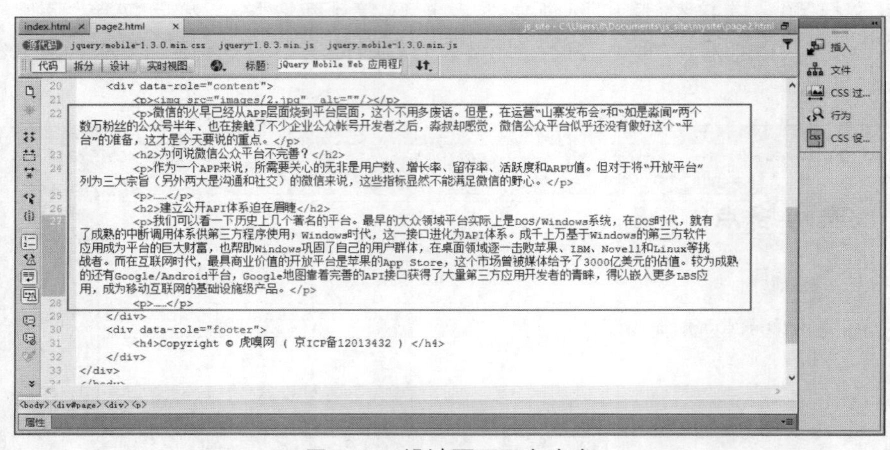

图 5.17　设计页面正文内容

10 以同样的方式，把page2.html另存为page3.html，并修改该页面标题和内容正文内容，设计效果如图5.18所示。

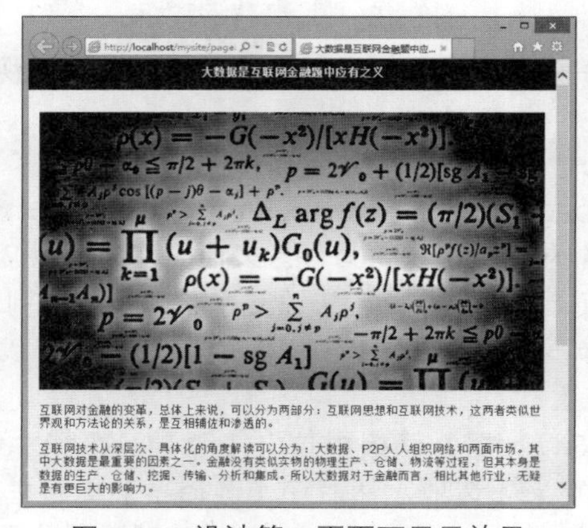

图 5.18　设计第 3 页页面显示效果

11 最后，在移动设备中预览该首页，可以看到图5.13（左）所示的效果，单击“看点”列表项，即可滑动到第3页面，显示效果如图5.13（右）所示。

知识扩展

在jQucry Mobile中，如果点按一个指向外部页面的超级链接，jQuery Mobile将自动分析该URL地址，自动产生一个Ajax请求。在请求过程中，会弹出一个显示进度的提示框。如果请求成功，jQucry Mobile将自动构建页面结构，注入主页面的内容。同时，初始化全部的jQuery Mobile组件，将新添加的页面内容显示在浏览器中。如果请求失败，jQuery Mobile将弹出一个错误信息提示框，数秒后该提示框自动消失，页面也不会刷新。

如果不想采用Ajax请求的方式打开一个外部页面，只需在链接标签中定义rel属性，设置rel属性值为“external”，该页面将脱离整个jQuery Mobile的主页面环境，以独自打开的页面效果在浏览器中显示。

如果采用Ajax请求的方式打开一个外部页面，注入主页面的内容也是以Page为目标，视图以外的内容将不会被注入主页面中，另外，必须确保外部加载页面URL地址的唯一性。

5.2 页面预加载和缓存

为了提高页面在移动终端的访问速度，jQuery Mobile支持页面缓存和预加载技术。当一个被链接的页面设置好预加载后，jQuery Mobile将在加载完成当前页面后自动在后台进行预加载设置的目标页面。另外，使用页面缓存的方法，可以将访问过的Page视图都缓存到当前的页面文档中，下次再访问时，就可以直接从缓存中读取，而无须再重新加载页面。

5.2.1 页面预加载

相对于PC设备，移动终端系统配置一般都比较低，在开发移动应用程序时，要特别关注页面在移动终端浏览器中加载速度。如果速度过慢，用户体验就会大打折扣。因此，在移动开发中对需要链接的页面进行预加载是十分有必要的，当一个链接的页面设置为预加载模式时，在当前页面加载完成之后，目标页面也被自动加载到当前文档中，这样就可以提高页面的访问速度。

例如，打开上一节关于外部页面链接的示例文件（index.html），为外部链接的超链接标签<a>添加data-prefetch属性，设置该属性值为true，如图5.19所示。

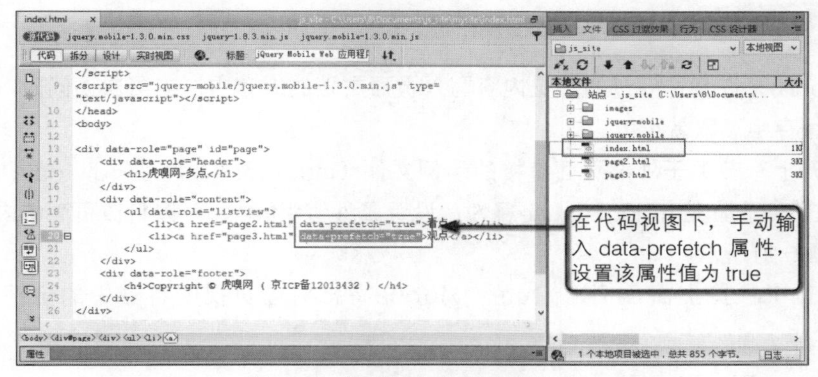

图 5.19 设置目标页预加载处理

在浏览器中预览index.html文档，查看加载后的DOM结构，会发现链接的目标文档page2.html和page3.html已经被预加载了，嵌入当前index.html文档中并隐藏显示，如图5.20所示。

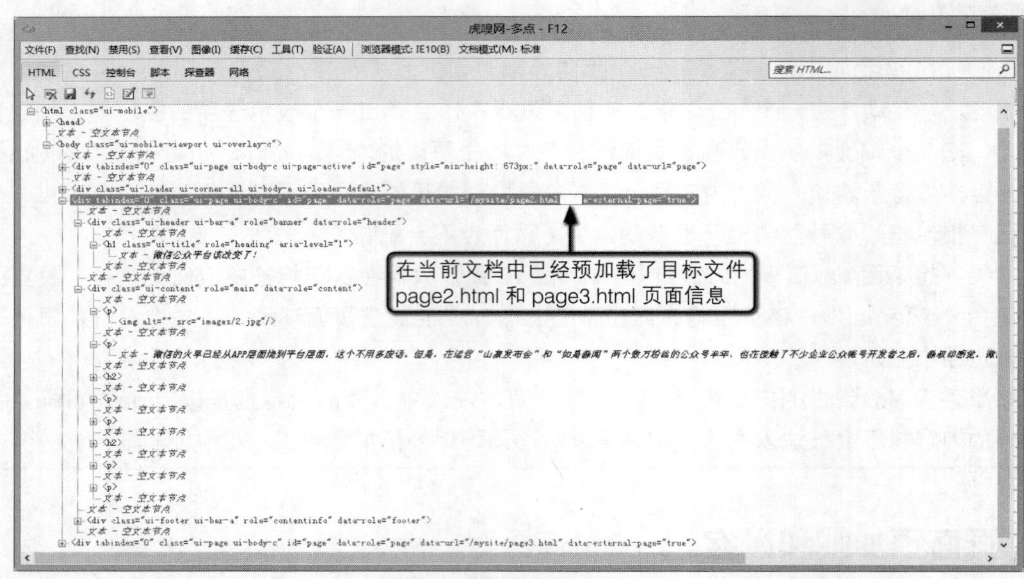

图 5.20　预加载的目标文档页面信息

知识扩展

在jQuery Mobile中，实现页面预加载的方法有两种：

- 在需要链接页面的标签中添加data-prefetch属性，设置属性值为true或不设置属性值。设置该属性值之后，jQuery Mobile将在加载完成当前页面以后，自动加载该链接元素所指的目标页面，即href属性的值。
- 调用JavaScript代码中的全局性方法$.mobile.loadPage()来预加载指定的目标HTML页面，其最终的效果与设置元素的data-prefetch属性一样。

在实现页面的预加载时，会同时加载多个页面，从而导致预加载的过程需要增加HTTP访问请求压力，这可能会延缓页面访问的速度，因此，页面预加载功能应谨慎使用，不要把所有外部链接都设置为预加载模式。

5.2.2　页面缓存

jQuery Mobile允许将访问过的历史内容写入页面文档的缓存中，当再次访问时，不需要重新加载，只要从缓存中读取就可以。

例如，打开上一节关于外部页面链接的示例文件（index.html），在<div data-role="page" id="page">标签中添加data-dom-cache属性，设置属性值为true，可以将该页面的内容注入文档的缓存中，如图5.21所示。

在移动设备中预览上面示例，jQuery Mobile将把对应页视图容器中的全部内容写入缓存中。

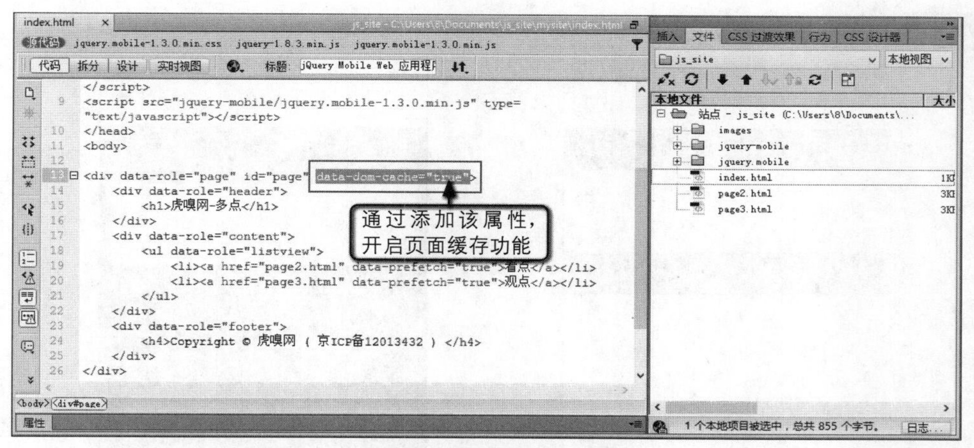

图 5.21　设置页面缓存功能

知识扩展

如果将页面内容写入文档缓存中，jQuery Mobile提供了以下两种方式：

- 在需要被缓存的视图页标签中添加data-dom-cache属性，设置该属性值为true或不设置属性值。该属性的功能是将对应的容器内容写入缓存中。
- 通过JavaScript代码设置一个全局性的jQuery Mobile属性值为ture：

```
$.mobile.page.prototype.options.domCache = true;
```

上面一行代码可以将当前文档全部写入缓存中。

注意，开启页面缓存功能将会使DOM内容变大，可能导致某些浏览器打开的速度变得缓慢。因此，当开启缓存功能之后，应及时清理缓存内容。

5.3　模态对话框

模态对话框是一种带有圆角标题栏和关闭按钮的伪浮动层，用于独占事件的应用。任何结构化的页面都可以用data-rel="dialog"链接的方式实现模态对话框应用。

这个模态对话框会默认生成关闭按钮，用于返回父级页面。在脚本能力较弱的设备上也可以添加一个带有data-rel="back"的链接来实现关闭按钮。针对支持脚本的设备可以直接使用href="#"或者data-rel="back"来实现关闭。还可以使用内置的close方法来关闭模态对话框，如$('.ui-dialog').dialog('close')。

由于模态对话框是动态显示的临时页面，所以这个页面不会被保存在哈希表内，这就意味着无法后退到这个页面。例如，在A页面中单击一个链接打开B对话框，操作完成并关闭对话框，然后跳转到C页面，这时候单击浏览器的“后退”按钮，将返回A页面，而不是B页面。

5.3.1　设计简单的对话框

对话框是交互设计中基本构成要件，在jQuery Mobile中创建对话框的方式十分方便，只需在指向页面的链接标签中添加data-rel属性，并将该属性值设置为dialog。当单击该链接时，打开的页面将以一个对话框的形式呈现。单击对话框中的任意链接时，打开的对话框将自动关闭，单击“回退”按钮可以切换至上一页，范例效果如图5.22所示。

范例效果

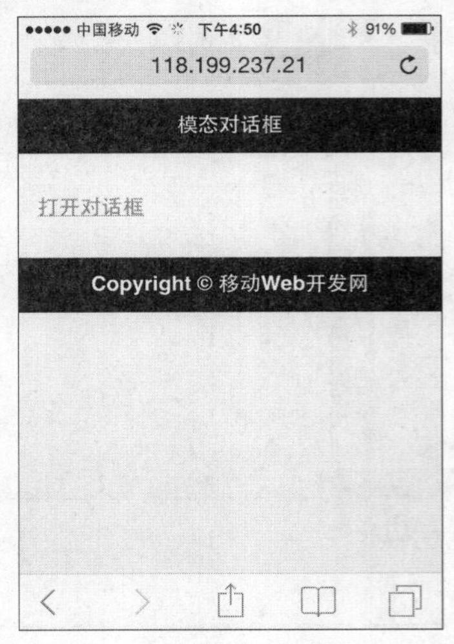

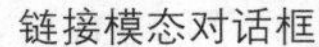

链接模态对话框

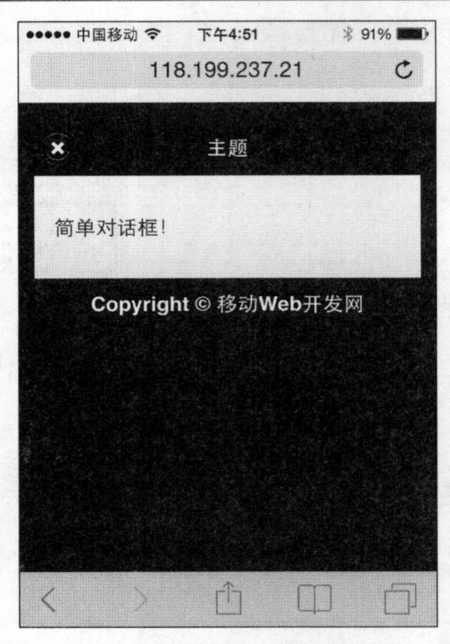

打开简单的模态对话框效果

图 5.22　范例效果

1 启动Dreamweaver CC，新建HTML5文档。选择【文件】|【新建】菜单命令，打开【新建文档】对话框，在该对话框中选择“启动器模板”项，设置示例文件夹为“Mobile起始页”，示例页为“jQuery Mobile（本地）”，设置文档类型为“HTML5”，然后单击【创建】按钮，完成文档的创建操作，如图5.23所示。

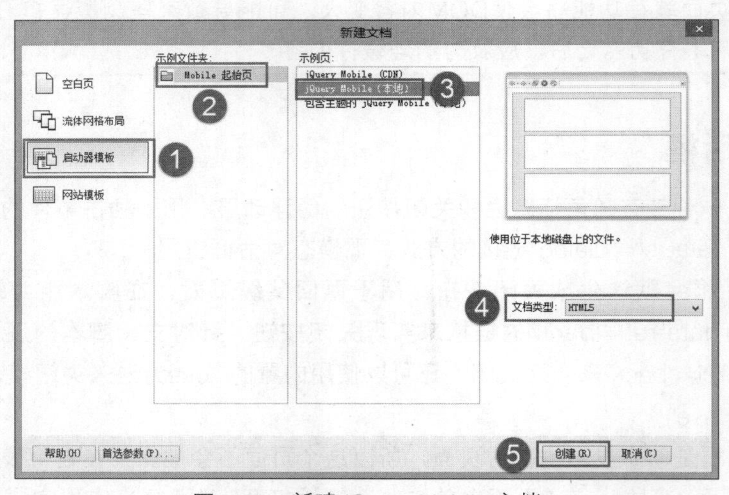

图 5.23　新建 jQuery Mobile 文档

2 按【Ctrl+S】组合键，保存文档为index.html。此时，Dreamweaver CC会弹出对话框提示保存相关的框架文件，如图5.24所示，单击【复制】按钮，把相关的框架文件复制到本地站点。

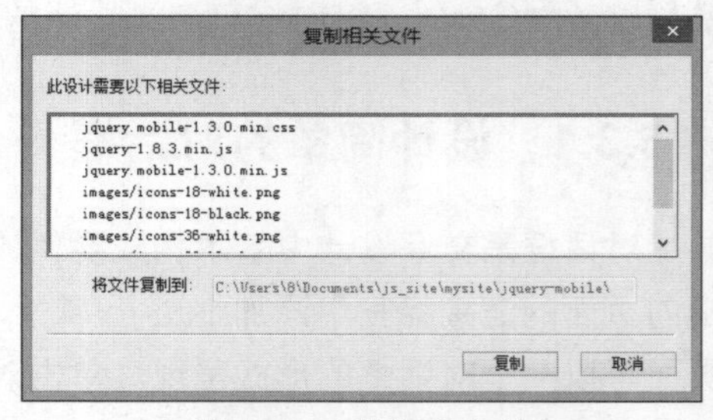

图 5.24　保存库文件

3 在编辑窗口中，拖选第2~4页视图结构，然后按【Delete】键删除。

4 切换到代码视图，修改标题、链接信息和页脚文本，设置<a>标签为外部链接，地址为“dialog.

html”，并添加data-rel="dialog"属性声明，定义打开模态对话框，设置如图5.25所示。

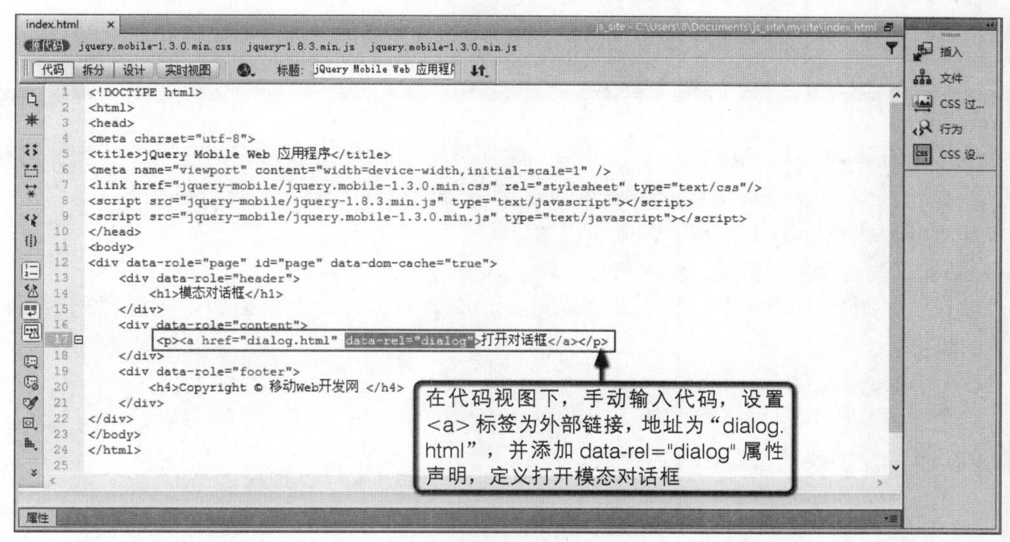

图 5.25　设计首页链接

5 另存index.html为dialog.html，保持HTML5文档基本结构基础上，定义一个单页视图结构，设计模态对话框视图。定义标题文本为“主题”，内容信息为“简单对话框！”，如图5.26所示。

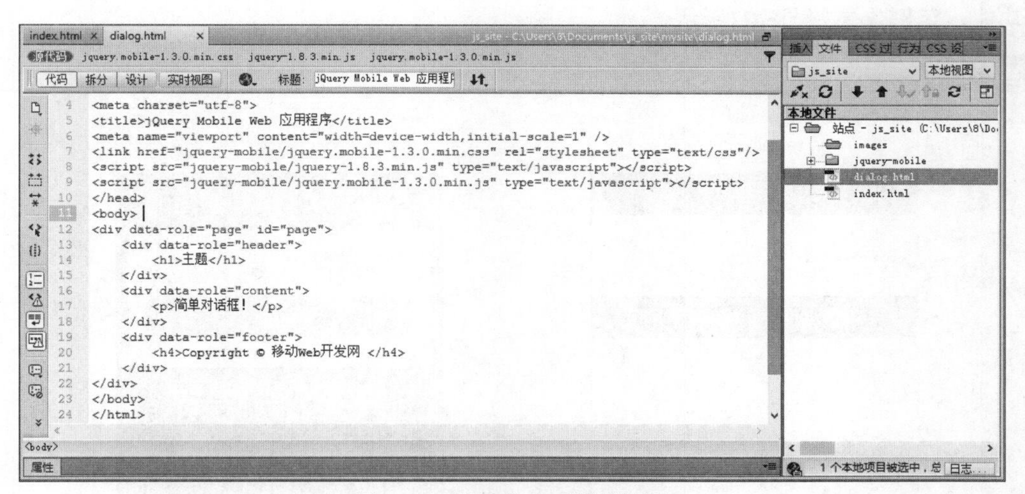

图 5.26　设计模态对话框视图

6 最后，在移动设备中预览该首页，可以看到图5.22（左）所示的效果，单击“打开对话框”链接，即可显示模态对话框，显示效果如图5.22（右）所示。该对话框以模式的方式浮在当前页的上面，背景深色，四周是圆角的效果，左上角自带一个"×"关闭按钮，单击该按钮，将关闭对话框。

技法扩展

在页面切换过程中，可以设计切换效果，可以使用标准页面的data-transition参数效果，建议取值为"pop"、"slideup" 和"flip"参数，以达到更好的效果。

这个模态对话框会默认生成关闭按钮，用于回到父级页面。在脚本能力较弱的设备上也可以添加一个带有data-rel="back"的链接来实现关闭按钮。

针对支持脚本的设备可以直接使用href="#"，或者data-rel="back"实现关闭。还可以使用内置的close方法来关闭模态对话框，如$('.ui-dialog').dialog('close')。

! TIPS

通过在链接中添加data-rel="dialog"的属性，可以使链接页面的显示方式变为对话框。给显示的对话框加入切换的效果也是一个不错的选择。例如，将about的链接变成一个对话框并加入相应的切换效果，代码如下：

```
<p><a href="#about" data-rel="dialog" data-transition="slideup">About me' </a></p>
```

当在一个页面中写多个Page，时在以dialog的方式打开一个页面时，不会出现对话框效果。例如：

```
<a href="foo.html" data-rel="dialog">Open dialog</a>
```

这个页面切换效果同样可以使用标准页面的data-transition参数效果。建议使用"pop"、"slideup" 和"flip"参数以达到更好的效果。

5.3.2 设计关闭对话框

在打开的对话框中，可以使用自带的“关闭”按钮关闭打开的对话框，此外，在对话框内添加其他链接按钮，将该链接的data-rel属性值设置为back，单击该链接也可以实现关闭对话框的功能，范例效果如图5.27所示。

范例效果

链接模态对话框

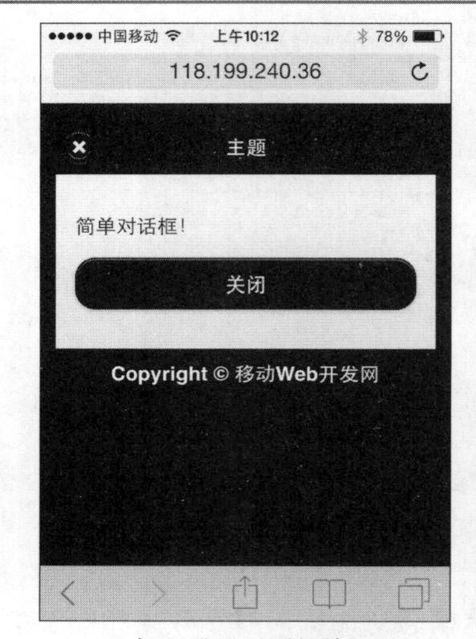

打开关闭对话框效果

图 5.27 范例效果

1 启动Dreamweaver CC，复制上一节示例文件index.html和dialog.html。

2 保留index.html文档结构不动，打开dialog.html文档，在<div data-role="content">容器内插入段落标签<P>，在新段落行中嵌入一个超链接，定义data-rel="back"属性。代码如下，操作如图5.28所示。

```
<a href="#" data-role="button"
        data-rel="back"
        data-theme="a">关闭
</a>
```

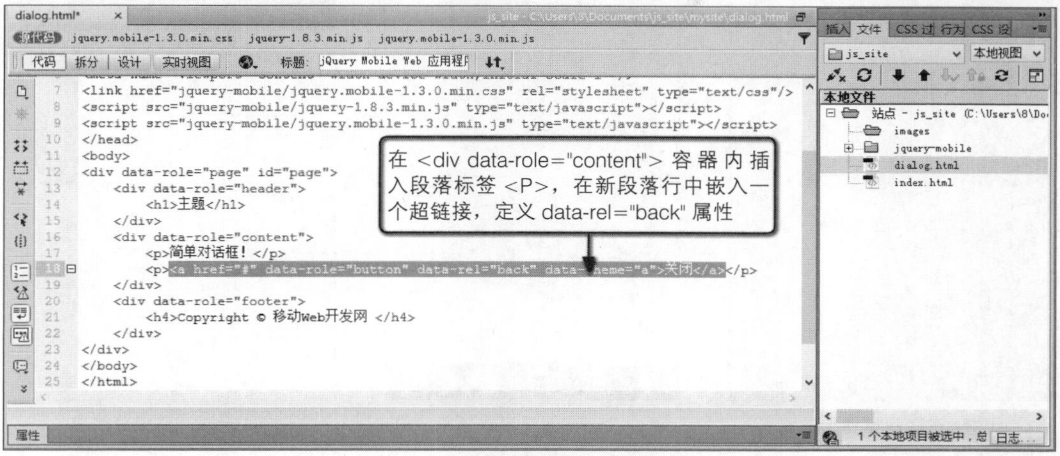

图 5.28　定义关闭对话框

3 最后，在移动设备中预览该首页，可以看到图5.27（左）所示的效果，单击“打开对话框”链接，即可显示模态对话框，显示效果如图5.27（右）所示。该对话框以模式的方式浮在当前页的上面，单击对话框中的"关闭"按钮，可以直接关闭打开的对话框。

技法扩展

本实例在对话框中将链接元素的"data-rel"属性设置为"back"，单击该链接将关闭当前打开的对话框。这种方法在不支持JavaScript代码的浏览器中，同样可以实现对应的功能。另外，编写JavaScript代码也可以实现关闭对话框的功能，代码如下：

```
$('.ui-dialog').dialog('close') ;
```

5.4　设计标题栏

标题栏容器是页面页眉区域的显示控件，主要用来显示标题和主要操作的区域。标题栏是移动应用中工具栏的组成部分，用来说明该页面的主题内容。标题栏是Page视图中第一个容器，放置的位置十分重要。标题栏由标题和按钮组成，其中按钮可以使用后退按钮，也可以添加表单按钮，并可以通过设置相关属性控制标题按钮的相对位置。

5.4.1　定义标题栏结构

标题栏由标题文字和左右两边的按钮构成，标题文字通常使用<h>标签，取值范围在1~6之间，常用<h1>标签，无论取值是多少，在同一个移动应用项目中都要保持一致。标题文字的左右两边可以分别放置一或两个按钮，用于标题中的导航操作，范例效果如图5.29所示。

范例效果

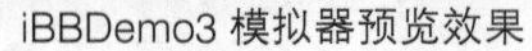
iBBDemo3 模拟器预览效果

Opera Mobile12 模拟器预览效果

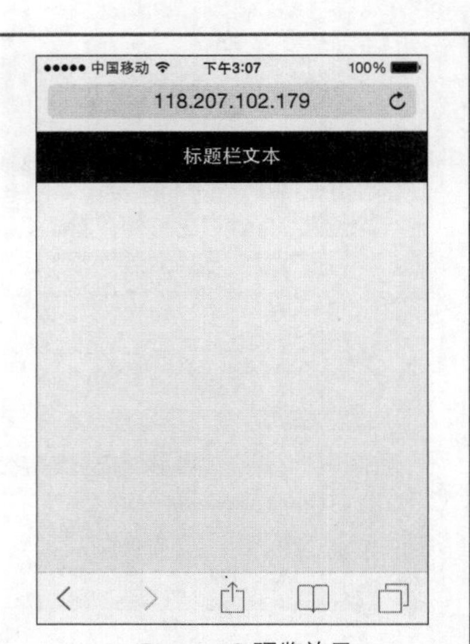

iPhone 5S 预览效果

图 5.29　范例效果

1 启动Dreamweaver CC，选择【文件】|【新建】菜单命令，打开【新建文档】对话框，在该对话框中选择“启动器模板”项，设置示例文件夹为“Mobile起始页”，示例页为“jQuery Mobile（本地）”，设置文档类型为“HTML5”，然后单击【创建】按钮，完成文档的创建操作，如图5.30所示。

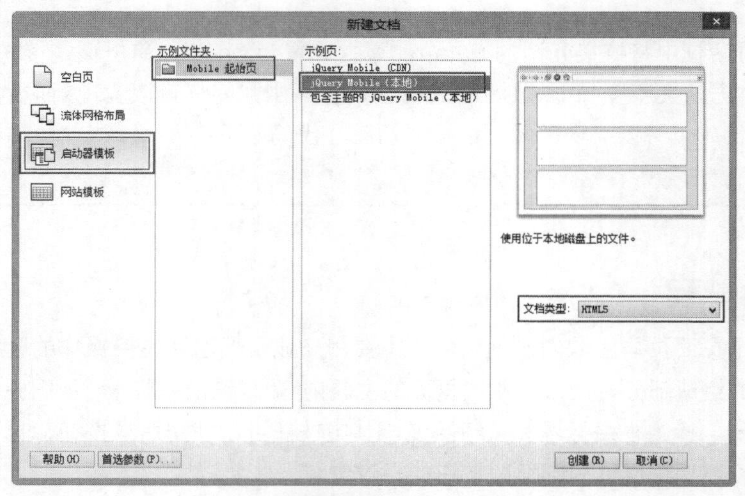

图 5.30　新建 jQuery Mobile 起始页

2 按【Ctrl+S】组合键，保存文档为index3.html。此时，Dreamweaver CC会弹出对话框提示保存相关的框架文件，如图5.31所示。

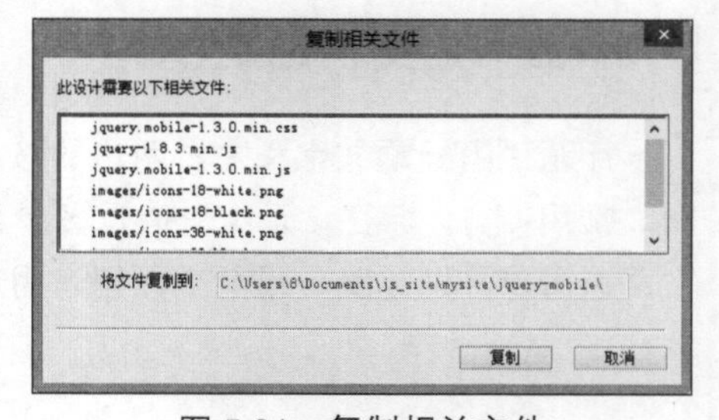

图 5.31　复制相关文件

3 在编辑窗口中，可以看到Dreamweaver CC新建了包含四个页面的HTML5文档，其中第一个页面为导航列表页，第2～4页为具体的详细页视图。在站点中新建了jquery-mobile文件夹，包括所有需要的相关技术文件和图标文件。

4 切换到代码视图，清除第2、3、4页容器结构，保留第一个Page容器，在容器中添加一个data-role属性为header的<div>标签，定义标题栏结构。在标题栏中添加一个<h1>标签，定义标题，标题文本设置为“标题栏文本”，如图5.32所示。

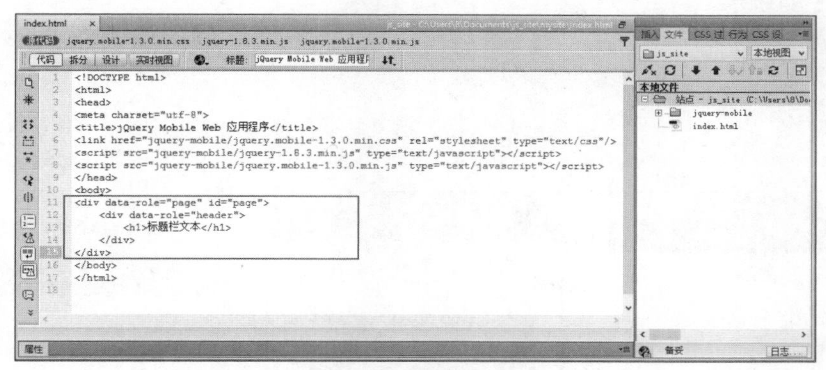

图 5.32　定义标题栏结构

每个视图容器中只能够有一个标题栏，通过添加一个Page容器的<div>标签，在容器中添加一个data-role属性，设置属性值为"header"，然后就可以在标题栏中添加标题、按钮或者标题文本了。标题文本一般应包含在标题标签中。

5 在头部位置添加如下元信息，定义视图宽度与设备屏幕宽度保持一致。

```
<meta name="viewport" content="width=device-width,initial-scale=1" />
```

技法扩展

由于移动设备的浏览器分辨率不尽相同，如果尺寸过小，而标题栏的标题内容又很长时，jQuery Mobile会自动调整需要显示的标题内容，隐藏的内容以“…”的形式显示在标题栏中，如图5.33所示。

```
<div data-role="page" id="page">
    <div data-role="header">
        <h1> 标题栏文本长度过长 </h1>
    </div>
</div>
```

iBBDemo3 模拟器省略效果

Opera Mobile12 模拟器省略效果

iPhone 5S 省略效果

图 5.33　超出标题文本省略效果

标题栏默认的主题样式为"a"，如果要修改主题样式，只需要在标题栏标签中添加data-theme属性，设置对应的主题样式值即可。例如，设置data-theme属性值为"b"，代码如下，预览效果如图5.34所示。

```
<div data-role="page" id="page">
    <div data-role="header" data-theme="b">
        <h1> 标题栏文本长度过长 </h1>
    </div>
</div>
```

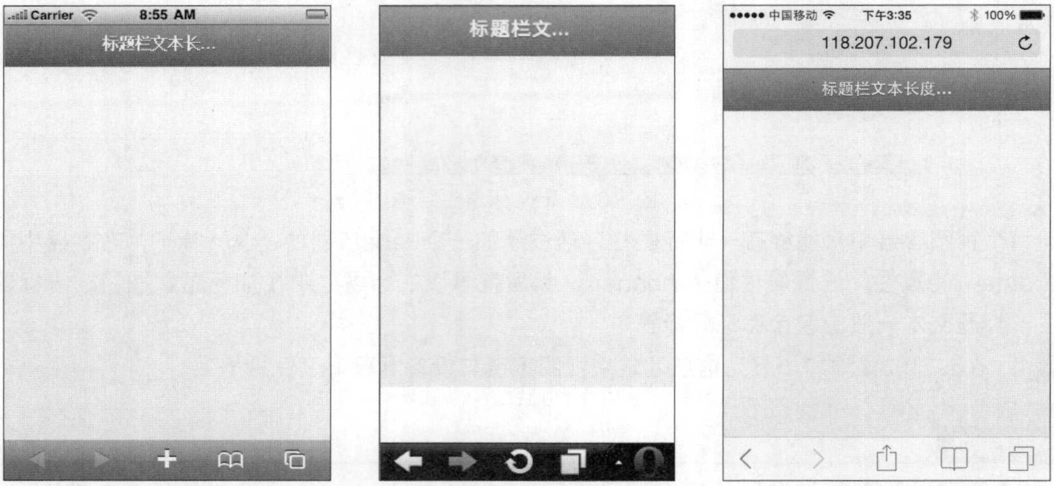

iBBDemo3 模拟器主题效果　　Opera Mobile12 模拟器主题效果　　iPhone 5S 主题效果

图 5.34　定义标题栏主题效果

关于更多jQuery Mobile中的主题内容，请参阅后面章节的详细介绍。

知识扩展

jQuery Mobile中提供了一整套标准的工具栏组件，移动应用只需对标签添加相应的属性值，就可以直接调用。通常情况下，工具栏由移动应用的标题栏、导航栏、页脚栏三部分组成，分别放置在移动应用程序中的标题部分、内容部分、页脚部分，并通过添加不同样式和设定工具栏的位置，满足和实现各种移动应用的页面需求和效果。

除此之外，jQuery Mobile还提供了许多非常有用的工具组件。通过调用这些组件，开发人员无须编写任何代码，就可以很方便地对移动应用的页面内容实现折叠面板、网格布局等页面效果，极大地提高了项目开发的效率。

! 小技巧

为了方便页面的交互，在页面切换后，会在标题容器的左侧自动生成一个后退按钮，这样可以简化开发复杂程度，但是有时我们会因为应用的需求而不需要这个后退按钮，可以在标题容器上添加data-backbtn="false"属性阻止后退按钮的自动创建。

标题容器的左侧和右侧分别可以放置一个按钮，在阻止自动生成的后退按钮后，我们就可以在后退按钮的位置来自定义按钮。例如：

```
<div data-role="header" data-position="inline" data-backbtn="false" >
    <a href="index.html" data-icon="delete">Cancel</a>
    <h1> 标题 </h1>
    <a href="index.html" data-icon="check">Save</a>
</div>
```

如果需要自定义默认的后退按钮中的文本，可以用data-back-btn-text="previous"属性来实现，或者通过扩展的方式实现：$.mobile.page.prototype.options.backBtnText = "previous"。

如果没有使用标准的结构来创建标题区域，那么框架将不会自动生成默认的按钮。

5.4.2 定义标题栏导航按钮

在标题栏中可以手动编写代码添加按钮标签。该标签通常设置为任意元素，其他按钮类型的标签也可以放置在标题栏中。由于标题栏空间的局限性，所添加按钮都是内联类型的，即按钮宽度只允许放置图标与文字这两个部分。

例如，新建HTML5文档，在页面中添加两个Page视图容器，ID值分别为"a"、"b",在两个容器的标题栏中分别添加两个按钮，左侧为“上一张”，右侧为“下一张”，单击第一个容器的“下一张”按钮时，切换到第二个容器；单击第二个容器的“上一张”按钮时，又返回到第一个容器，如图5.35所示。

范例效果

iPhone 5S 预览效果

下一张显示效果

图 5.35　范例效果

1 启动Dreamweaver CC，选择【文件】|【新建】菜单命令，打开【新建文档】对话框，在该对话框中选择“启动器模板”项，设置示例文件夹为“Mobile起始页”，示例页为“jQuery Mobile（本地）”，设置文档类型为“HTML5”，然后单击【创建】按钮，完成文档的创建操作，如图5.36所示。

2 按【Ctrl+S】组合键，保存文档为index.html。此时，Dreamweaver CC会弹出对话框提示保存相关的框架文件。

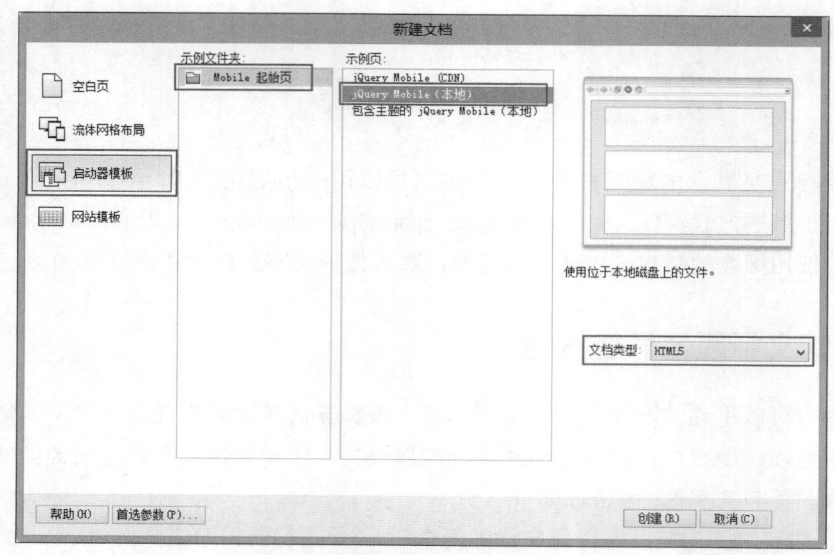

图 5.36　新建 jQuery Mobile 起始页

3 按【Ctrl+S】组合键，保存文档为index.html。此时，Dreamweaver CC会弹出对话框提示保存相关的框架文件。切换到代码视图，清除第3、4页容器结构，保留第1、2个Page容器，修改第一个容器的ID值为“a”，第二个容器的ID值为“b”，同时两个容器中标题栏和内容栏中所有内容删除页脚栏，代码如下。

```
<div data-role="page" id="a">
    <div data-role="header"></div>
    <div data-role="content"></div>
</div>
<div data-role="page" id="b">
    <div data-role="header"></div>
    <div data-role="content"></div>
</div>
```

4 为标题栏添加data-position属性，设置属性值为"inline"。然后在标题栏中添加标题和按钮，代码如下。使用data-position="inline"定义标题栏行内显示，使用data-icon属性定义按钮显示在标题栏指向箭头，其值为"arrow-l"表示向左，"arrow-r"表示向右。

```
<div data-role="page" id="a">
    <div data-role="header" data-position="inline">
         <a href="#" data-icon="arrow-l">上一张</a>
        <h1>秀秀</h1>
        <a href="#b" data-icon="arrow-r">下一张</a>
    </div>
</div>
<div data-role="page" id="b">
    <div data-role="header" data-position="inline">
         <a href="#a" data-icon="arrow-l">上一张</a>
        <h1>嘟嘟</h1>
        <a href="#" data-icon="arrow-r">下一张</a>
    </div>
</div>
```

5 添加内容栏，在内容栏中插入图像，定义类样式.w100，设计宽度为100%显示，然后为每个内容栏中插入的图像应用.w100类样式，设置如图5.37所示。

```
<style type="text/css">
.w100 {
```

```
    width:100%;
}
</style>

<div data-role="page" id="a">
    <div data-role="header" data-position="inline">…</div>
    <div data-role="content">
        <img src="images/1.jpg" class="w100" />
     </div>
</div>
<div data-role="page" id="b">
    <div data-role="header" data-position="inline">…</div>
    <div data-role="content">
                <img src="images/2.jpg" class="w100" />
    </div>
</div>
```

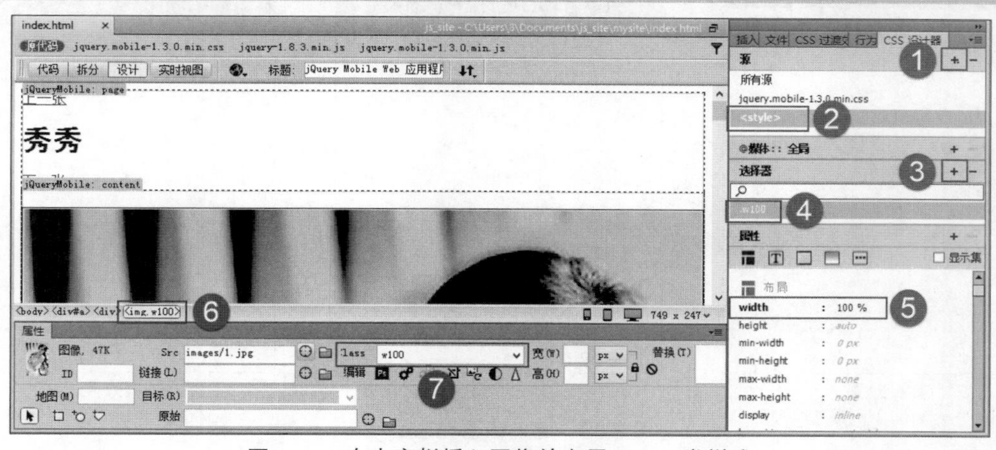

图 5.37 在内容栏插入图像并应用 .w100 类样式

6 在头部位置添加如下元信息，定义视图宽度与设备屏幕宽度保持一致。

```
<meta name="viewport" content="width=device-width,initial-scale=1" />
```

7 最后，在移动设备中预览该首页，可以看到图5.35（左）所示的效果，单击“下一张”按钮，即可显示下一张视图，显示效果如图5.35（右）所示。单击“上一张”按钮，将返回显示。

技法扩展

在本实例中，标题栏通过添加inline属性进行定位。使用这种定位模式，无须编写其他JavaScript或CSS代码，可以确保头部栏在更多的移动浏览器中显示。

标题栏中的按钮链接元素是标题栏的首个标签，默认位置是在标题的左侧，默认按钮个数只有一个。当在标题左侧添加两个链接按钮时，左侧链接按钮会按排列顺序保留第一个，第二个按钮会自动放置在标题的右侧。因此，在标题栏中放置链接按钮时，鉴于内容长度的限制，尽量在标题栏的左右两侧分别放置一个链接按钮。

知识扩展

给Page视图容器添加data-add-back-btn属性，可以在标题栏的左侧增加一个默认名为Back的后退按钮。此外，还可以通过修改Page视图容器的data-back-btn-text属性值，设置后退按钮中显示的文字。

例如，新建HTML5文档，启动Dreamweaver CC，选择【文件】|【新建】菜单命令，打开【新建文档】对话框，在该对话框中选择“启动器模板”选项，设置示例文件夹为“Mobile起始页”，示例页为“jQuery Mobile（本地）”，设置文档类型为“HTML5”，然后单击【创建】按钮，完成文档的创建操作。按【Ctrl+S】组合键，保存文档为index1.html。

切换到代码视图，清除第1页列表视图容器结构，保留第2、3、4个Page容器，修改标题栏和内容栏文字，分别用于显示“首页”、“第二页”、“尾页”内容。设计当切换到“下一页”时，头部栏的“后退”按钮文字为默认值Back，切换到尾页时，头标题栏的后退按钮文字为“上一页”，演示效果如图5.38所示。

首页效果

第二页效果

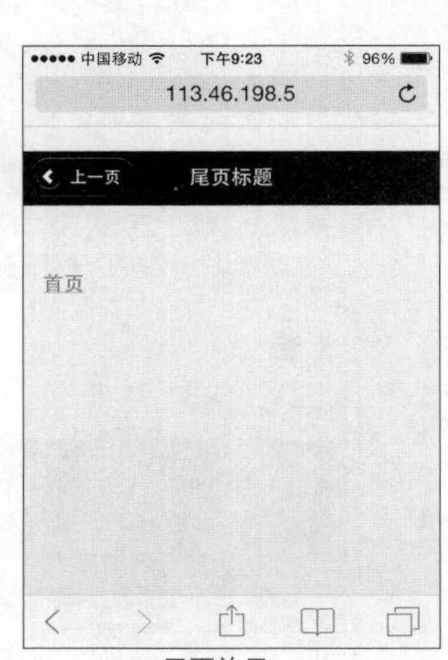

尾页效果

图 5.38　定义标题栏返回按钮

示例完整代码如下：

```
<!DOCTYPE html>
<html>
<head>
<meta charset="utf-8">
<title>jQuery Mobile Web 应用程序 </title>
<meta name="viewport" content="width=device-width,initial-scale=1" />
<link href="jquery-mobile/jquery.mobile-1.3.0.min.css" rel="stylesheet" type="text/css"/>
<script src="jquery-mobile/jquery-1.8.3.min.js" type="text/javascript"></script>
<script src="jquery-mobile/jquery.mobile-1.3.0.min.js" type="text/javascript"></script>
</head>
<body>
<div data-role="page" id="page2" data-add-back-btn="true">
    <div data-role="header">
        <h1> 首页标题 </h1>
    </div>
    <div data-role="content">
        <p><a href="#page3"> 下一页 </a></p>
    </div>
</div>
<div data-role="page" id="page3" data-add-back-btn="true">
    <div data-role="header">
        <h1> 第二页标题 </h1>
    </div>
    <div data-role="content">
```

```
        <p><a href="#page4"> 尾页 </a></p>
    </div>
</div>
<div data-role="page" id="page4" data-add-back-btn="true" data-back-btn-text=" 上一页 ">
    <div data-role="header">
        <h1> 尾页标题 </h1>
    </div>
    <div data-role="content">
        <p><a href="#page2"> 首页 </a></p>
    </div>
</div>
</body>
</html>
```

在上面示例代码中，首先将Page容器标签的data-add-back-btn属性设置为true，表示切换到该容器时，标题栏显示默认的Back按钮；然后，在Page容器标签中添加另一个data-back-btn-text属性，用来显示后退按钮上的文字内容，可以根据需要进行手动修改。

此外，可以编写JavaScript代码进行设置，在HTML 页的<head>标签中，加入如下脚本代码：

```
$.mobile.page.prototype.options.backBtnText = " 后退 ";
```

该代码是一个全局性的属性设置，因此，页面中所有添加data-add-back-btn属性的Page容器，其标题栏中后退按钮的文字内容都为以上代码设置的值，即"后退". .如果需要修改，可以在页面中找到对应的Page容器，添加data-back-btn-text属性进行单独设置。

另外，如果浏览的当前页面并没有可以后退的页面，那么，即使在页面的Page容器中添加了data-add-back-btn属性，也不会出现后退按钮。

5.4.3 定义按钮显示位置

在标题栏中，如果只放置一个链接按钮，不论放置在标题的左侧还是右侧，其最终显示在标题的左侧。如果想改变位置，需要为<a>标签添加ui-btn-left或ui-btn-right类样式，前者表示按钮居标题左侧（默认值），后者表示居右侧。

例如，针对上一节第一个示例，对标题栏中“上一张”、“下一张”两个按钮位置进行设定。在第一个Page容器中，仅显示“下一张”按钮，设置显示在标题栏右侧；切换到第二个Page容器中时，只显示“上一张”按钮，并显示在左侧，预览效果如图5.39所示。

标题栏按钮居右显示

标题栏按钮居左显示

图 5.39　定义标题栏按钮显示位置效果

修改后的结构代码如下：

```
<div data-role="page" id="a">
    <div data-role="header" data-position="inline">
        <h1> 秀秀 </h1>
        <a href="#b" data-icon="arrow-r"  class="ui-btn-right"> 下一张 </a>
    </div>
    <div data-role="content">
         <img src="images/1.jpg" class="w100" />
     </div>
</div>
<div data-role="page" id="b">
    <div data-role="header" data-position="inline">
         <a href="#a" data-icon="arrow-l" class="ui-btn-left"> 上一张 </a>
        <h1> 嘟嘟 </h1>
    </div>
    <div data-role="content">
                 <img src="images/2.jpg" class="w100" />
    </div>
</div>
```

! TIPS

ui-btn-left 和ui-btn-right两个类别常用来设置标题栏中标题两侧的按钮位置，该类别在只有一个按钮并且想放置在标题右侧时非常有用。另外，通常情况下，需要将该链接按钮的data-add-back-btn属性值设置为false，以确保在Page容器切换时不会出现后退按钮，影响标题左侧按钮的显示效果。

5.5 设计导航栏

使用data-role="navbar"属性声明可以定义导航栏。导航栏容器通过<ul>标签设置导航栏各导航按钮，每一行最多可以放置5个按钮，超出个数的按钮自动显示在下一行，导航栏中的按钮可以引用系统的图标，也可以自定义图标。

5.5.1 定义导航栏结构

导航栏一般位于页视图的标题栏或者页脚栏。在导航容器内，通过列表结构定义导航项目，如果需要设置某导航项目为激活状态，只需在该标签添加ui-btn-active类样式即可，范例效果如图5.40所示。

范例效果

iPhone 5S 预览效果

Opera Mobile12 模拟器预览效果

图 5.40　范例效果

例如，新建HTML5文档，在标题栏添加一个导航栏，在其中创建3个导航按钮，分别在按钮上显示“采集”、“画板”、“推荐用户”文本，并将第一个按钮设置为选中状态。

1 启动Dreamweaver CC，选择【文件】|【新建】菜单命令，打开【新建文档】对话框，在该对话框中选择“启动器模板”项，设置示例文件夹为“Mobile起始页”，示例页为“jQuery Mobile（本地）”，设置文档类型为“HTML5”，然后单击【创建】按钮，完成文档的创建操作，如图5.41所示。

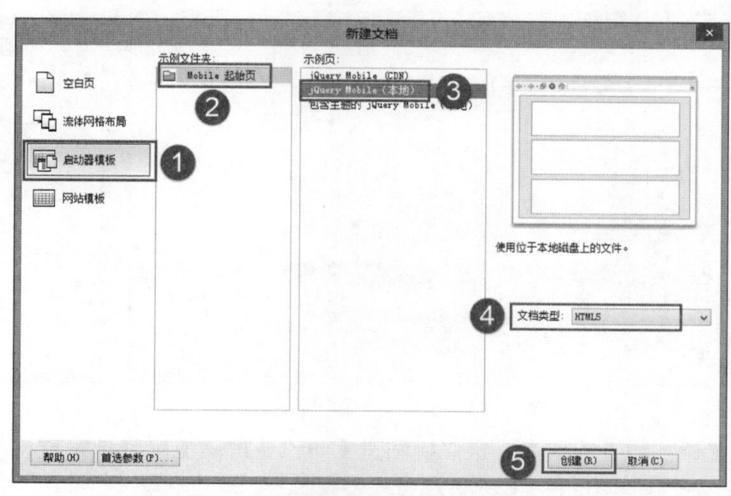

图 5.41　新建 jQuery Mobile 起始页

2 按【Ctrl+S】组合键，保存文档为index.html。然后根据Dreamweaver CC提示保存相关的框架文件。

3 切换到代码视图，清除第2、3、4页容器结构，保留第一个Page容器，然后在标题栏输入下面代码，定义导航栏结构。

```
<div  data-role="navbar">
    <ul>
        <li><a href="page2.html">采集</a></li>
        <li><a href="page3.html">画板</a></li>
        <li><a href="page4.html">推荐用户</a></li>
    </ul>
</div>
```

4 选中第一个超链接标签，然后在属性面板中设置“类”为ui-btn-active，激活第一个导航按钮，设置如图5.42所示。

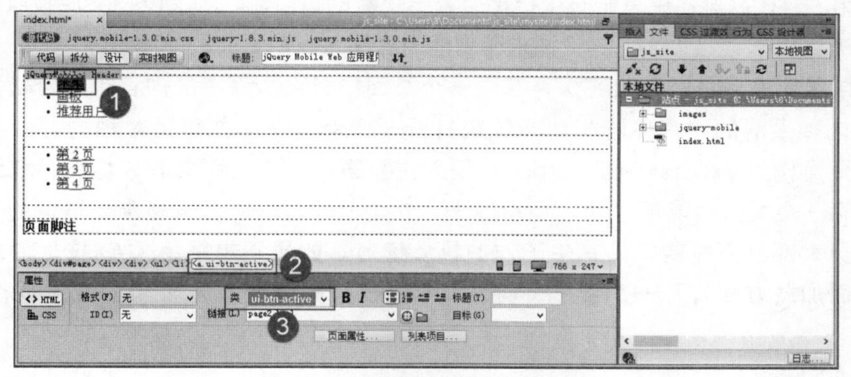

图 5.42　定义激活按钮类样式

5 删除内容容器中的列表视图结构（<ul data-role="listview">），选择【插入】|【图像】|【图像】菜单命令，插入图像images/1.jpg，清除自动定义的width和height属性后，为当前图像定义一个类样式，设计其宽度为100%显示，设置如图5.43所示。

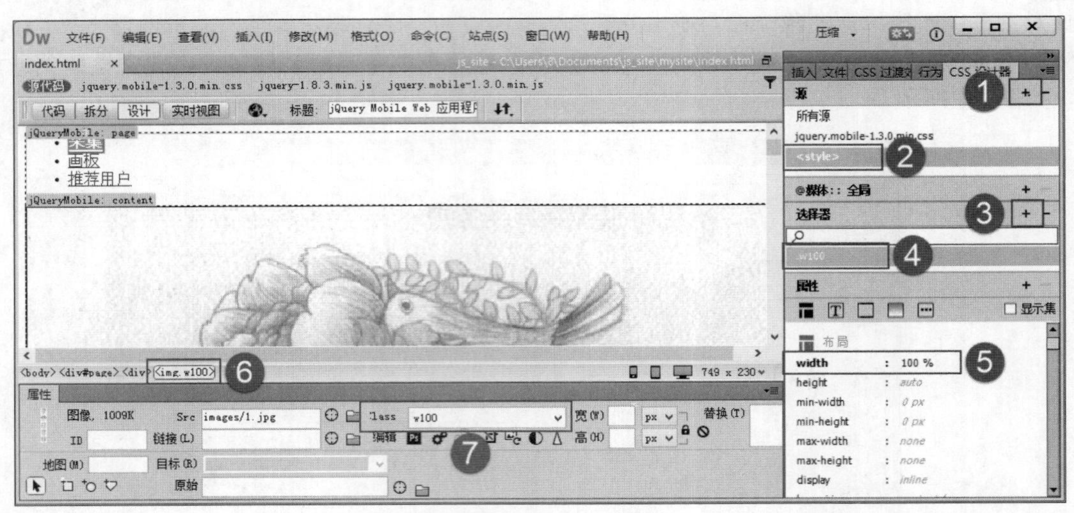

图 5.43 插入并定义图像类样式

6 在头部位置添加如下元信息，定义视图宽度与设备屏幕宽度保持一致。

```
<meta name="viewport" content="width=device-width,initial-scale=1" />
```

7 最后，在移动设备中预览该首页，可以看到如图5.43所示的导航按钮效果。本实例将一个简单的导航栏容器通过嵌套的方式放置在标题栏容器中，形成顶部导航栏的页面效果。在导航栏的内部容器中，每个导航按钮的宽度都是一致的，因此，每增加一个按钮，都会将原先按钮的宽度按照等比例的方式进行均分。即如果原来有两个按钮，它们的宽度就为浏览器宽度的二分之一，再增加1个按钮时，原先的两个按钮宽度就变了三分之一，依此类推。当导航栏中按钮的数量超过5个时，将自动换行显示。

【知识补充】

导航容器是一个可以每行容纳最多5个按钮的按钮组控件，可以使用一个拥有data-role="navbar"属性的<div>标签来容纳这些按钮。在默认的按钮上添加class="ui-btn-active"，如果按钮的数量超过5个，导航容器将会自动以合适的数量分配成多行显示。

为了实现在移动设备上的无缝客户体验，jQuery Mobile默认采用AJAX的方式载入一个目的链接页面。因此，当在浏览器中单击一个链接打开一个新的页面时，jQuery Mobile接收这个链接，通过AJAX的方式请求链接页面，并把请求得到的内容注入当前页面的DOM里。

这样的结果就是用户交互始终保存在同一个页面中。新页面中的内容也会轻松地显示到这个页面里。这种平滑的客户体验相比于传统打开一个新的页面并等待数秒的方式要好很多。当一个新的页面作为新的data-role="page"插入主页面时，主页面会有效地缓存取到的内容。使得将要访问一个页面时能够尽快地显示出来。这个工作过程听起来是难以置信的复杂，但是作为开发人员大部分不需要了解其中工作的具体细节。如果不想采用AJAX技术加载页面，而以原生的页面加载方式打开一个链接页面，只需在打开的链接上添加属性 rel="external"属性即可。

✔ 知识扩展

除了将导航栏放置在头部外，也可以将它放置在底部，形成页脚导航栏。在头部导航栏中，标题栏容器可以保留标题和按钮，只需要将导航栏容器以嵌套的方式放置在标题栏即可。下面通过一个简单的实例介绍在标题栏同时设计标题、按钮和导航栏组件。

以上面示例为基础，另存index.html为index1.html，在标题栏中添加一个标题，命名为“花瓣”，设置导航栏中第一个按钮为空链接，第二个按钮为内部链接"#page3"，第三个按钮为内部链接"#page4"，代码如下：

```
<div data-role="header">
        <h1> 花瓣 </h1>
    <div  data-role="navbar">
        <ul>
            <li><a href="#page"  class="ui-btn-active"> 采集 </a></li>
            <li><a href="#page3"> 画板 </a></li>
            <li><a href="#page4"> 推荐用户 </a></li>
        </ul>
    </div>
</div>
```

然后，复制第一个页视图容器结构，定义两个新的页视图容器，分别命名ID值为"page3"和"page4"，调整导航栏的激活按钮，使其与对应页视图按钮相一致。最后，修改内容栏显示图像，定义第2个视图显示图像为images/2.jpg，第3个视图显示图像为images/3.jpg，编辑的代码如下。

```
<div data-role="page" id="page3">
    <div data-role="header">
         <h1> 花瓣 </h1>
        <div  data-role="navbar">
            <ul>
                <li><a href="#page"> 采集 </a></li>
                <li><a href="#page3" class="ui-btn-active"> 画板 </a></li>
                <li><a href="#page4"> 推荐用户 </a></li>
            </ul>
        </div>
    </div>
    <div data-role="content">
              <img src="images/2.jpg" class="w100" />
    </div>
    <div data-role="footer">
        <h4> 页面脚注 </h4>
    </div>
</div>
<div data-role="page" id="page4">
    <div data-role="header">
         <h1> 花瓣 </h1>
        <div  data-role="navbar">
            <ul>
                <li><a href="#page"> 采集 </a></li>
                <li><a href="#page3"> 画板 </a></li>
                <li><a href="#page4" class="ui-btn-active"> 推荐用户 </a></li>
            </ul>
        </div>
    </div>
    <div data-role="content">
          <img src="images/3.jpg" class="w100" />
    </div>
    <div data-role="footer">
        <h4> 页面脚注 </h4>
```

```
    </div>
</div>
```

最后，在移动设备中预览该首页，可以看到如图5.44所示的导航效果。当单击不同的导航按钮时，会自动切换到对应的视图页面。

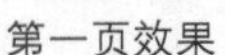
第一页效果

第二页效果

第三页效果

图 5.44　标题栏和导航栏同时显示效果

在实际开发过程中，常常在标题栏中嵌套导航栏，而不仅仅显示标题内容和左右两侧的按钮，特别是在导航栏中选项按钮添加了图标时，只显示页面标题栏中导航栏，用户体验和视觉效果都是不错的。

5.5.2　定义导航栏图标

在导航栏中，每个导航按钮是通过<a>标签定义的，如果希望给导航栏中的导航按钮添加图标，只需在对应的<a>标签中增加data-icon属性，并在jQuery Mobile自带图标集合中选择一个图标名作为该属性的值，图标名称和图标样式说明如表5.3所示。

表5.3　jQuery Mobile自带图标集

名称	样式	名称	样式
arrow-l（左箭头）		refresh（刷新）	
arrow-r（右箭头）		forward（前进）	
arrow-u（上箭头）		back（后退）	
arrow-d（下箭头）		grid（网格）	
delete（删除）		star（五角）	
plus（添加）		alert（警告）	
minus（减少）		info（信息）	
check（检查）		home（首页）	
gear（齿轮）		search（搜索）	

上述列表中图标data-icon属性对应的图标名称，不仅用于导航栏中的链接按钮，也适用于各类按钮型元素增加图标。

例如，针对上一节示例，分别为导航栏每个按钮绑定一个图标，其中第一个按钮图标为信息图标，第二个按钮图标为警告图标，第三个按钮图标为车轮图标，代码如下，按钮图标预览效果如图5.45所示。

```
<div data-role="page" id="page">
    <div data-role="header">
         <h1>花瓣</h1>
        <div  data-role="navbar">
            <ul>
                <li><a href="page2.html" data-icon="info" class="ui-btn-active">采集</a></li>
                <li><a href="page3.html" data-icon="alert">画板</a></li>
                <li><a href="page4.html" data-icon="gear">推荐用户</a></li>
            </ul>
        </div>
    </div>
    <div data-role="content">
                  <img src="images/1.jpg" class="w100" />
    </div>
    <div data-role="footer">
        <h4>页面脚注</h4>
    </div>
</div>
```

iBBDemo3 模拟器预览效果

Opera Mobile12 模拟器预览效果

图 5.45　为导航栏按钮添加图标效果

在上面示例代码中，首先给链接按钮添加data-icon属性，然后选择一个图标名。导航链接按钮上便添加了对应的图标。用户还可以手动控制图标在链接按钮中的位置和自定义按钮图标。

5.5.3　定义导航栏图标位置

在导航栏中，图标默认放置在按钮文字的上面，如果需要调整图标的位置，只需要在导航栏容器标签中添加data-iconpos属性，使用该属性可以统一控制整个导航栏容器中图标的位置。

data-iconpos属性默认值为top，表示图标在按钮文字的上面，还可以设置left、right、bottom，分别表示图标在导航按钮文字的左边、右边和下面。

范例效果

iBBDemo3 模拟器预览效果

Opera Mobile12 模拟器预览效果

图 5.46　示例效果

1 启动Dreamweaver CC，选择【文件】|【新建】菜单命令，打开【新建文档】对话框，在该对话框中选择“启动器模板”项，设置示例文件夹为“Mobile起始页”，示例页为“jQuery Mobile（本地）”，设置文档类型为“HTML5”，然后单击【创建】按钮，完成文档的创建操作，如图5.47所示。

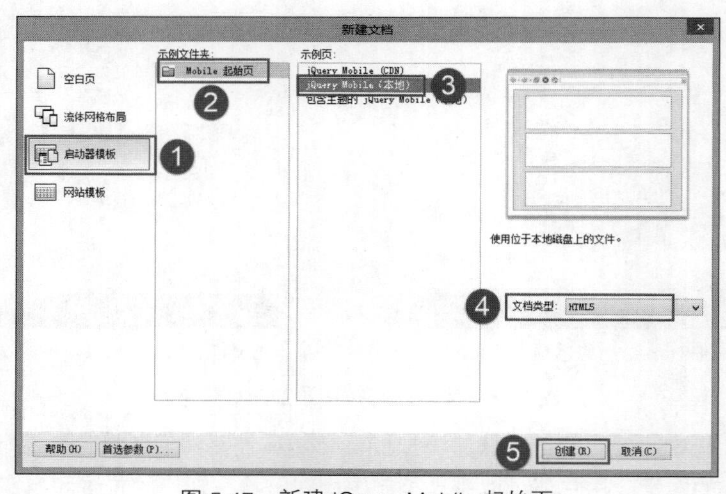

图 5.47　新建 jQuery Mobile 起始页

2 按【Ctrl+S】组合键，保存文档为index.html。

切换到代码视图，手动改写代码，具体操作：清除第2、3、4页容器结构，保留第一个Page容器，在容器中添加一个data-role属性为header的<div>标签，定义标题栏结构。在标题栏中添加一个导航结构。使用data-role="navbar"属性定义导航栏容器，使用data-iconpos="left"属性设置导航栏按钮图标位于按钮文字的左侧。然后，在导航栏中添加三个导航列表项目，定义三个按钮，第一个按钮图标为data-icon="home"，即显示为首页效果，并使用ui-btn-active类激活该按钮样式；第二个按钮图标为data-icon="alert"，即显示为警告效果；第三个按钮图标为data-icon="info"，即显示为信息效果。

修改后的代码如下：

```
<div data-role="header">
    <div  data-role="navbar"  data-iconpos="left">
        <ul>
            <li><a href="#page2" data-icon="home" class="ui-btn-active">首页</a></li>
            <li><a href="#page3" data-icon="alert">警告</a></li>
            <li><a href="#page4" data-icon="info">信息</a></li>
        </ul>
    </div>
</div>
```

3 清除内容容器内的列表视图容器，添加一个导航栏。使用data-iconpos="right"属性设置导航栏按钮图标位于按钮文字的右侧。

然后，在导航栏中添加三个导航列表项目，定义三个按钮，第一个按钮图标为data-icon="home"，即显示为首页效果；第二个按钮图标为data-icon="alert"，即显示为警告效果；第三个按钮图标为data-icon=”info”，即显示为信息效果。

最后，选择【插入】|【图像】|【图像】菜单命令，在导航栏后面插入图像images/1.jpg，定义一个类样式w100，设置width为100%，绑定类样式到图像标签上。完成的代码如下：

```
<div data-role="content">
    <div  data-role="navbar"  data-iconpos="right">
        <ul>
            <li><a href="#page2" data-icon="home" class="ui-btn-active">首页</a></li>
            <li><a href="#page3" data-icon="alert">警告</a></li>
            <li><a href="#page4" data-icon="info">信息</a></li>
        </ul>
    </div>
         <img src="images/1.jpg" class="w100" />
</div>
```

4 清除页脚容器内的标题信息，添加一个导航栏。使用data-iconpos="bottom"属性设置导航栏按钮图标位于按钮文字的底部。然后，在导航栏中添加三个导航列表项目，定义三个按钮，第一个按钮图标为data-icon="home"，即显示为首页效果；第二个按钮图标为data-icon=”alert”，即显示为警告效果；第三个按钮图标为data-icon=”info”，即显示为信息效果。完成的代码如下：

```
<div data-role="footer">
    <div  data-role="navbar"  data-iconpos="bottom">
        <ul>
            <li><a href="#page2" data-icon="home" class="ui-btn-active">首页</a></li>
            <li><a href="#page3" data-icon="alert">警告</a></li>
            <li><a href="#page4" data-icon="info">信息</a></li>
        </ul>
    </div>
</div>
```

5 在头部位置添加如下元信息，定义视图宽度与设备屏幕宽度保持一致。

```
<meta name="viewport" content="width=device-width,initial-scale=1" />
```

6 完成设计之后，在移动设备中预览该index.html页面，可以看到如图5.46所示的导航按钮效果。

! TIPS

data-iconpos是一个全局性的属性，该属性针对的是整个导航栏容器，而不是导航栏内某个导航链接按钮图标的位置。data-iconpos针对的是整个导航栏内全部的链接按钮，可以改变导航栏按钮图标的位置。

5.5.4 自定义导航栏图标

用户可以根据开发需要自定义导航按钮的图标，实现的方法：创建CSS类样式，自定义按钮图标，添加链接按钮的图标地址与显示位置，然后绑定到按钮标签上即可。

范例效果

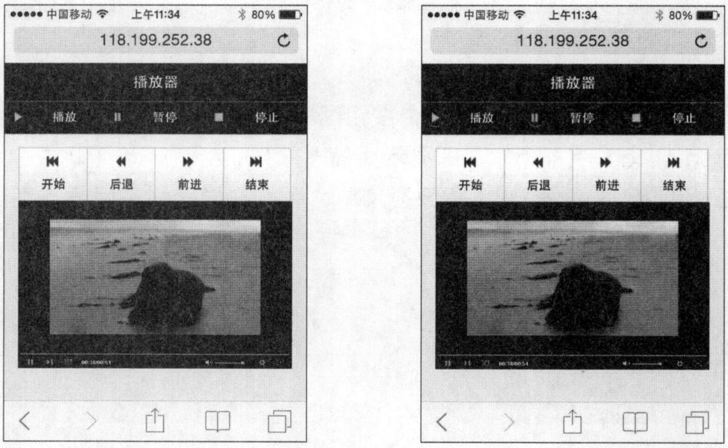

自定义导航按钮图标样式　　保留默认的按钮图标圆角阴影效果

图 5.48　示例效果

1 启动Dreamweaver CC，选择【文件】|【新建】菜单命令，打开【新建文档】对话框，在该对话框中选择“启动器模板”项，设置示例文件夹为“Mobile起始页”，示例页为“jQuery Mobile（本地）”，设置文档类型为“HTML5”，然后单击【创建】按钮，完成文档的创建操作，如图5.49所示。

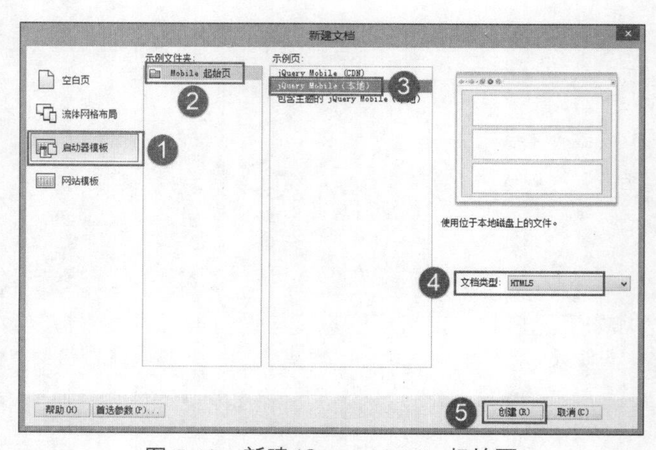

图 5.49　新建 jQuery Mobile 起始页

2 按【Ctrl+S】组合键，保存文档为index.html。切换到代码视图，清除第2、3、4页容器结构，保留第一个Page容器，在容器中添加一个data-role属性为header的<div>标签，定义标题栏结构。定义标题名称为“播放器”，在标题栏中添加一个导航结构。使用data-role="navbar"属性定义导航栏容器，使用data-iconpos="left"属性设置导航栏按钮图标位于按钮文字的左侧。然后，在导航栏中添加三个导航列表项目，定义三个按钮，设置三个按钮图标为自定义data-icon="custom"。修改后的结构代码如下：

```
<div data-role="header">
    <h1>播放器</h1>
    <div  data-role="navbar" data-iconpos="left">
        <ul>
            <li><a href="#page1" data-icon="custom">播放</a></li>
            <li><a href="#page2" data-icon="custom">暂停</a></li>
            <li><a href="#page3" data-icon="custom">停止</a></li>
        </ul>
    </div>
</div>
```

3 清除内容容器内的列表视图容器，添加一个导航栏。使用data-iconpos="top"属性设置导航栏按钮图标位于按钮文字的顶部。然后，在导航栏中添加四个导航列表项目，定义四个按钮，设置四个按钮图标为自定义data-icon="custom"

4 把光标置于内容容器尾部，选择【插入】|【图像】|【图像】菜单命令，在内容容器内导航栏后面插入图像images/1.png，定义一个类样式w100，设置width为100%，绑定类样式到图像标签上。

```
<div data-role="content">
    <div  data-role="navbar" data-iconpos="top">
        <ul>
            <li><a href="#page4" data-icon="custom">开始</a></li>
            <li><a href="#page5" data-icon="custom">后退</a></li>
            <li><a href="#page6" data-icon="custom">前进</a></li>
            <li><a href="#page7" data-icon="custom">结束</a></li>
        </ul>
    </div>
    <img src="images/1.png" class="w100" />
</div>
```

5 自定义按钮图标。在文档头部位置使用<style type="text/css">标签定义内部样式表，定义一个类样式play，在该类别下编写ui-icon类样式。ui-icon类样式有2行代码，第一行通过background属性设置自定义图标的地址和显示方式，第二行通过background-size设置自定义图标显示的长度与宽度。

该类样式设计自定义按钮图标，居中显示，禁止重复平铺，定义背景图像宽度为16px，高度为16px。如果背景图像已经设置好大小，也可以不声明背景图像大小。整个类样式代码如下：

```
.play .ui-icon {
    background: url(images/play.png) 50% 50% no-repeat;
    background-size: 16px 16px;
}
```

其中play是自定义类样式，ui-icon是jQuery Mobile框架内部类样式，用来设置导航按钮的图标样式。重写ui-icon类样式，只需在前面添加一个自定义类样式，然后把该类样式绑定到按钮标签<a>上面，代码如下：

```
<li><a href="#page1" data-icon="custom" class="play">播放</a></li>
```

6 以同样的方式定义pause、stop、begin、back、forward、end，除了背景图像URL不同外，声明的样式代码基本相同，代码如下所示。最后，把这些类样式绑定到对应的按钮标签上，如图5.50所示。

```
.pause .ui-icon {
    background: url(images/pause.png) 50% 50% no-repeat;
    background-size: 16px 16px;
}
.stop .ui-icon {
    background: url(images/stop.png) 50% 50% no-repeat;
    background-size: 16px 16px;
}
.begin .ui-icon {
    background: url(images/begin.jpg) 50% 50% no-repeat;
    background-size: 16px 16px;
}
.back .ui-icon {
    background: url(images/back.jpg) 50% 50% no-repeat;
    background-size: 16px 16px;
}
.forward .ui-icon {
    background: url(images/forward.jpg) 50% 50% no-repeat;
    background-size: 16px 16px;
}
.end .ui-icon {
    background: url(images/end.jpg) 50% 50% no-repeat;
    background-size: 16px 16px;
}
```

```
50 <div data-role="page" id="page">
51     <div data-role="header">
52         <h1>播放器</h1>
53         <div  data-role="navbar" data-iconpos="left">
54             <ul>
55                 <li><a href="#page1" data-icon="custom" class="play">播放</a></li>
56                 <li><a href="#page2" data-icon="custom" class="pause">暂停</a></li>
57                 <li><a href="#page3" data-icon="custom" class="stop">停止</a></li>
58             </ul>
59         </div>
60     </div>
61     <div data-role="content">
62         <div  data-role="navbar" data-iconpos="top">
63             <ul>
64                 <li><a href="#page4" data-icon="custom" class="begin">开始</a></li>
65                 <li><a href="#page5" data-icon="custom" class="back">后退</a></li>
66                 <li><a href="#page6" data-icon="custom" class="forward">前进</a></li>
67                 <li><a href="#page7" data-icon="custom" class="end">结束</a></li>
68             </ul>
69         </div>
70         <img src="images/1.png" class="w100" />
71     </div>
72 </div>
```

图 5.50　为导航按钮绑定类样式

7 在文档头部的内部样式表中，重写自定义图标的基础样式，清除默认的阴影和圆角特效，代码如下，然后为导航栏容器绑定custom类样式，如图5.51所示。如果不清除默认的圆角阴影特效，则显示效果如图5.48（右）所示。

```
.custom .ui-btn .ui-icon {
    box-shadow: none!important;
    -moz-box-shadow: none!important;
    -webkit-box-shadow: none!important;
    -webkit-border-radius: 0 !important;
    border-radius: 0 !important;
}
```

```
50  <div data-role="page" id="page">
51      <div data-role="header">
52          <h1>播放器</h1>
53          <div  data-role="navbar" data-iconpos="left"  class="custom">
54              <ul>
55                  <li><a href="#page1" data-icon="custom" class="play">播放</a></li>
56                  <li><a href="#page2" data-icon="custom" class="pause">暂停</a></li>
57                  <li><a href="#page3" data-icon="custom" class="stop">停止</a></li>
58              </ul>
59          </div>
60      </div>
61      <div data-role="content">
62          <div  data-role="navbar" data-iconpos="top"  class="custom">
63              <ul>
64                  <li><a href="#page4" data-icon="custom" class="begin">开始</a></li>
65                  <li><a href="#page5" data-icon="custom" class="back">后退</a></li>
66                  <li><a href="#page6" data-icon="custom" class="forward">前进</a></li>
67                  <li><a href="#page7" data-icon="custom" class="end">结束</a></li>
68              </ul>
69          </div>
70          <img src="images/1.png" class="w100" />
71      </div>
72  </div>
```

图 5.51　为导航容器绑定 custom 类样式

8 在头部位置添加如下元信息，定义视图宽度与设备屏幕宽度保持一致。

```
<meta name="viewport" content="width=device-width,initial-scale=1" />
```

9 完成设计之后，在移动设备中预览该index.html页面，可以看到如图5.48（左）所示的自定义导航按钮效果。

知识扩展

工具条主要用于Header标题栏、Footer页脚栏等区域，用来支撑和实现页面中业务功能的应用。jQuery Mobile提供了一个相对完整的解决方案。工具条分为以下三种应用：

- 标题（header bar）
- 页脚（footer bar）
- 导航（nav bar）

其中标题和页脚在页面中有不同的应用方式，一种是默认工具条以嵌入（inline）的方式定位的，这种定位方式可以实现最大限度的兼容性，包括在对脚本和CSS兼容性不佳的设备都有很好的优化。

另一种是浮动（fixed）定位的方式，也可以称为静态定位，这种定位方式可以让工具条始终保持在屏幕的顶部或者底部。并可以接受单击事件来显示/隐藏工具条，已达到最大化利用屏幕空间的目的。实现方式：在标题和页脚区域加入data-position="fixed"属性即可。

5.6 设计页脚栏

页脚栏的容器结构和标题容器的结构基本相同，只要把data-role属性的参数设置为”footer”即可。与标题容器相比页脚容器有更多的灵活度，它不会像标题容器一样只允许放置两个按钮，并且也不会默认地把按钮放置在左右的顶端，页脚的按钮默认是从左到右依次排列的，并且可以放置更多的按钮。在页脚容器上只要添加一个class="ui-bar"就可以将页脚变成一个工具条，可以不用设置任何的布局样式就可以在其中添加整齐的按钮。

5.6.1 定义页脚栏按钮

与标题栏一样，在页脚栏中也可以嵌套导航按钮，jQuery Mobile允许使用控件组容器包含多个按钮，以减少按钮间距（控件组容器通过data-role属性值为controlgroup进行定义），同时为控件组容器定义data-type属性，设置按钮组的排列方式，如当值为horizontal时，表示容器中的按钮按水平顺序排列，范例效果如图5.52所示。

范例效果

Opera Mobile12 模拟器预览效果　　iPhone 5S 预览效果

图 5.52　范例效果

1 启动Dreamweaver CC，选择【文件】|【新建】菜单命令，打开【新建文档】对话框，在该对话框中选择“启动器模板”项，设置示例文件夹为“Mobile起始页”，示例页为“jQuery Mobile（本地）”，设置文档类型为“HTML5”，然后单击【创建】按钮，完成文档的创建操作，如图5.53所示。

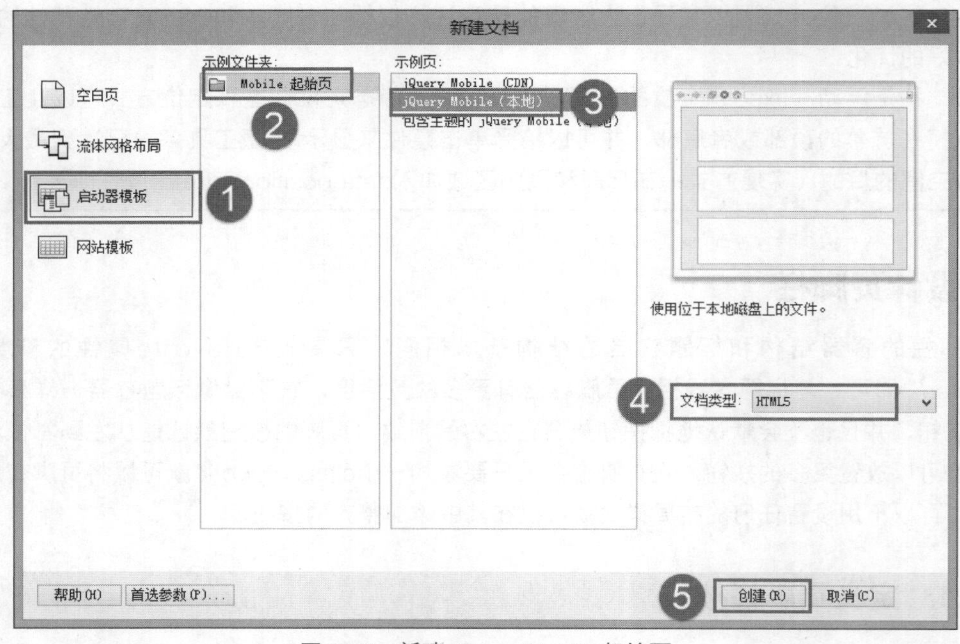

图 5.53　新建 jQuery Mobile 起始页

2 按【Ctrl+S】组合键，保存文档为index.html。切换到代码视图，清除第2、3、4页容器结构，保留第一个Page容器，在页面容器的标题栏中输入标题文本“<h1>普吉岛</h1>”。文档结构代码如下：

```
<div data-role="header">
    <h1>普吉岛</h1>
</div>
```

3 清除内容容器内的列表视图容器，选择【插入】|【图像】|【图像】菜单命令，在内容容器内导航栏后面插入图像images/1.png，定义一个类样式w100，设置width为100%，绑定类样式到图像标签上。完善后的代码如下：

```
<div data-role="content">
    <img src="images/1.png" class="w100" />
</div>
```

4 在页脚栏设计一个控件组<div data-role="controlgroup">，定义data-type="horizontal"属性，设计按钮组水平显示。然后在该容器中插入三个按钮超链接，使用data-role="button"属性声明按钮效果，使用data-icon="home"为第一个按钮添加图标，代码如下：

```
<div data-role="footer">
    <div data-role="controlgroup" data-type="horizontal">
        <a href="#" data-role="button" data-icon="home">首页</a>
        <a href="#" data-role="button">业务合作</a>
        <a href="#" data-role="button">媒体报道</a>
    </div>
</div>
```

5 在内部样式表中定义一个center类样式，设计对象内的内容居中显示，然后把该类样式绑定到<div data-role="controlgroup">标签上，代码如下。整个页面代码如图5.54所示。

```
<style type="text/css">
.center {text-align:center;}
</style>
<div data-role="controlgroup" data-type="horizontal" class="center">
```

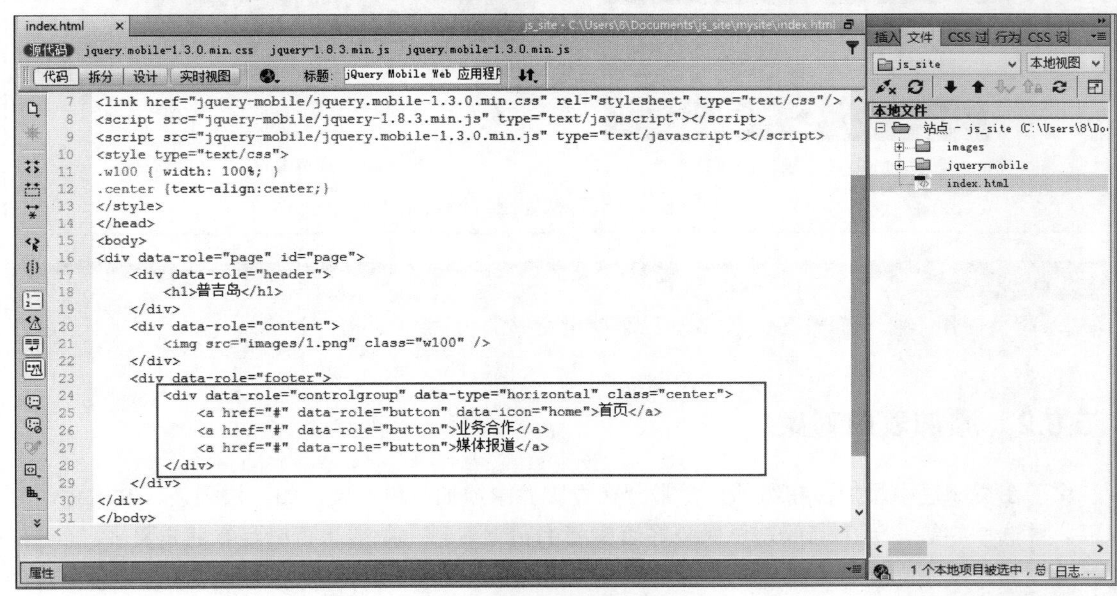

图 5.54 设计按钮组容器

6 在头部位置添加如下元信息，定义视图宽度与设备屏幕宽度保持一致。

```
<meta name="viewport" content="width=device-width,initial-scale=1" />
```

7 完成设计之后，在移动设备中预览该index.html页面，可以看到如图5.52所示的页脚栏按钮组效果。

技法扩展

在本实例中，由于页脚栏中的按钮放置在<div data-role="controlgroup">容器中，所以按钮间没有任何空隙。如果想要给页脚栏中的按钮添加空隙，则不需要使用容器包裹，另外给页脚栏容器添加一个ui-bar类样式即可，代码如下，则预览效果如图5.55所示。

```
<div data-role="footer" class="ui-bar">
    <a href="#" data-role="button" data-icon="home">首页</a>
    <a href="#" data-role="button">业务合作</a>
    <a href="#" data-role="button">媒体报道</a>
</div>
```

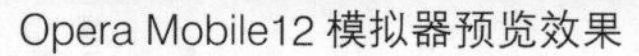
Opera Mobile12 模拟器预览效果

iPhone 5S 预览效果

图 5.55　不嵌套按钮组容器效果

! 小技巧

通过使用data-id属性可以让多个页面使用相同的页脚。

5.6.2　添加表单对象

除了在页脚栏中添加按钮组外，常常会在页脚栏中添加表单对象，如下拉列表、文本框、复选框、单选按钮等，为了确保表单对象在页脚栏的正常显示，应该为页脚栏容器定义ui-bar类样式，为表单对象之间设计一定的间距，同时还设置data-position属性值为inline，以统一表单对象的显示位置，范例效果如图5.56所示。

☑ 范例效果

Opera Mobile12 模拟器预览效果　　iPhone 5S 预览效果

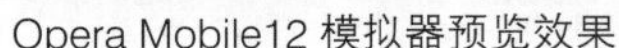

图 5.56　范例效果

1 启动Dreamweaver CC，选择【文件】|【新建】菜单命令，打开【新建文档】对话框，在该对话框中选择“启动器模板”项，设置示例文件夹为“Mobile起始页”，示例页为“jQuery Mobile（本地）”，设置文档类型为“HTML5”，然后单击【创建】按钮，完成文档的创建操作。

2 按【Ctrl+S】组合键，保存文档为index.html。切换到代码视图，清除第2、3、4页容器结构，保留第一个Page容器，在页面容器的标题栏中输入标题文本“<h1>衣服精品选</h1>”。

```
<div data-role="header">
    <h1> 衣服精品选 </h1>
</div>
```

3 清除内容容器内的列表视图容器，选择【插入】|【图像】|【图像】菜单命令，在内容容器内导航栏后面插入图像images/1.png，定义一个类样式w100，设置width为100%，绑定类样式到图像标签上。

```
<div data-role="content">
    <img src="images/1.png" class="w100" />
</div>
```

4 在页脚栏中清除默认的文本信息，然后选择【插入】|【表单】|【选择】菜单命令，在页脚栏中插入一个选择框：

```
<div data-role="footer">
    <select></select>
</div>
```

5 选中<select>标签，在属性面板中设置Name为daohang，然后单击【列表值】按钮，打开【列表值】对话框，单击加号按钮+，添加选项列表，设置如图5.57所示，添加完毕单击【确定】按钮，完成列表项目的添加，最后在属性面板的Selected列表框中选择“达人搭配”选项，设置该项为默认选中项目。添加的代码如下：

```
<div data-role="footer">
        <select name="daohang" id="daohang">
            <option value="0"> 首页 </option>
            <option value="1" selected> 达人搭配 </option>
            <option value="2"> 美妆 </option>
```

```
            <option value="3">社区</option>
            <option value="4">团购</option>
            <option value="4">海购</option>
        </select>
    </div>
```

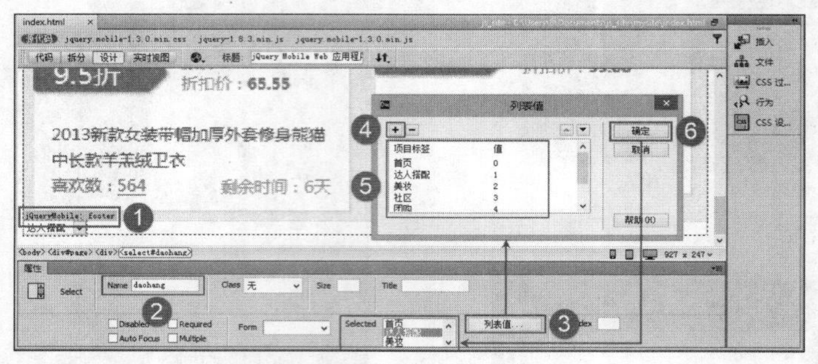

图 5.57　设计下拉列表框

6 把光标置于下拉列表框前面，选择【插入】|【表单】|【标签】菜单命令，在列表框前面插入一个标签，在其中输入标签文本"服务导航"，然后在属性面板中设置For下拉列表的值为"daohang"，绑定当前标签对象到下拉列表框上，设置如图5.58所示。

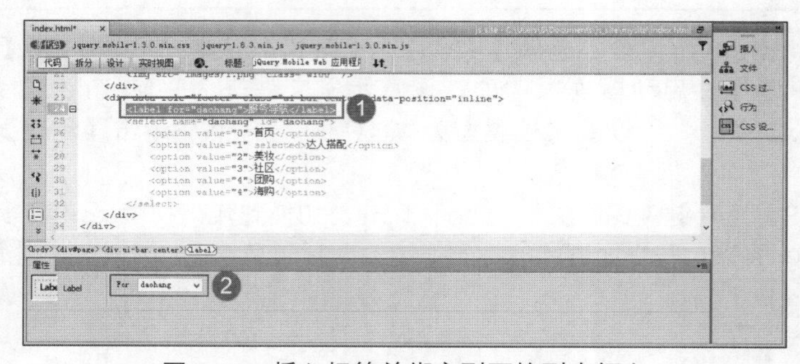

图 5.58　插入标签并绑定到下拉列表框上

7 在【CSS设计器】面板中新添加一个center类样式，设置水平居中显示。然后选中<div data-role="footer">标签，在属性面板中单击Class下拉列表框，从中选择“应用多个样式类”选项，打开【多类选区】对话框，从本文档所有类中勾选ui-bar和center，设置如图5.59所示。

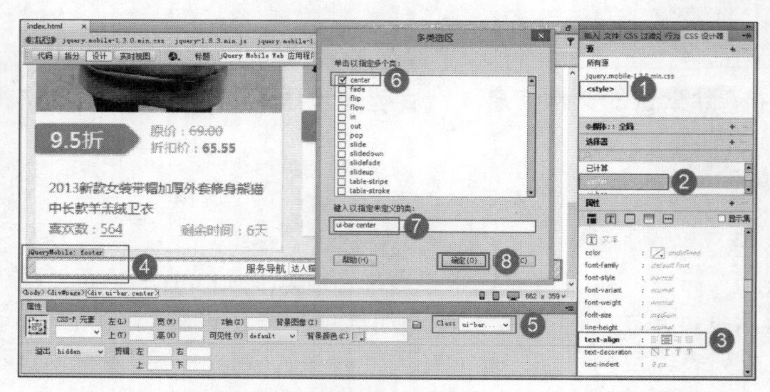

图 5.59　为页脚栏容器绑定 ui-bar 和 center 两个类样式

8 在头部位置添加如下元信息，定义视图宽度与设备屏幕宽度保持一致。

```
<meta name="viewport" content="width=device-width,initial-scale=1" />
```

9 完成设计之后，在移动设备中预览该index.html页面，可以看到图5.56所示的页脚栏下拉菜单效果。移动终端与PC端的浏览器在显示表单对象时，存在一些细微的区别。例如，在PC端的浏览器中是以下拉列表框的形式展示，而在移动终端则以弹出框的形式展示全部的列表内容。

5.7 设计页面版式

为了使设计尽可能的灵活，jQuery Mobile使普通的HTML内容更加独立，并加入适当的缩进使内容的可读性更强。另外，jQuery Mobile为视图页面提供了强大的版式支持，有两种布局方法使其格式化变得更简单：布局表格和可折叠的内容块。

- 布局表格：组织内容以列的形式显示，有两列表格和三列表格等。
- 可折叠的内容：当单击内容块的标题，则会将其隐藏的详细内容展现出来。

多列网格布局和折叠面板控件组件可以帮助用户快速实现页面正文的内容格式化。

5.7.1 网格化布局

在移动设备上，不推荐使用多列布局，但有时用户可能会需要把一些小的部件（如按钮、导航Tab等）排成一行。jQuery Mobile提供了一个简单的方法来构建基于CSS的栅格布局，并约定为ui-grid。

jQuery Mobile定义了一套网格布局类样式，使用ui-grid类样式可以实现页面内容的网格化版式设计。这套系统包括四种预设的配置布局：ui-grid-a、ui-grid-b、ui-grid-c、ui-grid-d，它们分别对应两列、三列、四列、五列的网格布局，用户可以根据内容需要选用一种布局样式，以最大范围满足页面多列的需求。

使用网格布局时，整个宽度为100%，没有定义任何padding和margin值，也没有预定义背景色，因此不会影响页面其他对象在网格中的布局效果。

在下面的范例中效果如图5.60所示，将要创建一个两列网格。要创建一个两列（50%/50%）布局，首先需要一个容器（class="ui-grid-a"），然后添加两个子容器（分别添加 ui-block-a和 ui-block-b的 class）：

```
<div class="ui-grid-a">
    <div class="ui-block-a"></div>
    <div class="ui-block-b"> </div>
</div>
```

范例效果

Opera Mobile12 模拟器预览效果

iPhone 5S 预览效果

图 5.60 范例效果

1 启动Dreamweaver CC，选择【文件】|【新建】菜单命令，打开【新建文档】对话框，在该对话框中选择“启动器模板”项，设置示例文件夹为“Mobile起始页”，示例页为“jQuery Mobile（本地）”，设置文档类型为“HTML5”，然后单击【创建】按钮，完成文档的创建操作，如图5.61所示。

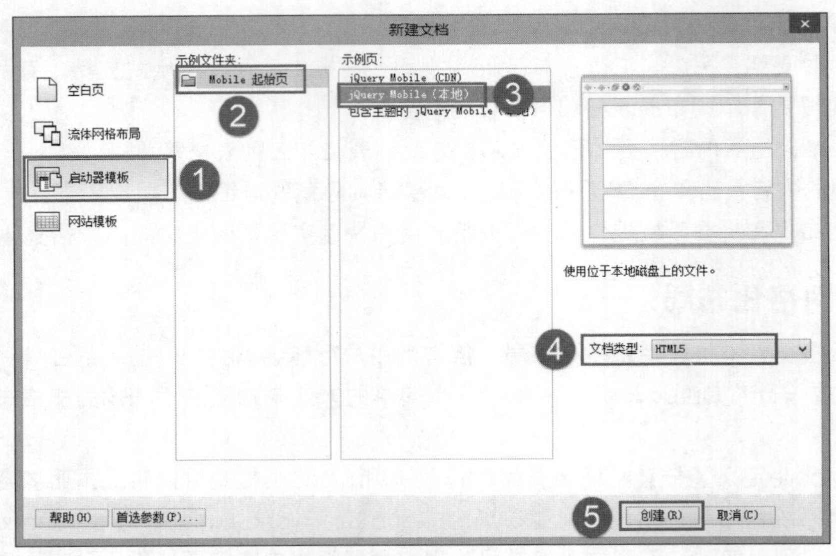

图 5.61　新建 jQuery Mobile 起始页

2 按【Ctrl+S】组合键，保存文档为index.html。切换到代码视图，清除第2、3、4页容器结构，保留第一个Page容器，在页面容器的标题栏中输入标题文本“<h1>网格化布局</h1>”。代码如下：

```
<div data-role="header">
    <h1> 网格化布局 </h1>
</div>
```

3 清除内容容器及其包含的列表视图容器，选择【插入】|【Div】菜单命令，打开【插入Div】对话框，设置“插入”选项为“在标签结束之前”选项，然后在后面选择“<div id="page">”，在Class下拉列表框中选择“ui-grid-a”选项，插入一个两列版式的网格包含框，设置如图5.62所示。

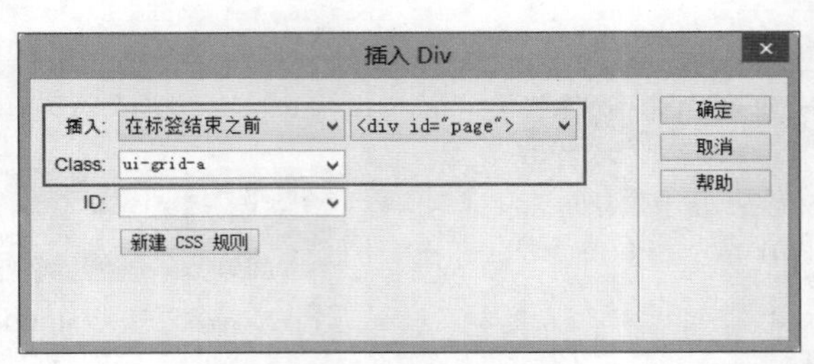

图 5.62　设计网格布局框

4 把光标置于<div class="ui-grid-a">标签内，选择【插入】|【Div】菜单命令，打开【插入Div】对话框，在Class下拉列表框中选择“ui-block-a”，设计第一列包含框，设置如图5.63所示。

5 把光标置于<div class="ui-grid-a">标签后面，选择【插入】|【Div】菜单命令，打开【插入Div】对话框，在Class下拉列表框中选择“ui-block-b”选项，设计第二列包含框，设置如图5.64所示。

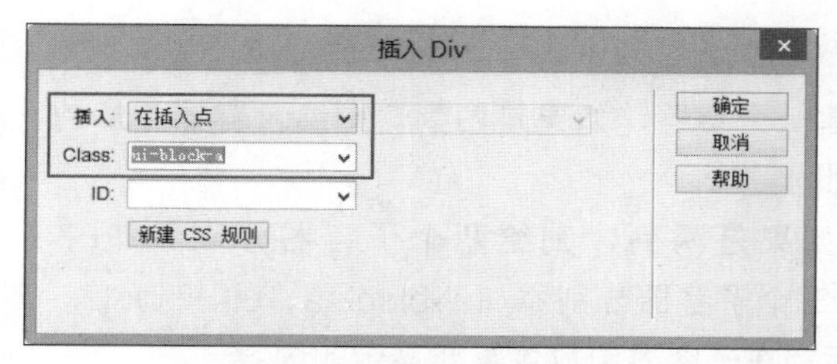

图 5.63 设计网格第一列包含框

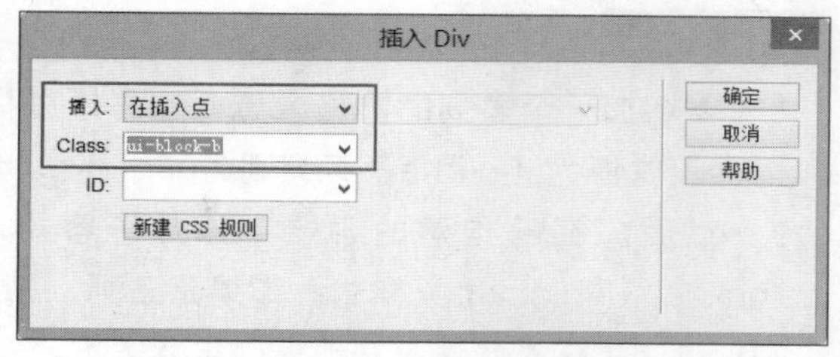

图 5.64 设计网格第二列包含框

6 把光标分别置于第一列和第二列包含框中，选择【插入】|【图像】|【图像】菜单命令，在包含框中分别插入图像images/2.png和images/4.png。完成设计的两列网格布局代码如下：

```
<div data-role="page" id="page">
    <div data-role="header">
        <h1> 网格化布局 </h1>
    </div>
    <div class="ui-grid-a">
        <div class="ui-block-a"> <img src="images/2.png" alt=""/> </div>
        <div class="ui-block-b"> <img src="images/4.png" alt=""/> </div>
    </div>
</div>
```

7 在文档头部添加一个内部样式表，设计网格包含框内的所有图像宽度均为100%，代码如下：

```
<style type="text/css">
.ui-grid-a img { width: 100%; }
</style>
```

8 以同样的方式再添加两行网格系统，设计两列版式，然后完成内容的设计，如图5.65所示。

```
15  <div data-role="page" id="page">
16      <div data-role="header">
17          <h1>网格化布局</h1>
18      </div>
19      <div class="ui-grid-a">
20          <div class="ui-block-a"> <img src="images/2.png" alt=""/> </div>
21          <div class="ui-block-b"> <img src="images/4.png" alt=""/> </div>
22      </div>
23      <div class="ui-grid-a">
24          <div class="ui-block-a"> <img src="images/1.png" alt=""/> </div>
25          <div class="ui-block-b"> <img src="images/3.png" alt=""/> </div>
26      </div>
27      <div class="ui-grid-a">
28          <div class="ui-block-a"> <img src="images/6.png" alt=""/> </div>
29          <div class="ui-block-b"> <img src="images/8.png" alt=""/> </div>
30      </div>
31      <div class="ui-grid-a">
32          <div class="ui-block-a"> <img src="images/5.png" alt=""/> </div>
33          <div class="ui-block-b"> <img src="images/7.png" alt=""/> </div>
34      </div>
35  </div>
```

图 5.65 设计多行网格系统

9 在头部位置添加如下元信息，定义视图宽度与设备屏幕宽度保持一致。

```
<meta name="viewport" content="width=device-width,initial-scale=1" />
```

10 完成设计之后，在移动设备中预览该index.html页面，可以看到图5.60所示的两列版式效果。

技法扩展

要增加一个多列的网格区域，首先通过构建一个容器，如果是两列，则给该容器添加的Class属性值为ui-grid-a，三列则为ui-grid-b，依此类推。

然后，在已构建的容器中添加子容器，如果是两列，则给两个子容器分别添加ui-block-a、ui-block-b类样式；如果是三列，则给三个子容器分别添加ui-block-a、ui-block-b、ui-block-c类样式属性；其他多列依此类推。最后，在子容器中放置需要显示的内容。

在网格系统中，可以使用jQuery Mobile自带的样式ui-bar控制各子容器的间距。如果容器选择的样式为两列，即Class值为ui-grid-a，而在它的子容器中添加了三个子项，即Class值为ui-block-c，那么该列自动被放置在下一行。

jQuery Mobile有两个预设的配置布局：两列布局（Class含有ui-grid-a）和三列布局（Class含有 ui-grid-b）。网格Class可以应用于任何容器。在下面的例子中为<fieldset>添加了 ui-grid-a并为两个button容器应用了 ui-block：

```
<fieldset class="ui-grid-a">
    <div class="ui-block-a"><button type="submit" data-theme="c">Cancel</button></div>
    <div class="ui-block-b"><button type="submit" data-theme="b">Submit</button></div>
</fieldset>
```

此外，网格块可以采用主题化系统中的样式，通过增加一个高度和颜色调板，就可以实现这种风格的外观：

三列网格布局配置在父级容器使用 class="ui-grid-b"，而三个子级容器使用ui-block-a/b/c，以创建三列的布局（33/33/33%）。

```
<div class="ui-grid-b">
    <div class="ui-block-a">Block A</div>
    <div class="ui-block-b">Block B</div>
    <div class="ui-block-c">Block C</div>
</div>
```

四列网格使用 class="ui-grid-c"来创建(25/25/25/25%)。

五列网格使用 class="ui-grid-d"来创建(20/20/20/20/20%)。

多行网格被设计用来折断多行的内容。如果指定一个三列网格中包含九个子块，它们会折断成三行三列的布局。该布局需要为class=ui-block-子块使用一个重复的序列（a, b, c, a, b, c 等）来创建。

例如，在下面代码中，分别设置三列、四列和五列不同的网格布局版式，演示效果如图5.66所示。在标签的Class类样式中ui-grid-b、ui-grid-c、ui-grid-d分别用来定义三列、四列和五列网格系统，ui-bar用于控制各子容器的间距，ui-bar-a、ui-bar-b、ui-bar-c用于设置各子容器的主题样式。

```
<body>
<div data-role="page" id="page">
    <div class="ui-grid-b">
        <div class="ui-block-a">
            <div class="ui-bar ui-bar-a">A</div>
        </div>
        <div class="ui-block-b">
            <div class="ui-bar ui-bar-a">B</div>
        </div>
```

```
        <div class="ui-block-c">
            <div class="ui-bar ui-bar-a">C</div>
        </div>
    </div>
    <div class="ui-grid-c">
        <div class="ui-block-a">
            <div class="ui-bar ui-bar-b">A</div>
        </div>
        <div class="ui-block-b">
            <div class="ui-bar ui-bar-b">B</div>
        </div>
        <div class="ui-block-c">
            <div class="ui-bar ui-bar-b">C</div>
        </div>
        <div class="ui-block-d">
            <div class="ui-bar ui-bar-b">D</div>
        </div>
    </div>
    <div class="ui-grid-d">
        <div class="ui-block-a">
            <div class="ui-bar ui-bar-c">A</div>
        </div>
        <div class="ui-block-b">
            <div class="ui-bar ui-bar-c">B</div>
        </div>
        <div class="ui-block-c">
            <div class="ui-bar ui-bar-c">C</div>
        </div>
        <div class="ui-block-d">
            <div class="ui-bar ui-bar-c">D</div>
        </div>
        <div class="ui-block-e">
            <div class="ui-bar ui-bar-c">E</div>
        </div>
    </div>
</div>
</body>
```

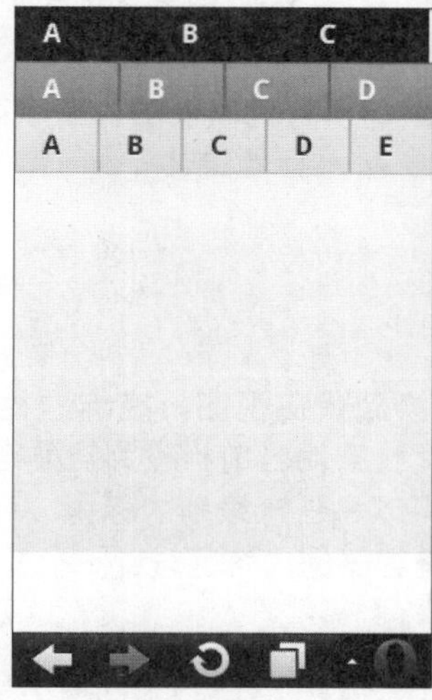

Opera Mobile12 模拟器预览效果

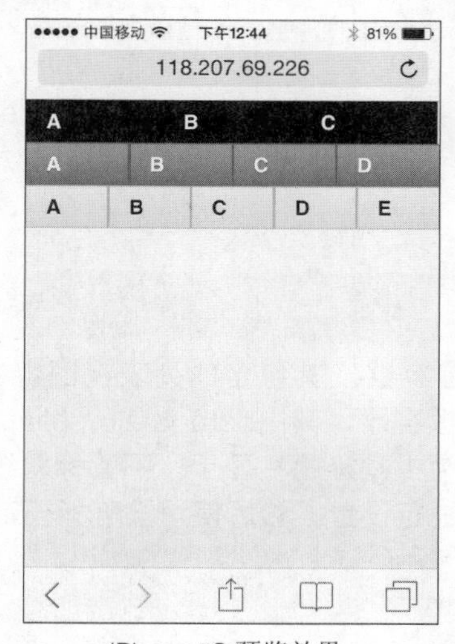

iPhone 5S 预览效果

图 5.66　多列网格布局模拟效果

5.7.2 可折叠版式

jQuery Mobile允许将指定的区块进行折叠。实现的方法：创建折叠容器，即将该容器的data-role属性设置为collapsible，表示该容器是一个可折叠的区块。在容器中添加一个标题标签，设计该标签以按钮的形式展示。按钮的左侧有一个“+”图标，表示该标题可以点开。在标题的下面放置需要折叠显示的内容，通常使用段落标签。当单击标题中的“+”号时，显示元素中的内容，标题左侧中“+”号变成“-”号；再次单击时，隐藏元素中的内容，标题左侧中“-”号变成“+”号，范例效果如图5.67所示。

范例效果

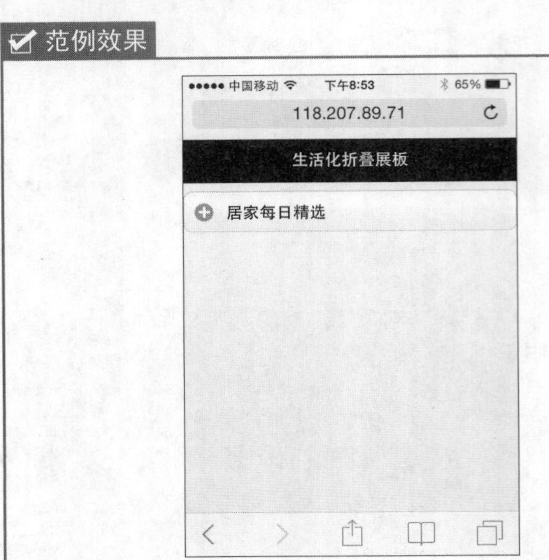

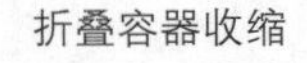
折叠容器收缩

折叠容器展开

图 5.67 范例效果

1 启动Dreamweaver CC，选择【文件】|【新建】菜单命令，打开【新建文档】对话框，在该对话框中选择“启动器模板”项，设置示例文件夹为“Mobile起始页”，示例页为“jQuery Mobile（本地）”，设置文档类型为“HTML5”，然后单击【创建】按钮，完成文档的创建操作。

2 按【Ctrl+S】组合键，保存文档为index.html。切换到代码视图，清除第2、3、4页容器结构，保留第一个Page容器，在页面容器的标题栏中输入标题文本“<h1>生活化折叠展板</h1>”。

```
<div data-role="header">
    <h1>生活化折叠展板</h1>
</div>
```

3 清除内容容器及其包含的列表视图容器，切换到代码视图，在标题栏下面输入下面代码，定义折叠面板容器。其中data-role="collapsible"属性声明当前标签为折叠容器，在折叠容器中，标题标签作为折叠标题栏显示，不管标题级别，可以是任意级别的标题，可以在h1~h6之间选择，根据需求进行设置。然后使用段落标签定义折叠容器的内容区域。

```
<div data-role="collapsible">
    <h1>居家每日精选</h1>
    <p><img src="images/1.png" alt=""/></p>
</div>
```

! TIPS

在折叠容器中通过设置data-collapsed属性值，可以调整容器折叠的状态。该属性默认值为true，表示标题下的内容是隐藏的，为收缩状态；如果将该属性值设置为false，标题下的内容是显示的，为下拉状态。

4 在文档头部添加一个内部样式表，设计折叠容器内的所有图像宽度均为100%，代码如下。设计的代码如图5.68所示。

```
<style type="text/css">
#page img { width: 100%; }
</style>
```

```
10  <style type="text/css">
11  #page img { width: 100%; }
12  </style>
13  </head>
14  <body>
15  <div data-role="page" id="page">
16      <div data-role="header">
17          <h1>生活化折叠展板</h1>
18      </div>
19      <div data-role="collapsible">
20          <h1>居家每日精选</h1>
21          <p><img src="images/1.png" alt=""/></p>
22      </div>
23  </div>
24  </body>
25  </html>
```

图 5.68　设计折叠容器代码

5 在头部位置添加如下元信息，定义视图宽度与设备屏幕宽度保持一致。

```
<meta name="viewport" content="width=device-width,initial-scale=1" />
```

6 完成设计之后，在移动设备中预览该index.html页面，可以看到图5.67所示的折叠版式效果。

技法扩展

jQuery Mobile允许折叠嵌套显示，即在一个折叠容器中再添加一个折叠区块，依此类推。但建议这种嵌套最多不超过3层，否则，用户体验和页面性能就变得比较差。

例如，新建一个HTML5 页面，在内容区域中添加3个data-role属性值为collapsible的折叠块，分别以嵌套的方式进行组合。单击第一层标题时，显示第二层折叠块内容；单击第二层标题时，显示第三层折叠块内容。详细代码如下，预览效果如图5.69所示。

```
<!DOCTYPE html>
<html>
<head>
<meta charset="utf-8">
<title>jQuery Mobile Web 应用程序 </title>
<meta name="viewport" content="width=device-width,initial-scale=1" />
<link href="jquery-mobile/jquery.mobile-1.3.0.min.css" rel="stylesheet" type="text/css"/>
<script src="jquery-mobile/jquery-1.8.3.min.js" type="text/javascript"></script>
<script src="jquery-mobile/jquery.mobile-1.3.0.min.js" type="text/javascript"></script>
</head>
<body>
```

```
<div data-role="page" id="page">
    <div data-role="header">
        <h1> 折叠嵌套 </h1>
    </div>
    <div data-role="collapsible">
        <h1> 一级折叠面板 </h1>
        <p> 家用电器 </p>
        <div data-role="collapsible">
            <h2> 二级折叠面板 </h2>
            <p> 大家电 </p>
            <div data-role="collapsible">
                <h3> 三级折叠面板 </h3>
                 <p> 平板电视 / 空调 / 冰箱 / 洗衣机 / 家庭影院 /DVD/ 迷你音响 / 烟机 / 灶具 / 热水器 / 消毒柜 / 洗碗机 / 酒柜
/ 冷柜 / 家电配件 </p>
            </div>
        </div>
    </div>
</div>
</body>
</html>
```

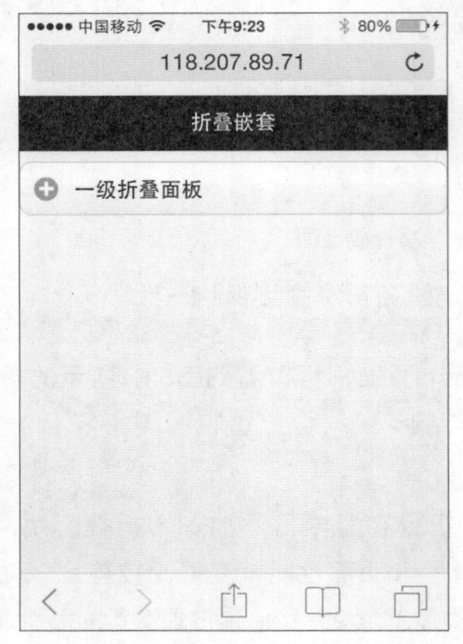

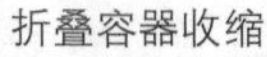

折叠容器收缩

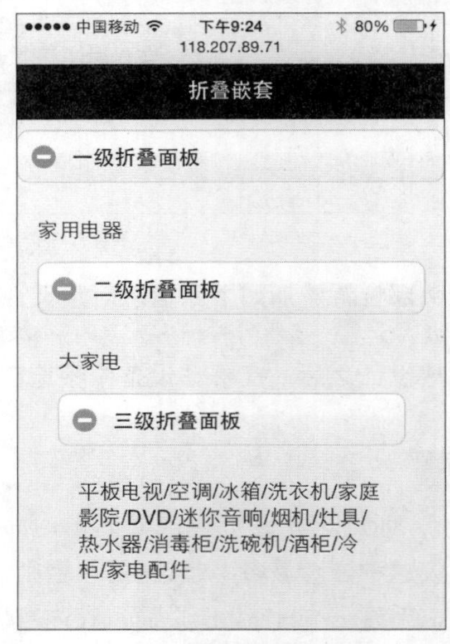

折叠容器展开

图 5.69　嵌套折叠容器演示效果

5.7.3　折叠组

折叠容器可以编组，只需要在一个data-role属性为collapsible-set的容器中添加多个折叠块，从而形成一个组。在折叠组中只有一个折叠块是打开的，类似单选按钮组，当打开另外的折叠块时，其他折叠块自动收缩，范例效果如图5-70所示。

☑ 范例效果

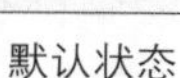

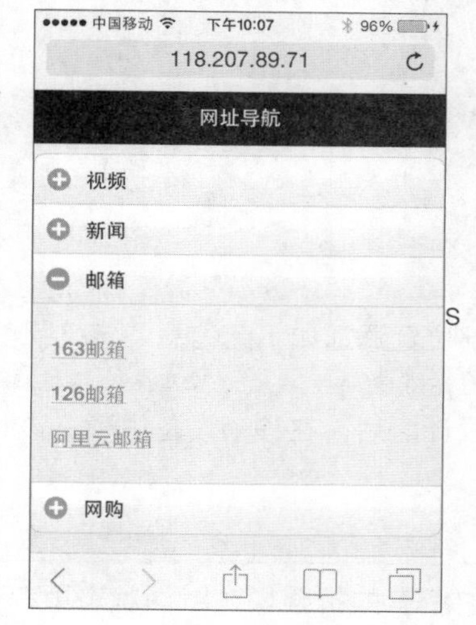

折叠其他选项

图 5.70　范例效果

1 启动Dreamweaver CC，选择【文件】|【新建】菜单命令，打开【新建文档】对话框，在该对话框中选择“启动器模板”项，设置示例文件夹为“Mobile起始页”，示例页为“jQuery Mobile（本地）”，设置文档类型为“HTML5”，然后单击【创建】按钮，完成文档的创建操作。

2 按【Ctrl+S】组合键，保存文档为index.html。切换到代码视图，清除第2、3、4页容器结构，保留第一个Page容器，在页面容器的标题栏中输入标题文本“<h1>网址导航</h1>”。

```
<div data-role="header">
    <h1> 网址导航 </h1>
</div>
```

3 清除内容容器及其包含的列表视图容器，切换到代码视图，在标题栏下面输入下面代码，定义折叠组容器。其中data-role="collapsible-set"属性声明当前标签为折叠组容器。

```
<div data-role=" collapsible-set" >
</div>
```

4 在折叠组容器中插入四个折叠容器，代码如下。其中在第一个折叠容器中定义data-collapsed="false"属性，设置第一个折叠容器默认为展开状态。

```
<div data-role="collapsible-set">
    <div data-role="collapsible" data-collapsed="false">
        <h1> 视频 </h1>
        <p><a href="#"> 优酷网 </a></p>
        <p><a href="#"> 奇艺高清 </a></p>
        <p><a href="#"> 搜狐视频 </a></p>
    </div>
    <div data-role="collapsible">
        <h1> 新闻 </h1>
        <p><a href="#">CNTV</a></p>
        <p><a href="#"> 环球网 </a></p>
        <p><a href="#"> 路透中文网 </a></p>
    </div>
    <div data-role="collapsible">
        <h1> 邮箱 </h1>
        <p><a href="#">163 邮箱 </a></p>
```

```
        <p><a href="#">126 邮箱 </a></p>
        <p><a href="#"> 阿里云邮箱 </a></p>
    </div>
    <div data-role="collapsible">
        <h1> 网购 </h1>
        <p><a href="#"> 淘宝网 </a></p>
        <p><a href="#"> 京东商城 </a></p>
        <p><a href="#"> 亚马逊 </a></p>
    </div>
</div>
```

5 在头部位置添加如下元信息，定义视图宽度与设备屏幕宽度保持一致。

```
<meta name="viewport" content="width=device-width,initial-scale=1" />
```

6 完成设计之后，在移动设备中预览该index.html页面，可以看到图5.70所示的折叠组版式效果。

技法扩展

折叠组中所有的折叠块在默认状态下都是收缩的，如果想在默认状态下使某个折叠区块为下拉状态，只要将该折叠区块的data-collapsed属性值设置为false。例如，在本实例中，将标题为“视频”的折叠块的data-collapsed属性值设置为false。但是由于同处在一个折叠组内，这种下拉状态在同一时间只允许有一个存在。

Style for Dreamweaver

Chapter 06 使用组件

对应版本

CS4

CS5

CS5.5

CS6

学习难易度

1

2

3

4

5

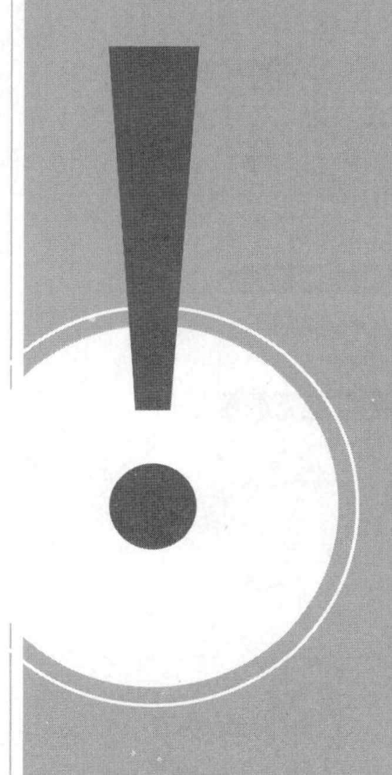

CHAPTER 06

使用组件

第5章介绍了jQuery Mobile页面视图、版式和工具栏等组件，本章将介绍jQuery Mobile常用小组件，如通过<a>标签设计的按钮组件、专门针对表单设计的各种类型的内部组件、以列表方式展示更多内容的列表组件等。在jQuery Mobile移动项目中，使用这些组件能够丰富开发页面的方法与工具，本章将详细介绍。

6.1 按钮

按钮是触摸式应用程序的一部分，扮演链接的功能，因为它们提供了更大的目标，当单击链接的时候比较适合手指触摸。在jQuery Mobile中把一个链接变成Button的效果，只需在标签中添加data-role="button"属性即可。例如：

```
<div data-role="content">
    <p><a href="#about" data-role="button">按钮</a></p>
</div>
```

jQuery Mobile按钮组件有两种形式：一种是通过<a>标签定义，在该标签中添加data-role属性，设置属性值为button即可， jQuery Mobile便会自动为该标签添加样式类属性，设计成可单击的按钮形状；另一种是表单按钮对象，在表单内无须添加data-role属性，jQuery Mobile会自动把<input>标签中type属性值为submit、reset、button、image等对象设计成按钮样式，在内容中放置按钮时，可以采用行内或按钮组的方式进行排版。

6.1.1 设计按钮

在jQuery Mobile中，按钮组件默认显示为块状，自动填充页面宽度，如图6.1（右）所示。如果要取消默认块状显示效果，只需在按钮标签中添加data-inline属性，设置属性值设为true，该按钮将会根据包含的文字和图片自动进行缩放，显示为行内按钮样式效果。

范例效果

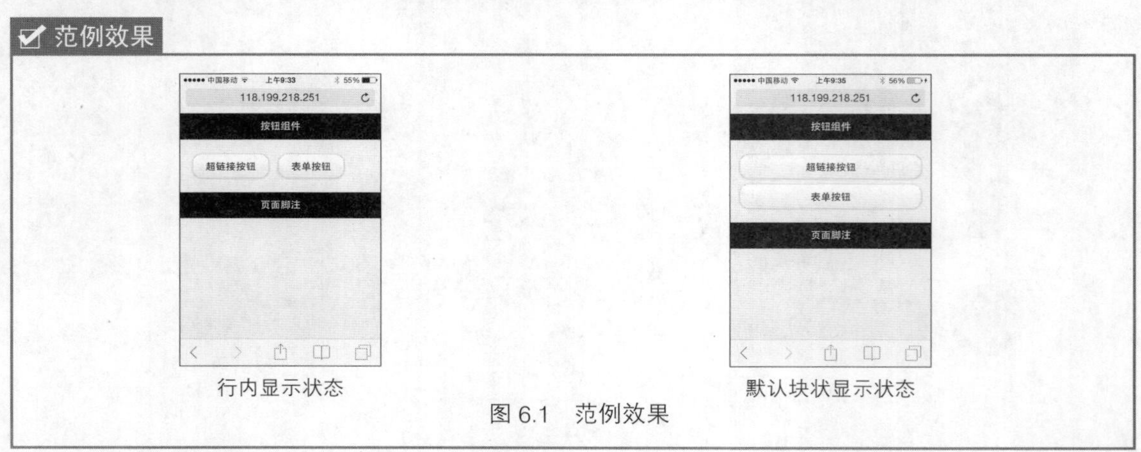

图 6.1　范例效果

1 启动Dreamweaver CC，选择【文件】|【新建】菜单命令，打开【新建文档】对话框，在该对话框中选择“启动器模板”项，设置示例文件夹为“Mobile起始页”，示例页为“jQuery Mobile（本地）”，设置文档类型为“HTML5”，然后单击【创建】按钮，完成文档的创建操作，如图6.2所示。

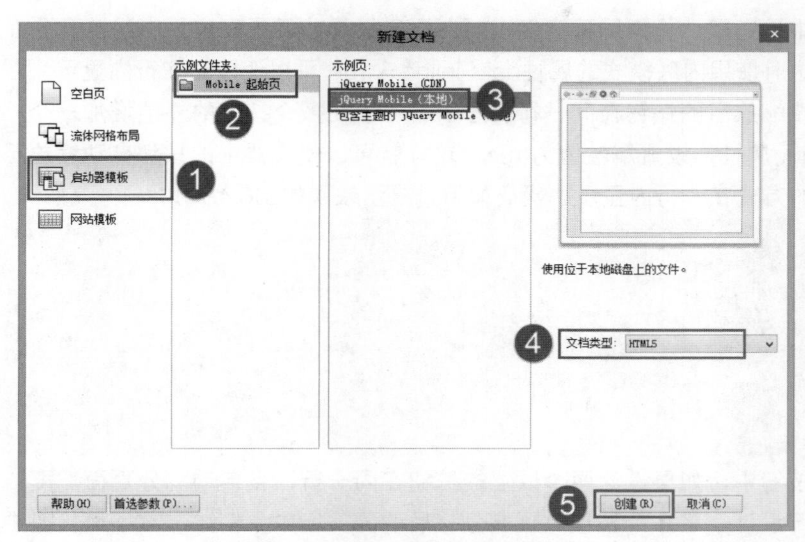

图 6.2　新建 jQuery Mobile 起始页

2 按【Ctrl+S】组合键，保存文档为index.html。然后根据Dreamweaver CC提示保存相关的框架文件。

3 切换到代码视图，清除第2、3、4页容器结构，保留第一个Page容器，然后在标题栏输入“<h1>按钮组件</h1>”，定义页面标题，页脚栏内容保持不变，修改后的文档代码如下。

```
<div data-role="header">
    <h1> 按钮组件 </h1>
</div>
```

4 清除内容栏内的列表视图结构，分别插入一个超链接和表单按钮对象，为超链接标签定义data-role="button"和data-inline="true"属性，为表单按钮对象添加data-inline="true"属性，设置如图6.3所示。

```
<div data-role="content">
    <a href="#" data-role="button" data-inline="true"> 超链接按钮 </a>
    <input type="button"  data-inline="true" value=" 表单按钮 " />
</div>
```

```
11  <body>
12  <div data-role="page" id="page">
13      <div data-role="header">
14          <h1>按钮组件</h1>
15      </div>
16      <div data-role="content">
17          <a href="#" data-role="button" data-inline="true">超链接按钮</a>
18          <input type="button"  data-inline="true" value="表单按钮" />
19      </div>
20      <div data-role="footer">
21          <h4>页面脚注</h4>
22      </div>
23  </div>
24  </body>
25  </html>
```

图 6.3　定义行内按钮样式

5 在头部位置添加如下元信息，定义视图宽度与设备屏幕宽度保持一致。

```
<meta name="viewport" content="width=device-width,initial-scale=1" />
```

6 完成设计之后，在移动设备中预览该index.html页面，可以看到图6.1（左）所示的行内按钮效果。

技法拓展

在框架中按钮默认根据屏幕宽度横向自适应显示，但是在应用中经常需要在一行中显示多个按钮，这时使用内联模式的属性data-inline="true"可以让按钮在行内显示。

如果要将缩放后的按钮在同一行内显示，可以在多个按钮的外层增加一个<div>容器，添加data-inline属性，设置属性值为true，这样就可以使容器中的按钮自动缩放至最小宽度，并且以浮动的方式在一行内显示。代码如下，显示效果如图6.4所示。

```
<div data-role="content">
    <div data-inline="true">
        <a href="#" data-role="button" data-inline="true">按钮1</a>
        <input type="button" data-inline="true" value="按钮2" />
        <input type="submit" data-inline="true" value="按钮3" />
        <input type="reset" data-inline="true" value="按钮4" />
    </div>
</div>
```

在行内按钮中，如果设计两个以上的按钮在同一行，且自动均分页面宽度，可以使用网格化版式进行设计，将多个按钮放置在分栏后的同一行中。例如，在下面代码中，将两个按钮分别置于两列网格中，演示效果如图6.5所示。

```
<div data-role="content">
    <div class="ui-grid-a">
        <div class="ui-block-a"> <a href="#" data-role="button" data-inline="true">按钮1</a> </div>
        <div class="ui-block-b">
            <input type="button" data-inline="true" value="按钮2" />
        </div>
    </div>
</div>
```

如果希望按钮并列显示，同时保持与设备屏幕等宽，则删除data-inline="true"属性即可，代码如下所示，这里设计第一个按钮为激活状态，演示效果如图6.6所示。

图 6.4 按钮行内浮动显示

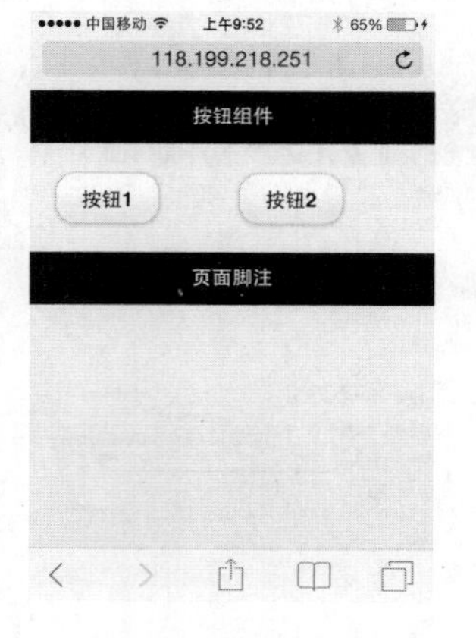

图 6.5 网格化显示按钮

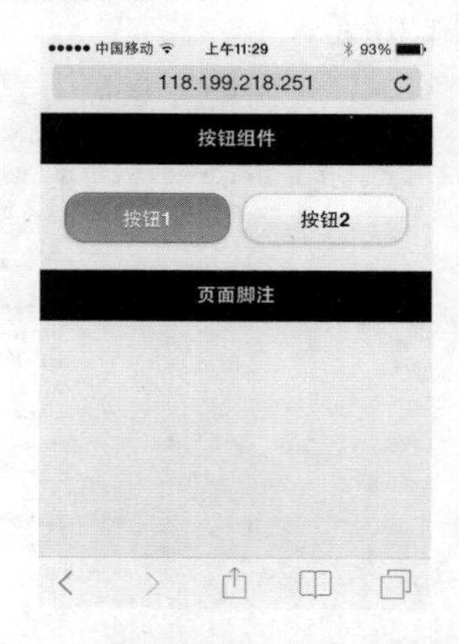

图 6.6 设计按钮行内等宽显示效果

```
<div data-role="content">
    <div class="ui-grid-a">
```

```
        <div class="ui-block-a"> <a href="#" data-role="button">按钮1</a> </div>
        <div class="ui-block-b">
            <input type="button"  value="按钮2" />
        </div>
    </div>
</div>
```

jQuery Mobile也会自动地转换像表单对象中的submit、reset、button或image为按钮样式。还可以利用data-icon属性建立各式各样的按钮，建立行内按钮和按钮组（水平或垂直的）等。

【快速方法】

在Dreamweaver CC中选择【插入】|【jQuery Mobile】|【按钮】菜单命令，打开【按钮】对话框，在该对话框中可以设置插入按钮的个数、使用标签类型、按钮显示位置、布局方式、附加图标等选项，如图6.7所示。

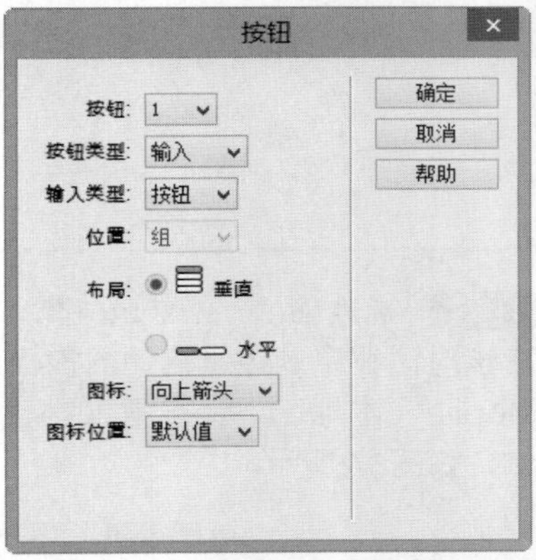

图 6.7　设置【按钮】对话框

该对话框各选项说明如下：

- 按钮：选择插入按钮的个数，可选1～10。
- 按钮类型：定义按钮使用的标签，包括链接（<a>）、按钮（<button>）、输入（<innput>）三个标签选项。
- 输入类型：当在“按钮类型”选项中选择“输入”选项，则该项有效，可以设置按钮（<input type="button" />）、提交（<input type="submit" />）、重置（<input type="reset" />）、图像（<input type="image" />）四种输入型按钮。
- 位置：当设置“按钮”选项为大于等于2的值时，当前项目有效，可以设置按钮以组的形式分布或以内联的形式显示。
- 布局：当设置“按钮”选项为大于等于2的值时，当前项目有效，可以设置按钮以垂直方式或水平方式显示。
- 图标：包含jQuery Mobile所有内置图标，参见5.5.2节导航栏图标说明。
- 图标位置：设置图标显示位置，包括左对齐、右对齐、顶端、底部、默认值和无文本。默认值为左对齐，无文本表示仅显示图标，不显示按钮文字。

6.1.2　按钮组

jQuery Mobile按钮可以以行内按钮的形式进行显示，也可以放置在按钮容器中，设计为按钮组。按钮组容器是data-role属性值为controlgroup的标签，按钮组内的按钮可以按照垂直或水平方向显示。在默认情况下，按钮组是以垂直方向显示一组按钮列表，可以通过data-type属性重置按钮显示方式。

下面示例将创建一个data-type属性的按钮组，并以水平方向的形式展示两个按钮列表。

范例效果

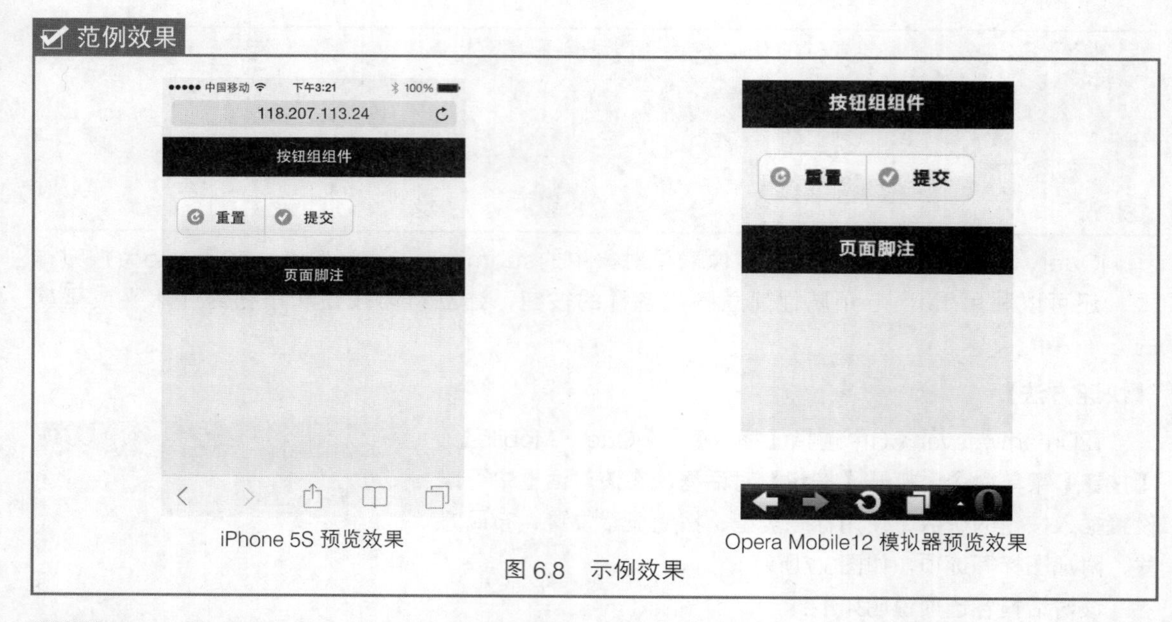

图 6.8　示例效果

1 启动Dreamweaver CC，选择【文件】|【新建】菜单命令，打开【新建文档】对话框，在该对话框中选择“启动器模板”项，设置示例文件夹为“Mobile起始页”，示例页为“jQuery Mobile（本地）”，设置文档类型为“HTML5”，然后单击【创建】按钮，完成文档的创建操作，如图6.9所示。

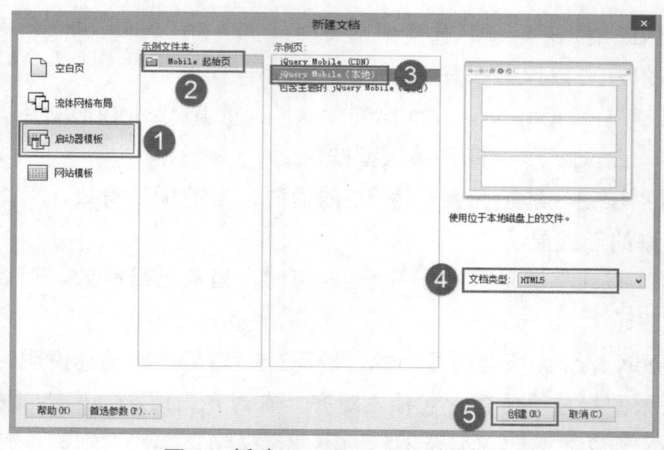

图 6.9 新建 jQuery Mobile 起始页

2 按【Ctrl+S】组合键，保存文档为index.html。然后根据Dreamweaver CC提示保存相关的框架文件。

3 切换到代码视图，清除第2、3、4页容器结构，保留第一个Page容器，然后在标题栏输入“<h1>按钮组组件</h1>”，定义页面标题，页脚栏内容保持不变，代码如下。

```
<div data-role="header">
    <h1> 按钮组组件 </h1>
</div>
```

4 清除内容栏内的列表视图结构，然后选择【插入】|【jQuery Mobile】|【按钮】菜单命令，打开【按钮】对话框，在“按钮”选项中设置数字2，即插入两个案例；设置“按钮类型”为“输入”，即定义<innput>标签按钮；设置“输入类型”为“提交”，即定义<input type="-

submit" />类型标签；设置“位置”为“组”、“布局”为“水平”；设置“图标”为“刷新”，“图标位置”保持默认值，设置如图6.10所示。

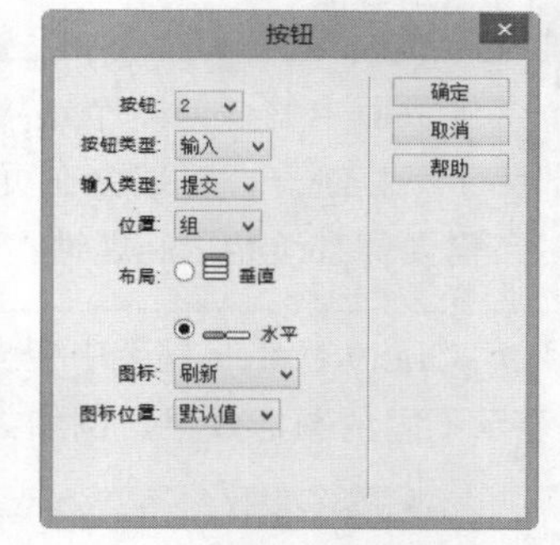

图 6.10　设置【按钮】对话框

5 单击【确定】按钮，关闭【按钮】对话框，在代码视图中可以看到新插入的代码段：

```
<div data-role="controlgroup" data-type="horizontal">
    <input type="submit" value="提交" data-icon="refresh" />
    <input type="submit" value="提交" data-icon="refresh" />
</div>
```

6 然后修改部分代码配置，设置第一个按钮为<input type="reset">，即定义刷新按钮类型，值为“重置”；修改第二个按钮的图标类型为data-icon="check"。同时在属性面板中设置Class为"ui-btn-active"。修改后的完整代码如下。

```
<div data-role="controlgroup" data-type="horizontal">
    <input type="reset" value="重置" data-icon="refresh" />,
    <input type="submit" value="提交" data-icon="check"  class="ui-btn-active" />
</div>
```

7 在头部位置添加如下元信息，定义视图宽度与设备屏幕宽度保持一致。

```
<meta name="viewport" content="width=device-width,initial-scale=1" />
```

8 完成设计之后，在移动设备中预览该index.html页面，可以看到如图6.8所示的按钮分组效果。

如果按钮组以水平方式显示按钮列表，在默认情况下所有按钮向左边靠拢，自动缩放到各自适合的宽度，最左边按钮的左侧与最右边按钮的右侧两个角使用口角的样式，完整效果如图6.8所示。

技法拓展

为按钮组容器设置data-type属性可以定义按钮布局方向，包括水平分布（horizontal）和垂直分布（vertical），默认状态显示为垂直分布状态。例如，在上面示例中设置data-type="vertical"或者删除data-type属性声明，则可以看到如图6.11所示的预览效果。

```
<div data-role="controlgroup" data-type="vertical">
    <input type="reset" value="重置" data-icon="refresh" />
     <input type="submit" value="提交" data-icon="check"  class="ui-btn-active" />
</div>
```

图 6.11　按钮组垂直分布效果

从上面示例可以看到，当按钮列表被按钮组标签包裹时，每个被包裹的按钮都会自动删除自身margin属性值，调整按钮之间的距离和背景阴影，并且只在第一个按钮上面的两个角和最后一个按钮下面的两个角使用圆角的样式，这样使整个按钮列表在显示效果上更像一个组的集合。如果按钮组中仅包裹一个按钮，那么该按钮仍以正常圆角的效果显示在页面中。

知识拓展

页面中的任何一个链接通过data-role="button"声明，可以自动设计为按钮的显示风格。为了风格统一，框架会在页面加载时自动将form类的按钮格式化为jQuery Mobile风格的按钮，不需要添加data-role属性。

jQuery Mobile框架中包含了一组常用的图标可以用于按钮，用data-icon属性中的参数来定义显示不同的图标效果。例如：

```
<a href="index.html" data-role="button" data-icon="delete">Delete</a>
```

除了可以默认显示左侧的图标之外，还可以用data-iconpos属性来定义图标与文字的位置关系。data-iconpos属性值说明如下：

- left：图标在文字的左侧，默认值。
- right：图标在文字的右侧。
- top：图标在文字上面。
- bottom：图标在文字下面。

data-iconpos="notext"属性可以让按钮隐藏文字。

jQuery Mobile框架可以将几个按钮以组的方式显示，data-role="controlgroup"用以展示按钮间的紧凑关系。如果需要按钮横向排列可以增加data-type="horizontal"属性。

6.2 表单

jQuery Mobile对HTML表单进行了全新的打造，提供了一套基于HTML表单对象，适合触摸操作的替代框架。在该框架下，所有的表单对象由原始代码升级为jQuery Mobile组件，然后调用组件内置方法与属性，实现在jQuery Mobile下表单的各项操作。当然，从原始HTML代码升级为jQuery Mobile组件是自动完成的，用户可以手动阻止这种升级行为，只要将该表单对象的data-role属性值设置为none即可。另外，由于在单个页面中可能会出现多个页面视图容器，为了保证表单在提交数据时的唯一性，必须确保每一个表单对象的ID值是唯一的。

6.2.1 表单组件概述

jQuery Mobile框架为原生的HTML表单元素封装了新的表现形式，对触屏设备的操作进行了优化。在框架的页面中会自动将<form>标签渲染为jQuery Mobile风格的组件。

<form>标签的使用和默认的HTML方式使用相同，可以使用POST或GET方式提交数据，但需要注意ID命名问题，在常规的规范中同一个页面中是不允许出现相同的ID命名的，在jQuery Mobile中由于其允许在同一个DOM中存在多个页面，所以建议<form>标签的ID命名在整个项目中是唯一的，防止由于ID问题引发错误。

默认情况下，框架会自动渲染在标准页面中的<form>标签的样式风格，一旦成功渲染后，这个控件将可以使用jQuery中的函数进行操作。

在某些情况下，我们需要使用HTML原生的<form>标签，为了阻止jQuery Mobile框架对该标签的自动渲染，可以在data-role属性中引入一个控制参数"none"。使用这个属性参数就会让

<form>标签以HTML原生的状态显示。例如：

```
<select name="foo" id="foo" data-role="none">
    <option value="a" >A</option>
    <option value="b" >B</option>
    <option value="c" >C</option>
</select>
```

jQuery Mobile会自动替换标准的HTML表单对象，如文本框，复选框，列表框等。以自定义的样式工作在触摸设备上的表单对象，易用性更强。例如，复选框将会变得很大，易于点选。单击下拉列表时，将会弹出一组大按钮列表选项，提供给用户选择。

jQuery Mobile框架支持新的HTML5表单对象，如search和range。另外还可以利用列表框添加data-role="slider"并添加两个option选项，创建滑动开关，

同时，jQuery Mobile框架支持组合单选框和组合复选框，可以利用<fieldset>标签添加属性data-role="controlgroup"创建一组单选按钮或复选框，jQuery Mobile自动格式化它们的格式，使其看上去更时尚。

一般来说，开发者不需要关心表单的那些高级特性，开发者仅需要以正常的方式创建的表单，jQuery Mobile框架会帮助完成剩余的工作。另外有一件工作需要开发人员来完成，即使用<div>或<fieldset>标签的属性data-role="fieldcontain"包装每一个label/field。这样jQuery Mobile会在label/field之间添加一个水平分割条。这样的对齐方式可以使其更容易查找。

6.2.2 文本输入框

在jQuery Mobile中，文本输入框包括单行文本框和多行文本区域，同时jQuery Mobile还支持HTML5新增的输入类型，如时间输入框、日期输入框、数字输入框、URL输入框、搜索输入框、电子邮件输入框等，在Dreamweaver CC的【插入】|【jQuery Mobile】子菜单中可以看到这些组件，如图6.12所示。

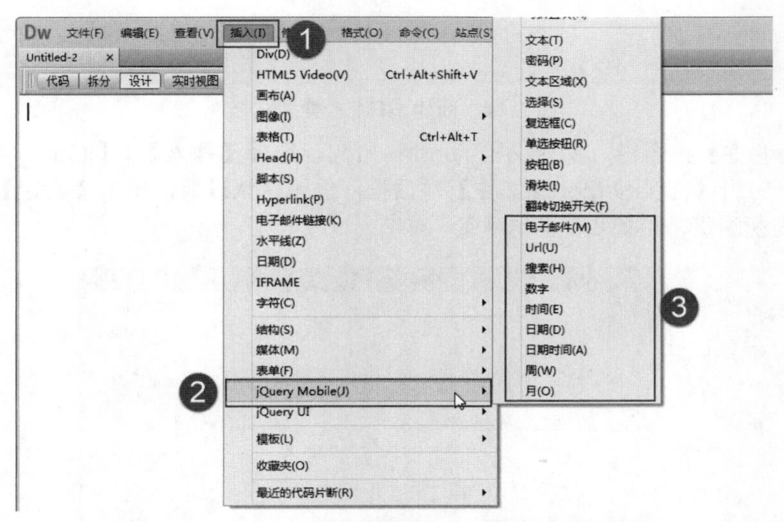

图 6.12 Dreamweaver CC 提供的 HTML5 输入框类型

文本输入框使用标准的HTML标签，借助jQuery Mobile的渲染效果，使其更易于触摸使用。在jQuery Mobile中使用的文本输入域的高度会自动增加，无须因高度问题拖动滑动条。

范例效果

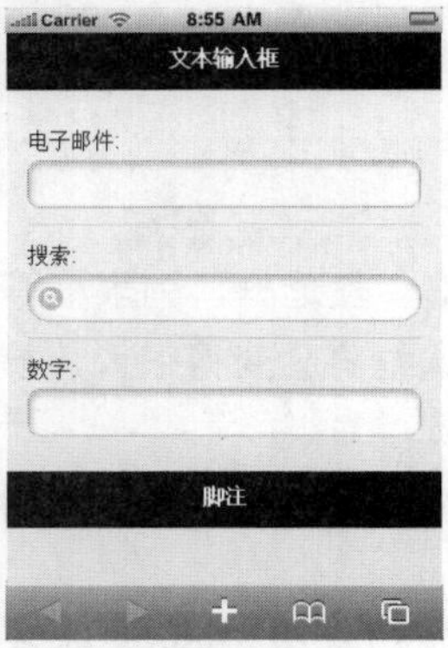

iBBDemo3 预览效果 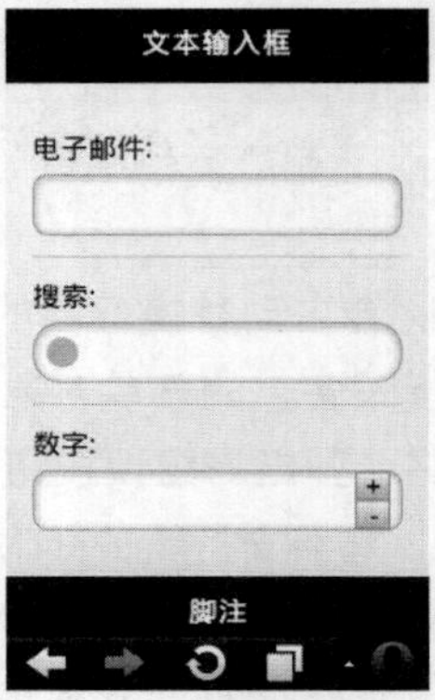　　Opera Mobile12 模拟器预览效果

图 6.13　示例效果

1 启动Dreamweaver CC，选择【文件】|【新建】菜单命令，打开【新建文档】对话框，如图6.14所示。在该对话框中选择“空白页”项，设置页面类型为“HTML”，设置文档类型为“HTML5”，然后单击【创建】按钮，完成文档的创建操作。

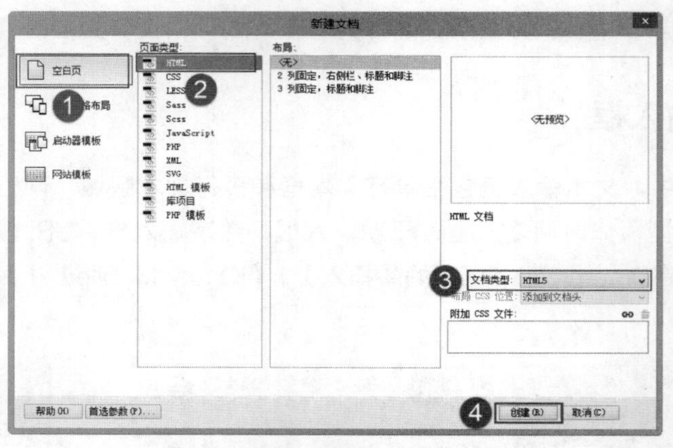

图 6.14　新建 HTML5 类型文档

2 按【Ctrl+S】组合键，保存文档为index.html。选择【插入】|【jQuery Mobile】|【页面】菜单命令，打开【jQuery Mobile文件】对话框，保留默认设置，单击【确定】按钮，完成在当前文档中插入视图页，设置如图6.15所示。

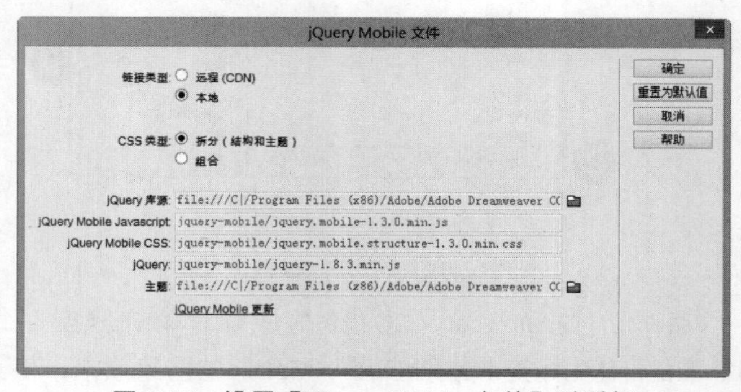

图 6.15　设置【jQuery Mobile 文件】对话框

! TIPS

在【jQuery Mobile文件】对话框中，链接类型包括远程（CDN）和本地，远程设置jQuery Mobile库文件放置于远程服务器上，而本地设置jQuery Mobile库文件放置于本地站点上。CSS类型包括拆分和合并，如果选择拆分时，则把jQuery Mobile结构和主题样式拆分放置于不同的文件中，而选择合并则会把结构和主题样式都合并到一个CSS文件。

3 单击【确定】按钮，关闭【jQuery Mobile文件】对话框，然后打开【页面】对话框，在该对话框中设置页面的ID值，同时设置页面视图是否包含标题栏和页脚栏（脚注），保持默认设置，单击【确定】按钮，完成在当前HTML5文档中插入页面视图结构，设置如图6.16所示。

4 按【Ctrl+S】组合键，保存当前文档index.html。此时，Dreamweaver CC会弹出对话框提示保存相关的框架文件，如图6.17所示。

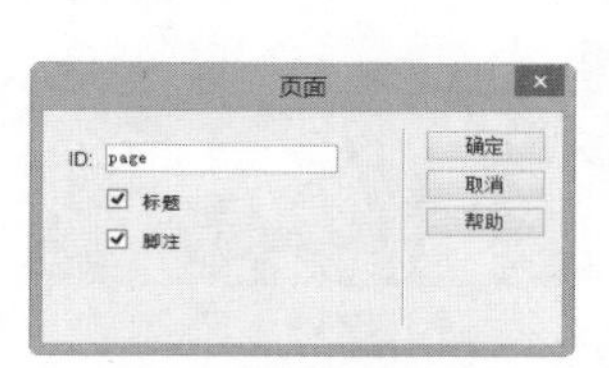

图 6.16　设置【页面】对话框

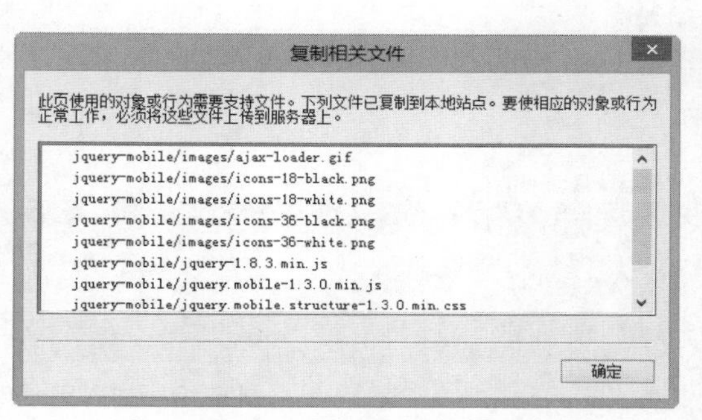

图 6.17　复制相关文件

5 在编辑窗口中，可以看到Dreamweaver CC新建了一个页面，页面视图包含标题栏、内容框和页脚栏，同时在【文件】面板的列表中可以看到复制的相关库文件，如图6.18所示。

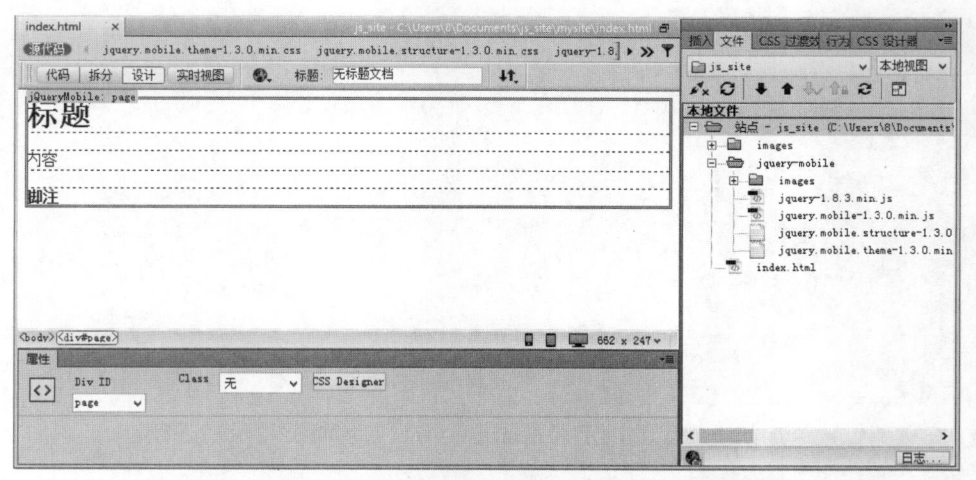

图 6.18　使用 Dreamweaver CC 新建 jQuery Mobile 视图页面

6 切换到代码视图，可以看到页面视图的HTML结构代码，此时用户可以根据需要删除部分页结构，或者添加更多页结构，还可以删除列表页结构。并根据需要填入页面显示内容，修改标题文本为“文本输入框”。

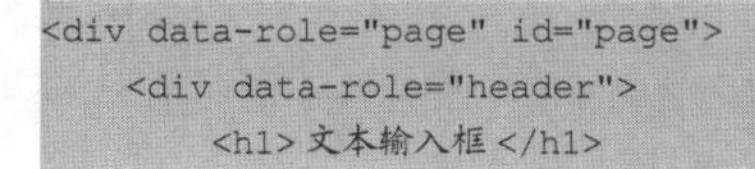

```
<div data-role="page" id="page">
    <div data-role="header">
        <h1> 文本输入框 </h1>
```

```
    </div>
    <div data-role="content">内容</div>
    <div data-role="footer">
        <h4>脚注</h4>
    </div>
</div>
```

7 选中内容栏中的“内容”文本，清除内容栏内的文本，然后选择【插入】|【jQuery Mobile】|【电子邮件】菜单命令，在内容框中插入一个电子邮件文本输入框，如图6.19所示。

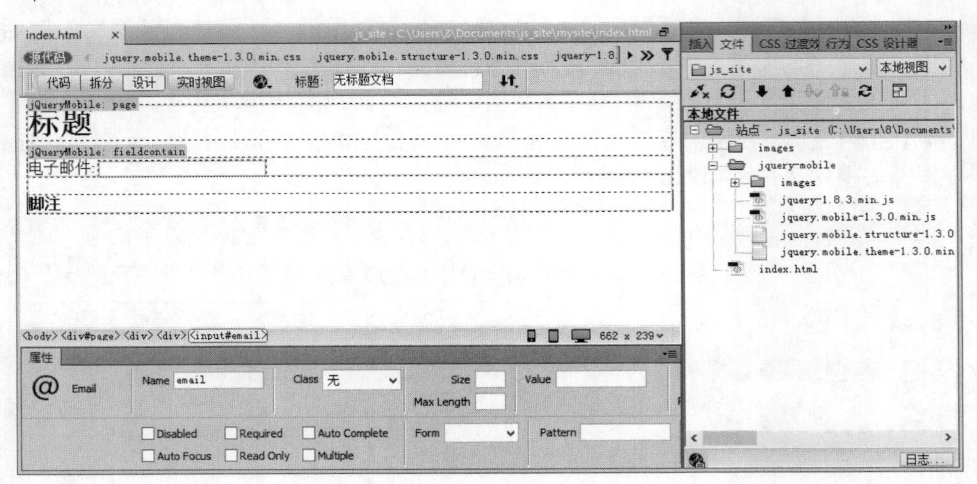

图 6.19　插入电子邮件文本框

8 继续选择【插入】|【jQuery Mobile】|【搜索】菜单命令，在内容框中插入一个搜索文本输入框；再选择【插入】|【jQuery Mobile】|【数字】菜单命令，在内容框中插入一个数字文本输入框。此时在代码视图中可以看到插入的代码段：

```
<div data-role="content">
    <div data-role="fieldcontain">
        <label for="email">电子邮件：</label>
        <input type="email" name="email" id="email" value=""  />
    </div>
    <div data-role="fieldcontain">
        <label for="search">搜索：</label>
        <input type="search" name="search" id="search" value=""  />
    </div>
    <div data-role="fieldcontain">
        <label for="number">数字：</label>
        <input type="number" name="number" id="number" value=""  />
    </div>
</div>
```

9 在头部位置添加如下元信息，定义视图宽度与设备屏幕宽度保持一致。

```
<meta name="viewport" content="width=device-width,initial-scale=1" />
```

10 完成设计之后，在移动设备中预览该index.html页面，可以看到如图6.12图所示的文本输入框。

从预览图可以看出，在jQuery Mobile中，type类型是search的搜索输入文本框的外围有圆角，最左端有一个圆形的搜索图标。当输入框中有内容字符时，它的最右侧会出现一个圆形的叉号按钮，单击该按钮时，可以清空输入框中的内容。当为type类型时，number的数字输人文本框中，单击最右端的上下两个调整按钮，可以动态改变文本框的值，操作非常方便。

6.2.3 滑块

使用<input type="range">标签可以定义滑块组件，在jQuery Mobile中滑块组件由两部分组成，一部分是可调整大小的数字输入框，另一部分是可拖动修改输入框数字的滑动条。滑块元素可以通过min和max属性来设置滑动条的取值范围。jQuery Mobile中使用的文本输入域的高度会自动增加，无须因高度问题拖动滑动条，范例效果如图6.20所示。

范例效果

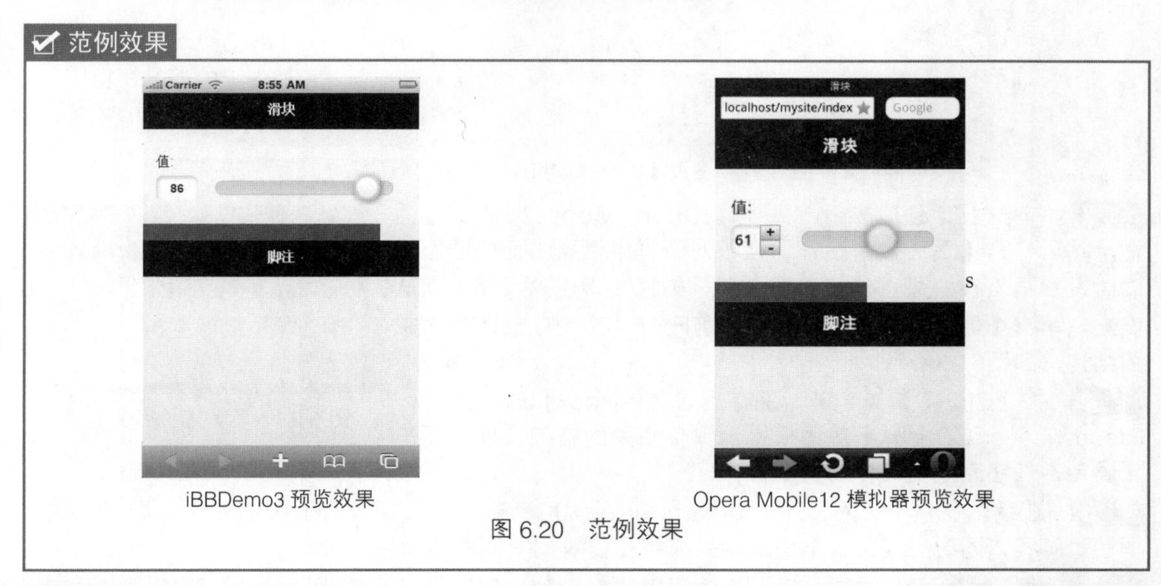

iBBDemo3 预览效果　　Opera Mobile12 模拟器预览效果

图 6.20　范例效果

1 启动Dreamweaver CC，选择【文件】|【新建】菜单命令，打开【新建文档】对话框。在该对话框中选择“空白页”项，设置页面类型为“HTML”，设置文档类型为“HTML5”，然后单击【创建】按钮，完成文档的创建操作，如图6.21所示。

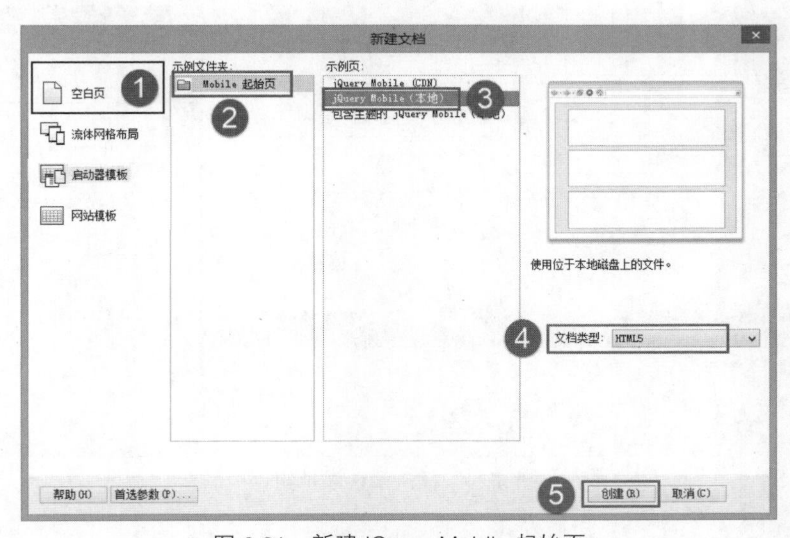

图 6.21　新建 jQuery Mobile 起始页

2 按【Ctrl+S】组合键，保存文档为index.html。选择【插入】|【jQuery Mobile】|【页面】菜单命令，打开【jQuery Mobile文件】对话框，保留默认设置，单击【确定】按钮，完成在当前文档中插入视图页，设置如图6.22所示。

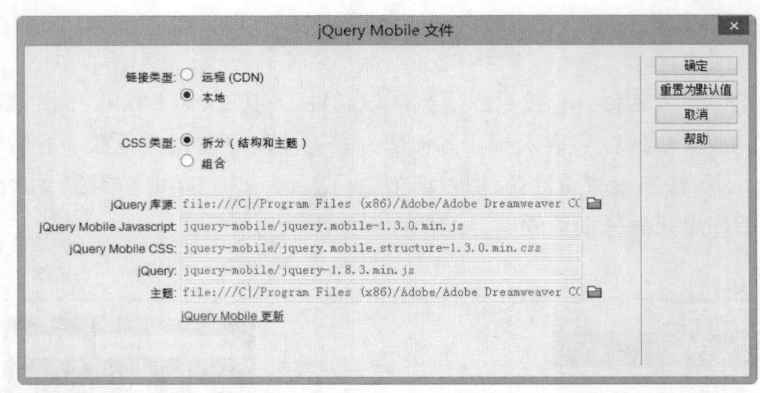

图 6.22　设置【jQuery Mobile 文件】对话框

3 单击【确定】按钮，关闭【jQuery Mobile文件】对话框，然后打开【页面】对话框，在该对话框中设置页面的ID值，同时设置页面视图是否包含标题栏和页脚栏（脚注），保持默认设置，单击【确定】按钮，完成在当前HTML5文档中插入页面视图结构，如图6.23所示。

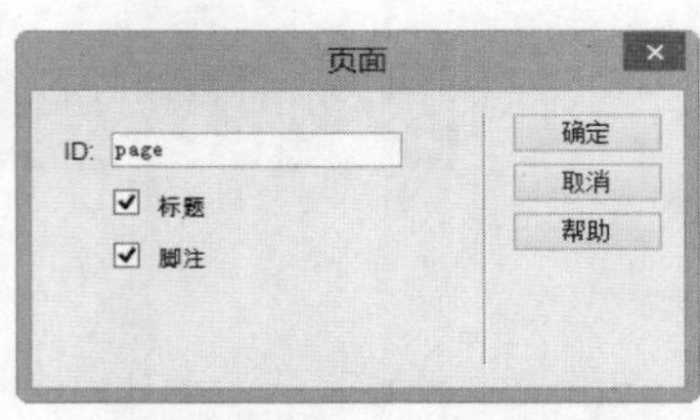

图 6.23　设置【页面】对话框

4 按【Ctrl+S】组合键，保存当前文档index.html。此时，Dreamweaver CC会弹出对话框提示保存相关的框架文件，单击【确定】按钮完成框文件的复制操作。

5 在编辑窗口中，可以看到Dreamweaver CC新建一个页面，页面视图包含标题栏、内容框和页脚栏，同时在【文件】面板的列表中可以看到复制的相关库文件。

6 修改标题文本为“滑块”。选中内容栏中的“内容”文本按【Delete】键清除内容栏内的文本，然后选择【插入】|【jQuery Mobile】|【滑块】菜单命令，在内容框中插入一个滑块组件，如图6.24所示。在代码视图中可以看到新添加的滑块表单对象代码。

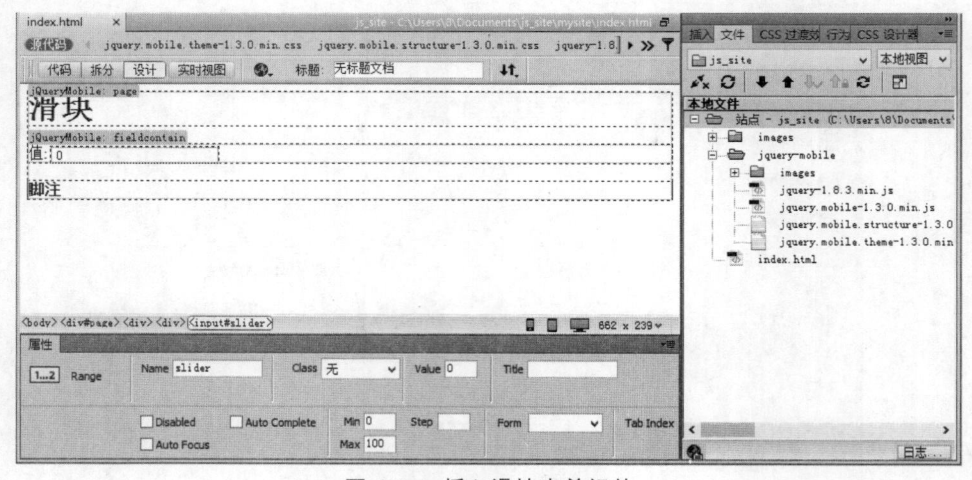

图 6.24　插入滑块表单组件

```
<div data-role="content">
    <div data-role="fieldcontain">
        <label for="slider">值 :</label>
        <input type="range" name="slider" id="slider" value="0" min="0" max="100" />
    </div>
</div>
```

7 选择【插入】|【Div】菜单命令，打开【插入Div】对话框，设置ID值为box，单击【新建CSS规则】按钮打开【新建CSS规则】对话框，保持默认设置，单击【确定】按钮打开【#box的CSS规则定义】对话框，设置背景样式：Background-color: #FF0000，定义背景颜色为红色；设置方框样式：Height: 20px、Width: 0px，设置高度为20px，宽度为0px，设置如图6.25所示。

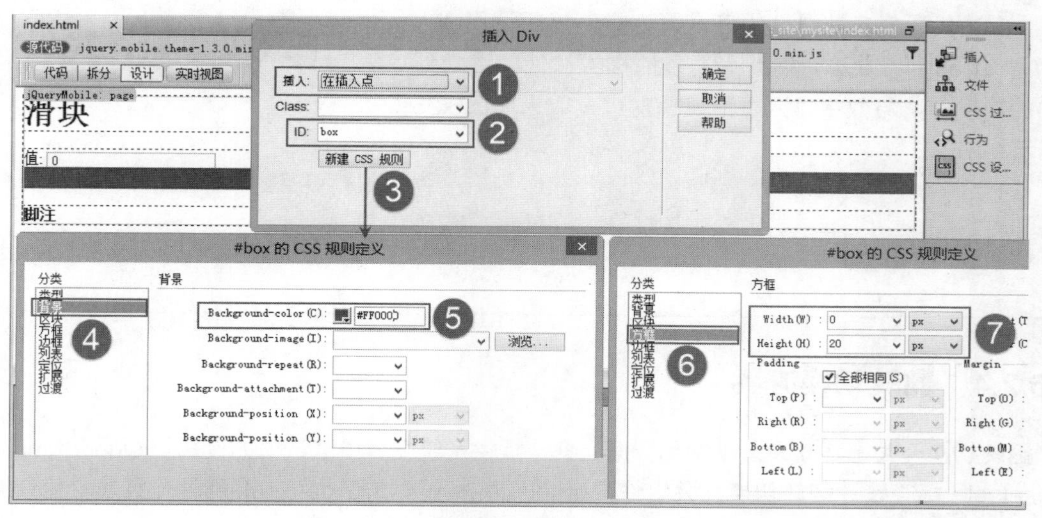

图 6.25 插入并设置盒子样式

8 切换到代码视图，在头部位置输入下面脚本代码，通过$(function(){})定义页面初始化事件处理函数，然后使用$("#slider")找到滑块组件，使用on()方法为其绑定change事件处理函数，在滑块值发生变化的事件处理函数中，先使用$(this).val()获取当前滑块的值，然后使用该值设置上一步添加的盒子宽度。

```
<script>
$(function(){
    $("#slider").on("change",function(){
        var val = $(this).val();
        $("#box").css("width",val + "%");
    })
})
</script>
```

9 在头部位置添加如下元信息，定义视图宽度与设备屏幕宽度保持一致。

```
<meta name="viewport" content="width=device-width,initial-scale=1" />
```

10 完成设计之后，在移动设备中预览该index.html页面，可以看到如图6.19图所示的滑块效果，当拖动滑块时，会实时改动滑块的值，在0~100之间进行变化，然后利用该值改变盒子的宽度，盒子的宽度在0%~100%之间随之变化。

技法拓展

滑块拖动时改变的值是数字输入框的值，而min与max的属性值是指定滑动条的取值范围。拖动滑动条或单击数字输入框中的+或-号可以修改滑块值。此外，在键盘上单击方向键或【PageUp】、【PageDown】、【Home】、【End】键，也可以调节滑块值的大小。当然，通过JavaScript代码也可以设置滑块的值，但必须完成设置后对滑块的样式进行刷新。例如，通过JavaScript设置滑块的值为50，代码如下：

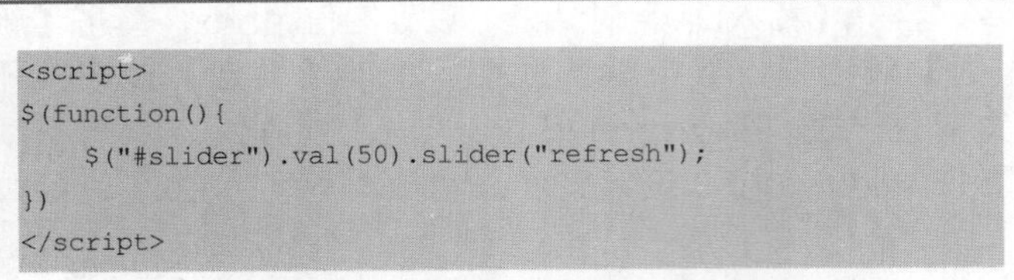

```
<script>
$(function(){
    $("#slider").val(50).slider("refresh");
})
</script>
```

上述代码将当前滑块的值设置为50，然后调用slider(“refresh”)方法，刷新滑动条的样式，使其滑动到50的刻度上，与数字输入框的值相对应，效果如图6.25所示。

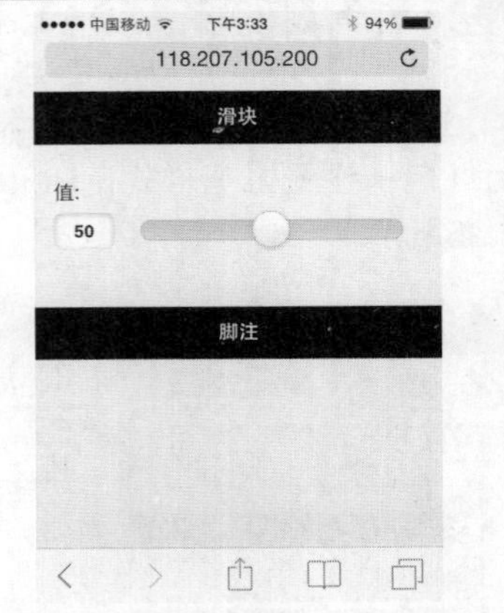

图 6.26　使用 Javascript 脚本控制滑块的显示值

6.2.4　翻转切换开关

翻转切换开关是移动设备中常见界面元素，提供系统配置中默认值的设置。jQuery Mobile借助<select>标签设计翻转切换开关组件，当select>标签添加了data-role属性，且属性值设置为slider，可以将该下拉列表的两个<option>选项样式变成一个翻转切换开关。第一个<option>选项为开状态，返回值为true或l等；.第二个<option>选项为关状态，返回值为false或0等，范例效果如图6.27所示。

范例效果

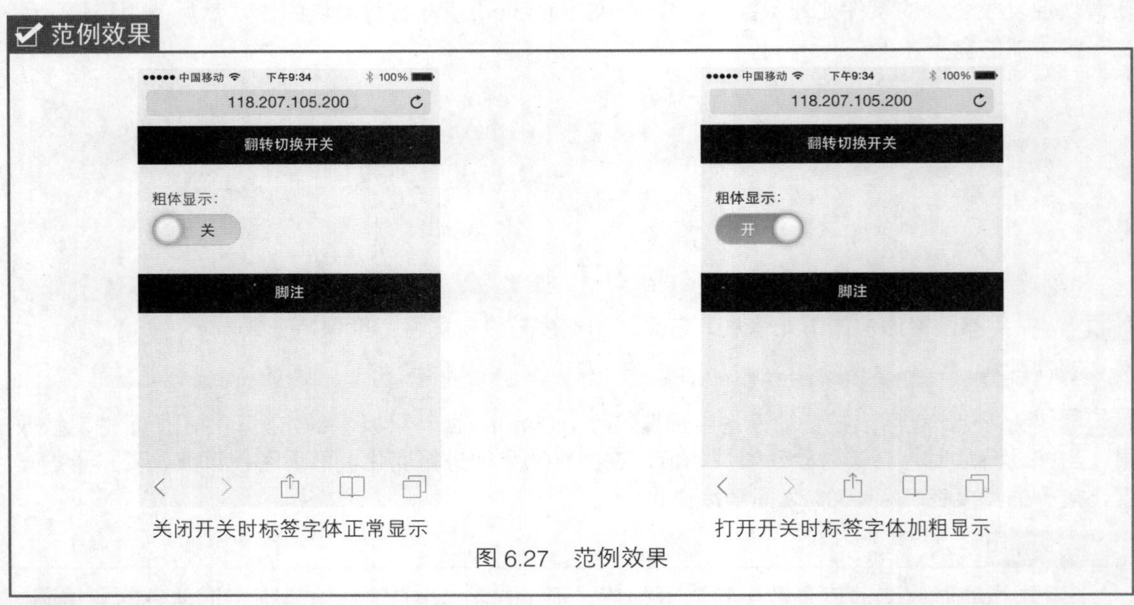

关闭开关时标签字体正常显示　　打开开关时标签字体加粗显示

图 6.27　范例效果

1 启动Dreamweaver CC，选择【文件】|【新建】菜单命令，打开【新建文档】对话框。在该对话框中选择“空白页”项，设置页面类型为“HTML”，设置文档类型为“HTML5”，然后单击【创建】按钮，完成文档的创建操作。

2 按【Ctrl+S】组合键，保存文档为index.html。选择【插入】|【jQuery Mobile】|【页面】菜单命令，打开【jQuery Mobile文件】对话框，保留默认设置，单击【确定】按钮，完成在

当前文档中插入视图页操作。

3 单击【确定】按钮，关闭【jQuery Mobile文件】对话框，然后打开【页面】对话框，在该对话框中设置页面的ID值，同时设置页面视图是否包含标题栏和页脚栏（脚注），保持默认设置，单击【确定】按钮，完成在当前HTML5文档中插入页面视图结构。

4 按【Ctrl+S】组合键，保存当前文档index.html。此时，Dreamweaver CC会弹出对话框提示保存相关的框架文件，单击【确定】按钮完成框文件的复制操作。

5 在编辑窗口中，可以看到Dreamweaver CC新建一个页面，页面视图包含标题栏、内容框和页脚栏，同时在【文件】面板的列表中可以看到复制的相关库文件。

6 修改标题文本为“翻转切换开关”。选中内容栏中的“内容”文本按【Delete】键清除内容栏内的文本，然后选择【插入】|【jQuery Mobile】|【翻转切换开关】菜单命令，在内容框中插入一个滑块组件，如图6.28所示。在代码视图中可以看到新添加的翻转切换开关表单对象代码。

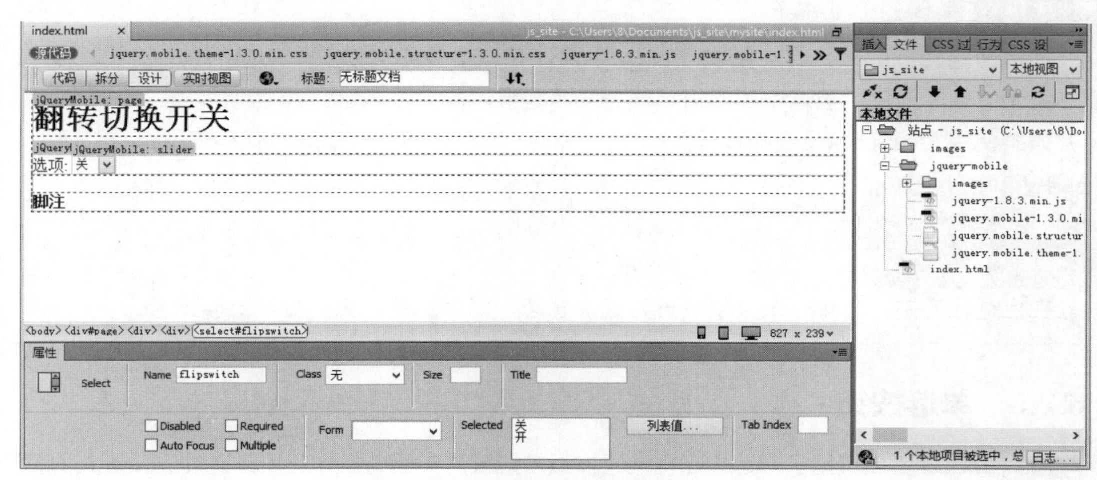

图 6.28 插入翻转切换开关表单组件

```
<div data-role="content">
    <div data-role="fieldcontain">
        <label for="flipswitch">选项 :</label>
        <select name="flipswitch" id="flipswitch" data-role="slider">
            <option value="off">关</option>
            <option value="on">开</option>
        </select>
    </div>
</div>
```

7 修改翻转切换开关表单组件中标签文本为“粗体显示：”，设计利用翻转切换开关控制视图字体的粗细显示配置。

8 切换到代码视图，在头部位置输入下面脚本代码，通过$(function(){})定义页面初始化事件处理函数，然后使用$("#flipswitch")找到翻转切换开关表单组件，使用on()方法为其绑定change事件处理函数，在切换开关的值发生变化时触发的事件处理函数中，先使用$(this).val()获取当前切换开关的值，然后使用该值作为设置条件。如果打开开关，则加粗标签字体显示，否则以普通字体显示。

```
<script>
$(function(){
    $("#flipswitch").on("change",function(){
        var val = $(this).val();
        if(val == "on")
```

```
            $("#page label").css("font-weight","bold");
        else
            $("#page label").css("font-weight","normal");
    })
})
</script>
```

9 在头部位置添加如下元信息，定义视图宽度与设备屏幕宽度保持一致。

```
<meta name="viewport" content="width=device-width,initial-scale=1" />
```

10 完成设计之后，在移动设备中预览该index.html页面，可以看到图6.26所示的切换开关效果，当拖动滑块时，会实时打开或关闭开关，然后利用该值作为条件进行逻辑判断，以便决定是否加粗标签字体。

技法拓展

在滑动翻转开关时，将会触发change事件，在该事件中可以获取切换后的值，即ID值为flipswitch的翻转开关中被选中项的值。注意，不是显示的文本内容。

如果使用JavaScript设置翻转开关的值，完成设置后必须进行刷新，代码如下：

```
(function(){
    $("#flipswitch")[0].selectedIndex = 1;
    $("#flipswitch").slider("refresh");
})
```

在上述代码中，将第一个选项设置为选中状态，然后刷新组件，显示更新结果。

6.2.5 单选按钮

jQuery Mobile重新打造了单选按钮样式，以适应触摸屏界面的操作习惯，通过设计更大的单选按钮UI，以便更容易单击和触摸。当<fieldset>标签添加了data-role属性，且属性值设置为control-group，其包裹的单选按钮对象就会呈现单选按钮组效果。在组成组中，每个<label>标签与<input type="radio">标签配合使用，通过for属性把它们捆绑在一起。jQuery Mobile会把<label>标签放大显示，当用户单击某个单选按钮时，单击的是该单选按钮对应的<label>标签，范例效果如图6.29所示。

范例效果

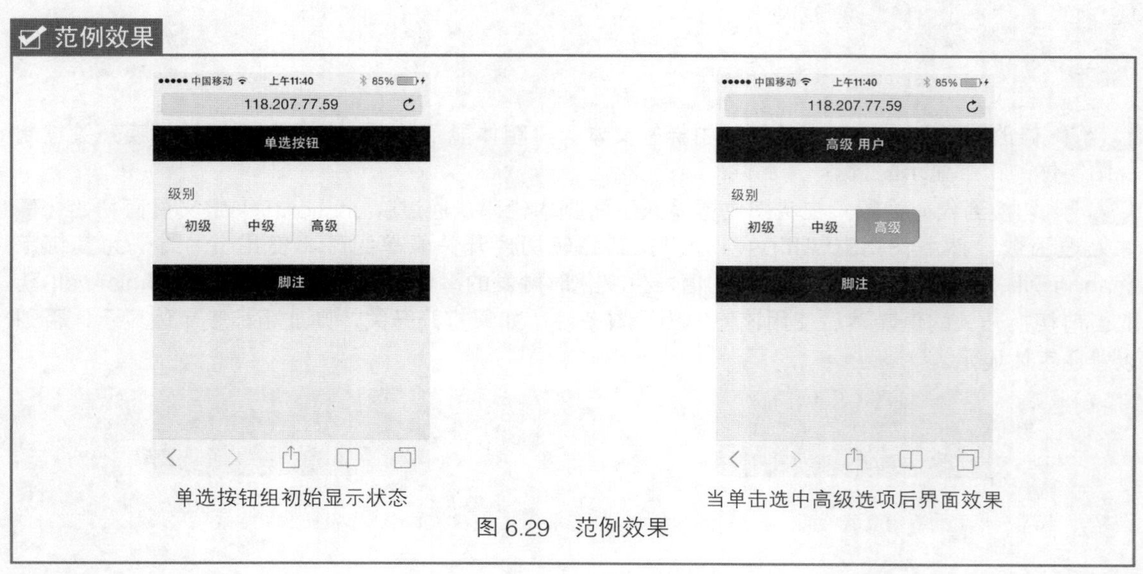

单选按钮组初始显示状态　　当单击选中高级选项后界面效果

图 6.29　范例效果

1 启动Dreamweaver CC，选择【文件】|【新建】菜单命令，新建HTML5文档。按【Ctrl+S】组合键，保存文档为index.html。本案例设计思路：使用<fieldset >容器包含一个单选按钮组，该按钮组有3个单选按钮，分别对应“初级”、“中级”、“高级”三个选项。单击某个单选按钮，将在标题栏中显示被选中按钮的提示信息。

2 选择【插入】|【jQuery Mobile】|【页面】菜单命令，打开【jQuery Mobile文件】对话框，保留默认设置，单击【确定】按钮，在当前文档中插入一个视图页。

3 按【Ctrl+S】组合键，保存当前文档index.html。并根据提示保存相关的框架文件。在编辑窗口中，可以看到Dreamweaver CC新建一个页面，页面视图包含标题栏、内容框和页脚栏，同时在【文件】面板的列表中可以看到复制的相关库文件。

4 修改标题文本为“单选按钮”。选中内容栏中的“内容”文本按Delete键清除内容栏内的文本，然后选择【插入】|【jQuery Mobile】|【单选按钮】菜单命令，打开【单选按钮】对话框，设置“名称”为radio1，设置“单选按钮”个数为3，即定义包含3个按钮的组，设置“布局”为“水平”。对话框设置如图6.30所示。

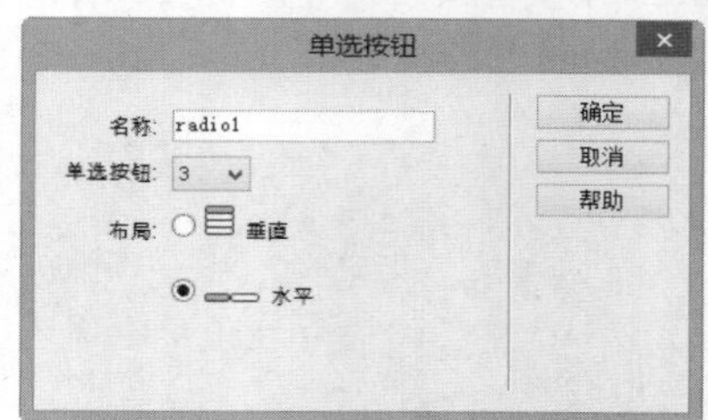

图 6.30 【单选按钮】对话框

5 单击【确定】按钮，关闭【单选按钮】对话框，此时在编辑窗口的内容框（<div data-role="content">）中插入三个按钮组，如图6.31所示。

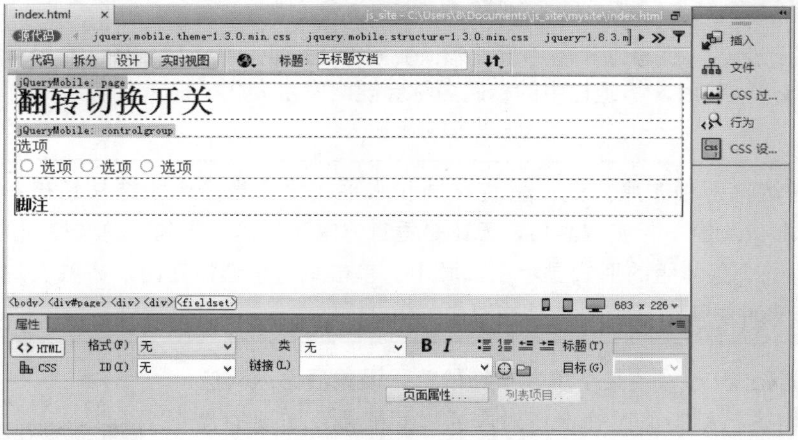

图 6.31 插入单选按钮组

6 切换到代码视图，可以看到新添加的单选按钮组代码。修改其中标签名称及每个单选按钮标签<input type="radio">的value属性值，代码如下：

```
<div data-role="content">
    <div data-role="fieldcontain">
        <fieldset data-role="controlgroup" data-type="horizontal">
            <legend> 级别 </legend>
            <input type="radio" name="radio1" id="radio1_0" value="1" />
            <label for="radio1_0"> 初级 </label>
            <input type="radio" name="radio1" id="radio1_1" value="2" />
            <label for="radio1_1"> 中级 </label>
            <input type="radio" name="radio1" id="radio1_2" value="3" />
            <label for="radio1_2"> 高级 </label>
        </fieldset>
    </div>
</div>
```

在上面代码中，data-role="controlgroup"属性定义<fieldset>标签为单选按钮组容器，data-type="horizontal"定义单选按钮的水平排列方式。在<fieldset>标签内，通过<legend>标签定义单选按钮组的提示性文本，每个单选按钮<input type="radio">与<label>标签关联，通过for属性实现绑定。

7 在头部位置输入下面脚本代码，通过$(function(){})定义页面初始化事件处理函数，然后使用$("input[type='radio']")找到每个单选按钮，使用on()方法为其绑定change事件处理函数，在切换单选按钮时触发的事件处理函数中，在事件处理函数中先使用$(this).next(“label”).text()获取当前单选按钮相邻的标签文本，然后使用该值加上"用户"，作为一个字符串，使用text()方法传递给标题栏的标题。

```
<script>
$(function(){
    $("input[type=' radio' ]").on("change",
        function(event, ui) {
            $("div[data-role=' header' ] h1").text($(this).next("label").text() + "用户");
        })
})
</script>
```

8 在头部位置添加如下元信息，定义视图宽度与设备屏幕宽度保持一致。

```
<meta name="viewport" content="width=device-width,initial-scale=1" />
```

9 完成设计之后，在移动设备中预览该index.html页面，可以看到图6.28所示的单选按钮组效果，当切换单选按钮时，标题栏中的标题名称会随之发生变化，提示当前用户的 级别。

技法拓展

单选按钮组有两种布局方式：垂直布局和水平布局。当多个单选按钮被<fieldset data-role="controlgroup" >标签包裹后，无论是垂直方向还是水平方向，单选按钮的四周都有圆角的样式，以一个整体组的形式显示在页面中。单击某个单选按钮时，将触发对应的change事件，并在该事件中可以获取单选按钮对应的值。

如果使用JavaScript修改某个单选按钮的值，设置后必须对应整个单选按钮组进行刷新，以确保使对应的样式同步，实现的代码如下：

```
$(function(){
    $("input[type=' radio' ]:first").attr("checked",true)
   .checkboxradio("refresh");
})
```

在上述代码中，将设置第一个单选按钮为被选中状态，然后刷新整个单选按钮组，则页面显示效果如图6.32所示，页面初始自动选中第一个按钮。

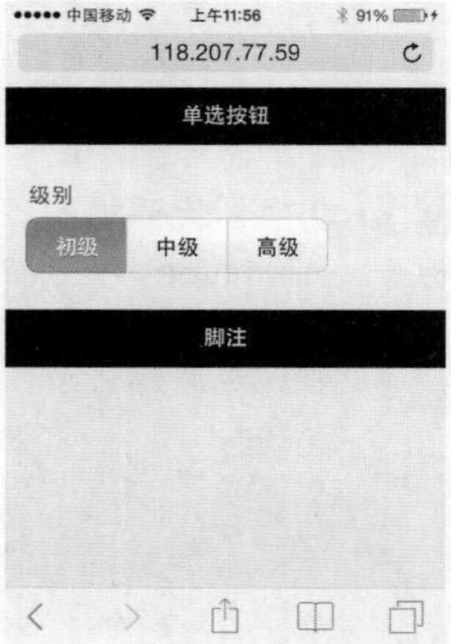

图 6.32　页面初始化自动选中第一个按钮

6.2.6　复选框

当<fieldset>标签添加了data-role属性，且属性值设置为controlgroup，其包裹的复选框对象就会呈现复选框组效果，此设计方法与单选按钮组的设计方法相似。

在默认情况下，多个复选框组成的复选框按钮组放置在标题下面，通过jQuery Mobile自动删除每个按钮间的margin属性值，使其紧密显示为一个整体。复选框按钮组默认布局样式是垂直显示，也可以将<fieldset>元素的data-type属性值设置为horizontal，设计为水平显示。如果是水平显示，将自动隐藏各个复选框的图标，并浮动成一排显示，范例效果如图6.33所示。

范例效果

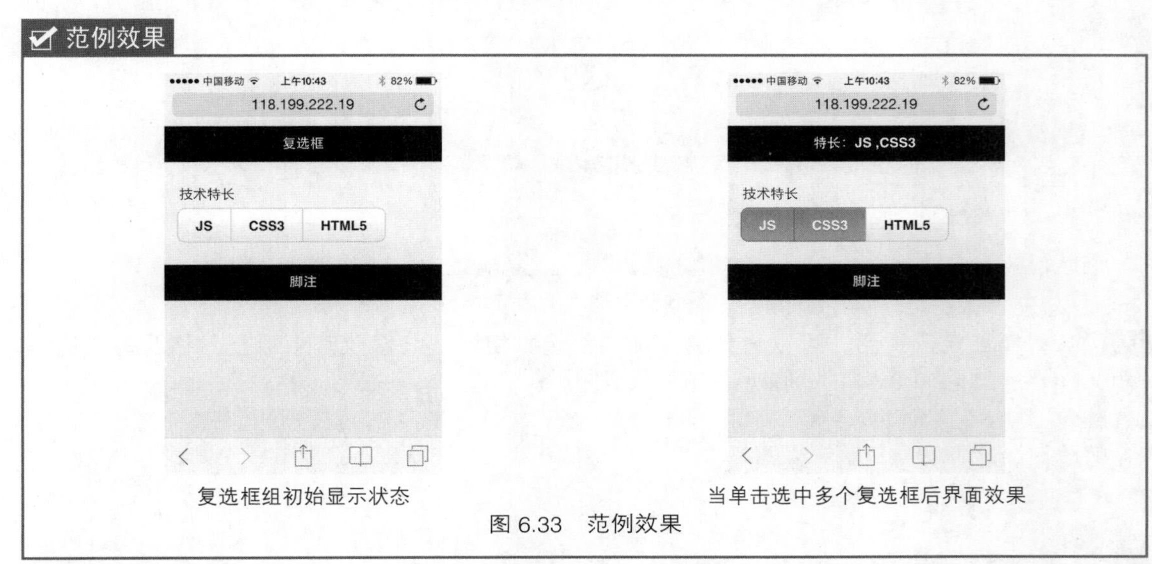

复选框组初始显示状态　　当单击选中多个复选框后界面效果

图 6.33　范例效果

1 启动Dreamweaver CC，选择【文件】|【新建】菜单命令，新建HTML5文档。按【Ctrl+S】组合键，保存文档为index.html。本案例设计思路：设计使用<fieldset >容器包含一个复选按钮组，该按钮组有3个复选框，分别对应“Javascript”、“CSS3”、“HTML5”三个选项。单击某个单选按钮，将在标题栏中同时显示被选中按钮的提示信息。

2 选择【插入】|【jQuery Mobile】|【页面】菜单命令，打开【jQuery Mobile文件】对话框，保留默认设置，单击【确定】按钮，在当前文档中插入一个视图页。

3 按【Ctrl+S】组合键，保存当前文档index.html。此时根据提示对话框保存相关的框架文件。在编辑窗口中，可以看到Dreamweaver CC新建一个页面，页面视图包含标题栏、内容框和页脚栏，同时在【文件】面板中可以看到复制的相关库文件。

4 修改标题文本为“复选框”。选中内容栏中的“内容”文本，按【Delete】键清除内容栏内的文本，然后选择【插入】|【jQuery Mobile】|【复选框】菜单命令，打开【复选框】对话框，设置“名称”为checkbox1，设置“单选按钮”个数为3，即定义包含3个按钮的组，设置“布局”为“水平”。对话框设置如图6.34所示。

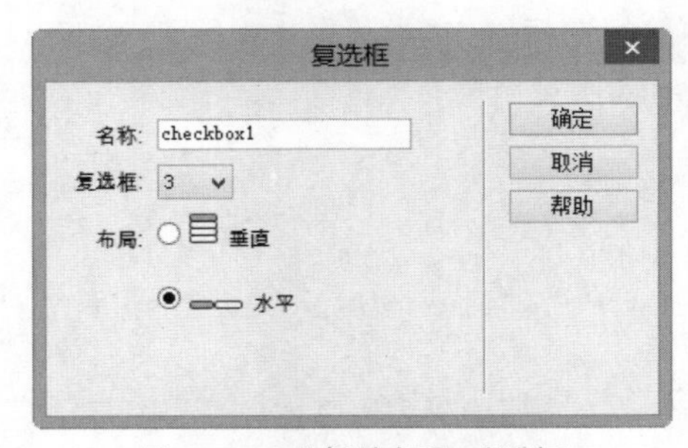

图 6.34　【复选框】对话框

5 单击【确定】按钮，关闭【复选框】对话框，此时在编辑窗口的内容框（<div data-role="content">）中插入三个按钮组，如图6.35所示。

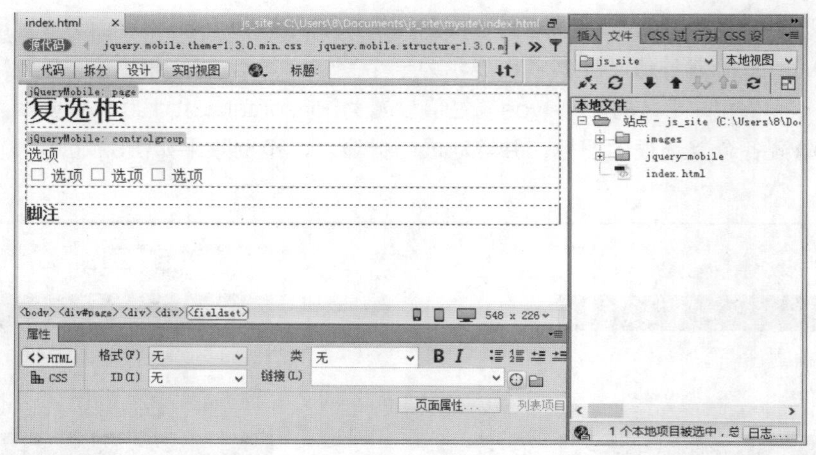

图 6.35　插入复选框组

6 切换到代码视图，可以看到新添加的复选框组代码。修改其中标签名称及每复选框<input type="checkbox">的value属性值，代码如下：

```
<div data-role="content">
  <div data-role="fieldcontain">
      <fieldset data-role="controlgroup" data-type="horizontal">
          <legend>技术特长</legend>
          <input type="checkbox" name="checkbox1" id="checkbox1_0" class="custom" value="js" />
          <label for="checkbox1_0">JS</label>
          <input type="checkbox" name="checkbox1" id="checkbox1_1" class="custom" value="css" />
          <label for="checkbox1_1">CSS3</label>
          <input type="checkbox" name="checkbox1" id="checkbox1_2" class="custom" value="html" />
          <label for="checkbox1_2">HTML5</label>
      </fieldset>
  </div>
</div>
```

在上面代码中，data-role="controlgroup"属性定义<fieldset>标签为复选框组容器，data-type="horizontal"定义了复选框水平排列方式。在<fieldset>标签内，通过<legend>标签定义复选框的提示性文本，每个复选框<input type="checkbox">与<label>标签关联，通过for属性实现绑定。

7 在头部位置输入下面脚本代码。脚本的设计思路：如果获取被选中的复选框按钮的状态，需要遍历整个按钮组，根据各个选项的选中状态，以递加的方式记录被选中的复选框值。由于复选框也可以取消选中状态。因此，用户选中后又取消时，需要再次遍历整个按钮组，再次重新递加的方式记录所有被选中的复选框值。

```
<script>
$(function(){
    $("input[type='checkbox']").on("change",
        function(event, ui) {
            var str=""
            $("input[type='checkbox']").each(function() {
                if (this.checked) {
                    str += $(this).next("label").text() + ",";
                }
            });
            if(str)
                str =" 特长: " +  str.slice(0,str.length-1);
```

```
            else
                str ="复选框" ;
            $("div[data-role=' header' ] h1").text( str);
        })
})
</script>
```

在上述代码中，通过$(function(){})定义页面初始化事件处理函数，然后使用$("input[-type='checkbox']")找到每个复选框，使用on()方法为其绑定change事件处理函数，在点选复选框时将触发的事件处理函数中，

在事件处理函数中，使用each()方法迭代每个复选框按钮，判断是否被点选。如果点选，则先使用$(this).next("label").text()获取当前复选框按钮相邻的标签文本，并把该文本信息递加到变量str中。

最后，对变量str进行处理，如果str变量中存储有信息，则清理掉最后一个字符（逗号），如果没有信息，则设置默认值为"复选框"。使用text()方法，把str变量存储的信息传递给标题栏的标题标签。

8 在头部位置添加如下元信息，定义视图宽度与设备屏幕宽度保持一致。

```
<meta name="viewport" content="width=device-width,initial-scale=1" />
```

9 完成设计之后，在移动设备中预览该index.html页面，可以看到图6.29所示的复选框组效果，当点选不同的复选框，标题栏中的标题名称会随之发生变化，提示当前用户的特长。

! TIPS

复选框组在水平布局和垂直布局中，显示样式存在明显不同。当水平显示时，以按钮组的形式呈现，而当垂直显示时，以呈现出类似复选框的默认样式，以复选框图标作为前缀，后面跟随标签文本，每个复选框占据一行，显示为单行按钮效果，多个复选框组成一组，效果如图6.36所示。

图 6.36　垂直显示的复选框组效果

复选框组默认是垂直显示，也可以为<fieldset data-role="controlgroup">定义data-type="vertical"属性。

```
<div data-role="content">
  <div data-role="fieldcontain">
    <fieldset data-role="controlgroup" data-type="vertical">
        <legend>技术特长</legend>
        <input type="checkbox" name="checkbox1" id="checkbox1_0" class="custom" value="js" />
        <label for="checkbox1_0">JS</label>
        <input type="checkbox" name="checkbox1" id="checkbox1_1" class="custom" value="css" />
        <label for="checkbox1_1">CSS3</label>
```

```
        <input type="checkbox" name="checkbox1" id="checkbox1_2" class="custom" value="html" />
        <label for="checkbox1_2">HTML5</label>
    </fieldset>
  </div>
</div>
```

技法拓展

如果使用JavaScript修改某个复选框的状态，设置后必须对整个复选框组进行刷新，以确保使对应的样式同步，实现的代码如下：

```
<script>
$(function(){
    $("input[type='checkbox']:lt(2)").attr("checked",true)
    .checkboxradio("refresh");
})
</script>
```

在上述代码中，将设置第一个和第二个复选框按钮为被选中状态，然后刷新整个复选框组，以确保整体的样式与选中的复选框保持同步。则页面显示效果如图6.37所示，页面初始自动选中第1、2个按钮。

图 6.37　页面初始化自动选中第 1、2 个按钮

6.2.7　选择菜单

jQuery Mobile重新定制<select>标签样式，以适应移动设备的浏览显示需求，这种自定义菜单样式取代原生菜单样式，使选择菜单操作更符合触摸体验。整个菜单由按钮和菜单两部分组成，当用户单击按钮时，对应的菜单选择器将会自动打开，选择其中某一项后，菜单自动关闭，被单击的按钮的值将自动更新为菜单中用户所点选的值。jQuery Mobile同时还保留了原生菜单类型效果，即单击菜单右端的向下箭头，滑出一个下拉列表，选择其中的某一项，范例效果如图6.38所示。

范例效果

菜单组初始显示状态　　当单击选中菜单后标题栏实时显示信息

图 6.38　范例效果

1 启动Dreamweaver CC，新建HTML5文档，保存文档为index.html。在选择菜单组容器中添加三个菜单项目，第一个用于选择“年”，第二个用于选择“月”，第三个用于选择“日”。当单击按钮并选中某选项后，标题中将显示选中的日期信息。

2 选择【插入】|【jQuery Mobile】|【页面】菜单命令，打开【jQuery Mobile文件】对话框，保留默认设置，单击【确定】按钮，在当前文档中插入一个视图页。

3 修改标题文本为“下拉菜单”。选中内容栏中的“内容”文本，按【Delete】键清除内容栏内的文本，然后选择【插入】|【jQuery Mobile】|【选择】菜单命令，在编辑窗口的插入一个下拉菜单框，如图6.39所示。

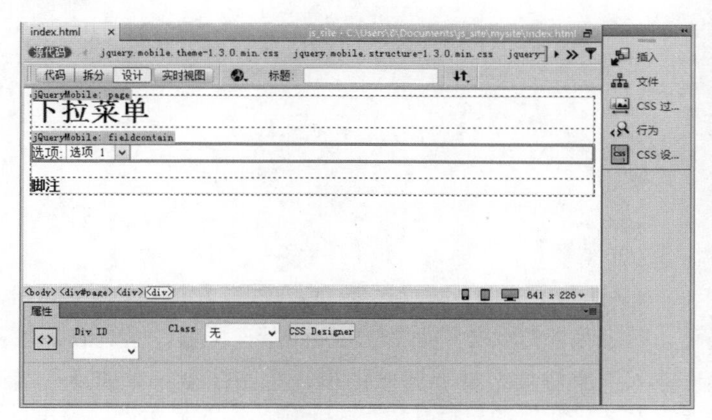

图 6.39　插入下拉菜单框

4 选中列表框对象，在属性面板中单击【列表值】按钮，打开【列表值】对话框，单击加号按钮+，添加3个列表项目，然后在“项目标签”和“值”栏中分别输入2013、2014和2015，最后单击【确定】按钮完成菜单项目的定义，如图6.40所示。

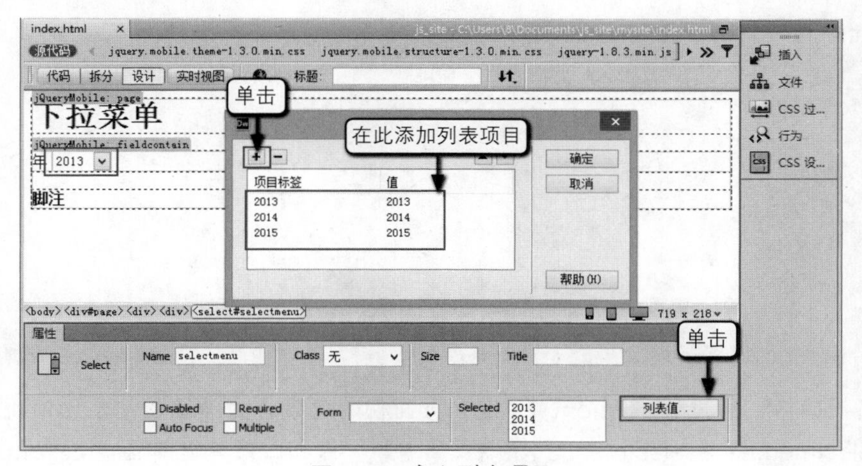

图 6.40　定义列表项目

5 模仿上面两步操作，继续在页面中插入两个菜单选择框，并在属性面板中修改对应的列表项目值，修改菜单标签的文本。

6 切换到代码视图，可以看到新添加的菜单框代码。代码如下：

```
<div data-role="content">
    <div data-role="fieldcontain">
        <label for="selectmenu" class="select">年</label>
        <select name="selectmenu" id="selectmenu">
```

```
            <option value="2013">2013</option>
            <option value="2014">2014</option>
            <option value="2015">2015</option>
        </select>
        <label for="selectmenu2" class="select"> 月 </label>
        <select name="selectmenu2" id="selectmenu2">
            <option value="1">1 月 </option>
            <option value="2">2 月 </option>
            <option value="3">3 月 </option>
                            ......
        </select>
        <label for="selectmenu3" class="select"> 日 </label>
        <select name="selectmenu3" id="selectmenu3">
            <option value="1">1</option>
            <option value="2">2</option>
            <option value="3">3</option>
                            ......
        </select>
    </div>
</div>
```

在上面代码中，<div data-role="fieldcontain">标签定义了一个表单容器，使用<select>标签定义三个菜单项目，每个菜单对象与前面的<label>标签关联，通过for属性实现绑定。

7 在头部位置输入下面脚本代码。脚本的设计思路：当菜单值发生变化时，则逐一获取年、月、日菜单的值，然后更新标题栏标题信息，正确、实时显示当前菜单框选择的日期值。

```
<script>
$(function(){
    var year,mobth,day,str;
    $("#selectmenu, #selectmenu2, #selectmenu3").on("change",
        function() {
            year = parseInt($("#selectmenu").val());
            month = parseInt($("#selectmenu2").val());
            day = parseInt($("#selectmenu3").val());
            if(year)
                str = year;
            if(month)
                str += "-" + month;
            if(day)
                str += "-" +day;
            $("div[data-role=' header' ] h1").text( str);
    })
})
</script>
```

在上面代码中，通过$(function(){})定义页面初始化事件处理函数，然后使用$("#selectmenu, #selectmenu2, #selectmenu3")获取页面中年、月和日菜单选择框，使用on()方法为其绑定change事件处理函数，在点选菜单时将触发的事件处理函数中，

在事件处理函数中，逐一获取年、月和日菜单项目的显示值，然后把它们组合在一起递加给变量str。最后，把str变量存储的信息传递给标题栏的标题标签。

8 在头部位置添加如下元信息，定义视图宽度与设备屏幕宽度保持一致。

```
<meta name="viewport" content="width=device-width,initial-scale=1" />
```

9 完成设计之后，在移动设备中预览该index.html页面，可以看到如图6.41所示的菜单效果，

当选择菜单项目的值时，标题栏中的标题名称会随之发生变化，提示当前用户选择的日期值。

技法拓展

多个菜单可以分组进行显示，此时可以设计为水平布局或垂直布局。当水平显示时，菜单会显示按钮组效果，并在右侧显示提示性的下拉图标，效果如图6.40所示。

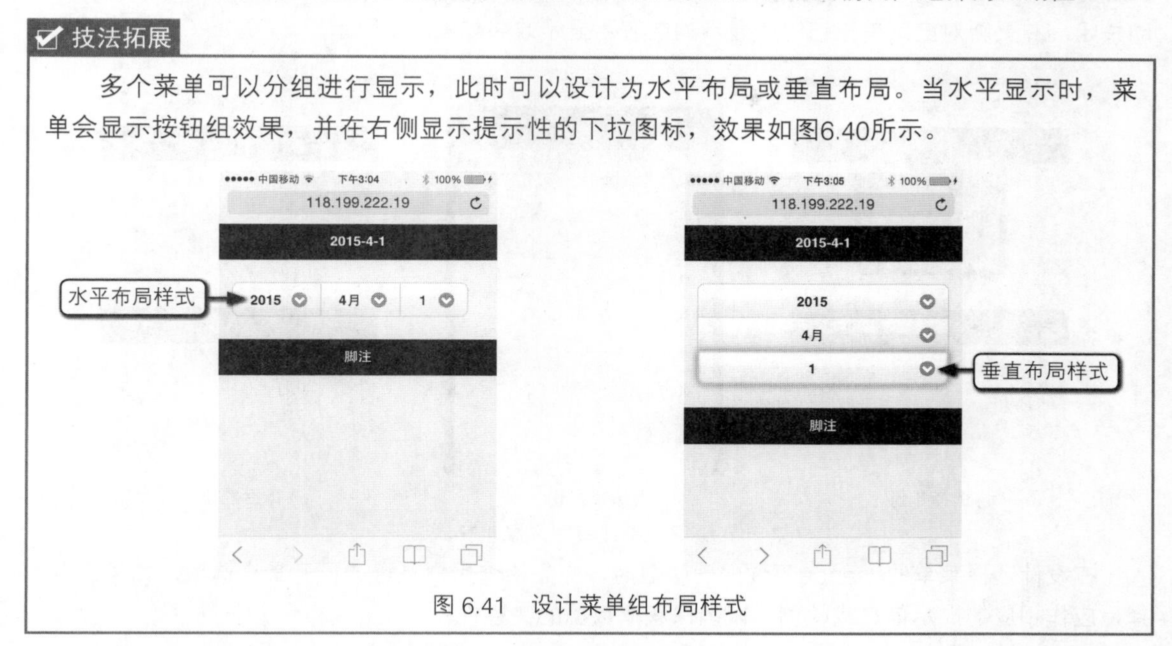

图 6.41　设计菜单组布局样式

把多个菜单分组显示，只需要在多个<select>标签外面包裹<fieldset data-type="horizontal">标签，并添加data-role="controlgroup"，定义表单控件组容器，同时使用data-type定义水平或者垂直布局显示，当值为"horizontal"表示水平布局，当值为"vertical"表示垂直布局。

```
<fieldset data-role="controlgroup" data-type="horizontal">
    <label for="selectmenu" class="select">年</label>
    <select name="selectmenu" id="selectmenu"> </select>
    <label for="selectmenu2" class="select">月</label>
    <select name="selectmenu2" id="selectmenu2"> </select>
    <label for="selectmenu3" class="select">日</label>
    <select name="selectmenu3" id="selectmenu3"></select>
</fieldset>
```

通过为选择菜单添加ata-native-menu属性，设置属性值为false，则可以设计出更具个性的选择菜单。例如，在下面代码中为<select>标签添加data-native-menu，设置值为false，代码如下。

```
<fieldset data-role="controlgroup" data-type="vertical">
    <label for="selectmenu" class="select">年</label>
    <select name="selectmenu" id="selectmenu" data-native-menu="false">
        ......
    </select>
    <label for="selectmenu2" class="select">月</label>
    <select name="selectmenu2" id="selectmenu2" data-native-menu="false">
        ......
    </select>
    <label for="selectmenu3" class="select">日</label>
    <select name="selectmenu3" id="selectmenu3" data-native-menu="false">
        ......
    </select>
</fieldset>
```

当为选择菜单的data-native-menu属性值设置为false后，就变成一个自定义类型的选择菜单。用户单击年份按钮时，页面中将弹出一个菜单形式的对话框，在对话框中选择某选项后，触发选择菜单的change事件，该事件中将在页面中显示用户所选择的菜单选择值，同时对话框自动关闭，并更新对应菜单按钮中所显示的内容。显示效果如图6.42所示。

图 6.42　设计自定义菜单样式

在设计选择菜单的change事件处理函数时，应先检查用户是否选择了某个选项，如果没有选择，应作相应的提示信息或检测，以确保获取数据的完整性。

6.2.8　列表框

当为<select>标签添加multiple属性后，选择菜单对象将会转换为多项列表框，jQuery Mobile支持列表框组件，允许在菜单基础上进一步设计多项选择的列表框，如果将某个选择菜单的multiple属性值设置为true，单击该按钮，弹出的菜单对话框中，全部菜单选项的右侧将会出现一个可勾选的复选框，用户通过勾选该复选框，可以勾选任意多个复选框。选择完成后，单击左上角的“关闭”按钮，已弹出的对话框将关闭，对应的按钮自动更新为用户所选择的多项内容值，范例效果如图6.43所示。

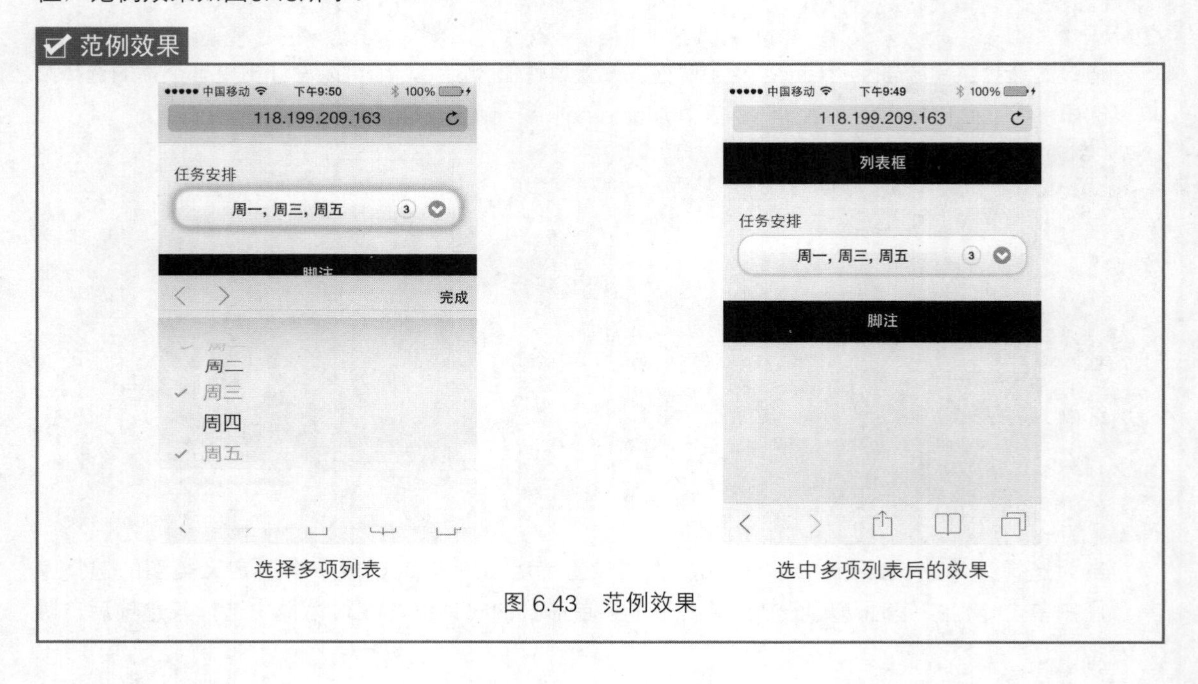

图 6.43　范例效果

1 启动Dreamweaver CC，新建HTML5文档，保存文档为index.html。

2 选择【插入】|【jQuery Mobile】|【页面】菜单命令，打开【jQuery Mobile文件】对话框，保留默认设置，单击【确定】按钮，在当前文档中插入一个视图页。

3 修改标题文本为“列表框”。选中内容栏中的“内容”文本，按【Delete】键清除内容栏内的文本，然后选择【插入】|【jQuery Mobile】|【选择】菜单命令，在编辑窗口的插入一个下拉列表框。

4 选中列表框对象，在属性面板中勾选Multiple复选框，然后单击【列表值】按钮，打开【列表值】对话框，单击加号按钮+，添加5个列表项目，然后在“项目标签”和“值”栏中分别输入显示文本和对应的反馈值，如图6.44所示。

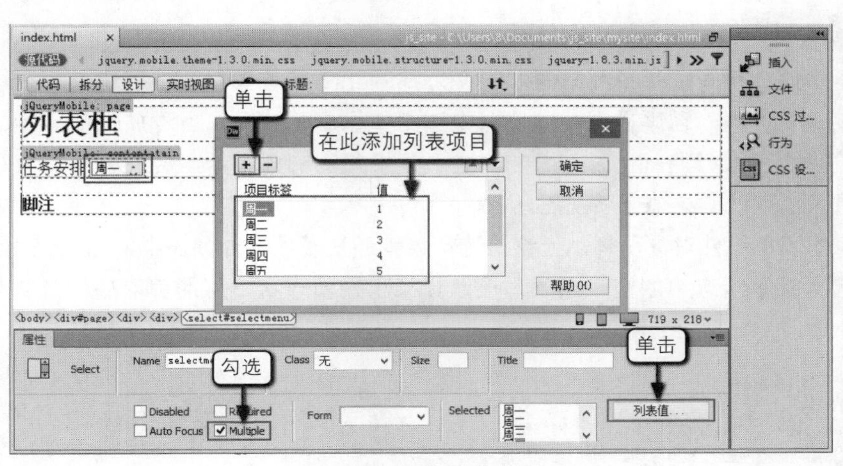

图 6.44　定义列表项目

5 单击【确定】按钮关闭【列表值】对话框完成设计，切换到代码视图，可以看到新添加的菜单框代码。代码如下：

```
<div data-role="content">
    <div data-role="fieldcontain">
        <label for="selectmenu" class="select">任务安排</label>
        <select name="selectmenu" id="selectmenu"  multiple="true">
            <option value="1">周一</option>
            <option value="2">周二</option>
            <option value="3">周三</option>
            <option value="4">周四</option>
            <option value="5">周五</option>
        </select>

    </div>
</div>
```

在上面代码中，<div data-role="fieldcontain">标签定义了一个表单容器，使用<select>标签定义5个菜单项目，每个菜单对象与前面的<label>标签关联，通过for属性实现绑定。

6 在头部位置添加如下元信息，定义视图宽度与设备屏幕宽度保持一致。

```
<meta name="viewport" content="width=device-width,initial-scale=1" />
```

7 完成设计之后，在移动设备中预览该index.html页面，可以看到如图6.42所示的菜单效果，当选择菜单项目的值时，标题栏中的标题名称会随之发生变化，提示当前用户选择的日期值。

! TIPS

在点选多项选择列表框对应的按钮时，不仅会显示所选择的内容值，而且超过2项选择时，在下拉按钮图标的左侧还会有一个圆形的标签，在标签中显示用户所选择的选项总数。另外，在弹出的菜单选择对话框中，选择某一个选项后，对话框不会自动关闭，必须单击左上角圆形的【关闭】按钮，才算完成一次菜单的选择。单击【关闭】按钮后，各项选择的值将会变成一行用逗号分隔的文本，显示在对应按钮中。如果按钮长度不够，多余部分将显示成省略号。

技法拓展

为了能够兼容不同设备和浏览器，建议为<select>标签添加data-native-menu="false"属性，激活菜单对话框，否则在部分浏览器中该组件显示无效果。当添加data-native-menu="false"属性声明之后，则在iPhone5S中的显示效果如图6.45所示，会展开一个菜单选择对话框，而不是系统默认的菜单选项视图。

与所有的表单组件对象一样，无论是选择菜单还是多项选择列表框，如果使用JJavascript代码控制选择菜单所选中的值，必须对该选择菜单刷新一次，从而使对应的样式与选择项同步，代码如下：

```
<script>
$(function(){
    $("#selectmenu")[0].selectedIndex = 1;
    $("#selectmenu").selectmenu("refresh");
})
</script>
```

上述代码将设置第2个选项为选中状态，同时刷新整个选择列表框，使选择值与列表框样式同步，效果如图6.46所示。

图 6.45　打开菜单选择对话框

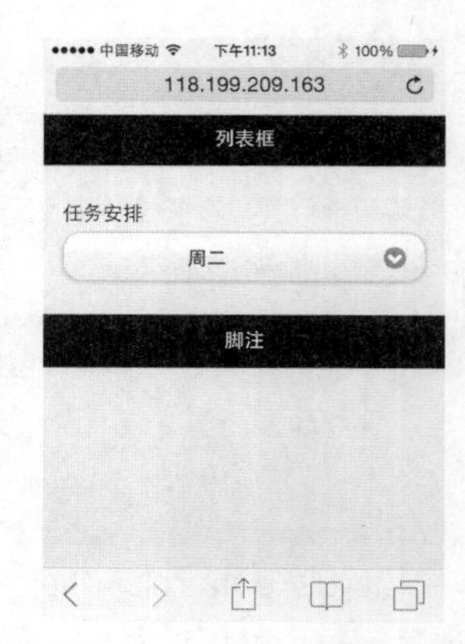

图 6.46　设置默认显示被选中的选项

6.3　列表

信息列表是开发应用中使用频率比较高的控件，用于数据显示、导航、数据列表等。为了适应不同的信息内容，列表的表现形式也多种多样。列表的代码结构包括：有序和无序列表。为<ul>标签添加data-role，设置属性值为listview，即可设计一个列表视图，jQuery Mobile将对列表结构进行渲染，设计列表的宽度与屏幕同比缩放，在列表选项的最右侧添加一个带箭头的链接图标。在jQuery Mobile框架中，列表结构可以包含类型：简单列表、嵌套列表、编号列表等，同时，还可以对列表中选项的内容进行分割和格式化。

6.3.1 简单列表

jQuery Mobile框架对<ul>标签进行包装，经过样式渲染后，列表项目更适合触摸操作，当单击某项目列表时，jQuery Mobile通过Ajax方式异步请求一个对应的URL地址，并在DOM中创建一个新的页面，借助默认的切换效果显示该页面，范例效果如图6.47所示。

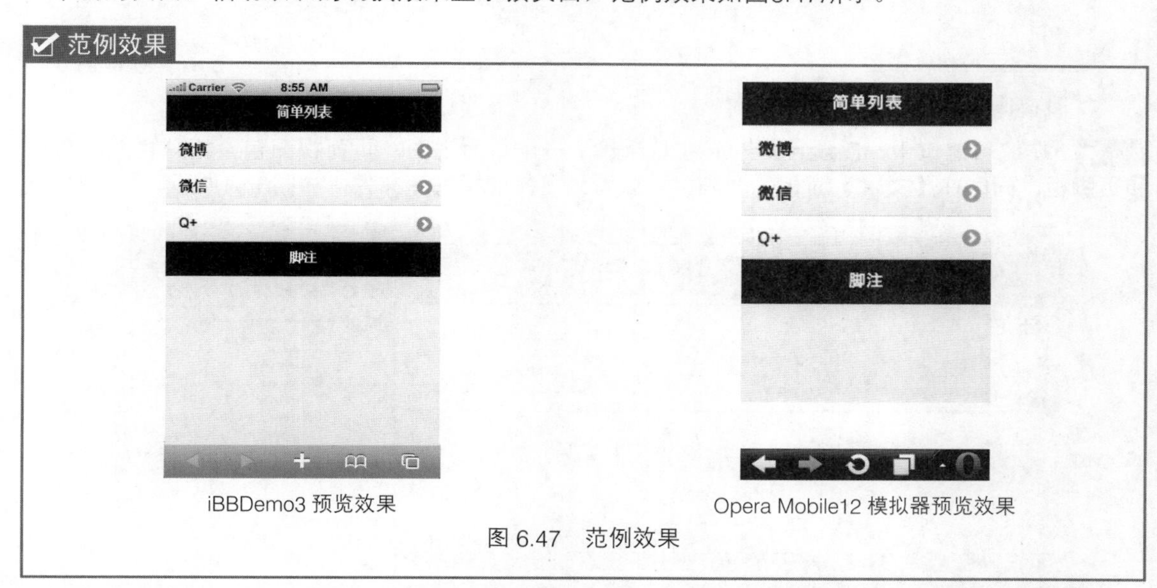

iBBDemo3 预览效果　　Opera Mobile12 模拟器预览效果

图 6.47　范例效果

1 启动Dreamweaver CC，选择【文件】|【新建】菜单命令，打开【新建文档】对话框，新建HTML5文档。计划在页面中添加一个简单列表结构，在列表容器中添加三个选项内容分别为“微博”、“微信”和“Q+”的选项。

2 按【Ctrl+S】组合键，保存文档为index.html。选择【插入】|【jQuery Mobile】|【页面】菜单命令，打开【jQuery Mobile文件】对话框，保留默认设置，如图6.48所示。

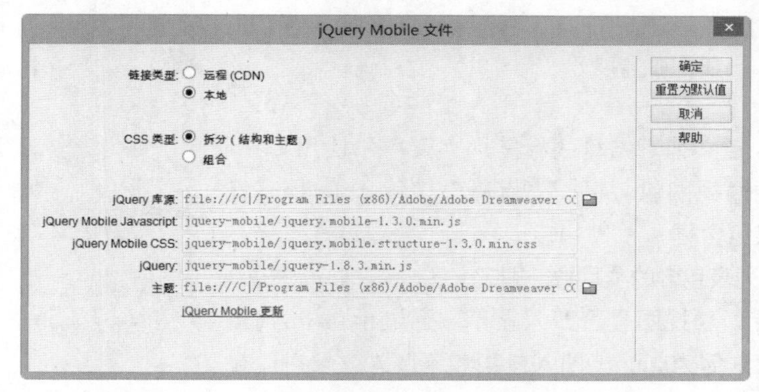

图 6.48　设置【jQuery Mobile 文件】对话框

3 单击【确定】按钮，关闭【jQuery Mobile文件】对话框后，然后打开【页面】对话框，在该对话框中设置页面的ID值，同时设置页面视图是否包含标题栏和页脚栏（脚注），保持默认设置，单击【确定】按钮，完成在当前HTML5文档中插入页面视图结构，设置如图6.49所示。

4 按【Ctrl+S】组合键，保存当前文档index.html。此时，Dreamweaver CC会弹出对话框提示保存相关的框架文件，如图6.50所示。

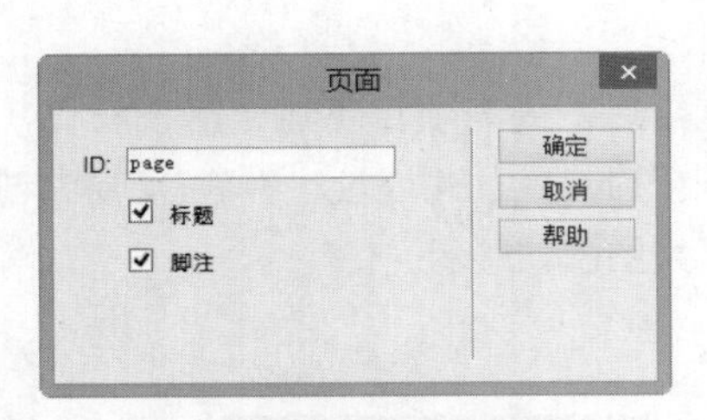

图 6.49 设置【页面】对话框

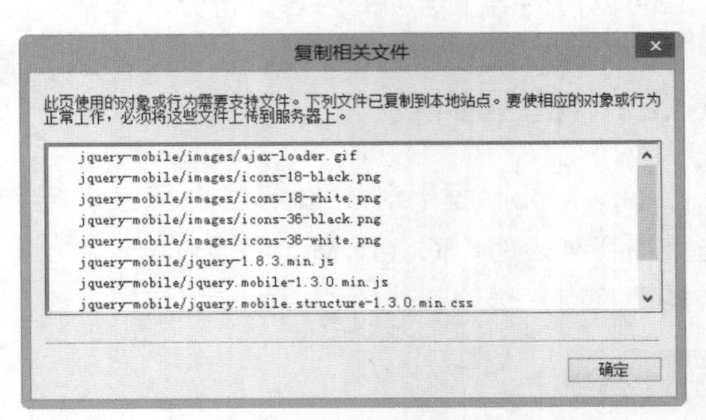

图 6.50 复制相关文件

5 在编辑窗口中，Dreamweaver CC新建了一个页面视图，页面视图包含标题栏、内容框和页脚栏，同时在【文件】面板的列表中可以看到复制的相关库文件，如图6.51所示。

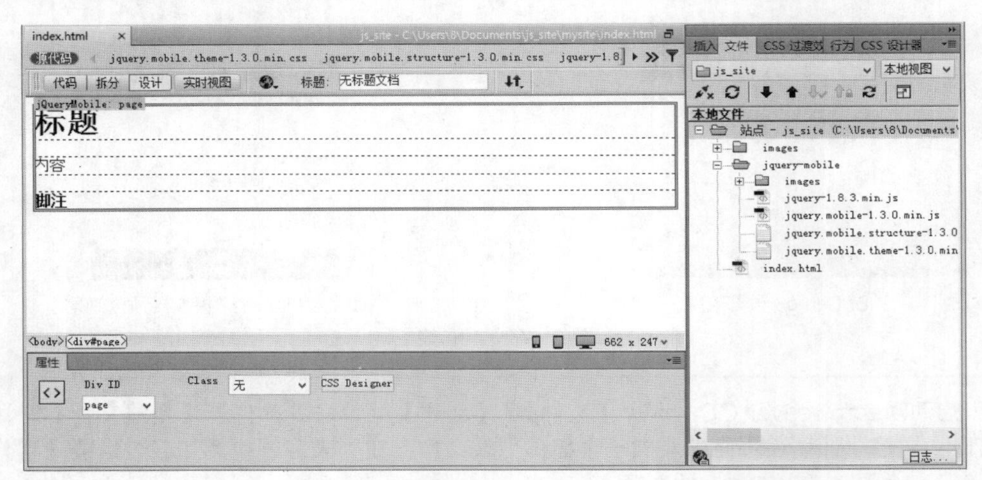

图 6.51 使用 Dreamweaver CC 新建 jQuery Mobile 视图页面

6 设置标题栏中标题文本为“简单列表”。选中内容栏中的“内容”文本，按【Delete】键清除内容栏内的文本，然后选择【插入】|【jQuery Mobile】|【列表视图】菜单命令，打开【列表视图】，如图6.52所示。

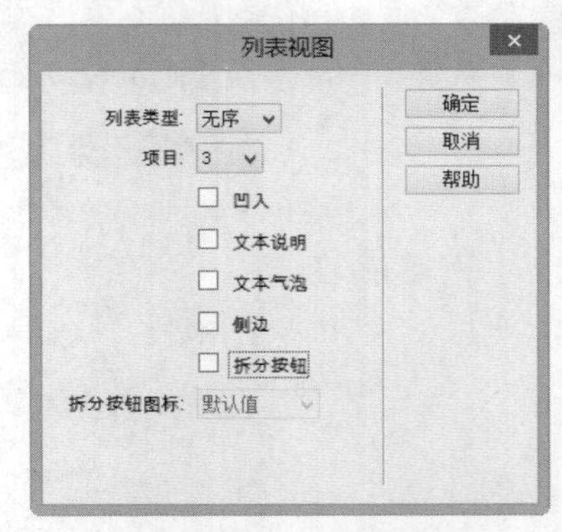

图 6.52 插入列表视图结构

【参数说明】

- 列表类型：定义列表结构的标签，“无序”使用<ul>标签设计列表视图包含框，“有序”使用<ol>标签设计列表视图包含框。
- 项目：设置列表包含的项目数，即定义多少个<li>标签。
- 凹入：设置列表视图是否凹入显示，通过data-inset属性定义，默认值为false。凹入效果和不凹入效果对比如图6.53所示。

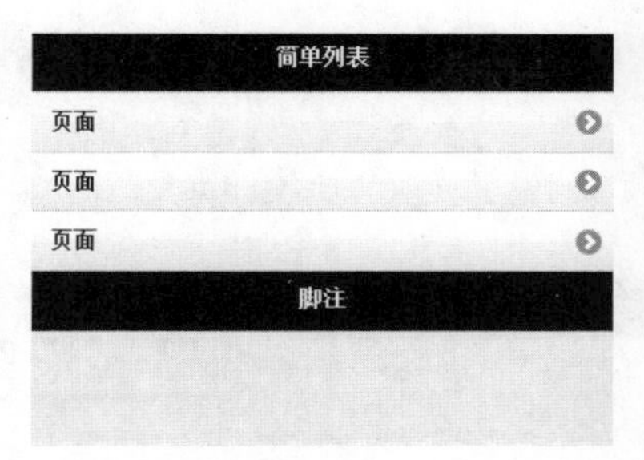

不凹入效果（data-inset="falses"f）

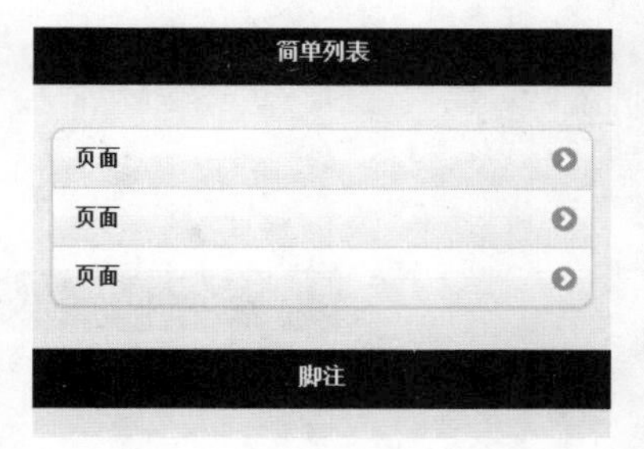

凹入效果（data-inset="true"）

图 6.53　凹入与不凹入效果对比

- 文本说明：勾选该复选框，将在每个列表项目中添加标题文本和段落文本。例如，下面代码分别演示带文本说明和不带文本说明的列表项目结构。

不带文本说明：

```
<li><a href="#"> 页面 </a></li>
```

带文本说明：

```
<li><a href="#">
    <h3> 页面 </h3>
    <p>Lorem ipsum</p>
</a></li>
```

- 文本气泡：勾选该复选框，将在每个列表项目右侧添加一个文本气泡，如图6.54所示。使用代码定义，只需在每个列表项目尾部添加“<span class="ui-li-count">1</span></a>”标签文本即可，该标签包含一个数字文本。

```
<ul data-role="listview">
    <li><a href="#"> 页面 <span class="ui-li-count">1</span></a></li>
    <li><a href="#"> 页面 <span class="ui-li-count">1</span></a></li>
    <li><a href="#"> 页面 <span class="ui-li-count">1</span></a></li>
</ul>
```

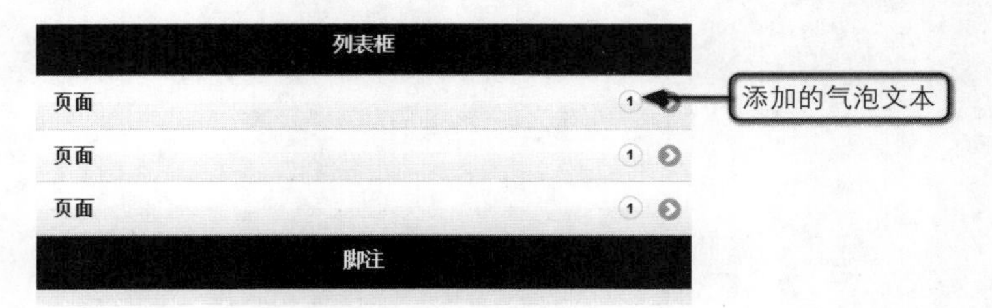

图 6.54　气泡文本

- 侧边：勾选该复选框，将在每个列表项目右侧添加一个侧边文本，如图6.55所示。使用代码定义，只需在每个列表项目尾部添加“<p class="ui-li-aside">侧边</p>"标签文本即可，该标签包含一个提示性文本。

```
<ul data-role="listview">
    <li><a href="#"> 页面
        <p class="ui-li-aside"> 侧边 </p>
    </a></li>
    <li><a href="#"> 页面
        <p class="ui-li-aside"> 侧边 </p>
    </a></li>
```

```
    <li><a href="#"> 页面
        <p class="ui-li-aside"> 侧边 </p>
    </a></li>
</ul>
```

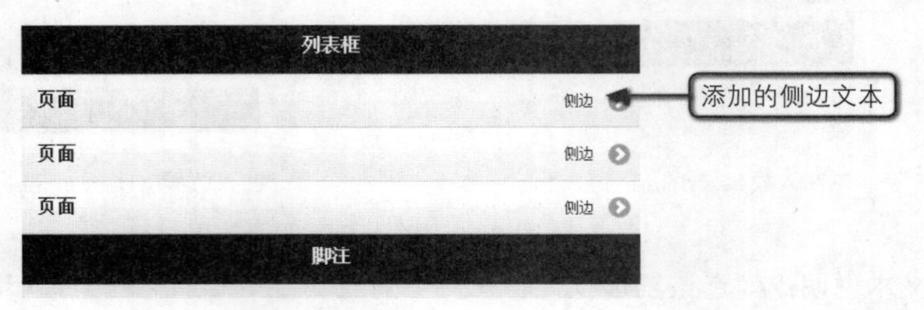

图 6.55　侧边文本

• 拆分按钮：勾选该复选框，将会在每个列表项目右侧添加按钮图标，效果如图6.56所示。

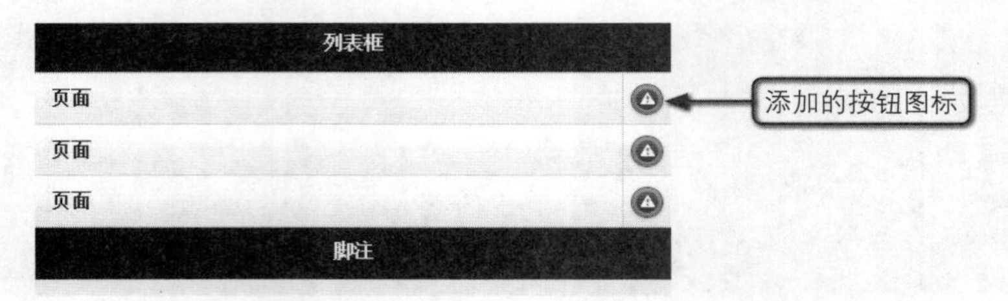

图 6.56　添加按钮

• 勾选“拆分按钮”复选框后，可以在“拆分按钮图标”下拉列表中选择一种图标类型，使用代码定义，只需在每个列表项目尾部添加“<a href="#">默认值</a>”标签，然后在<ul>标签中添加data-split-icon="alert"属性声明，该属性值为一个按钮图标类型名称，如图6.57所示。

```
<ul data-role="listview" data-split-icon="alert">
    <li><a href="#"> 页面 </a><a href="#"> 默认值 </a></li>
    <li><a href="#"> 页面 </a><a href="#"> 默认值 </a></li>
    <li><a href="#"> 页面 </a><a href="#"> 默认值 </a></li>
</ul>
```

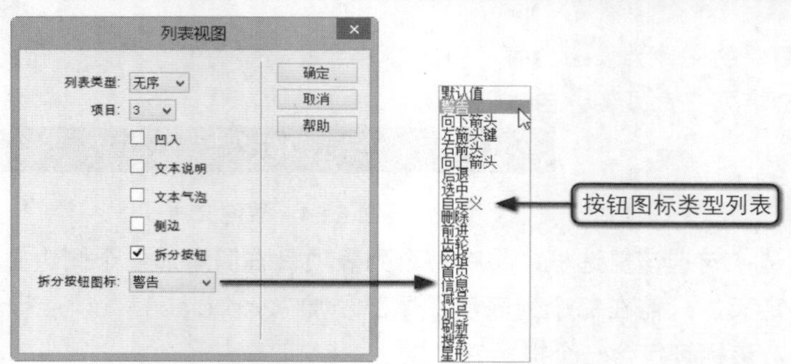

图 6.57　选择按钮图标类型

7 在第6步骤基础上，保留默认设置，单击【确定】按钮，在内容框中插入一个列表视图结构。然后修改标题栏标题，设计列表项目文本，此时在代码视图中可以插入并编辑的代码段如下：

```
<div data-role="page" id="page">
    <div data-role="header">
        <h1> 简单列表 </h1>
```

```
    </div>
    <div data-role="content">
        <ul data-role="listview" data-split-icon="alert">
            <li><a href="#">微博</a></li>
            <li><a href="#">微信</a></li>
            <li><a href="#">Q+</a></li>
        </ul>
    </div>
    <div data-role="footer">
        <h4>脚注</h4>
    </div>
</div>
```

8 在头部位置添加如下元信息，定义视图宽度与设备屏幕宽度保持一致。

```
<meta name="viewport" content="width=device-width,initial-scale=1" />
```

9 完成设计之后，在移动设备中预览该index.html页面，可以看到图6.46所示的列表效果。

知识拓展

列表视图是jQuery Mobile中功能强大的一个特性。它会使标准的无序或有序列表应用更广泛。应用方法就是在<ul>或<ol>标签中添加data-role="listview"属性就可以让框架以列表的方式渲染，例如：

```
<ul data-role="listview" data-theme="g">
    <li><a href="#">列表项目</a></li>
    <li><a href="#">列表项目</a></li>
    <li><a href="#">列表项目</a></li>
</ul>
```

如果需要在列表里添加数据，则需要在数据加载后执行refresh()方法对列表进行数据更新。例如：

```
$('ul').listview('refresh');
```

以上是运用jQuery Mobile进行界面构建的基础规则，结合Ajax技术可以动态创建列表信息显示。下面这些情景将会在列表视图中呈现，同时在后面小节中将分项详细讲解：

- 简单的文件列表：会有一个美观的盒环绕着每一个列表项。
- 链接列表：框架会自动为每一个链接添加一个箭头（>），显示在链接按钮的右侧。
- 嵌套列表：如果在一个<li>标签中嵌套另一个<ul>标签，jQuery Mobile会为这个嵌套列表自动建立一个Page，并为它的父包含框<li>标签自动加一个链接，这样很容易实现树状菜单选项、设置功能等。
- 分隔线的按钮列表：在一个<li>标签中存放两个链接，可以建立一个垂直分隔条，用户可单击左侧或右侧的列表选项，展现不同的内容。
- 记数气泡：如果在列表选项中添加class="ui-li-count"，框架会在其中生成一个小泡泡图标显现于列表选项的右侧，并在小泡泡中显示一些内容。类似在收信箱中看到已经收到的信息条数。
- 查找过滤：在<ul>标签或<ol>标签中添加data-filter="true"属性。则这个列表项就具备了查询的功能。查询过滤文本框将会显示在列表项的上面，允许用户根据条件将一个大的列表项变小（过滤显示）。

- 列表分隔：将列表项分割，可以在任意列表项上添加属性data-role="list-divider"。
- 列表缩略图和图标：将<img>标签放在在列表项的开始，jQuery Mobile将会以缩略图的形式来展现，图片的大小为80×80px。如果添加class="ui-li-icon"类样式，<img>标签的大小将会以16×16px的图标显示。
- data-inset="true"将格式化列表块为圆角化，如果使用这种样式，列表条目的宽度将与浏览器窗口的宽度一致。

更多有趣的列表视图设置样式，可以参见jQuery Mobile文档（http://jquerymobile.com/demos/1.0a1/#docs/lists/index.html）。

6.3.2 嵌套列表

jQuery Mobile框架支持嵌套列表结构。在外层列表结构的列表项中再包裹一层列表结构，就形成一种列表嵌套关系。当用户单击外层的某个选项时，jQuery Mobile会自动生成一个包含内层列表结构的新页面，页面的主题则为外层列表的标题内容，范例效果如图6.58所示。

嵌套列表结构首页　　展开嵌套列表结构页面视图

图 6.58　范例效果

1 启动Dreamweaver CC，选择【文件】|【新建】菜单命令，新建HTML5文档。计划在页面中添加一个列表结构，然后在每个列表项目中嵌套一个子列表结构。

2 按【Ctrl+S】组合键，保存文档为index.html。选择【插入】|【jQuery Mobile】|【页面】菜单命令，打开【jQuery Mobile文件】对话框，保留默认设置，单击【确定】按钮。

3 在打开的【页面】对话框中保持默认设置，单击【确定】按钮，完成在当前HTML5文档中插入页面视图结构。按【Ctrl+S】组合键，保存当前文档index.html，并根据提示保存相关的框架文件。

4 在编辑窗口中，Dreamweaver CC新建了一个页面视图，页面视图包含标题栏、内容框和页脚栏。设置标题栏中标题文本为“嵌套列表”。选中内容栏中的“内容”文本，按【Delete】键清除内容栏内的文本，

5 然后选择【插入】|【jQuery Mobile】|【列表视图】菜单命令，打开【列表视图】，设置“列表类型”为“无序”，“项目”为3，勾选“凹入”和“文本说明”复选框，如图6.59所示。

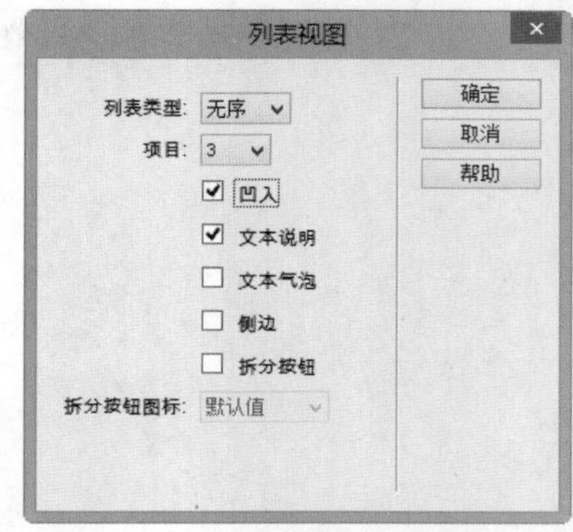

图 6.59　插入列表视图结构

6 单击【确定】按钮，切换到代码视图，在内容框中插入一个列表视图结构。然后设计列表项目文本，修改后的列表视图代码如下：

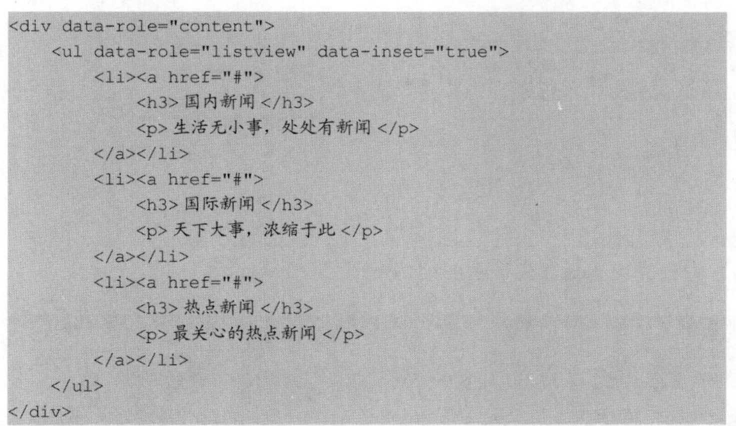

```
<div data-role="content">
    <ul data-role="listview" data-inset="true">
        <li><a href="#">
            <h3> 国内新闻 </h3>
            <p> 生活无小事，处处有新闻 </p>
        </a></li>
        <li><a href="#">
            <h3> 国际新闻 </h3>
            <p> 天下大事，浓缩于此 </p>
        </a></li>
        <li><a href="#">
            <h3> 热点新闻 </h3>
            <p> 最关心的热点新闻 </p>
        </a></li>
    </ul>
</div>
```

7 把光标置于第一个列表项目中，选择【插入】|【jQuery Mobile】|【列表视图】菜单命令，打开【列表视图】，设置“列表类型”为“无序”，“项目”为3，设置如图6.60所示。在当前项目中嵌套一个列表结构。

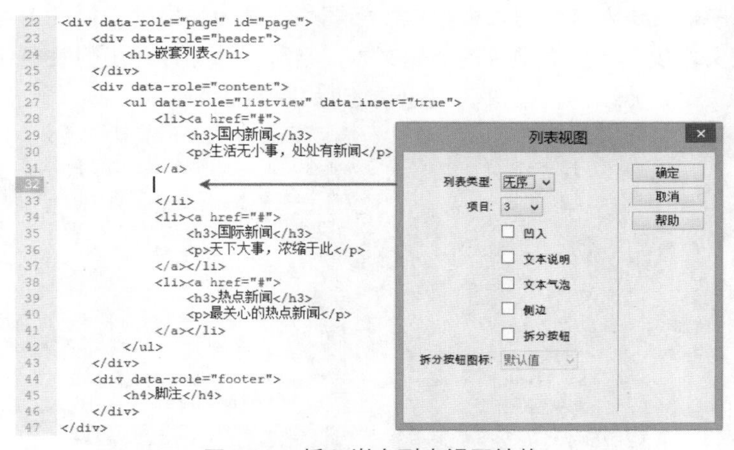

图 6.60　插入嵌套列表视图结构

8 以同样的方式，为第二个列表项目嵌套一个列表结构，同时在代码视图下修改每个列表项目的文本，修改之后的嵌套列表结构如图6.61所示。

9 在头部位置添加如下元信息，定义视图宽度与设备屏幕宽度保持一致。

```
<meta name="viewport" content="width=device-width,initial-scale=1" />
```

10 完成设计之后，在移动设备中预览该index.html页面，可以看到如图6.57所示的列表效果。当用户单击外层列表中某个选项内容时，将弹出一个新建的页面，页面中显示与外层列表项目相对应的子列表内容。这个动态生成的列表主题样式为蓝色，以区分外层列表，表示为嵌套的二级列表。

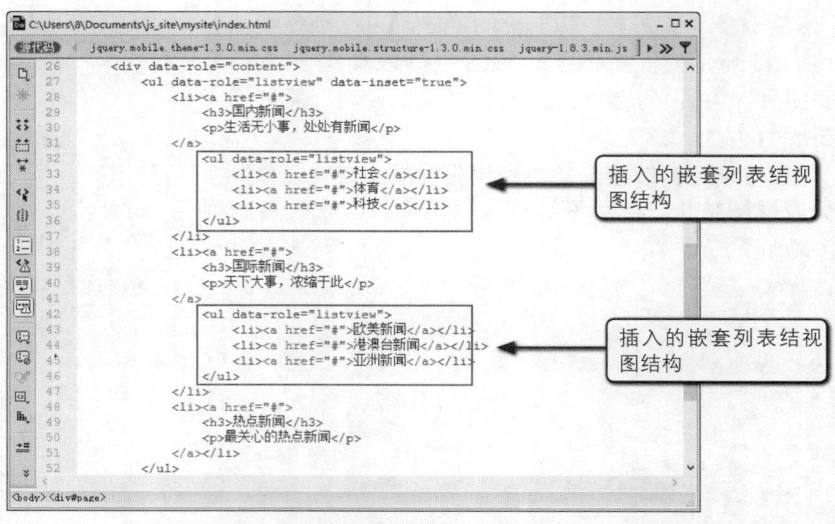

图 6.61　设计完成的嵌套列表视图结构代码

! TIPS

列表的嵌套可以包含多层，但从视觉效果和用户体验角度来说，建议不要超过三层。无论有多少层，jQuery Mobile都会自动处理页面打开与链接的效果。

技法拓展

在上面示例中，当进入嵌套列表视图中，标题栏标题为外层列表项目包含的文本。如果希望这个标题栏文本仅显示列表项目的标题文本，则可以清除掉外层列表项目中包含的超链接（<a href="#">），修改的代码如下，显示效果如图6.62所示。

```
<li>
    <h3> 国内新闻 </h3>
    <p> 生活无小事，处处有新闻 </p>
    <ul data-role="listview">
        <li><a href="#"> 社会 </a></li>
        <li><a href="#"> 体育 </a></li>
        <li><a href="#"> 科技 </a></li>
    </ul>
</li>
```

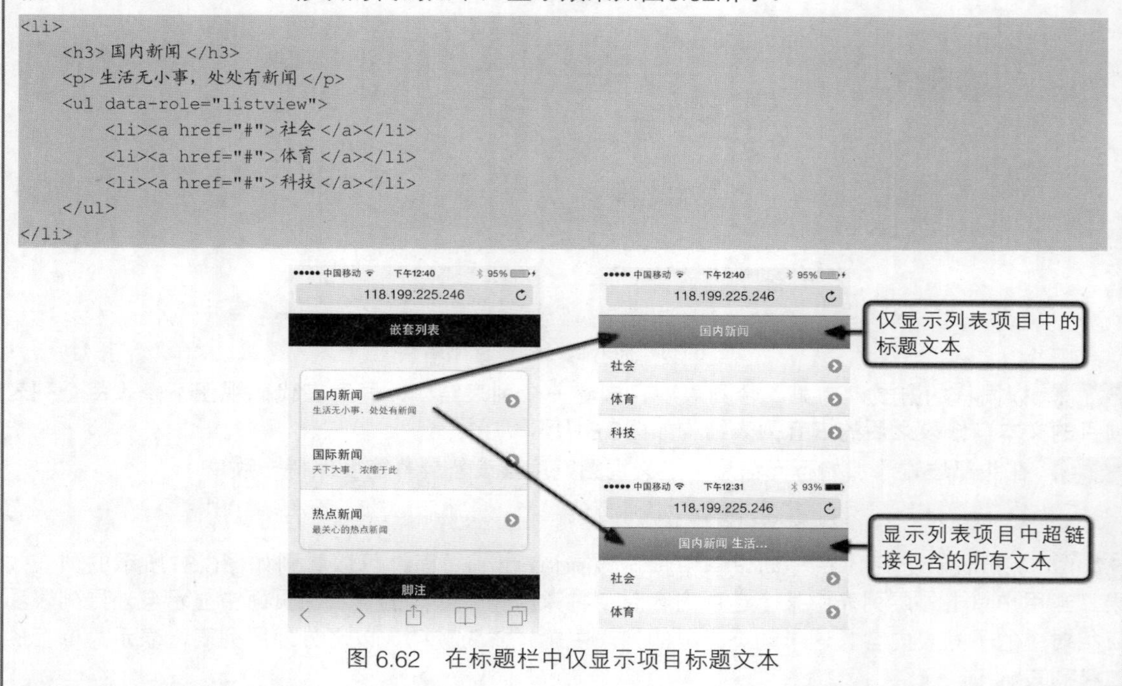

图 6.62　在标题栏中仅显示项目标题文本

6.3.3 有序列表

使用<ol>标签可以定义有序列表，有序列表常用于排行榜显示。为了显示有序的列表效果，jQuery Mobile使用CSS样式给有序列表添加了自定义编号。如果浏览器不支持这种样式，jQuery Mobile将会调用Javascript为列表写入编号，以确保有序列表的效果能够安全显示，范例效果图6-63所示。

范例效果

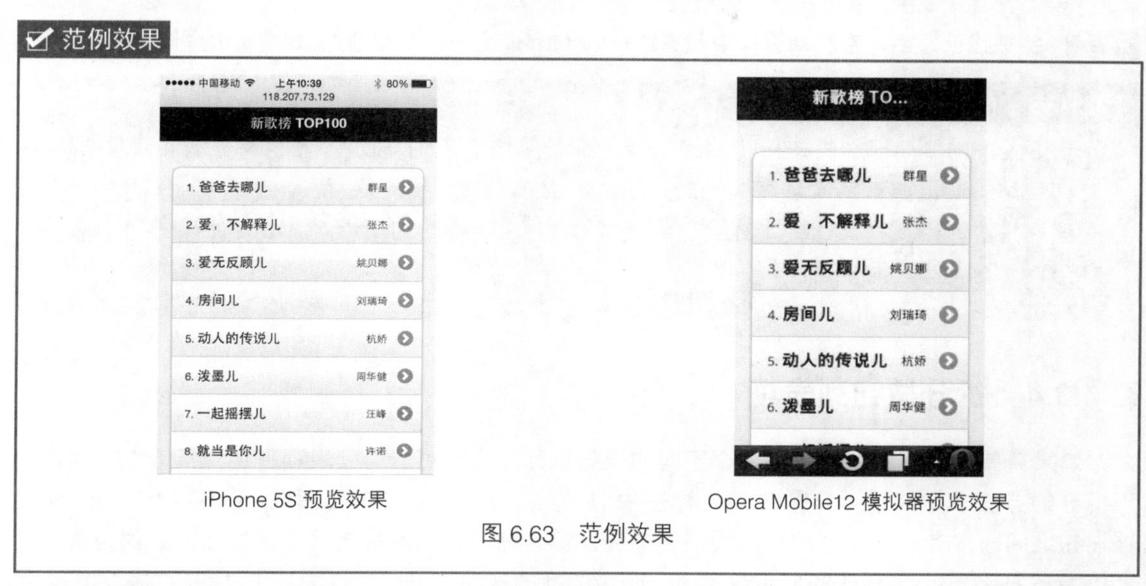

iPhone 5S 预览效果　　Opera Mobile12 模拟器预览效果

图 6.63　范例效果

1 启动Dreamweaver CC，选择【文件】|【新建】菜单命令，新建HTML5文档。计划在页面中添加一个有序列表结构，显示新歌排行榜。

2 按【Ctrl+S】组合键，保存文档为index.html。选择【插入】|【jQuery Mobile】|【页面】菜单命令，按默认设置在编辑窗口中新建了一个页面视图，页面视图包含标题栏、内容框和页脚栏。设置标题栏中标题文本为“新歌榜TOP100”。选中内容栏中的“内容”文本，按【Delete】键清除内容栏内的文本，

3 然后选择【插入】|【jQuery Mobile】|【列表视图】菜单命令，打开【列表视图】，设置“列表类型”为“有序”，“项目”为10，勾选“凹入”和“侧边”复选框，设置如图6.64所示。

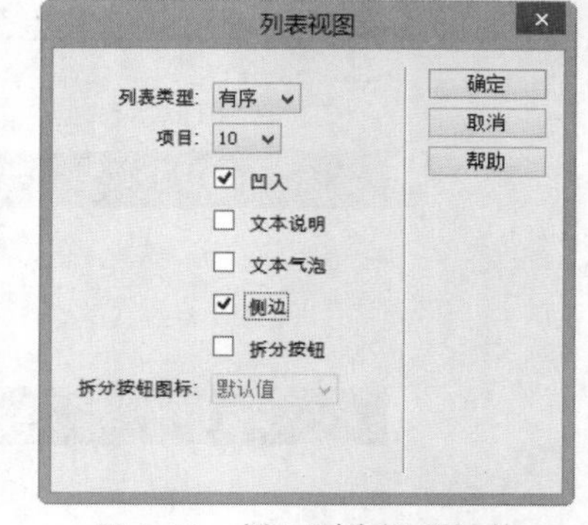

图 6.64　插入列表视图结构

4 单击【确定】按钮，切换到代码视图，在内容框中插入一个列表视图结构。然后设计列表项目文本，修改后的列表视图代码如下：

```
<div data-role="content">
    <ol data-role="listview" data-inset="true">
        <li><a href="#">爸爸去哪儿<p class="ui-li-aside">群星</p></a></li>
        <li><a href="#">爱，不解释儿<p class="ui-li-aside">张杰</p></a></li>
        <li><a href="#">爱无反顾儿<p class="ui-li-aside">姚贝娜</p></a></li>
        <li><a href="#">房间儿<p class="ui-li-aside">刘瑞琦</p></a></li>
        <li><a href="#">动人的传说儿<p class="ui-li-aside">杭娇</p></a></li>
        <li><a href="#">泼墨儿<p class="ui-li-aside">周华健</p></a></li>
        <li><a href="#">一起摇摆儿<p class="ui-li-aside">汪峰</p></a></li>
```

```
        <li><a href="#">就当是你儿<p class="ui-li-aside"> 许诺 </p> </a></li>
        <li><a href="#">Summer 儿<p class="ui-li-aside"> 吉克隽 </p></a></li>
        <li><a href="#">不值得儿<p class="ui-li-aside"> 曾一鸣 </p></a></li>
    </ol>
</div>
```

5 在头部位置添加如下元信息，定义视图宽度与设备屏幕宽度保持一致。

```
<meta name="viewport" content="width=device-width,initial-scale=1" />
```

6 完成设计之后，在移动设备中预览该index.html页面，可以看到图6.62所示的列表效果。

! TIPS

jQuery Mobile已全面支持HTML5的新特征和属性，在HTML5中<ol>标签的start属性是允许使用的，该属性定义有序编号的起始值，但由于浏览器的兼容性限制，jQuery Mobile对该属性暂时不支持。此外，HTML5不建议使用<ol>标签的type、compact属性，jQuery Mobile也不支持这两个属性。

6.3.4 拆分按钮列表项

如果需要在列表项目上定义两个不同的操作目标，这时可以为列表项目定义拆分按钮块，实现拆分的方法非常简单：只需在<li>标签中增加2个<a>标签，拆分后的<li>选项中<a>超链接按钮之间通常有一条竖直的分隔线，分隔线左侧为缩短长度后的选项链接按钮，右侧为增加的<a>标签按钮。<a>标签的显示效果为一个带图标的按钮，可以通过为<ul>标签添加data-split-icon属性，然后设置一个图标名称的值，来改变该按钮中的图标类型，范例效果如图6.65所示。

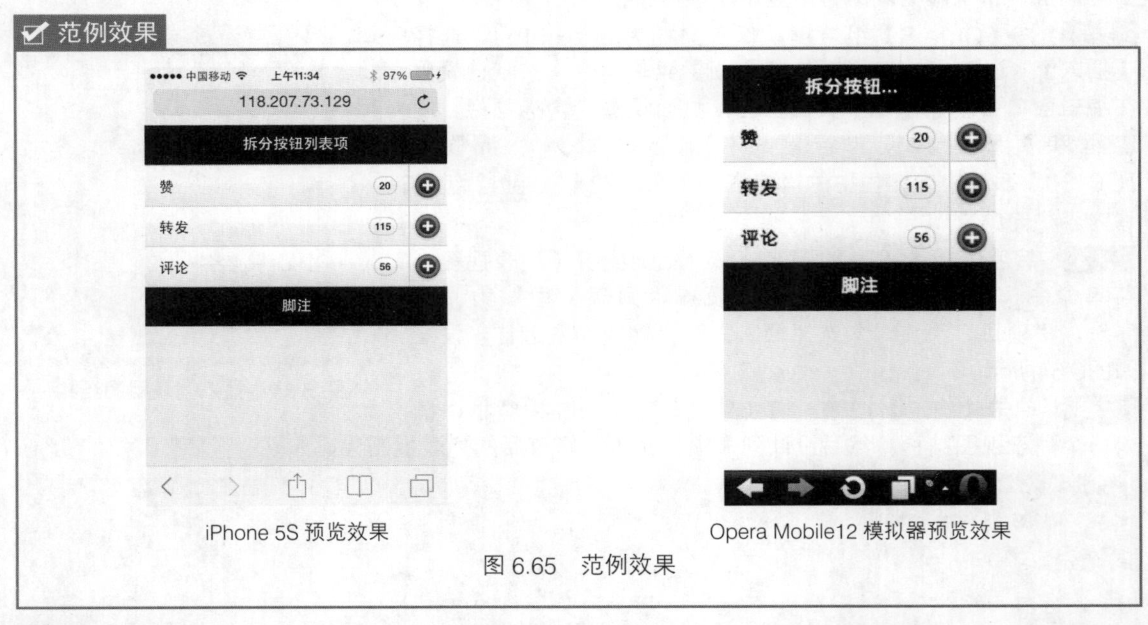

iPhone 5S 预览效果　　Opera Mobile12 模拟器预览效果

图 6.65　范例效果

1 启动Dreamweaver CC，选择【文件】|【新建】菜单命令，新建HTML5文档。计划在页面中添加一个无序列表结构。

2 按【Ctrl+S】组合键，保存文档为index.html。选择【插入】|【jQuery Mobile】|【页

面】菜单命令，保留默认设置在编辑窗口中新建了一个页面视图，页面视图包含标题栏、内容框和页脚栏。设置标题栏中标题文本为“拆分按钮列表项”。选中内容栏中的“内容”文本，按【Delete】键清除内容栏内的文本，

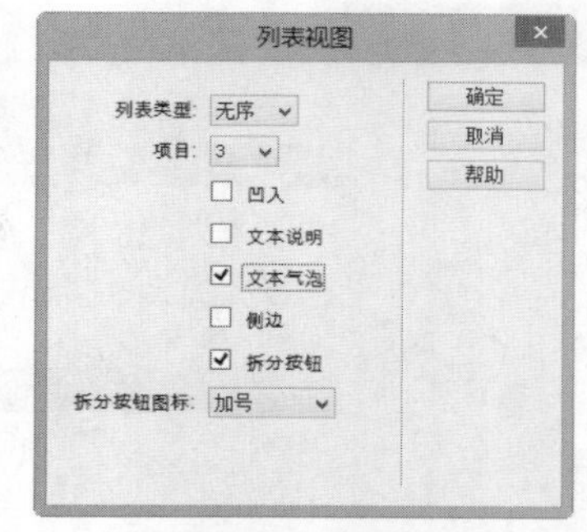

图 6.66　插入列表视图结构

3 然后选择【插入】|【jQuery Mobile】|【列表视图】菜单命令，打开【列表视图】，设置“列表类型”为“无序”，“项目”为3，勾选“文本气泡”和“拆分按钮”复选框，然后在“拆分按钮图标”列表中选择“加号”选项，设置如图6.66所示。

4 单击【确定】按钮，切换到代码视图，在内容框中插入一个列表视图结构。然后设计列表项目文本，修改后的列表视图代码如下：

```
<div data-role="content">
    <ul data-role="listview" data-split-icon="plus">
        <li><a href="#">赞 <span class="ui-li-count">20</span></a><a href="#">默认值 </a></li>
        <li><a href="#">转发 <span class="ui-li-count">115</span></a><a href="#">默认值 </a></li>
            <li><a href="#">评论 <span class="ui-li-count">56</span></a><a href="#">默认值 </a></li>
    </ul>
</div>
```

在上面的代码片段中，每个列表项<li>标签包含两个<a>标签，第一个超链接定义列表项链接信息，第二个超链接定义一个独立操作的按钮图标。

5 在头部位置添加如下元信息，定义视图宽度与设备屏幕宽度保持一致。

```
<meta name="viewport" content="width=device-width,initial-scale=1" />
```

6 完成设计之后，在移动设备中预览该index.html页面，可以看到图6.64所示的列表效果。

> **! TIPS**
>
> <li>标签包含两个<a>标签后，便可以定义一条分隔线将列表选项中的链接按钮分隔为两部分。其中，分隔线左侧的宽度可以随着移动设备分辨率的不同进行等比缩放，而右侧仅包含一个图标的链接按钮，它的宽度是固定不变的。jQuery Mobile允许列表项目中分为两部分，即在<li>标签中只允许有两个<a>标签，如果添加更多的<a>标签，只会把最后一个<a>标签作为分割线右侧部分。

6.3.5　分类列表

在列表结构内部，可以根据需要对列表项目进行分类，即在列表中通过分割项将同类的列表项组织起来，形成相互独立的同类列表组，组的下面是列表项。

定义分类列表的方法：在列表结构中需要分割的位置增加一个<li>标签，并为该标签添加data-role属性，设置值为list-divider，它表示当前<li>标签是一个分割列表项，范例效果如图6.67所示。

范例效果

iPhone 5S 预览效果 　　Opera Mobile12 模拟器预览效果

图 6.67　范例效果

1 启动Dreamweaver CC，新建HTML5文档，保存为index.html。选择【插入】|【jQuery Mobile】|【页面】菜单命令，在当前文档中插入一个页面视图，然后设置标题为“分类信息”。

2 选择【插入】|【jQuery Mobile】|【列表视图】菜单命令，在内容栏中插入一个列表结构，设置“项目”为7，修改每个列表项目的文本信息，代码如下。

```
<div data-role="page" id="page">
    <div data-role="header">
        <h1>分类信息</h1>
    </div>
    <div data-role="content">
        <ul data-role="listview">
            <li><a href="#">苹果/三星/小米</a></li>
            <li><a href="#">台式机/配件</a></li>
            <li><a href="#">数码相机/游戏机</a></li>
            <li><a href="#">计算机</a></li>
            <li><a href="#">会计</a></li>
            <li><a href="#">房屋出租</a></li>
            <li><a href="#">房屋求租</a></li>
        </ul>
    </div>
    <div data-role="footer">
        <h4>脚注</h4>
    </div>
</div>
```

3 在第1、4和6一个列表项目前面插入一个<li data-role="list-divider">，如图6.68所示。

4 在头部位置添加如下元信息，定义视图宽度与设备屏幕宽度保持一致。

```
<meta name="viewport" content="width=device-width,initial-scale=1" />
```

5 完成设计之后，在移动设备中预览index.html页面，可以看到如6.66所示的列表分类效果。普通列表项的主题色为浅灰色，分类列表项的主题色为蓝色，通过主题颜色的区别，形成层次上的包含效果，该列表项的主题颜色也可以通过修改<ul>标签中的data-divider-theme属性值进行修改。

```
C:\Users\8\Documents\js_site\mysite\index.html
源代码  jquery.mobile.theme-1.3.0.min.css  jquery.mobile.structure-1.3.0.min.css  jquery-1.8.3.min.js
20  <div data-role="page" id="page">
21      <div data-role="header">
22          <h1>分类信息</h1>
23      </div>
24      <div data-role="content">
25          <ul data-role="listview">
26              <li data-role="list-divider">跳蚤市场</li>
27              <li><a href="#">苹果/三星/小米</a></li>
28              <li><a href="#">台式机/配件</a></li>
29              <li><a href="#">数码相机/游戏机</a></li>
30              <li data-role="list-divider">北京招聘</li>
31              <li><a href="#">计算机</a></li>
32              <li><a href="#">会计</a></li>
33              <li data-role="list-divider">北京房产</li>
34              <li><a href="#">房屋出租</a></li>
35              <li><a href="#">房屋求租</a></li>
36          </ul>
37      </div>
38      <div data-role="footer">
39          <h4>脚注</h4>
40      </div>
41  </div>
<body> <div#page> <div> <ul> <li>
```

在列表结构中需要分割的位置增加一个<li>标签，并为该标签添加data-role属性，设置值为list-divider，它表示当前<li>标签是一个分割列表项

图 6.68　插入分类列表分隔符

! TIPS

列表项分类的作用只是将列表中的选项内容进行视觉归纳，对于结构本身没有任何影响，但是添加的分隔符<li data-role="list-divider">属于无语义标签，因此不要滥用，且在一个列表中不宜过多使用分割列表项，每一个分割列表项下的列表项数量不要过少。

6.3.6　修饰图标和计数器

如果在列表项目前面添加<img>标签，作为<li>标签的第一个子元素，则jQuery Mobile会将该图片自动缩放为边长为80px的正方形，显示为缩略图。

如果<img>标签导入的图片是一个图标，则需要给该标签添加一个ui-li-icon的类样式，才能在列表的最左侧正常显示该图标。

如果每个列表项最右侧显示一个计数器，只需添加一个<span>元素，并在该元素中增加一个ui-li-count的类样式，范例效果如图6.69所示。

范例效果

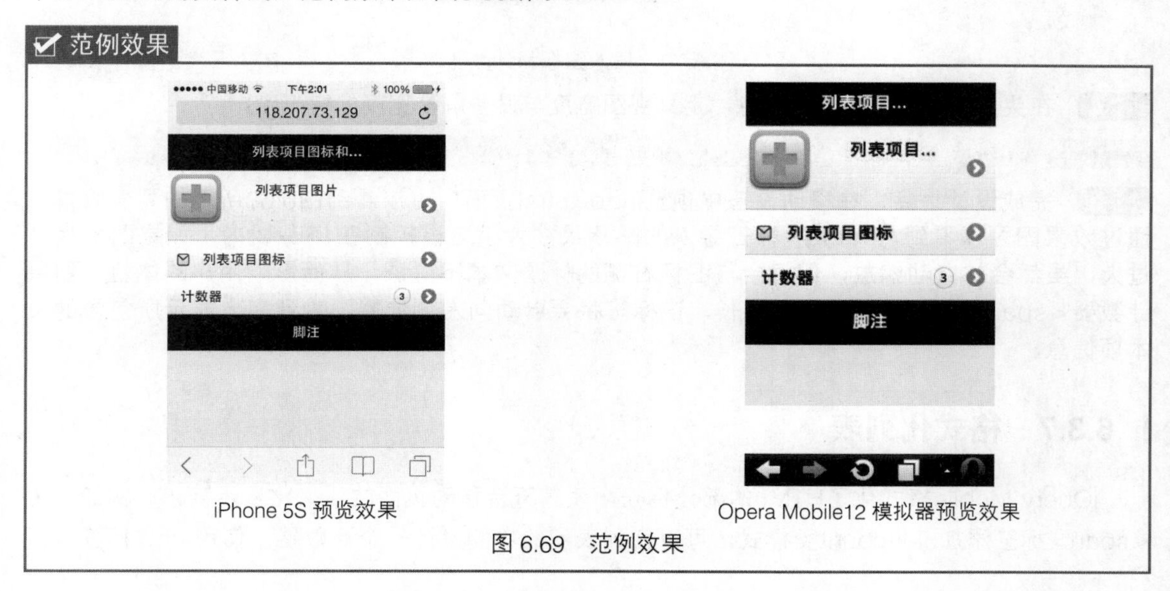

iPhone 5S 预览效果　　Opera Mobile12 模拟器预览效果

图 6.69　范例效果

1 启动Dreamweaver CC，新建HTML5文档，保存为index.html。选择【插入】|【jQuery Mobile】|【页面】菜单命令，在当前文档中插入一个页面视图，然后设置标题为“列表项目图标和计数器”。

2 选择【插入】|【jQuery Mobile】|【列表视图】菜单命令，在内容栏中插入一个列表结构，设置“项目”为3，编辑列表项目文本信息，代码如下：

```
<div data-role="page" id="page">
    <div data-role="header">
        <h1> 列表项目图标和计数器 </h1>
    </div>
    <div data-role="content">
        <ul data-role="listview">
            <li><a href="#"> 列表项目图片 </a></li>
            <li><a href="#"> 列表项目图标 </a></li>
            <li><a href="#"> 计数器 </a></li>
        </ul>
    </div>
    <div data-role="footer">
        <h4> 脚注 </h4>
    </div>
</div>
```

3 在第一个列表项目的<a>标签头部插入一个图片，在第二个列表项目的<a>标签头部插入一个图片，并定义ui-li-icon类样式，在第三个列表项目的<a>标签尾部插入一个<span>标签，并定义类样式为ui-li-count，如图6.70所示。

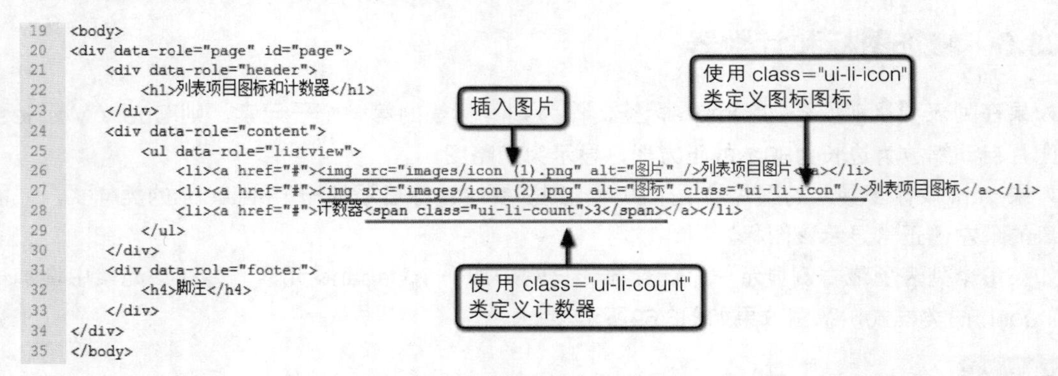

图 6.70　插入图标和计数器

4 在头部位置添加如下元信息，定义视图宽度与设备屏幕宽度保持一致。

```
<meta name="viewport" content="width=device-width,initial-scale=1" />
```

5 完成设计之后，在移动设备中预览index.html页面，可以看到图6.68所示的列表效果。通过效果图可以看到，<img>标签导入的图标尺寸大小应该控制在16px以内。如果图标尺寸过大，虽然会被自动缩放，但将会与图标右侧的标题文本不协调，从而影响用户的体验。如果计数器<span>元素中包含数字很长，该标签将会自动向左侧伸展，直到完全显示所包含的文本项信息。

6.3.7　格式化列表

jQuery Mobile格式化了HTML的部分标签，使其符合移动页面的语义化显示需求。例如，为<span>标签添加ui-li-count类样式，可以在列表项的右侧设计一个计数器；使用<h>标签可以加强列表项中部分显示文本，而使用<p>标签可以减弱列表项中部分显示文本。配合使用<h>和<p>标签，可使定义列表项包含的内容更富有层次化。如果为标签添加ui-li-aside类样式，就可设计附加信息文本，范例效果如图6.71所示。

范例效果

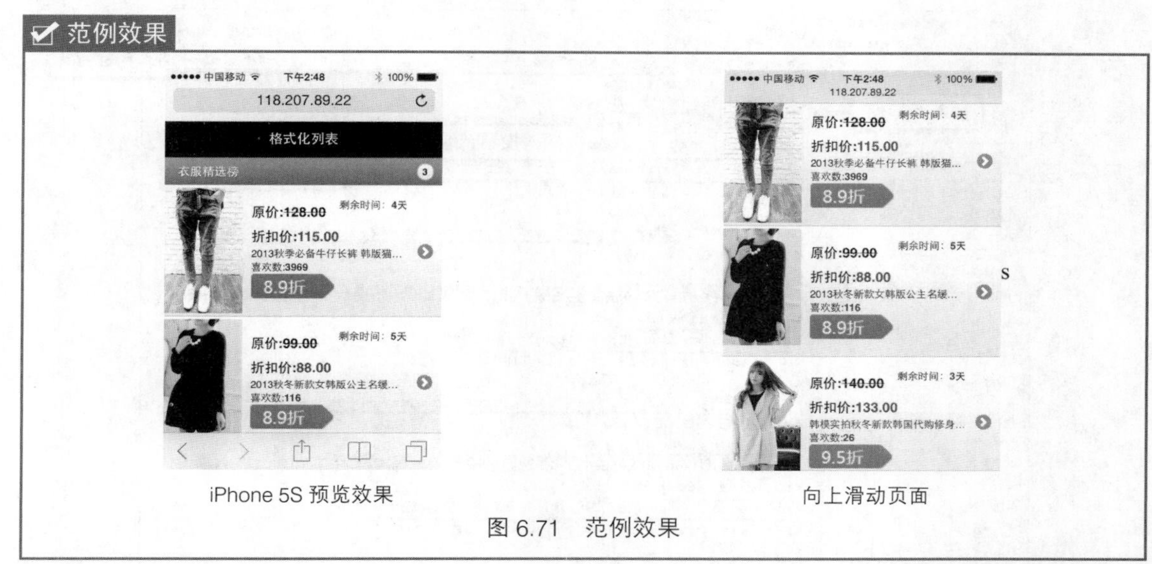

图 6.71　范例效果

1 启动Dreamweaver CC，新建HTML5文档，保存为index.html。选择【插入】|【jQuery Mobile】|【页面】菜单命令，在当前文档中插入一个页面视图，然后设置标题为“格式化列表”。

2 选择【插入】|【jQuery Mobile】|【列表视图】菜单命令，打开【列表视图】对话框，设置“列表类型”为“无序”，“项目”为3，勾选“文本说明”和“侧边”复选框，如图6.72所示。

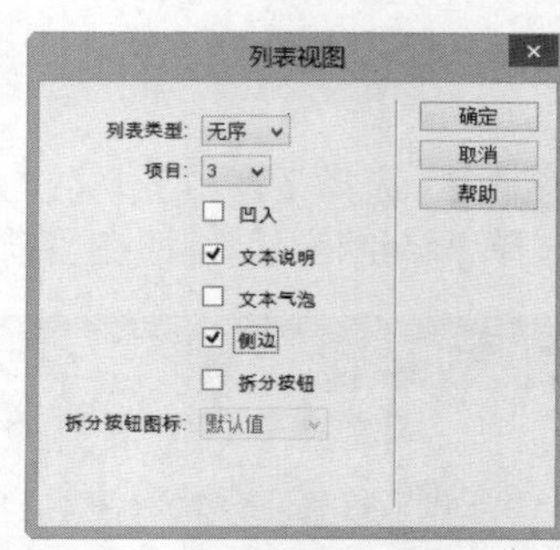

图 6.72　插入列表视图结构

3 单击【确定】按钮，切换到代码视图，在内容框中插入一个列表视图结构。然后设计列表项目文本，修改后的列表视图代码如下：

```
<div data-role="content">
    <ul data-role="listview">
        <li><a href="#">
            <h3> 原价 : 128.00</h3>
            <p>2013 秋季必备牛仔长裤 韩版猫爪破洞垮裤 乞丐裤 小脚牛仔裤 ...</p>
            <p class="ui-li-aside"> 剩余时间: 4 天 </p>
        </a></li>
        <li><a href="#">
            <h3> 原价 : 99.00</h3>
            <p>2013 秋冬新款女韩版公主名缓复古小香风细格子修身长袖毛呢连 ...</p>
            <p class="ui-li-aside"> 剩余时间: 5 天 </p>
        </a></li>
        <li><a href="#">
            <h3> 原价 :140.00</h3>
            <p> 韩模实拍秋冬新款韩国代购修身显瘦中长款毛呢大衣 毛呢外套 ...</p>
            <p class="ui-li-aside"> 剩余时间: 3 天 </p>
        </a></li>
    </ul>
</div>
```

4 切换到代码视图，在每个列表项目的<a>标签头部插入一个图片，在每个三级标题后面再插入一个三级标题<h3>标签，用来设计折扣价信息，同时在<p>标签后面再插入一个段落文本，用来设计喜欢数信息，继续插入一个段落文本，用来设计提示性图标按钮，如图6.73所示。

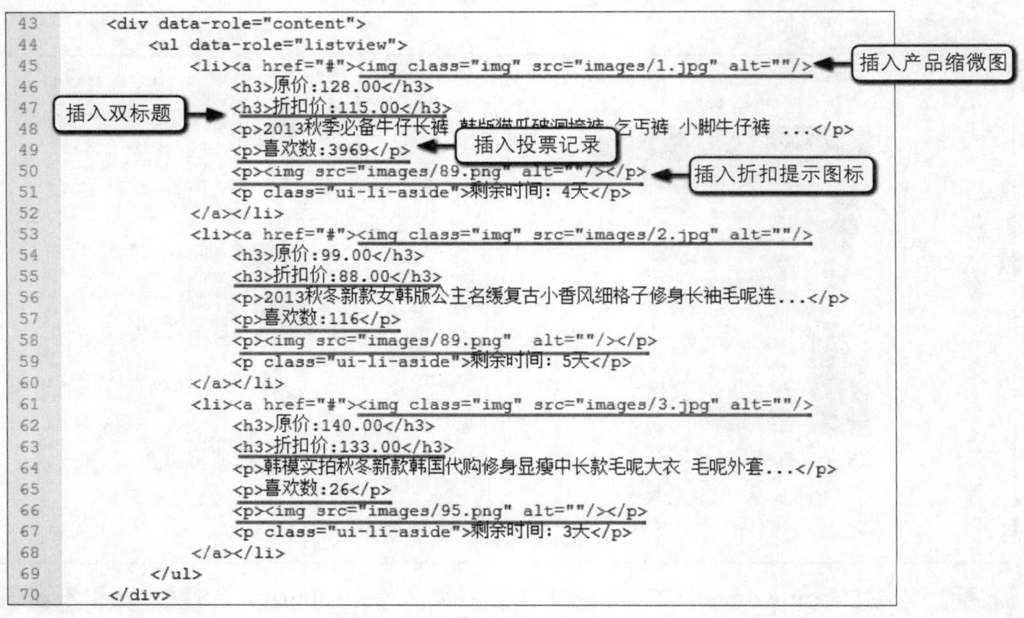

图 6.73　补充结构代码

5 选择【窗口】|【CSS设计器】菜单命令，打开【CSS设计器】面板，在“源”列表框中选择“<style>”，即在当前页面的内部样式表中定义样式。

> **! TIPS**
>
> 可单击标题栏右侧的加号按钮，添加新的样式表源：创建新的CSS文件、附加现有的CSS文件或在页面中定义，如果选择“在页面中定义”选项，则会在当前页面内部样式表中定义样式，如图6.74所示。
>
> 
>
>
> 图 6.74　选择 CSS 样式表源

6 在“@媒体”列表框中选择“全局”，即保持默认的样式媒体类型。单击“选择器”选项右侧的加号按钮，添加一个选择器，Dreamweaver会自动在列表框中添加一个文本框，在其中输入“.img”，定义一个类样式，类名为img，其中前缀点号（.）表示类样式类型。

7 在“属性”选项区域单击“布局”按钮，切换到布局属性选项设置区域，设置布局样式：max-height:150px、max-width:100px，修改列表项目左侧缩微图默认的最大宽度和高度，详细设置如图6.74所示。

8 选中<img>标签定义的缩微图，在属性面板中单击Class下拉按钮，从中选择上面定义的img类样式，如图6.75所示。

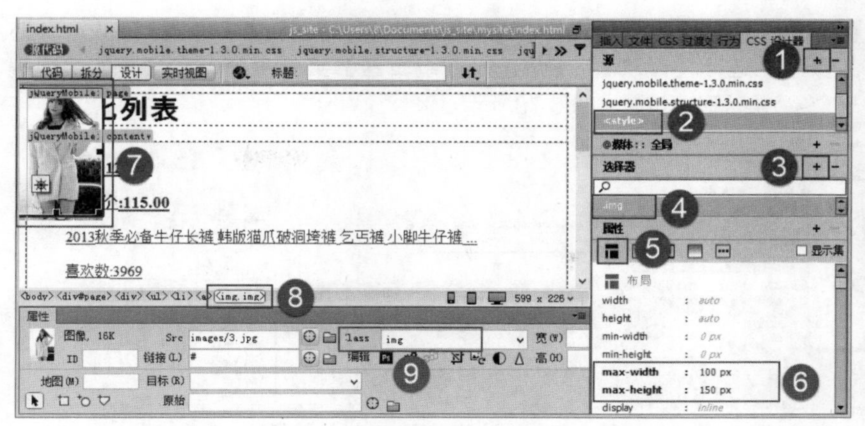

图 6.75　设计并应用 img 类样式

9 模仿上面几步操作，在【CSS设计器】面板中定义一个del类样式，定义文本样式：text-decoration:line-through，定义删除线效果。然后在编辑窗口中拖选原价价格，在属性面板中的Class中应用del类样式，设置如图6.76所示。

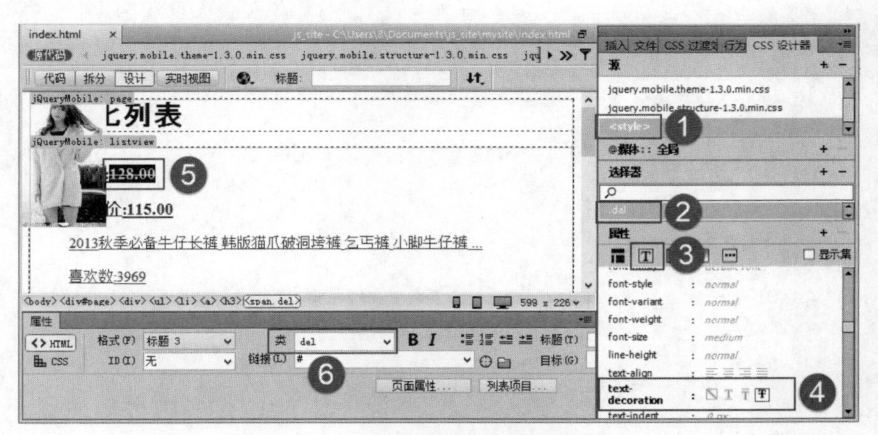

图 6.76　设计并应用 del 类样式

10 在【CSS设计器】面板中定义一个red类样式，设计文本样式：color:red，为折扣价数字应用该类样式，设置如图6.77所示。

图 6.77　设计并应用 red 类样式

11 在【CSS设计器】面板中定义一个b标签样式，设计文本样式：color:blue，然后拖选“喜欢数”的数字，选择【修改】|【快速标签编辑器】菜单命令，在打开的快速编辑器中为当前文本包裹一个<b>标签，设置如图6.78所示。

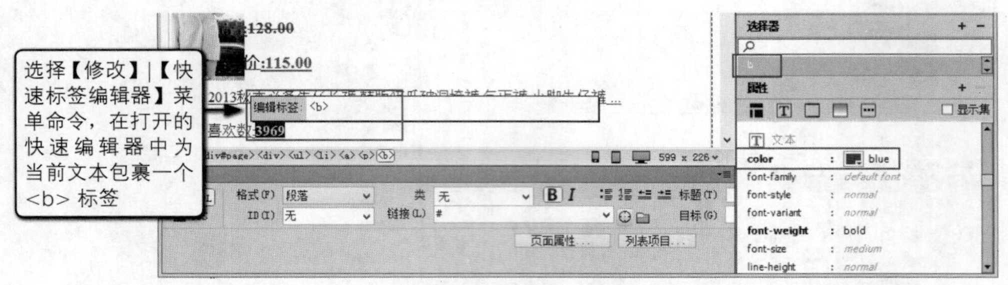

图 6.78　设计并应用 <b> 标签样式

12 切换到代码视图，在列表视图的前面插入一个<li>标签，添加data-role属性，设置值为list-divider，即定义列表项分组标题栏，在其中输入文本“衣服精选榜”，然后在其后插入一个<span class="ui-li-count">，定义一个计数器图标。完善后的整个列表视图结构代码如下：

```
<div data-role="content">
    <ul data-role="listview">
        <li data-role="list-divider"> 衣服精选榜
            <span class="ui-li-count">3</span>
        </li>
        <li><a href="#"><img class="img" src="images/1.jpg" alt=""/>
            <h3> 原价 :<span class="del">128.00</span></h3>
            <h3> 折扣价 :<span class="red">115.00</span></h3>
            <p>2013 秋季必备牛仔长裤 韩版猫爪破洞垮裤 乞丐裤 小脚牛仔裤 ...</p>
            <p> 喜欢数 :<b>3969</b></p>
            <p><img src="images/89.png" alt=""/></p>
            <p class="ui-li-aside"> 剩余时间: <b>4 天 </b></p>
        </a></li>
        <li><a href="#"><img class="img" src="images/2.jpg" alt=""/>
            <h3> 原价 :<span class="del">99.00</span></h3>
            <h3> 折扣价 :<span class="red">88.00</span></h3>
            <p>2013 秋冬新款女韩版公主名媛复古小香风细格子修身长袖毛呢连 ...</p>
            <p> 喜欢数 :<b>116</b></p>
            <p><img src="images/89.png"  alt=""/></p>
            <p class="ui-li-aside"> 剩余时间: <b>5 天 </b></p>
        </a></li>
        <li><a href="#"><img class="img" src="images/3.jpg" alt=""/>
            <h3> 原价 :<span class="del">140.00</span></h3>
            <h3> 折扣价 :<span class="red">133.00</span></h3>
            <p> 韩模实拍秋冬新款韩国代购修身显瘦中长款毛呢大衣 毛呢外套 ...</p>
            <p> 喜欢数 :<b>26</b></p>
            <p><img src="images/95.png" alt=""/></p>
            <p class="ui-li-aside"> 剩余时间: <b>3 天 </b></p>
        </a></li>
    </ul>
</div>
```

13 在头部位置添加如下元信息，定义视图宽度与设备屏幕宽度保持一致。

```
<meta name="viewport" content="width=device-width,initial-scale=1" />
```

14 完成设计之后，在移动设备中预览index.html页面，可以看到图6.70所示的列表效果。通过对列表项中的内容进行格式化，可以将大量的信息层次清晰地显示在页面中。

技法拓展

如果想使用搜索方式过滤列表项中的标题内容，可以将<ul>元素的data-filter属性值设为true，jQuery Mobile将会在列表的上方自动增加一个搜索框，代码如下：

```
<div data-role="content">
    <ul data-role="listview" data-filter="true">
        ......
    </ul>
</div>
```

当用户在搜索框中输入字符时，jQuery Mobile将会自动过滤掉不包含搜索字符内容的列表项，演示效果如图7.79所示。

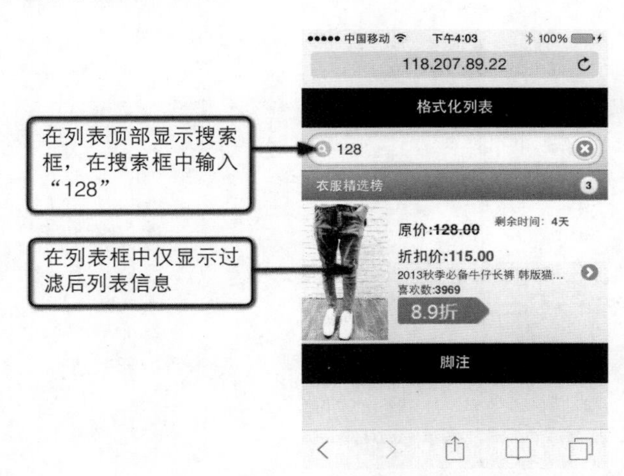

图 6.79　显示搜索框并进行信息过滤

如果通过Javascript代码添加列表中的列表项，则需要调用列表的刷新方法，更新对应的样式并将添加的列表项同步到原有列表中，代码如下：

```
<script>
$(function(){
    $("ul").listview("refresh");
})
</script>
```

Style for Dreamweaver

Chapter 07

应用主题

- 7.1 定义主题
- 7.2 列表主题
- 7.3 表单主题
- 7.4 按钮主题
- 7.5 激活主题
- 7.6 工具栏主题
- 7.7 页面主题
- 7.8 内容主题

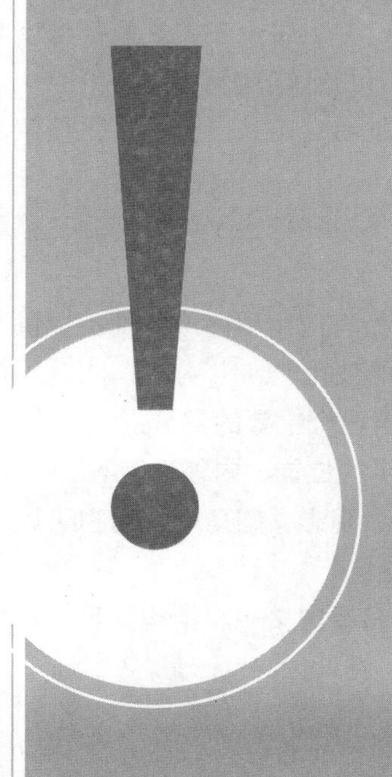

对应版本

8

CS3

CS4

CS5

CS5.5

CS6

学习难易度

1

2

3

4

5

CHAPTER 07

应用主题

主题是Web应用的界面样式，直接面对用户，关系到用户的最终体验，其重要性不言而喻。在jQuery Mobile中，除可以修改系统主题或自定义页面主题外，还可以通过data-theme属性设置或修改列表、表单等组件的主题，并且能在页面的元素中实现主题的混搭效果。另外，可以通过类别来设置按钮特有的激活样式的主题。

7.1 定义主题

主题主要用于设置工具栏、页面区块、按钮和列表的颜色。其设计思想是为了快速地切换已有网站的主题，在使用默认主题的时候，偶尔需要更改某一些按钮的颜色来表示强调（如“提交”按钮）或者弱化（如“重置”按钮），这时可以定义特定主题来完成。因此，jQuery Mobile主题包含多套配色方案，可以很方便地切换主题中的配色方案。

7.1.1 认识jQuery Mobile主题

在jQuery Mobile中，由于每一个页面中的布局和组件都被设计为一个全新的面向对象的CSS框架，整个站点或应用的视觉风格可以通过框架得到统一。统一后的视觉设计主题称为jQuery Mobile主题样式系统，它有以下几个特点:

- 文件的轻量级：使用CSS 3来处理圆角、阴影和颜色渐变的效果，而没有使用图片，大大减轻了服务器的负担。
- 主题的灵活度高：框架系统提供了多套可选择的主题和色调，并且每个主题之间都可以混搭，丰富视觉纹理的设计。
- 自定义主题便捷：除使用系统框架提供的主题外，还允许开发者自定义自己的主题框架，用于保持设计的多样性。
- 图标的轻量级：在整个主题框架中，使用了一套简化的图标集，它包含了绝大部分在移动设备中使用的图标，极大减轻了服务器对图标处理的负荷。

从上述jQuery Mobile主题的特点可以看出：jQuery Mobile中的所有应用程序或组件都提供了样式丰富、文件轻巧、处理便捷的样式主题，极大方便了开发人员的使用。

jQuery Mobile是用CSS来控制在屏幕中的显示效果，其CSS包含两个主要的部分：

- 结构：用于控制元素（如按钮、表单、列表等）在屏幕中显示的位置、内外边距等。
- 主题：用于控制可视元素的视觉效果，如字体、颜色、渐变、阴影、圆角等。用户可以通过修改主题来控制可视元素（如按钮）的效果。

在jQuery Mobile中，CSS框架中的结构和主题是分离的，因此只要定义一套结构就可以反复与一套或多套主题配合或混合使用，从而实现页面布局和组件主题多样化的效果。

为了减少背景图片的使用，jQuery Mobile使用了CSS 3技术来替代传统的背景图方式创建按钮等组件。其目的是减少请求数，当然用图片来设计也可以，但这并不为推荐使用。

7.1.2 默认主题

jQuery Mobile的CSS文件中默认包含五个主题，即a、b、c、d、e，其中主题a是优先级最高的主题，默认为黑色，如图7.1和图7.2所示。

以下是默认主题所定义的5种主题及其含义。

- a：最高优先级，黑色。
- b：优先级次之，蓝色。
- c：基准优先级，灰色。
- d：可选优先级，灰白色。
- e：表示强调，黄色。

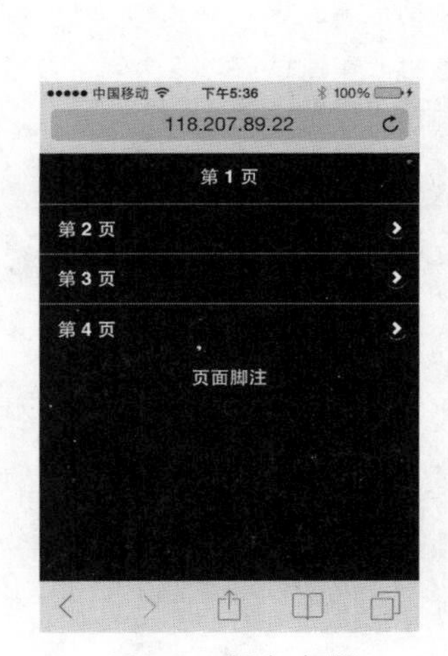

图 7.1　黑色主题

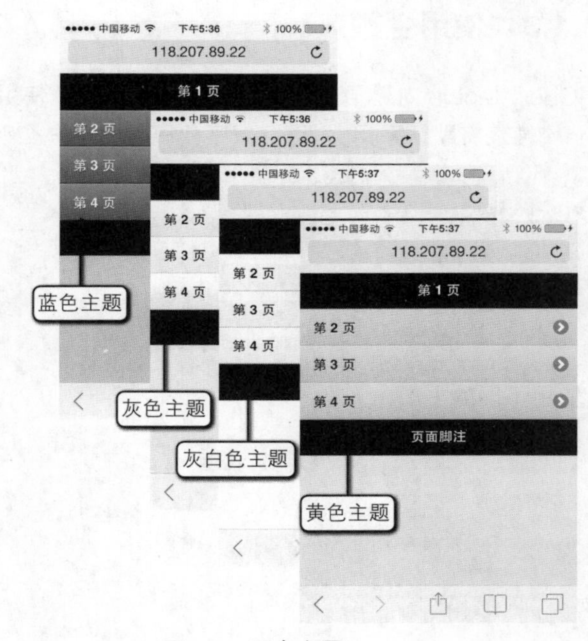

图 7.2　更多主题

除使用系统自带的5种主题外，开发者还可以很方便地修改系统主题中的各类属性值，并快捷地自定义属于自己的主题，相关内容将在下面小节中进行详细介绍。

在默认情况下，jQuery Mobile中标题栏、页脚栏的主题是a字母，因为a字母代表最高的视觉效果。如果需要改变某组件或容器当前的主题，只需将它的data-theme属性值设置为主题对应的样式字母即可。

jQuery Mobile渲染的灰色、黑色和蓝色及圆形的组件看起来很漂亮，但是如果整个Web应用都使用这种样式，将会使页面变得很乏味。jQuery Mobile允许自定义官方一些组件的主题。例如：

- Font family

- Drop shadows
- 按钮和盒状元素的边框圆角半径
- 图标组件

另外，每一个主题包含26种不同颜色的切换（标记从a到z），可以控制前景色、背景色和渐变色，典型用法是使页面元素部分替换，用户可以使用data-theme属性实现。例如：

```
<div data-role="page" id="home">
    <div data-role="header">
        <h1> 首页 </h1>
    </div>
    <div data-role="content">
        <a href="#" data-role="button" data-theme="a"> 主题 a</a>
        <a href="#" data-role="button" data-theme="b"> 主题 b</a>
        <a href="#" data-role="button" data-theme="c"> 主题 c</a>
        <a href="#" data-role="button" data-theme="d"> 主题 d</a>
        <a href="#" data-role="button" data-theme="e"> 主题 e</a>
    </div>
</div>
```

7.1.3 使用主题

jQuery Mobile内建了主题控制模块。主题可以使用data-theme属性来控制。如果不指定data-theme属性，将默认采用a主题。以下代码定义了一个默认主题的页面。

```
<div data-role="page" id="page">
    <div data-role="header">
        <h1> 简单页面 </h1>
    </div>
    <div data-role="content">
        <p> 简单内容显示 </p>
    </div>
</div>
```

使用不同的主题：

```
<div data-role="page" id="page" data-theme="e">
    <div data-role="header">
        <h1> 简单页面 </h1>
    </div>
    <div data-role="content">
        <p> 简单内容显示 </p>
    </div>
</div>
```

从代码结构上看是一样的，仅仅使用一个data-theme="e"便可以将整个页面切换为黄色色调，如图7.3所示。

在默认情况下，页面上所有的组件都会继承Page上设置的主题，这意味着只需设置一次便可以更改整个页面视图效果：

```
<div data-role="page" id="page" data-theme="e">
```

当然，也可以为不同组件独立设置不同的主题，方法是用不同的容器定义不同的data-theme属性来实现，例如，在下面代码中，分别为标题栏、内容栏、页脚栏、按钮、折叠框和列表视图设计不同的主题样式，预览效果如图7.4所示。

```
<div data-role="page" id="page">
    <div data-role="header" data-theme="c">
        <h1> 标题栏 </h1>
```

```
    </div>
    <div data-role="content" data-theme="d">
        <p> 内容栏 </p>
        <ul data-role="listview" data-theme="b">
            <li><a href="#page1"> 列表视图 </a> </li>
        </ul>
        <p> <a href="#page4" data-role="button"      data-icon="arrow-d"          data-iconpos="left"
data-theme="c"> 跳转按钮 </a> </p>
        <div data-role="collapsible-set">
            <div data-role="collapsible" data-collapsed="true" data-theme="e">
                <h3> 折叠框 </h3>
                <p> 内容 </p>
            </div>
        </div>
    </div>
    <div data-role="footer">
        <h4> 页脚栏 </h4>
    </div>
</div>
```

图 7.3　设计黄色主题的页面效果

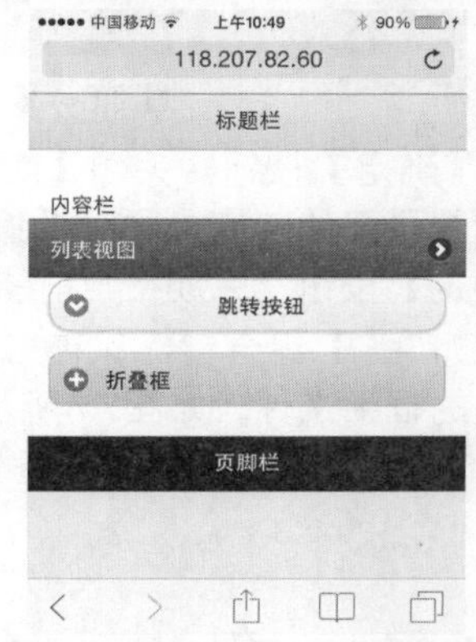

图 7.4　为页面内不同组件设计不同的主题效果

在下面示例中，将新建一个页面视图，并在内容区域中创建一个下拉列表框，用于选择系统自带的5种类型主题，当用户通过下拉列表框选择某一主题时，使用cookie方式保存所选择的主题值，并在刷新页面时，将内容区域的主题设置为cookie所保存的主题值，范例效果如图7.5所示。

范例效果

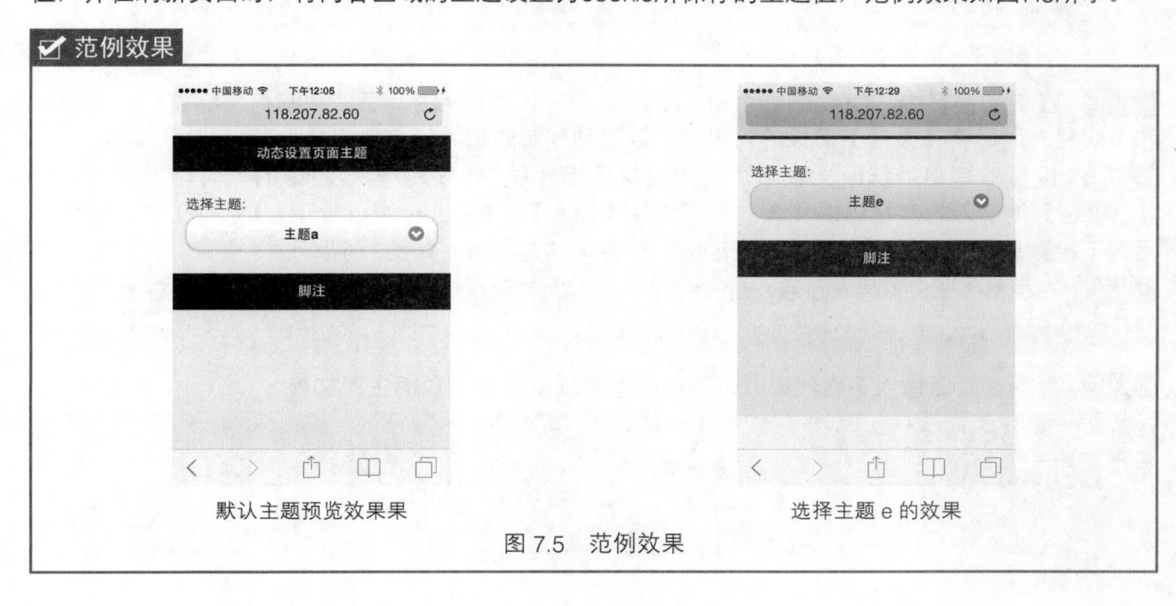

默认主题预览效果果　　　　选择主题 e 的效果

图 7.5　范例效果

1 启动Dreamweaver CC，选择【文件】|【新建】菜单命令，打开【新建文档】对话框，新建HTML5文档。

2 按【Ctrl+S】组合键，保存文档为index3.html。选择【插入】|【jQuery Mobile】|【页面】菜单命令，打开【jQuery Mobile文件】对话框，保留默认设置，如图7.6所示。

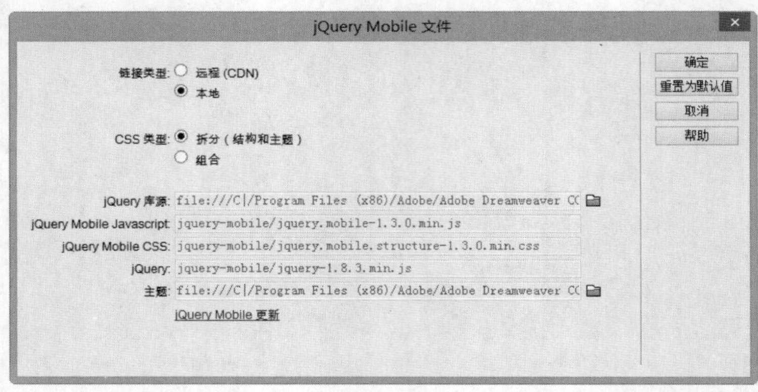

图 7.6 设置【jQuery Mobile 文件】对话框

3 单击【确定】按钮，关闭【jQuery Mobile文件】对话框，然后打开【页面】对话框，在该对话框中设置页面的ID值，同时设置页面视图是否包含标题栏和页脚栏（脚注），保持默认设置，单击【确定】按钮，完成在当前HTML5文档中插入页面视图结构操作，设置如图7.7所示。

4 按【Ctrl+S】组合键，保存当前文档index.html。此时，Dreamweaver CC会弹出对话框提示保存相关的框架文件，如图7.8所示。

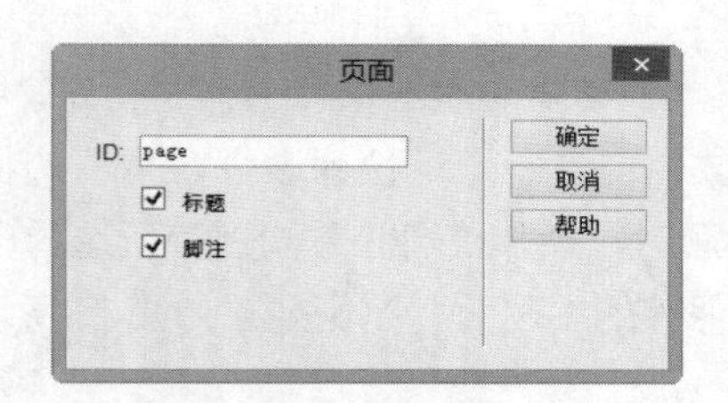

图 7.7 设置【页面】对话框

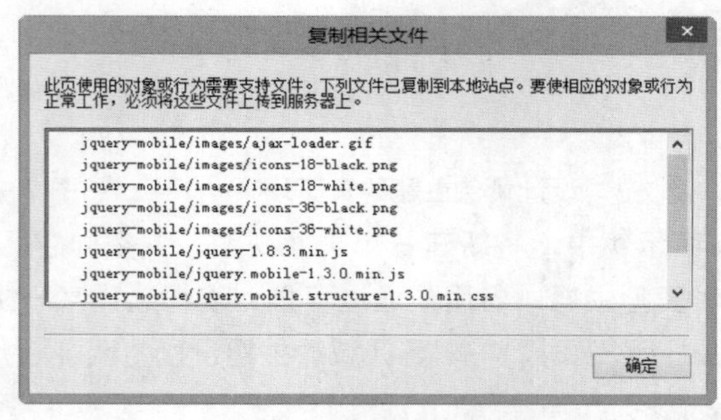

图 7.8 复制相关文件

5 在编辑窗口中，Dreamweaver CC新建了一个页面视图，页面视图包含标题栏、内容框和页脚栏，同时在【文件】面板的列表中可以看到复制的相关库文件。

6 设置标题栏中标题文本为“动态设置页面主题”。选中内容栏中的“内容”文本，按【Delete】键清除内容栏内的文本，然后选择【插入】|【jQuery Mobile】|【选择】菜单命令，插入下拉菜单组件，然后在属性面板定义下拉菜单的选项值，如图7.9所示。

7 在页面头部位置导入jquery.cookie.js插件（参阅光盘示例源码，或者在网上下载该插件）。

```
<script src="jquery-mobile/jquery.cookie.js" type="text/javascript"></script>
```

8 然后在后面输入下面代码段，通过脚本实现交互控制页面主题切换。

```
<script type="text/javascript">
 $(function() {
    var selectmenu = $("#selectmenu");
    selectmenu.bind("change", function() {
        if (selectmenu.val() != "") {
```

```
            $.cookie("theme", selectmenu.val(), {
                path: "/",
                expires: 7
            })
            window.location.reload();
        }
    })
})
if ($.cookie("theme")) {
    $.mobile.page.prototype.options.theme = $.cookie("theme");
}
</script>
```

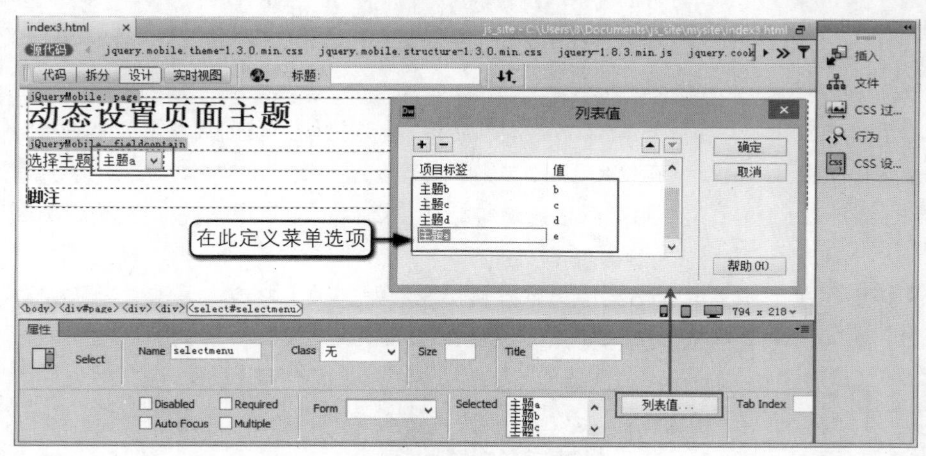

图 7.9　插入选项列表项目

导入jquery.cookie. js插件文件之后，就可以在客户端存储用户的选择信息。在<select name="selectmenu">标签的Change事件中，当用户选择的值不为空时，调用插件中的方法，将用户选择的主题值保存至名称为theme的cookie变量中。当页面刷新或重新加载时，如果名称为theme 的cookie值不为空，则通过访问$.mobi le.page.prototype.options.theme，把该cookie值写入页面视图的原型配置参数中，从而实现将页面内容区域的主题设置为用户所选择的主题值。

由于使用cookie方式保存页面的主题值，即使是关闭浏览器重新再打开时，用户所选择的主题依然有效，除非手动清除cookie值或对应的cookie值到期后自动失效，页面才会自动恢复到默认的主题值。

7.1.4　编辑主题

虽然jQuery Mobile提供了5种主题，但这种只是添加一个data-theme属性，改一下HTML代码肯定不能满足所有用户需求，修改CSS代码可以控制更多的可视效果，如边框、位置、边距等。jQuery Mobile的CSS代码定义在jquery.mobile-1.3.0.min.css文件中。

! TIPS

本节提及的jquery.mobile-1.3.0.min.css文件，是针对Dreamweaver CC当前提供的版本，但是jQuery Mobile的版本不断更新，最终版本肯定会更改此文件。所以要注意在版本更新后替换修改过的文件名。

CSS文件定义了主题和结构两部分。在主题部分定义了五个默认的主题，所有主题几乎都是一样的代码结构，每种主题前面都有注释指明是哪种主题。例如，以下是a主题的部分代码。

```
/* A --*/
.ui-bar-a {
    border: 1px solid #2A2A2A;
    background: #111111;
    color: #ffffff;
    font-weight: bold;
    text-shadow: 0 -1px 1px #000000;
    background-image: -moz-linear-gradient(top, #3c3c3c, #111111);
    background-image: -webkit-gradient(linear, left top, left bottom, color-stop(0, #3c3c3c), color-stop(1, #111111));
    -ms-filter: "progid:DXImageTransform.Microsoft.gradient(startColorStr='#3c3c3c', EndColorStr=' #111111' )";
}
```

可以看到类名（ui-bar-a)有着特定的结构，后缀（a）指明了其所属主题，类ui-bar则控制着footer和header的显示。由于没有使用图片，因此该类依赖于CSS3的文本阴影、渐变等效果。同理，b主题的类名为ui-bar-b，因此可以根据这种结构创建自己的主题，并命名为类似ui-bar-x的结构即可。

如果直接引用服务器上的CSS文件，可以直接在原始文件上修改，修改之前建议对原CSS文件进行备份。例如，下面将默认a主题中的文字颜色修改为红色。

```
.ui-bar-a {
    border: 1px solid #2A2A2A;
    background: #111111;
    color: red;
    font-weight: bold;
    text-shadow: 0 -1px 1px #000000;
    background-image: -moz-linear-gradient(top, #3c3c3c, #111111);
    background-image: -webkit-gradient(linear, left top, left bottom, color-stop(0, #3c3c3c), color-stop(1, #111111));
    -ms-filter: "progid:DXImageTransform.Microsoft.gradient(startColorStr='#3c3c3c', EndColorStr='#111111')";
}
```

CSS文件的前600行（新版是566行）都是定义五种主题的，其余的代码用来定义一些通用特性，如按钮的圆角等。下面代码是与圆角相关的CSS代码。

```
.ui-btn-corner-tl {
    -moz-border-radius-topleft: 1em;
    -webkit-border-top-left-radius: 1em;
    border-top-left-radius: 1em;
}
.ui-btn-corner-tr {
    -moz-border-radius-topright: 1em;
    -webkit-border-top-right-radius: 1em;
    border-top-right-radius: 1em;
}
.ui-btn-corner-bl {
    -moz-border-radius-bottomleft: 1em;
    -webkit-border-bottom-left-radius: 1em;
    border-bottom-left-radius: 1em;
}
.ui-btn-corner-br {
```

```
    -moz-border-radius-bottomright: 1em;
    -webkit-border-bottom-right-radius: 1em;
    border-bottom-right-radius: 1em;
}
.ui-btn-corner-top {
    -moz-border-radius-topleft: 1em;
    -webkit-border-top-left-radius: 1em;
    border-top-left-radius: 1em;
    -moz-border-radius-topright: 1em;
    -webkit-border-top-right-radius: 1em;
    border-top-right-radius: 1em;
}
.ui-btn-corner-bottom {
    -moz-border-radius-bottomleft: 1em;
    -webkit-border-bottom-left-radius: 1em;
    border-bottom-left-radius: 1em;
    -moz-border-radius-bottomright: 1em;
    -webkit-border-bottom-right-radius: 1em;
    border-bottom-right-radius: 1em;
}
.ui-btn-corner-right {
    -moz-border-radius-topright: 1em;
    -webkit-border-top-right-radius: 1em;
    border-top-right-radius: 1em;
    -moz-border-radius-bottomright: 1em;
    -webkit-border-bottom-right-radius: 1em;
    border-bottom-right-radius: 1em;
}
.ui-btn-corner-left {
    -moz-border-radius-topleft: 1em;
    -webkit-border-top-left-radius: 1em;
    border-top-left-radius: 1em;
    -moz-border-radius-bottomleft: 1em;
    -webkit-border-bottom-left-radius: 1em;
    border-bottom-left-radius: 1em;
}
.ui-btn-corner-all {
    -moz-border-radius: 1em;
    -webkit-border-radius: 1em;
    border-radius: 1em;
}
```

这些类都是通用的，它们不依赖于特定的主题，每一个类都控制一个特定类型的圆角，由于浏览器对CSS 3支持的不一致导致了每一个类中都写有三行表示相同含义的代码。CSS文件里包含许多类，可以按需修改。

当编辑自己的主题时，可以修改CSS：

1 打开jquery.mobile-1.3.0.min.css，该文件是压缩文件，也可在官网下载非压缩文件，另存为其他名称，如jquery.mobile.theme.css。

2 修改新建的文件，如修改上面提及的圆角值，完成之后保存该文件。

3 在HTML页面中，修改对样式文件的引用链接即可。

7.1.5 自定义主题

更改Query Mobile默认的主题有两种选择：一是模仿7.1.4节介绍的方法修改原始的文件，

这样可能导致CSS代码不易管理，尤其在jQuery更新版本的时候；二是充分利用CSS的扩展性功能，仅创建独立的主题文件，这样做可以不用修改原始的jQuery Mobile文件，自定义的CSS文件也更容易维护，范例效果如图7.10所示。

范例效果

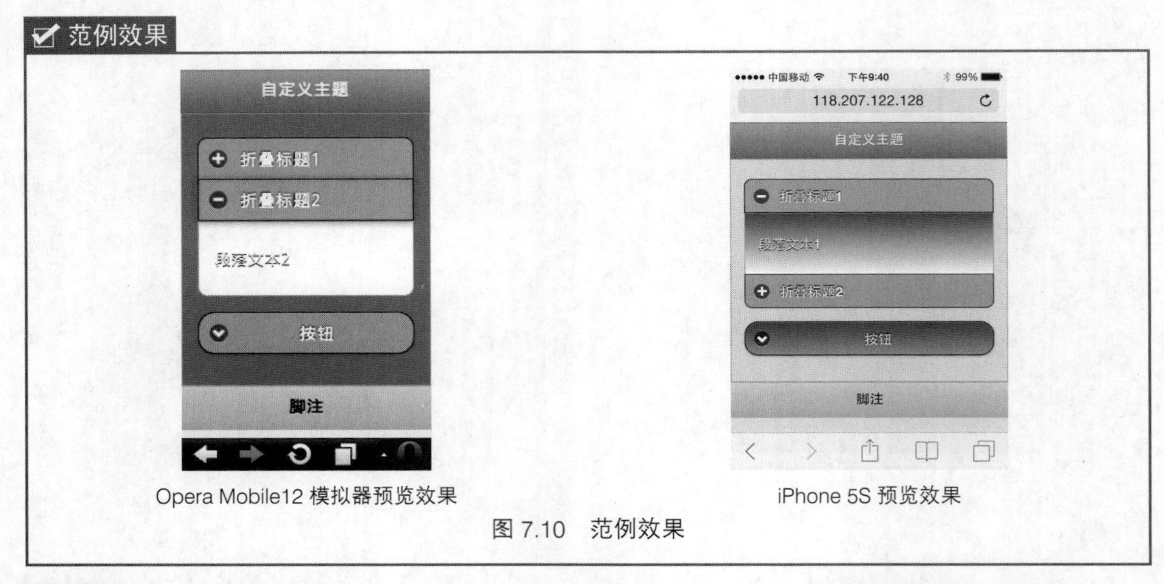

Opera Mobile12 模拟器预览效果　　iPhone 5S 预览效果

图 7.10　范例效果

1 访问jQuery Mobile官网（http://jquerymobile.com/），在首页单击"Latest stable version - 1.3.2"超链接，跳转到jQuery Mobile框架下载页面，下载框架文件（jquery.mobile-1.3.2.js和jquery.mobile-1.3.2.css），如图7.11所示。

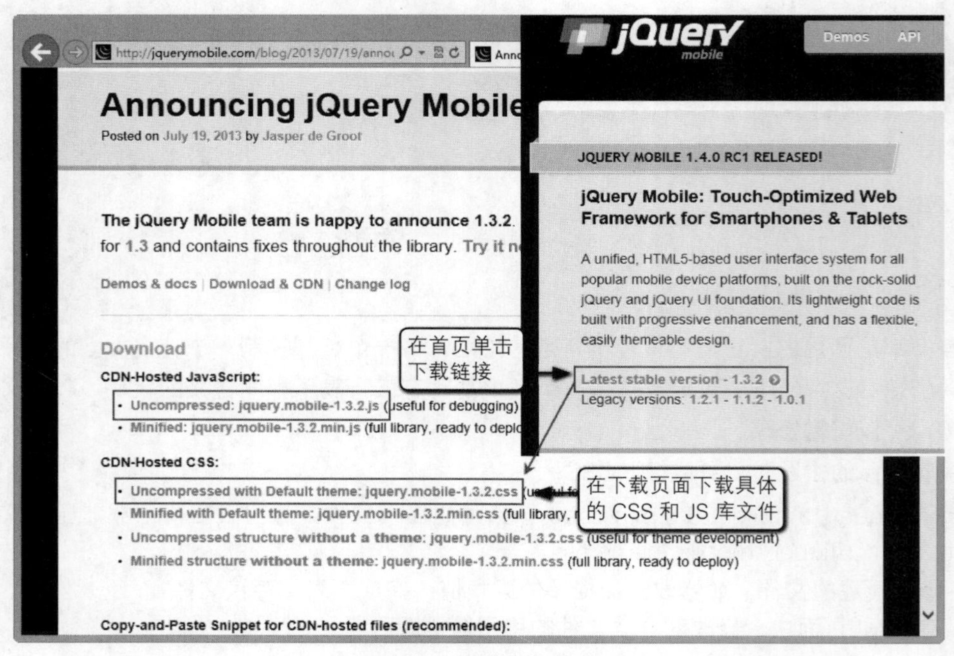

图 7.11　下载框架文件

2 使用Dreamweaver创建一个新的CSS文件，保存为jquery.mobile.swatch.i.css。将原CSS文件中a主题的代码复制（原jquery.mobile-1.3.2.css 文件中的16～149行）。

3 粘贴到jquery.mobile.swatch.i.css文件中，更改每一个class的名字中的后缀，如将ui-bar-a更改为ui-bar-i，然后保存并修改具体的样式，如图7.12所示。

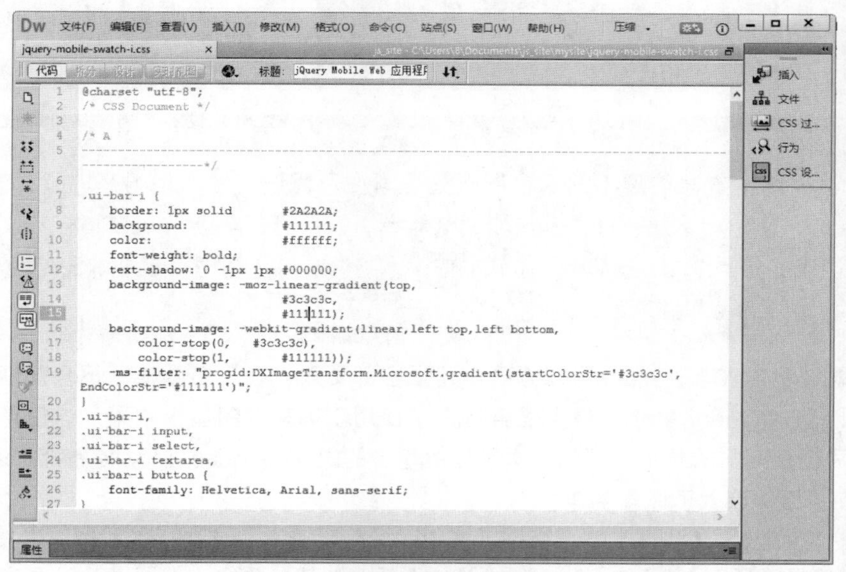

图 7.12　复制并修改部分样式代码

! TIPS

可以更改任何想更改的代码，本例将更改按钮的背景，涉及的class有：

```
.ui-btn-up-i
.ui-btn-hover-i
.ui-btn-down-i
```

可以看到代码组织结构都是相同的，原始的.ui-btn-down-i代码如下：

```
.ui-btn-down-i {
    border: 1px solid #000;
    background: #3d3d3d;
    font-weight: bold;
    color: #fff;
    text-shadow: 0 -1px 1px #000;
    background-image: -moz-linear-gradient( top, #333333, #5a5a5a);
     background-image: -webkit-gradient( linear, left top, left bottom, color-stop(0, #333333),
color-stop(1, #5a5a5a));
      -ms-filter: "progid:DXImageTransform.Microsoft.gradient(startColorStr='#333333',
EndColorStr='#5a5a5a')";
}
```

4 每一个按钮都采用了渐变的背景，如需修改颜色、修改包含background、background-image和 -ms-filter属性的值。对于background-image 和-ms-filter属性而言，需要设置渐变色的开始值和结束值，如从浅绿（66FF79）渐变到深绿（00BA19），代码如下：

```
.ui-btn-down-i {
    border: 1px solid #000;
    background: #00BA19;
    font-weight: bold;
    color: #fff;
    text-shadow: 0 -1px 1px #000;
```

```
    background-image: -moz-linear-gradient(top, #66FF79, #00BA19);
    background-image: -webkit-gradient(linear, left top, left bottom, color-stop(0, #66FF79), color-stop(1, #00BA19));
    -ms-filter: "progid:DXImageTransform.Microsoft.gradient(startColorStr='#66FF79', EndColorStr='#00BA19')";
}
```

! TIPS

因为不同的浏览器使用不同的机制来处理渐变，需要在三个地方修改代码。本例中第一个background-image属性是Firefox浏览器专属的；第二个则是webkit内核浏览器专属（safari或者chrome），-ms-filter是微软的IE。尽管语法各不相同，但基本还是有着同样的模式：均包含开始色和结束色。

每个主题都包含20多个class可以修改，无须全部更改。在大多数情况下只需修改想要修改的部分就可以了。jQuery Mobile最大优势是它仅使用CSS来控制显示效果，这使得用户可以最大程度上灵活控制网站的显示。例如，本示例中包含的f主题（jquery-mobile-swatch-f.css）使用@font-face在页面中嵌入了许多字体。

5 选择【文件】|【新建】菜单命令，新建HTML5文档。按【Ctrl+S】组合键，保存文档为index.html。选择【插入】|【jQuery Mobile】|【页面】菜单命令，保留默认设置在当前HTML5文档中插入页面视图结构。

6 每一个主题只能有26个主题（a-z），如要使用，只需链接到页面即可，首先在文档头部导入下面文件，如图7.13所示。

```
<link rel="stylesheet" type="text/css" href=" jquery.mobile-1.0b1.css "/>
<link rel="stylesheet" type="text/css" href="jquery-mobile-swatch-i.css"/>
<link rel="stylesheet" type="text/css" href="jquery-mobile-swatch-r.css"/>
```

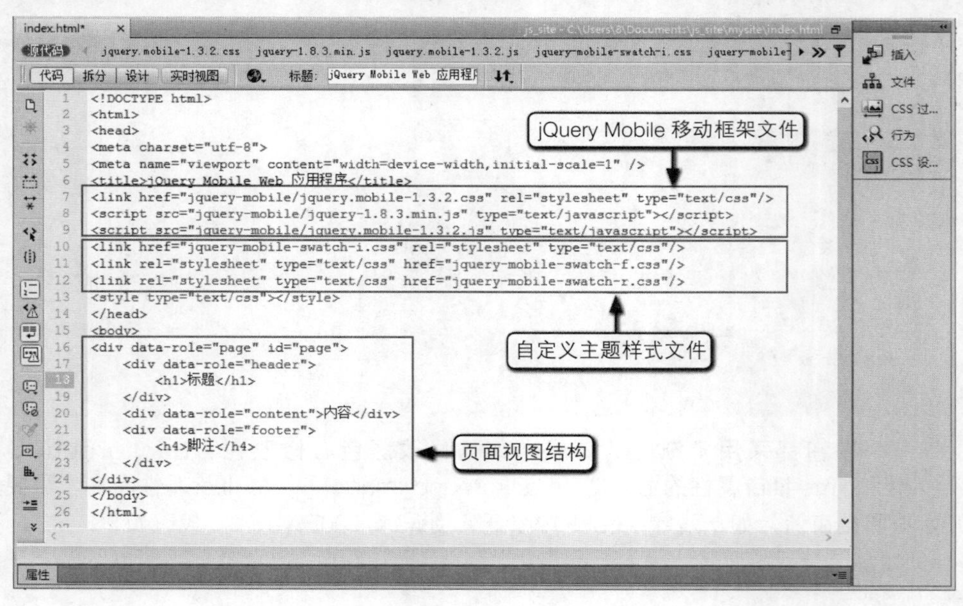

图 7.13　复制并修改部分样式代码

7 使用data-theme属性定义不同模块的主题。设置页面视图的主题为e，标题栏主题为b，内容框主题为自定义主题r，页脚栏主题为d，折叠块主题和按钮主题为f，详细说明如图7.14所示。

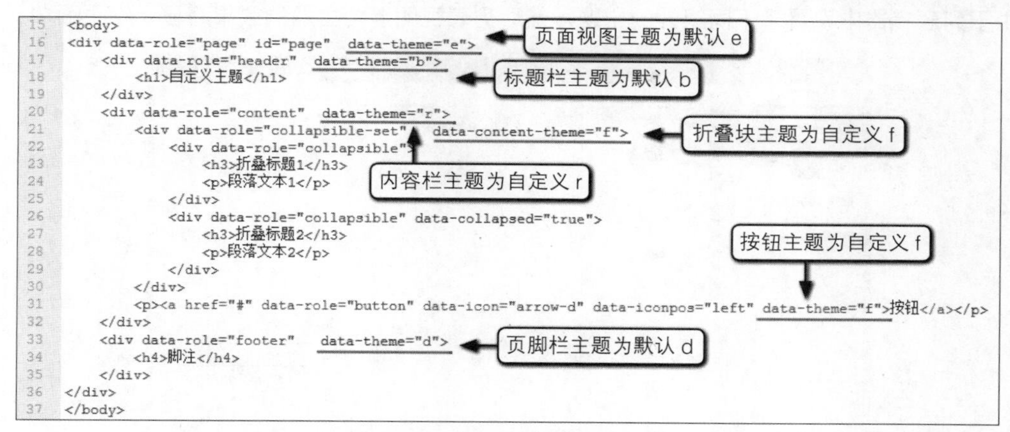

```
15  <body>
16  <div data-role="page" id="page"  data-theme="e">
17      <div data-role="header"  data-theme="b">
18          <h1>自定义主题</h1>
19      </div>
20      <div data-role="content"  data-theme="r">
21          <div data-role="collapsible-set"  data-content-theme="f">
22              <div data-role="collapsible">
23                  <h3>折叠标题1</h3>
24                  <p>段落文本1</p>
25              </div>
26              <div data-role="collapsible" data-collapsed="true">
27                  <h3>折叠标题2</h3>
28                  <p>段落文本2</p>
29              </div>
30          </div>
31          <p><a href="#" data-role="button" data-icon="arrow-d" data-iconpos="left"  data-theme="f">按钮</a></p>
32      </div>
33      <div data-role="footer"  data-theme="d">
34          <h4>脚注</h4>
35      </div>
36  </div>
37  </body>
```


图 7.14　为不同模块设置主题

8 在头部位置添加如下元信息，定义视图宽度与设备屏幕宽度保持一致。

```
<meta name="viewport" content="width=device-width,initial-scale=1" />
```

9 完成设计之后，在移动设备中预览index.html页面，可以看到图7.10所示的不同组件的主题效果。

7.2　列表主题

jQuery Mobile列表的默认框架主题是c，分隔列表选项默认主题是b，用户可以通过data-theme和data-divider-theme属性，分别修改列表和分隔项的主题。此外，列表允许添加用于显示计数器效果的图标，可以通过data-count-theme属性来修改它在列表中显示的主题，范例效果如图7.15所示。

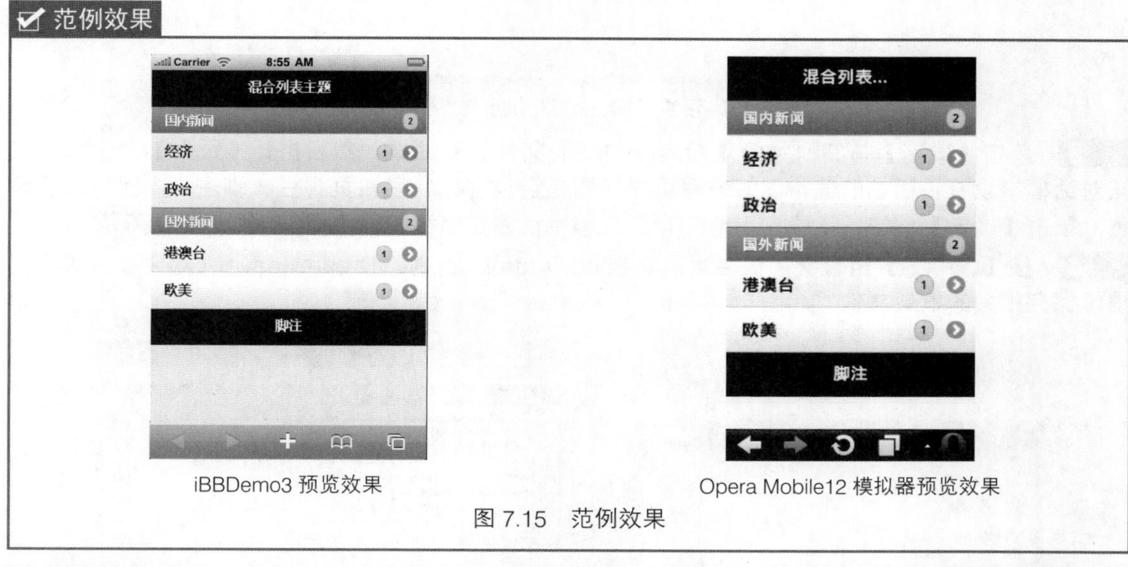

iBBDemo3 预览效果　　Opera Mobile12 模拟器预览效果

图 7.15　范例效果

1 启动Dreamweaver CC，选择【文件】|【新建】菜单命令，打开【新建文档】对话框，新建HTML5文档，如图7.16所示。本案例设计思路：在页面中添加一个listview列表容器，在容器中增

加两个分隔选项、每个分隔选项下分别添加两个子选项，并在各个子选项中添加计数器效果的图标。由于列表容器中设置了不同组件的主题，最后列表视图混合主题的效果将显示在页面中。

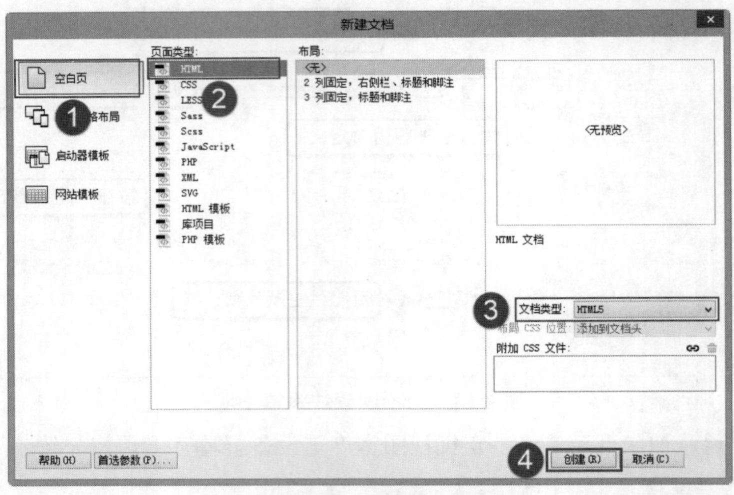

图 7.16　新建 HTML5 类型文档

2 按【Ctrl+S】组合键，保存文档为index.html。选择【插入】|【jQuery Mobile】|【页面】菜单命令，打开【jQuery Mobile文件】对话框，保留默认设置，如图7.17所示。

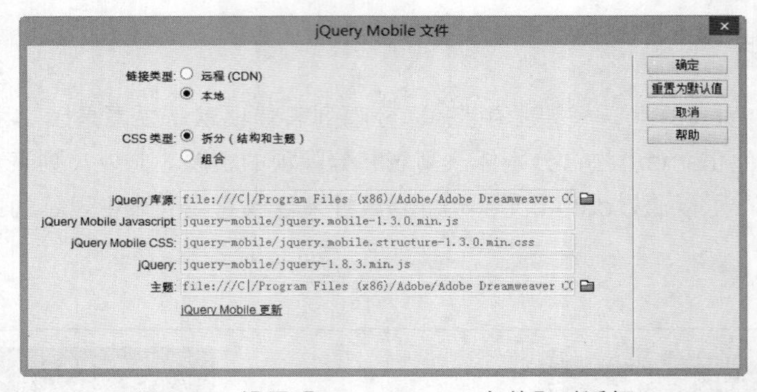

图 7.17　设置【jQuery Mobile 文件】对话框

3 单击【确定】按钮，关闭【jQuery Mobile文件】对话框，然后打开【页面】对话框，在该对话框中设置页面的ID值，同时设置页面视图是否包含标题栏和页脚栏（脚注），保持默认设置，单击【确定】按钮，完成在当前HTML5文档中插入页面视图结构操作，如图7.18所示。

4 按【Ctrl+S】组合键，保存当前文档index.html。此时，Dreamweaver CC会弹出对话框提示保存相关的框架文件，如图7.19所示。

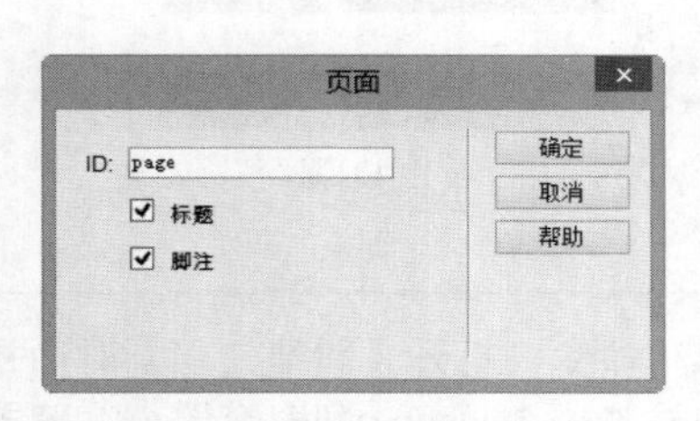

图 7.18　设置【页面】对话框

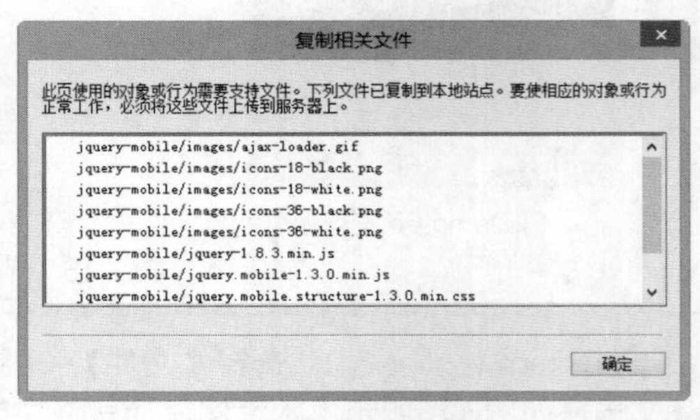

图 7.19　复制相关文件

5 在编辑窗口中，Dreamweaver CC新建了一个页面视图，页面视图包含标题栏、内容框和页脚栏，同时在【文件】面板的列表中可以看到复制的相关库文件，如图7.20所示。

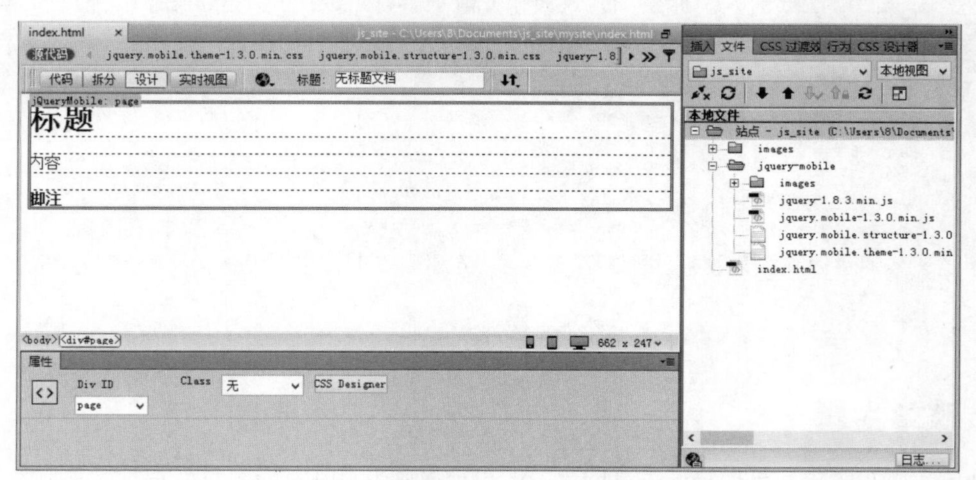

图 7.20 新建 jQuery Mobile 视图页面

6 设置标题栏中标题文本为“混合列表主题”。选中内容栏中的“内容”文本，按【Delete】键清除内容栏内的文本，然后选择【插入】|【jQuery Mobile】|【列表视图】菜单命令，打开【列表视图】，设置“列表类型”为“无序”、“项目”为6，勾选“文本气泡”复选框，如图7.21所示。

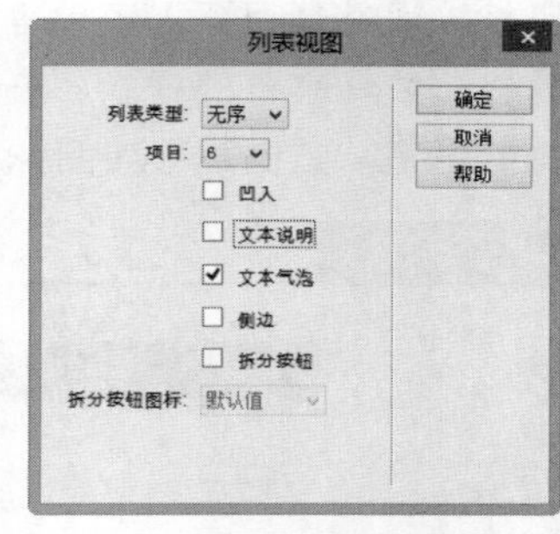

图 7.21 插入列表视图结构

7 为第一个和第四个列表项目添加data-role属性，设置属性值为list-divider，定义列表分隔项目，同时清理掉分隔列表项的超链接属性。然后修改每个项目的文本内容，整个列表视图的代码如下所示。

```
<div data-role="content">
    <ul data-role="listview">
        <li data-role="list-divider">国内新闻 <span class="ui-li-count">2</span></li>
        <li><a href="#">经济 <span class="ui-li-count">1</span></a></li>
        <li><a href="#">政治 <span class="ui-li-count">1</span></a></li>
        <li data-role="list-divider">国外新闻 <span class="ui-li-count">2</span></li>
        <li><a href="#">港澳台 <span class="ui-li-count">1</span></a></li>
        <li><a href="#">欧美 <span class="ui-li-count">1</span></a></li>
    </ul>
</div>
```

8 在<ul data-role="listview">标签中添加3个自定义属性：data-theme="c"、data-divider-theme="b"、data-count-theme="e"，分别设计列表视图的主题为c，列表视图分隔项的主题为b，计数器的主题为e。

```
<ul data-role="listview" data-theme="c"    data-divider-theme="b" data-count-theme="e">
</ul>
```

9 在头部位置添加如下元信息，定义视图宽度与设备屏幕宽度保持一致。

```
<meta name="viewport" content="width=device-width,initial-scale=1" />
```

10 完成设计之后，在移动设备中预览index.html页面，可以看到图7.15所示的列表视图混合主题效果。

! TIPS

列表视图虽然嵌套多个标签，列表项和分隔项目都可以应用不同的主题，但是这些主题只有在<ul data-role="listview">标签中才能设置，如data-divider-theme、data-count-theme，因为列表视图具有整体性，不适合单个设置。用户也可以利用JavaScript代码设置或修改列表中元素的主题，代码如下：

```
$.mobile.listview.prototype.options.theme = "c";
$.mobile.listview.prototype.options.data-divider-theme = "b";
$.mobile.listview.prototype.options.data-count-theme = "e";
```

上述代码可以将列表视图的主题设置为a，分隔列表项目主题设置为b，计数器主题设置为e。

7.3 表单主题

jQuery Mobile为表单提供了丰富的主题，用户可以根据开发需要轻松定制表单对象的主题风格。通常情况下，表单容器采用一个主题来定义表单中所有的对象，这样可以实现使用较少的代码统一表单的样式，表单中每个对象也可以通过修改data-theme主题属性，自定义属于自身的主题，范例效果如图7.22所示。

范例效果

iBBDemo3 预览效果

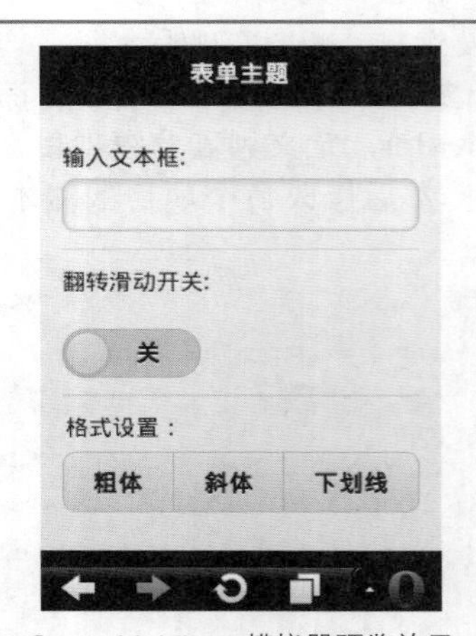

Opera Mobile12 模拟器预览效果

图 7.22　范例效果

1 启动Dreamweaver CC，选择【文件】|【新建】菜单命令，打开【新建文档】对话框，新建HTML5文档。计划在内容区域中添加一个文本框、翻转滑动开关表单组件及一个复选按钮组，分别用于输入字符、开关键操作和进行多项选择，并在页面中使用同一种主题定义这些放置在表单中的组件。

2 按【Ctrl+S】组合键，保存文档为index.html。选择【插入】|【jQuery Mobile】|【页面】菜单命令，打开【jQuery Mobile文件】对话框，保留默认设置。

3 单击【确定】按钮，关闭【jQuery Mobile文件】对话框，然后打开【页面】对话框，在该对话框中设置页面的ID值，同时设置页面视图是否包含标题栏和页脚栏（脚注），保持默认设置，单击【确定】按钮，完成在当前HTML5文档中插入页面视图结构操作。

4 按【Ctrl+S】组合键，保存当前文档index.html。在编辑窗口中，Dreamweaver CC新建了一个页面视图，页面视图包含标题栏、内容框和页脚栏，修改标题文本为“表单主题”。

5 选中内容栏中的“内容”文本，按【Delete】键清除内容栏内的文本，然后选择【插入】|【jQuery Mobile】|【文本】菜单命令，在内容区域插入一个文本框。再次选择【插入】|【jQuery Mobile】|【翻转切换开关】菜单命令，插入一个翻转切换开关对象。然后，在编辑窗口中修改表单对象的标签文本，如图7.23所示。

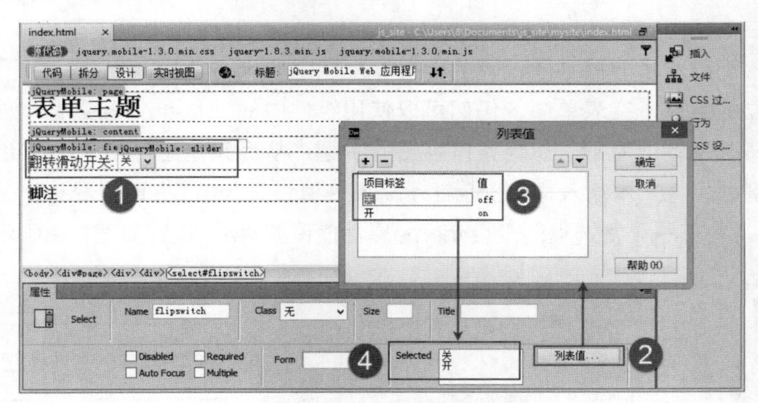

图 7.23　插入翻转切换开关对象

6 选择【插入】|【jQuery Mobile】|【复选框】菜单命令，打开【复选框】对话框，在内容栏中插入一个复选框组，设计包含3个复选框，并水平显示，如图7.24所示。

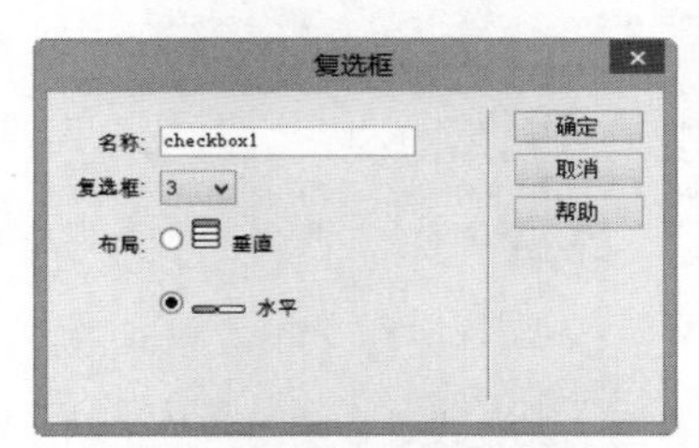

图 7.24　插入复选框组对象

7 在<div data-role="content"标签中添加data-theme属性，设置主题e，如图7.25所示。

```
<div data-role="content" data-theme="e">
```

```
20      </div>
21      <div data-role="content" data-theme="e">
22          <div data-role="fieldcontain">
23              <label for="textinput">输入文本框:</label>
24              <input type="text" name="textinput" id="textinput" value=""  />
25          </div>
26          <div data-role="fieldcontain">
27              <label for="flipswitch">翻转滑动开关:</label>
28              <select name="flipswitch" id="flipswitch" data-role="slider">
29                  <option value="off">关</option>
30                  <option value="on">开</option>
31              </select>
32          </div>
33          <div data-role="fieldcontain">
34              <fieldset data-role="controlgroup" data-type="horizontal">
35                  <legend>格式设置: </legend>
36                  <input type="checkbox" name="checkbox1" id="checkbox1_0" class="custom" value="" />
37                  <label for="checkbox1_0">粗体</label>
38                  <input type="checkbox" name="checkbox1" id="checkbox1_1" class="custom" value="" />
39                  <label for="checkbox1_1">斜体</label>
40                  <input type="checkbox" name="checkbox1" id="checkbox1_2" class="custom" value="" />
41                  <label for="checkbox1_2">下划线</label>
42              </fieldset>
43          </div>
44      </div>
```

添加 data-theme="e" 属性，设置表单主题效果

图 7.25　设计表单主题

8 在头部位置添加如下元信息，定义视图宽度与设备屏幕宽度保持一致。

```
<meta name="viewport" content="width=device-width,initial-scale=1" />
```

9 完成设计之后，在移动设备中预览index.html页面，可以看到图7.22所示的表单主题效果。

技法拓展

在本示例中，将内容框（<div data-role="content">）容器的主题修改为e，则该容器包含的各个表单对象都继承了容器中所设置的data-theme主题风格。虽然如此，由于每一个表单元素都是一个独立的组件，在表单中，仍然可以使用组件中的data-theme属性单独设置主题。一旦设置完成，将采用就近原则，忽略整体容器的主题，从而采用组件自身data-theme属性设置的主题风格。例如，将文本输入框的data-theme属性值设置为c，将翻转滑动开关的data-theme属性值设置为b，将第一个复选框的data-theme属性值设置为a，设置如图7.26所示。

```
21  <div data-role="content" data-theme="e">
22      <div data-role="fieldcontain">
23          <label for="textinput">输入文本框:</label>
24          <input type="text" name="textinput" id="textinput" value="" data-theme="c" />
25      </div>
26      <div data-role="fieldcontain">
27          <label for="flipswitch">翻转滑动开关:</label>
28          <select name="flipswitch" id="flipswitch" data-role="slider" data-theme="b">
29              <option value="off">关</option>
30              <option value="on">开</option>
31          </select>
32      </div>
33      <div data-role="fieldcontain">
34          <fieldset data-role="controlgroup" data-type="horizontal" >
35              <legend>格式设置: </legend>
36              <input type="checkbox" name="checkbox1" id="checkbox1_0" class="custom" value="" data-theme="a"/>
37              <label for="checkbox1_0">粗体</label>
38              <input type="checkbox" name="checkbox1" id="checkbox1_1" class="custom" value="" />
39              <label for="checkbox1_1">斜体</label>
40              <input type="checkbox" name="checkbox1" id="checkbox1_2" class="custom" value="" />
41              <label for="checkbox1_2">下划线</label>
42          </fieldset>
43      </div>
44  </div>
```

将文本输入框的 data-theme 属性值设置为 c

将翻转滑动开关的 data-theme 属性值设置为 b

将第一个复选框的 data-theme 属性值设置为 a

图 7.26　设计表单对象的主题

此时，在移动设备中预览index1.html页面，可以看到图7.27所示的表单主题效果。

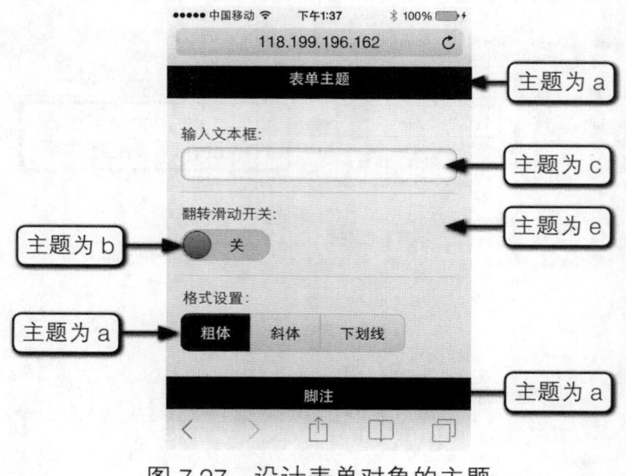

图 7.27　设计表单对象的主题

7.4 按钮主题

在jQuery Mobile中，按钮是任意链接被添加data-role，且属性值设置为button。当该按钮被放置在任意主题容器中，按钮将自动继承容器的主题，形成与容器相协调的样式。例如，在一个主题为e的容器中添加一个按钮，该按钮的主题自动分配为e级别，范例效果如图7.28所示。

范例效果

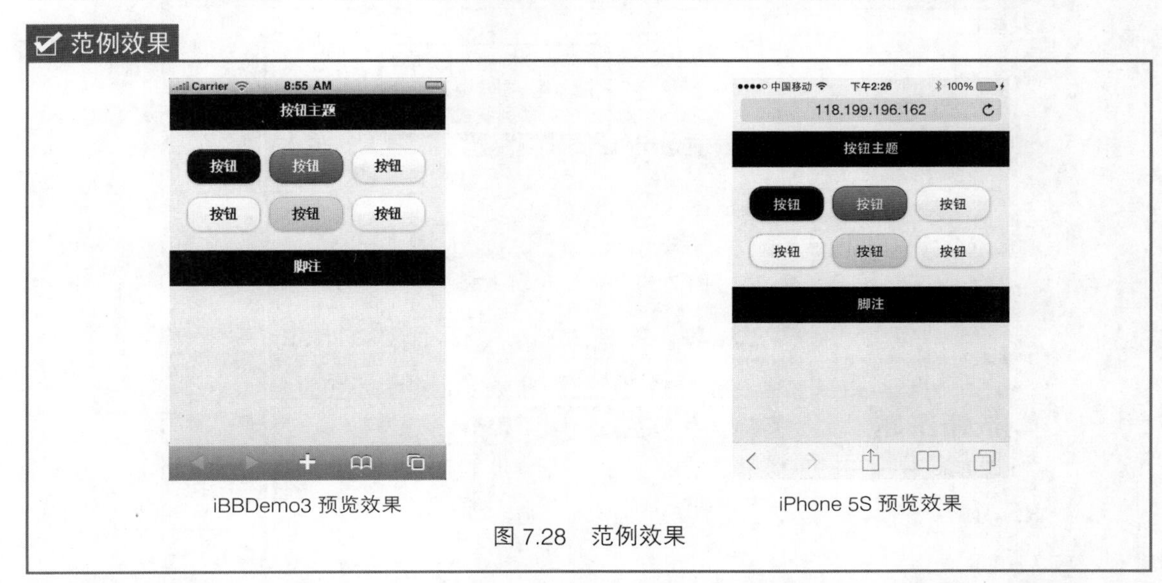

iBBDemo3 预览效果　　iPhone 5S 预览效果

图 7.28　范例效果

1 启动Dreamweaver CC，选择【文件】|【新建】菜单命令，新建HTML5文档。按【Ctrl+S】组合键，保存文档为index.html。目的准备在页面中添加两行三列的网格容器，分别将按钮元素自带的5种系统主题风格显示在页面中。

2 选择【插入】|【jQuery Mobile】|【页面】菜单命令，打开【jQuery Mobile文件】对话框，保留默认设置。

3 单击【确定】按钮，关闭【jQuery Mobile文件】对话框，然后打开【页面】对话框，在该对话框中设置页面的ID值，同时设置页面视图是否包含标题栏和页脚栏（脚注），保持默认设置，单击【确定】按钮，完成在当前HTML5文档中插入页面视图结构操作。

4 按【Ctrl+S】组合键，保存当前文档index.html。在编辑窗口中新建了一个页面视图，页面视图包含标题栏、内容框和页脚栏，修改标题文本为“按钮主题”。

5 选中内容栏中的“内容”文本，按【Delete】键清除内容栏内的文本，然后选择【插入】|【jQuery Mobile】|【布局网格】菜单命令，打开【布局网格】对话框，设置行数为2，列数为3，设置如图7.29所示。

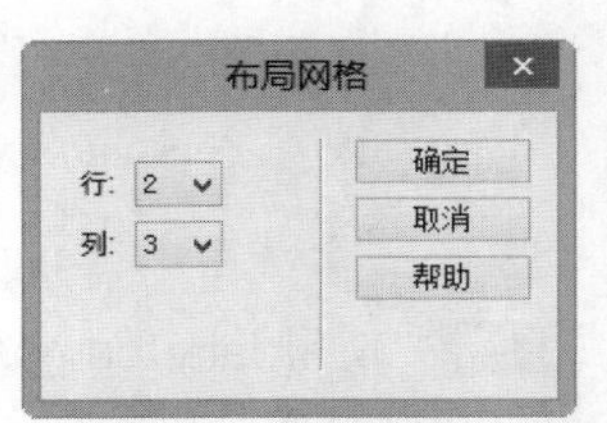

图 7.29　插入布局网格

6 单击【确定】按钮，在内容框中插入一个2行3列的布局网格结构，如图7.30所示。

7 选中第一个网格中的文本“区块 1,1”，然后选择【插入】|【jQuery Mobile】|【按钮】菜单命令，打开【按钮】对话框，保留默认设置，单击【确定】按钮，在当前位置插入一个按钮组件对象，如图7.31所示。

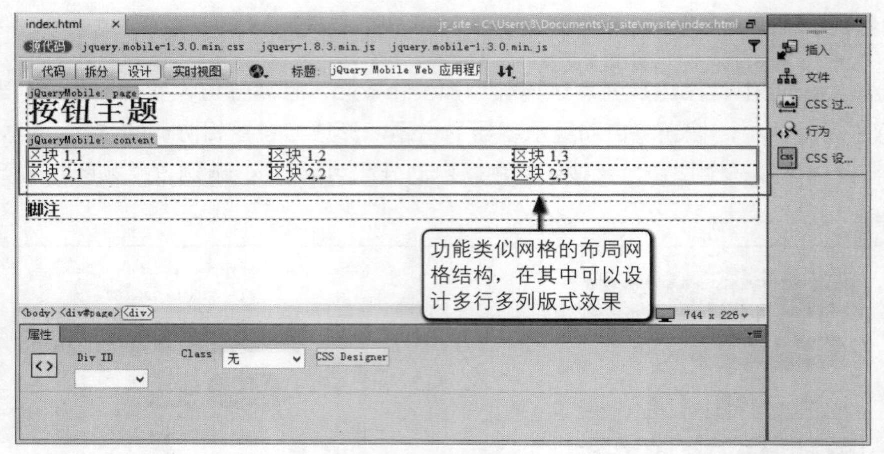

图 7.30　插入布局网格

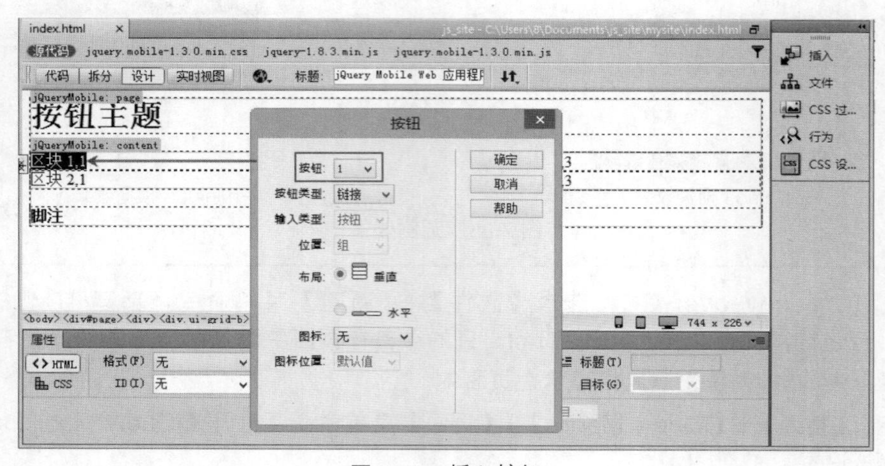

图 7.31　插入按钮

8 以同样的方式，为其他几个网格单元格插入按钮，生成的代码如下：

```
<div data-role="content">
    <div class="ui-grid-b">
        <div class="ui-block-a"><a href="#" data-role="button">按钮</a></div>
        <div class="ui-block-b"><a href="#" data-role="button">按钮</a></div>
        <div class="ui-block-c"><a href="#" data-role="button">按钮</a></div>
        <div class="ui-block-a"><a href="#" data-role="button">按钮</a></div>
        <div class="ui-block-b"><a href="#" data-role="button">按钮</a></div>
        <div class="ui-block-c"><a href="#" data-role="button">按钮</a></div>
    </div>
</div>
```

9 使用data-theme属性为第1～第5个按钮分别定义主题为a、b、c、d、e，第6个按钮保持默认主题设置，则它将继承页面视图中按钮的默认主题为c，设置如图7.32所示。

10 在头部位置添加如下元信息，定义视图宽度与设备屏幕宽度保持一致。

```
<meta name="viewport" content="width=device-width,initial-scale=1" />
```

11 完成设计之后，在移动设备中预览index.html页面，可以看到图7.28所示的按钮主题效果。

```
17  <div data-role="page" id="page">
18      <div data-role="header">
19          <h1>按钮主题</h1>
20      </div>
21      <div data-role="content">
22          <div class="ui-grid-b">
23              <div class="ui-block-a"><a href="#" data-role="button" data-theme="a">按钮</a></div>
24              <div class="ui-block-b"><a href="#" data-role="button" data-theme="b">按钮</a></div>
25              <div class="ui-block-c"><a href="#" data-role="button" data-theme="c">按钮</a></div>
26              <div class="ui-block-a"><a href="#" data-role="button" data-theme="d">按钮</a></div>
27              <div class="ui-block-b"><a href="#" data-role="button" data-theme="e">按钮</a></div>
28              <div class="ui-block-c"><a href="#" data-role="button">按钮</a></div>
29          </div>
30      </div>
31      <div data-role="footer">
32          <h4>脚注</h4>
33      </div>
34  </div>
```

分别为不同的按钮设置不同的主题风格

图 7.32　为按钮设置不同的主题风格

技法拓展

使用data-theme属性可以为按钮组件设计主题样式，也可以借助按钮外围容器的主题自动匹配按钮的主题风格。例如，在下面代码中为布局网格包含框添加ui-body-a类样式，设计布局网格主题为黑色，然后删除前3个按钮的主题属性，修改代码如下：

```
<div data-role="content">
    <div class="ui-grid-b ui-body-a">
        <div class="ui-block-a"><a href="#" data-role="button">按钮</a></div>
        <div class="ui-block-b"><a href="#" data-role="button">按钮</a></div>
        <div class="ui-block-c"><a href="#" data-role="button">按钮</a></div>
        <div class="ui-block-a"><a href="#" data-role="button" data-theme="d">按钮</a></div>
        <div class="ui-block-b"><a href="#" data-role="button" data-theme="e">按钮</a></div>
        <div class="ui-block-c"><a href="#" data-role="button">按钮</a></div>
    </div>
</div>
```

在上面示例中，前三个按钮本身并没有设置主题。但是通过自动匹配外围<div>标签的主题a，在页面中按钮也显示为主题a。如果当按钮外围<div>标签的主题发生变化时，被包裹的按钮主题也将随之变化，效果如图7.33所示。

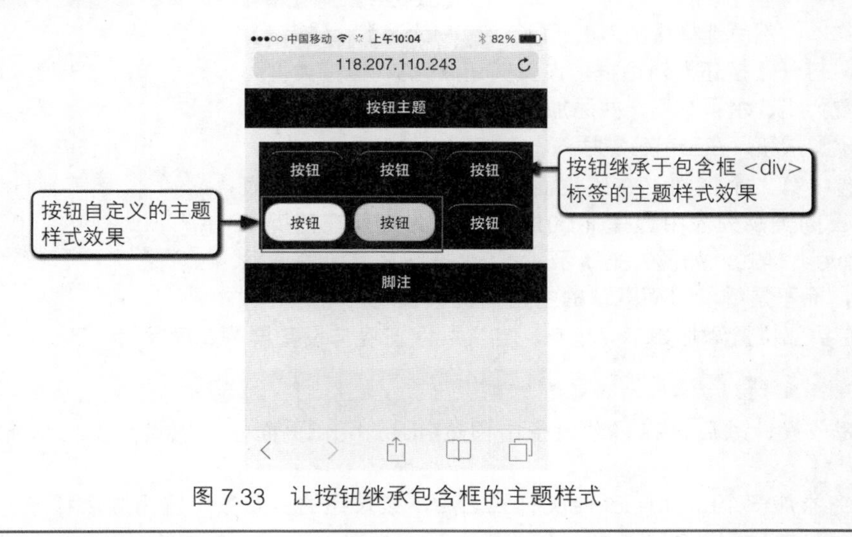

图 7.33　让按钮继承包含框的主题样式

7.5 激活主题

jQuery Mobile定义了一类独立主题：激活状态主题。该主题通过在标签中绑定ui-btn-active类样式实现，可以应用到任何按钮标签上，不受任何其他框架或组件主题的影响，始终以蓝色作为该主题的显示色调，范例效果如图7.34所示。

范例效果

图 7.34 范例效果

1 启动Dreamweaver CC，新建HTML5文档。本案例设计思路：在内容区域中增加三个按钮，左右两个按钮显示与内容区域相匹配的主题，另一个按钮设置为激活状态的主题。

2 选择【插入】|【jQuery Mobile】|【页面】菜单命令，保留默认设置在当前HTML5文档中插入页面视图结构。

3 按【Ctrl+S】组合键，保存当前文档index.html。在编辑窗口中新建了一个页面视图，页面视图包含标题栏、内容框和页脚栏，修改标题文本为“激活主题”。

4 选中内容栏中的“内容”文本，按【Delete】键清除内容栏内的文本，然后选择【插入】|【jQuery Mobile】|【按钮】菜单命令，打开【按钮】对话框，设置按钮数为3、链接类型为链接、位置为组、水平布局，并添加按钮图标，如图7.35所示，单击【确定】按钮，在当前位置插入一个按钮组件对象。

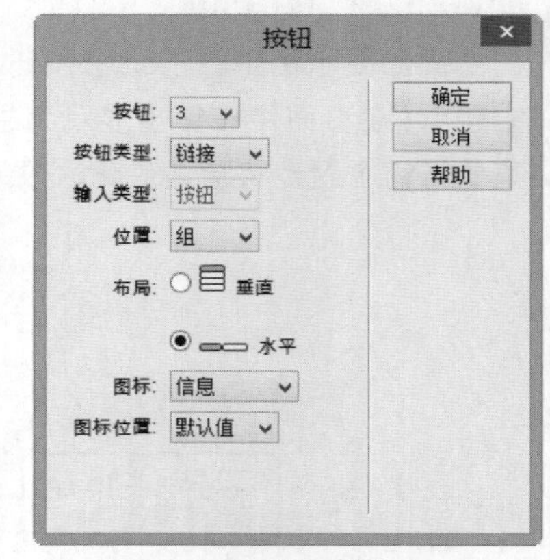

图 7.35 插入按钮组

5 选中第二个按钮，在属性面板中单击Class下拉列表框，从弹出的类别列表中选择ui-btn-active，为当前按钮绑定ui-btn-active类样式，如图7.36所示。第2个按钮将显示为激活状态样式，而不是继承页面默认的主题样式。

6 在头部位置添加如下元信息，定义视图宽度与设备屏幕宽度保持一致。

```
<meta name="viewport" content="width=device-width,initial-scale=1" />
```

7 完成设计之后，在移动设备中预览index.html页面，可以看到图7.34所示的按钮主题效果。

给按钮添加一个ui-btn-active类样式之后，该按钮的主题被设置为激活状态。该主题的风格是固定的，对于按钮而言，是蓝色的背景色，白色的字体，并且不受按钮本身自带主题的约束，即使在按钮元素中增加了data-theme属性值，也优先显示激活状态主题。

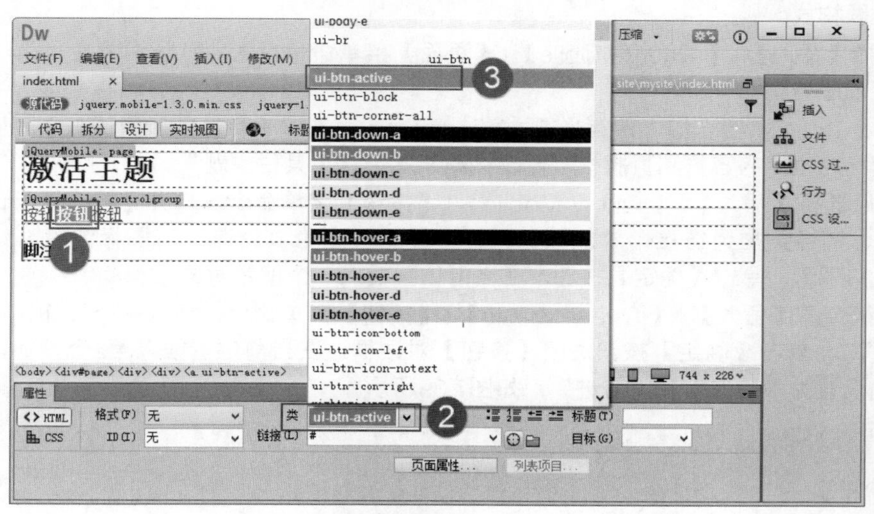

图 7.36　为按钮绑定 ui-btn-active 类样式

7.6　工具栏主题

jQuery Mobile工具栏所包含标题栏和页脚栏，在默认状态下，jQuery Mobile页面的工具栏主题a，页面与内容区域主题为c。通过主题混合搭配，一方面是为了突显工具栏在页面中位置，另一方面也使页面首尾两端与内容区域之间存在反差，以强化内容区域显示的重点。

在jQuery Mobile工具栏增加按钮后，将自动继承主题a样式。当然，也可以直接修改按钮的data-theme属性值，单独设置按钮的主题风格，范例效果如图7.37所示。

范例效果

标题栏按钮与主题混编效果　　页脚栏按钮与主题混编效果

图 7.37　范例效果

1 启动Dreamweaver CC，新建HTML5文档。本案例设计思路：在该页面中设计一个标准视图页，在标题工具栏中插入两行标题，并插入多个按钮，第一行按钮保持默认的主题样式，第二行按钮主题设置为b；然后在页脚工具栏中也插入两行脚注，第一行按钮主题为d，第二行按钮保持默认主题样式。

2 选择【插入】|【jQuery Mobile】|【页面】菜单命令，保留默认设置在当前HTML5文档中插入页面视图结构。

3 按【Ctrl+S】组合键，保存当前文档index.html。在编辑窗口中新建了一个页面视图，页面视图包含标题栏、内容框和页脚栏，修改标题文本为“工具栏主题”。

4 然后选择【插入】|【jQuery Mobile】|【按钮】菜单命令，打开【按钮】对话框，设置按钮数为1、链接类型为链接、添加按钮图标，图标类型为“后退”，图标位置默认显示在左侧，如图7.38所示，单击【确定】按钮，在当前位置插入一个按钮对象。

5 继续选择【插入】|【jQuery Mobile】|【按钮】菜单命令，插入一个按钮，设置按钮类型为“前进”，单击【确定】按钮关闭【按钮】对话框，在当前位置插入第2个按钮，修改按钮名称，分别设置为“后退”和“前进”，如图7.39所示。

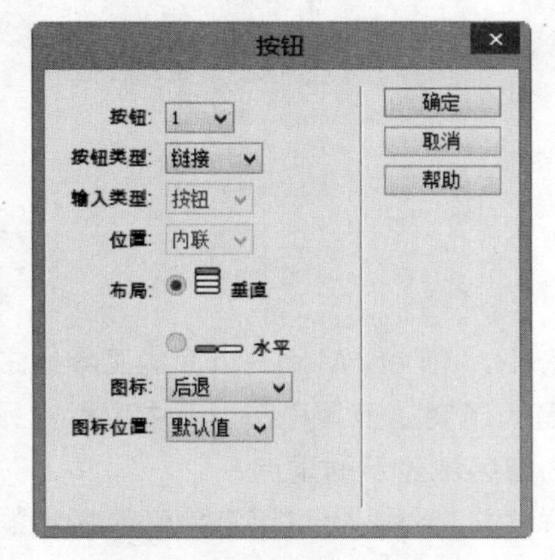

图 7.38 【按钮】对话框

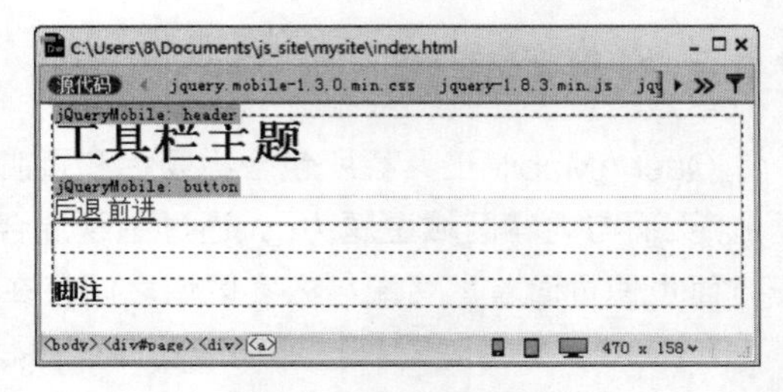

图 7.39 插入按钮组

6 在标题栏下面再写入一个标题栏包含框，代码如下，定义第二个标题栏的主题样式为e，如图7.40所示。

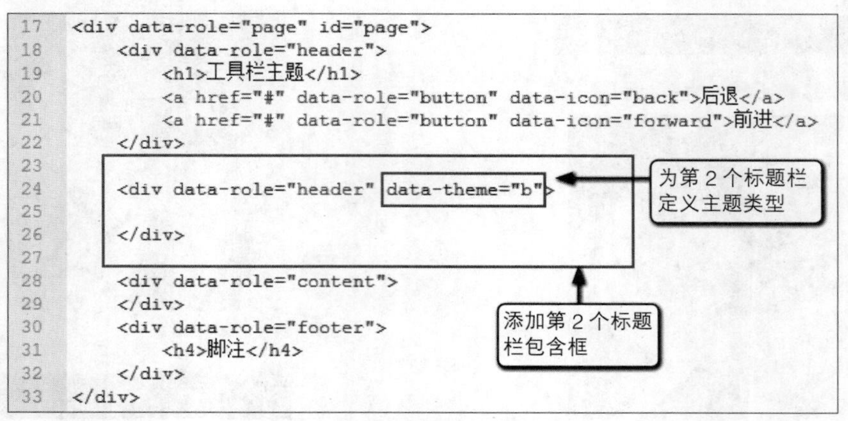
```
17 <div data-role="page" id="page">
18     <div data-role="header">
19         <h1>工具栏主题</h1>
20         <a href="#" data-role="button" data-icon="back">后退</a>
21         <a href="#" data-role="button" data-icon="forward">前进</a>
22     </div>
23
24     <div data-role="header" data-theme="b">
25
26     </div>
27
28     <div data-role="content">
29     </div>
30     <div data-role="footer">
31         <h4>脚注</h4>
32     </div>
33 </div>
```


图 7.40 添加第二个标题栏

7 把光标定位于第2个标题栏内，选择【插入】|【jQuery Mobile】|【按钮】菜单命令，打开【按钮】对话框，设置按钮数为5、链接类型为链接、不添加按钮图标，设置如图7.41所示，单击【确定】按钮，在当前位置插入按钮组。

8 修改按钮文本，选中第2个按钮，在属性面板的Class下拉列表框中选择ui-btn-active，为当前按钮绑定激活状态类样式。在内容栏内插入一幅图片（images/1.jpg），定义类样式为w100，设计图片宽度为100%显示。设计代码如下：

```
<div data-role="header" data-theme="b">
    <div data-role="controlgroup" data-type="horizontal">
        <a href="#" data-role="button">全部</a>
        <a href="#" class="ui-btn-active" data-role="button">美女</a>
        <a href="#" data-role="button">搞笑</a>
        <a href="#" data-role="button">明星</a>
        <a href="#" data-role="button">生活</a>
    </div>
</div>
<div data-role="content">
    <img src="images/1.jpg" class="w100" />
</div>
```

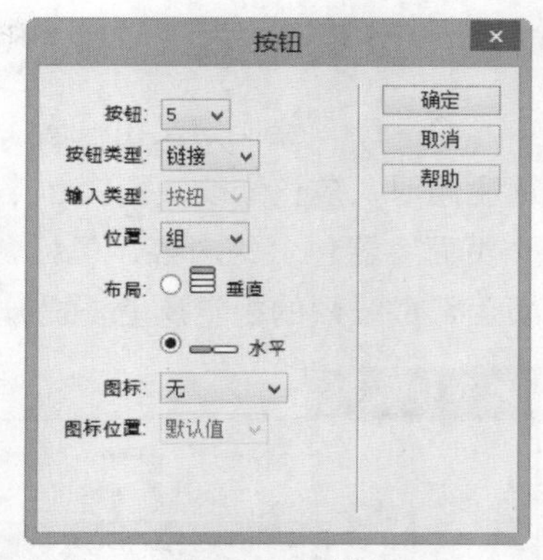

图 7.41　插入按钮组

9 模仿第7步操作，在页脚栏中插入三个按钮，在<div data-role="footer">标签中添加data-theme="d"，定义页脚栏主题类型为d，修改按钮名称，代码如下：

```
<div data-role="footer" data-theme="d">
    <div data-role="controlgroup" data-type="horizontal">
        <a href="#" data-role="button">转发</a>
        <a href="#" data-role="button">评论</a>
        <a href="#" data-role="button">赞</a>
    </div>
</div>
```

10 在页脚栏底部再插入一个页脚栏，在其中嵌入包含三个按钮的按钮组，在【CSS设计器】面板中定义文本居中类样式center，然后为该按钮组包含框应用该类样式，如图7.42所示。

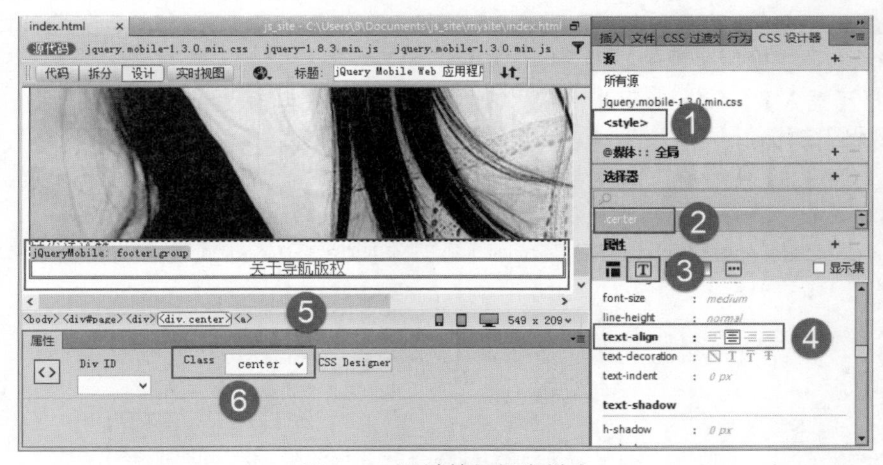

图 7.42　设计按钮组类样式

11 在头部位置添加如下元信息，定义视图宽度与设备屏幕宽度保持一致。

```
<meta name="viewport" content="width=device-width,initial-scale=1" />
```

12 完成设计之后，在移动设备中预览index.html页面，可以看到图7.37所示的工具栏按钮效果。从本实例可以看到，工具栏拥有默认的主题，用户也可以自定义主题。在工具栏中添加的按钮或文本，都继承了工具栏的主题风格，这样可以使整个工具栏的主题具有完整性和统一性。当然，用户也可以通过修改data-theme属性自定义工具栏主题。

7.7 页面主题

jQuery Mobile定义了一套主题系统，方便用户在定义页面主题时拥有更多的选择。在设置页面主题时，应该修改页面Page容器的data-theme属性值，这样可以确保所选择的主题能够覆盖整个页面容器包含的内容，但标题栏和页脚栏的主题依然是默认值a，这种混编主题风格，可以使页面形成强烈的视觉反差，提升页面的用户体验，范例效果如图7.43所示。

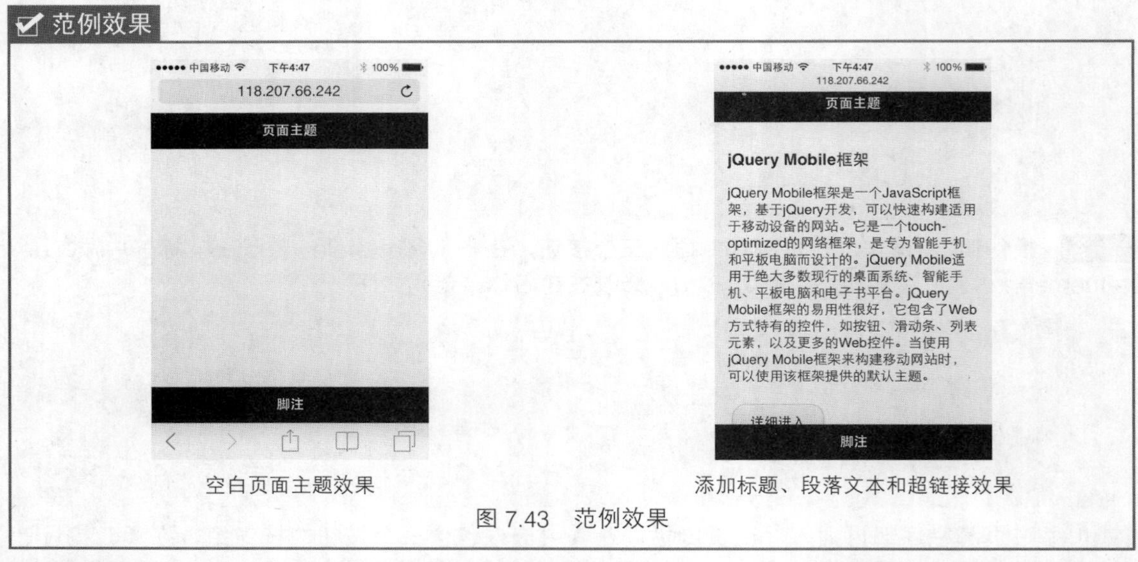

空白页面主题效果　　添加标题、段落文本和超链接效果

图 7.43　范例效果

1 启动Dreamweaver CC，新建HTML5文档。将在该页面中设计一个标准视图页，并修改视图页面主题风格为e，然后在内容区域中分别添加<h>、<p>、<a>标签，浏览该页面，查看这些标签继承容器主题后呈现的效果。

2 选择【插入】|【jQuery Mobile】|【页面】菜单命令，保留默认设置在当前HTML5文档中插入页面视图结构。

3 按【Ctrl+S】组合键，保存当前文档index.html。在编辑窗口中新建了一个页面视图，页面视图包含标题栏、内容框和页脚栏，修改标题文本为“页面主题”。

4 为<div data-role="page" id="page">标签添加data-theme属性，设置值为e，如图7.44所示。

```
14  <body>
15  <div data-role="page" id="page"  data-theme="e">
16      <div data-role="header">
17          <h1>页面主题</h1>
18      </div>
19      <div data-role="content">内容</div>
20      <div data-role="footer">
21          <h4>脚注</h4>
22      </div>
23  </div>
24  </body>
```

为视图页面包含框定义主题类型（e）

图 7.44　为页面设计主题样式

5 为页脚包含框（<div data-role="footer">）添加data-position属性，设置属性值为fixed，设计页脚栏永远固定到页面底部。代码如下：

```
<div data-role="page" id="page" data-theme="e">
    <div data-role="header">
        <h1> 页面主题 </h1>
```

```
    </div>
    <div data-role="content">内容</div>
    <div data-role="footer" data-position="fixed">
        <h4>脚注</h4>
    </div>
</div>
```

6 然后为内容栏（<div data-role="content">）输入下面信息，分别使用标题、段落、超链接标签定义信息内容，以检测不同标签继承主页主题的效果。代码如下：

```
<div data-role="content">
    <h3>jQuery Mobile 框架</h3>
      <p>jQuery Mobile框架是一个JavaScript框架，基于jQuery开发，可以快速构建适用于移动设备的网站。它是一个touch-optimized的网络框架，是专为智能手机和平板电脑而设计的。jQuery Mobile适用于绝大多数现行的桌面系统、智能手机、平板电脑和电子书平台。jQuery Mobile框架的易用性很好，它包含了Web方式特有的控件，如按钮、滑动条、列表元素，以及更多的Web控件。当使用jQuery Mobile框架来构建移动网站时，可以使用该框架提供的默认主题。</p>
    <a href="#" data-role="button" data-inline="true">详细进入</a>
</div>
```

7 在头部位置添加如下元信息，定义视图宽度与设备屏幕宽度保持一致。

```
<meta name="viewport" content="width=device-width,initial-scale=1" />
```

8 完成设计之后，在移动设备中预览index.html页面，可以看到图7.43所示的页面效果。

> **! TIPS**
>
> 本例页面视图使用e主题风格，通过效果图可看出，页面容器内的全部标签都继承了页面的主题，显示与主题风格相匹配的色调样式，工具栏中的标题栏和页脚栏始终保持默认主题a，不过这并不影响整个页面主题视觉效果，反而使整体页面形成很强的色彩对比效果，进一步凸显内容区域的重要位置，而这样的效果对系统所提供的5种默认主题都有效。

7.8 内容主题

页面容器（<div data-role="page">）的主题将影响整体页面样式，而内容容器（<div data-role="content">）的主题只能够影响正文部分的标签样式。相对而言，内容主题所影响的范围仅局限于页面的Content容器，该容器之外的标签都不会受到影响。同时，在<div data-role="content">标签中，还可以通过data-content-theme属性设置内容折叠块中显示区域的主题，该区域不受限于内容区域Content容器的主题，范例效果如图7.45所示。

范例效果

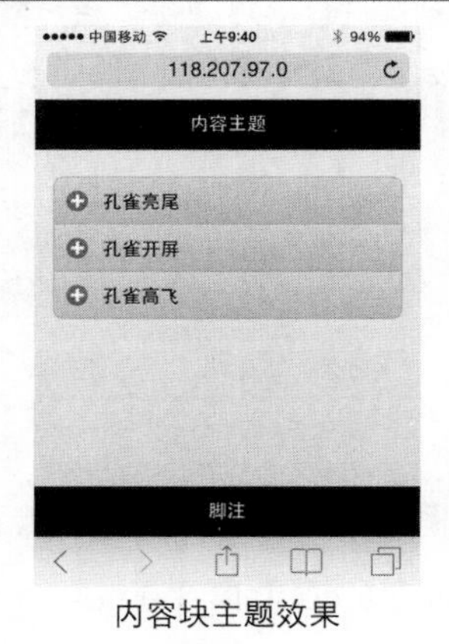

内容块主题效果

内容区内折叠块主题效果

图 7.45 范例效果

1 启动Dreamweaver CC，新建HTML5文档。将在该页面中设计一个标准视图页，并修改视图页面主题风格为e，然后在内容区域中分别添加<h>、<p>、<a>标签，浏览该页面，查看这些标签继承容器主题后呈现的效果。

2 选择【插入】|【jQuery Mobile】|【页面】菜单命令，保留默认设置在当前HTML5文档中插入页面视图结构。

3 按【Ctrl+S】组合键，保存当前文档index.html。在编辑窗口中新建了一个页面视图，页面视图包含标题栏、内容框和页脚栏，修改标题文本为“内容主题”。

4 为<div data-role="page" id="page">标签添加data-theme属性，设置值为e，如图7.46所示。

```
14  <body>
15  <div data-role="page" id="page" data-theme="e">
16      <div data-role="header">
17          <h1>页面主题</h1>
18      </div>
19      <div data-role="content">内容</div>
20      <div data-role="footer">
21          <h4>脚注</h4>
22      </div>
23  </div>
24  </body>
```

为视图页面包含框定义主题类型（e）

图 7.46　为页面设计主题样式

5 为页脚包含框（<div data-role="footer">）添加data-position属性，设置属性值为fixed，设计页脚栏永远固定在页面底部。代码如下：

```
<div data-role="page" id="page" data-theme="e">
    <div data-role="header">
        <h1> 页面主题 </h1>
    </div>
    <div data-role="content"> 内容 </div>
    <div data-role="footer" data-position="fixed">
        <h4> 脚注 </h4>
    </div>
</div>
```

6 清除内容栏（<div data-role="content">）中文本信息，然后选择【插入】|【jQuery Mobile】|【可折叠块】菜单命令，在内容框中插入一个可折叠块。自动生成的代码如下：

```
<div data-role="content">
    <div data-role="collapsible-set" >
        <div data-role="collapsible">
            <h3> 标题 </h3>
            <p> 内容 </p>
        </div>
        <div data-role="collapsible" data-collapsed="true">
            <h3> 标题 </h3>
            <p> 内容 </p>
        </div>
        <div data-role="collapsible" data-collapsed="true">
            <h3> 标题 </h3>
            <p> 内容 </p>
        </div>
    </div>
</div>
```

7 为<div data-role="content">标签自定义主题，添加data-content-theme="a"属性，定义

折叠区块的主题为a。然后，修改折叠块的每个项目标题和内容，设计三个项目主题为：孔雀亮尾、孔雀开屏、孔雀高飞，自带折叠项内容区插入图片，在【CSS设计器】中定义图片宽度为100%显示，设置如图7.47所示。

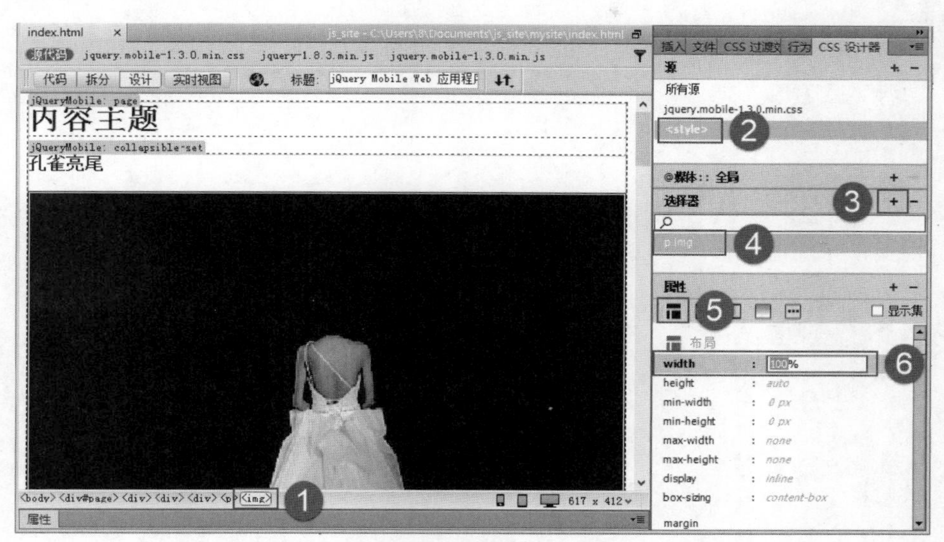

图 7.47　在折叠块内插入图像并定义宽度为 100% 显示

8 在头部位置添加如下元信息，定义视图宽度与设备屏幕宽度保持一致。

```
<meta name="viewport" content="width=device-width,initial-scale=1" />
```

9 完成设计之后，在移动设备中预览index.html页面，可以看到图7.45所示的页面效果。整个Page页面容器使用data-theme属性定义主题为e，内容块将继承主题e样式。然后在内容折叠块容器中，设置data-content-theme属性的值为a，修改折叠块内容区主题。前者针对的是折叠块标题部分，后者针对的是折叠块的内容显示区域部分，如果两个属性都不设置，将自动继承内容容器使用的样式或者默认的主题。

Style for Dreamweaver

Chapter 08

高级开发

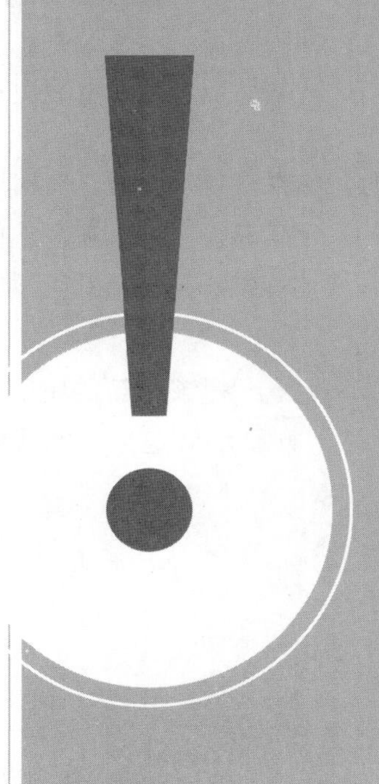

对应版本

学习难易度

1 2 3 4 5

CHAPTER

08

高级开发

jQuery Mobile构建于HTML 5和CSS 3基础之上，为开发者提供了大量实用、可扩展的API接口。通过这些接口，可以拓展jQuery Mobile的初始化事件、创建自定义的命名空间、设置当前激活页的样式、配置默认页和对话框的效果、自定义页面加载与出错的提示信息等功能。另外，借助jQuery Mobile API拓展事件，可以在页面触摸、滚动、加载、显示与隐藏的事件中，编写特定代码，实现事件触发时需要完成的功能。

jQuery Mobile针对的是移动终端的应用开发，作为一项全新的技术，对于新手来说学习成本要远低于其他开发移动设备应用的语言，但在实际的开发过程中，还是会出现诸多问题。本章介绍初学者在开发过程中遇到的技术难题，并通过理论与实例相结合的方式，逐一进行解答，开发人员有望在实践中少走弯路，不断提升使用jQuery Mobile开发移动应用的效率。

8.1 配置jQuery Mobile

jQuery Mobile允许用户修改框架的基本配置，由于配置具有全局功能，jQuery Mobile在页面加载后需要使用这些配置项以增强特性，这个加载过程早于document.ready事件，因此在该事件中修改基本配置是无效的，一般选择更早的mobileinit事件，在该事件中，可以修改基本配置项。

8.1.1 页面加载和跟踪

在document.mobileinit事件中设置配置项，可以使用jQuery中的$.extend方法实现，也可以借助$.mobile对象进行设置。

当用户在移动设备端浏览jQuery Mobile开发的移动项目页面时，如果是首次加载，有时速度较慢，会在页面的居中位置显示滚动的加载动画和“Loading”的文字信息。另外，如果访问的某个链接页面不存在，也会出现Error Loading Page的提示信息，而这些默认配置项都可以在document. mobileinit事件中进行自定义设置。

在下面示例中将新建一个HTML页面，在页面中增加一个<a>标签，将该标签的href属性值设置为一个不存在的页面文件news.html。用户单击该元素时，将显示自定义的错误提示信息，范例效果如图8.1所示。

☑ 范例效果

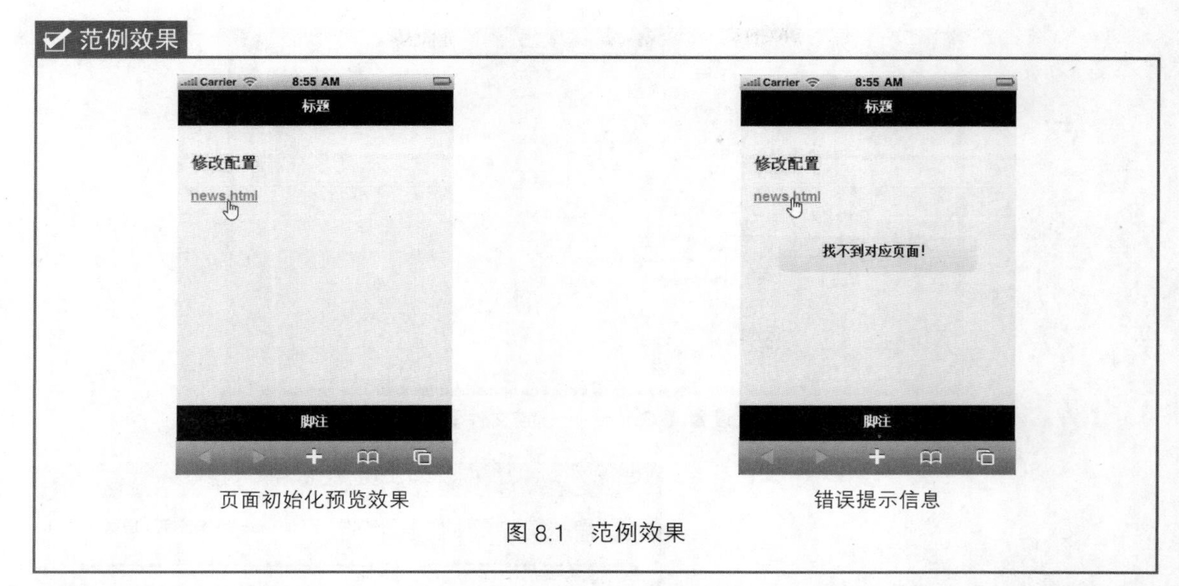

页面初始化预览效果　　　　错误提示信息

图 8.1　范例效果

1 启动Dreamweaver CC，选择【文件】|【新建】菜单命令，打开【新建文档】对话框，如图8.2所示。在该对话框中选择“空白页”项，设置页面类型为“HTML”，设置文档类型为“HTML5”，然后单击【创建】按钮，完成文档的创建操作。

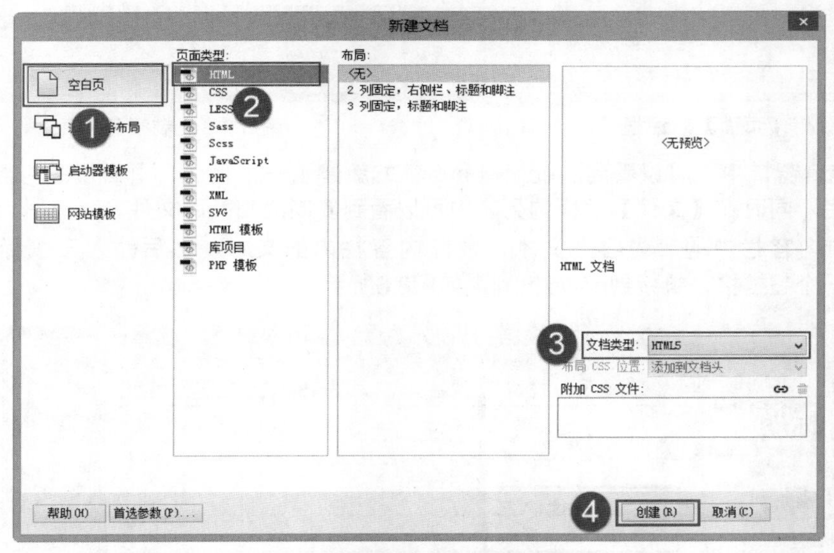

图 8.2 新建 HTML5 类型文档

2 按【Ctrl+S】组合键，保存文档为index.html。选择【插入】|【jQuery Mobile】|【页面】菜单命令，打开【jQuery Mobile文件】对话框，保留默认设置，单击【确定】按钮，完成在当前文档中插入视图页操作，设置如图8.3所示。

3 单击【确定】按钮，关闭【jQuery Mobile文件】对话框，然后打开【页面】对话框，在该对话框中设置页面的ID值，同时设置页面视图是否包含标题栏和页脚栏，保持默认设置，单击【确定】按钮，完成在当前HTML5文档中插入页面视图结构操作，设置如图8.4所示。

4 按【Ctrl+S】组合键，保存当前文档index.html。此时，Dreamweaver CC会弹出对话框提示保存相关的框架文件，如图8.5所示。

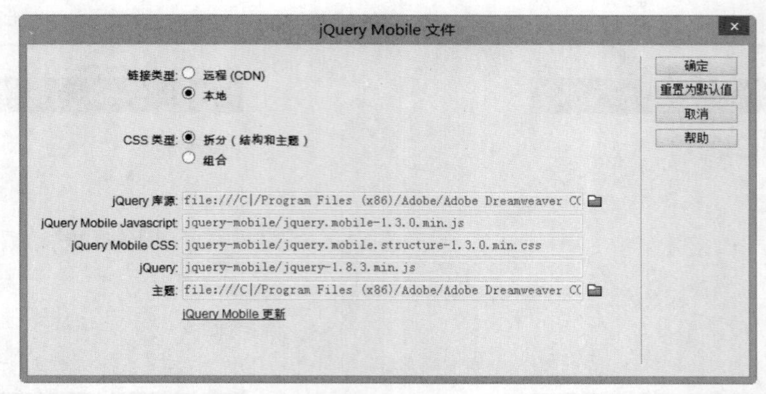

图 8.3　设置【jQuery Mobile 文件】对话框

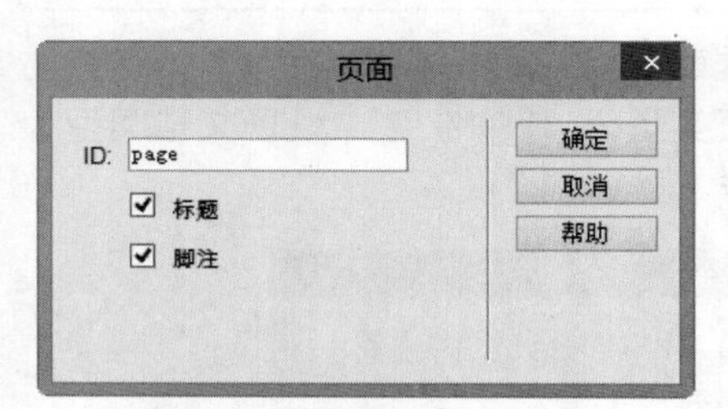

图 8.4　设置【页面】对话框

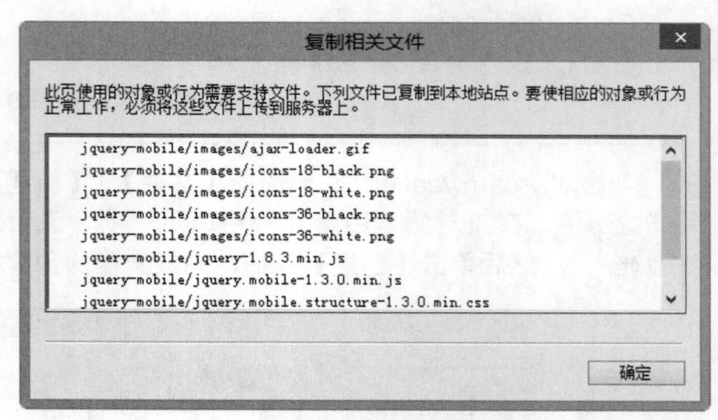

图 8.5　复制相关文件

5　在编辑窗口中，可以看到Dreamweaver CC新建了一个页面，页面视图包含标题栏、内容框和页脚栏，同时在【文件】面板的列表中可以看到复制的相关库文件。

6　选中内容栏中的“内容”文本，清除内容栏内的文本，然后输入三级标题“修改配置”，定义一个超链接，链接到news.html，如图8.6所示。

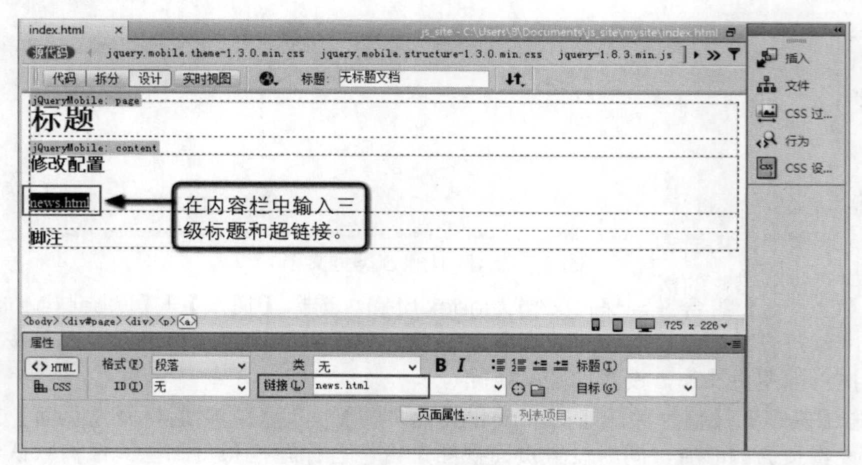

图 8.6　插入标题和超链接

7　切换到代码视图，在头部区域输入下面脚本代码。

```
<script>
$(document).bind("mobileinit", function() {
```

```
    $.extend($.mobile, {
        loadingMessage: '加载中...',
        pageLoadErrorMessage: '找不到对应页面！'
    });
});
</script>
```

为文档注册mobileinit事件，在mobileinit初始化事件回调函数中使用$.extend()工具函数为$.mobile重置两个配置参数：loadingMessage和pageLoadErrorMessage:，这两个配置变量都是jQuery Mobile的配置参量。整个修改过程是在mobileinit事件中完成的。

8 在头部位置添加如下元信息，定义视图宽度与设备屏幕宽度保持一致。

```
<meta name="viewport" content="width=device-width,initial-scale=1" />
```

9 完成设计之后，在移动设备中预览index.html页面，当单击超链接选项时，将会显示如图8.1所示的错误提示信息。

操作提示

由于mobileinit事件是在页面加载时立刻触发，因此，无论是在页面上直接编写JavaScript代码，还是引用JS文件，都必项放jquery.mobile脚本文件之前，否则代码无效，如图8.7所示。

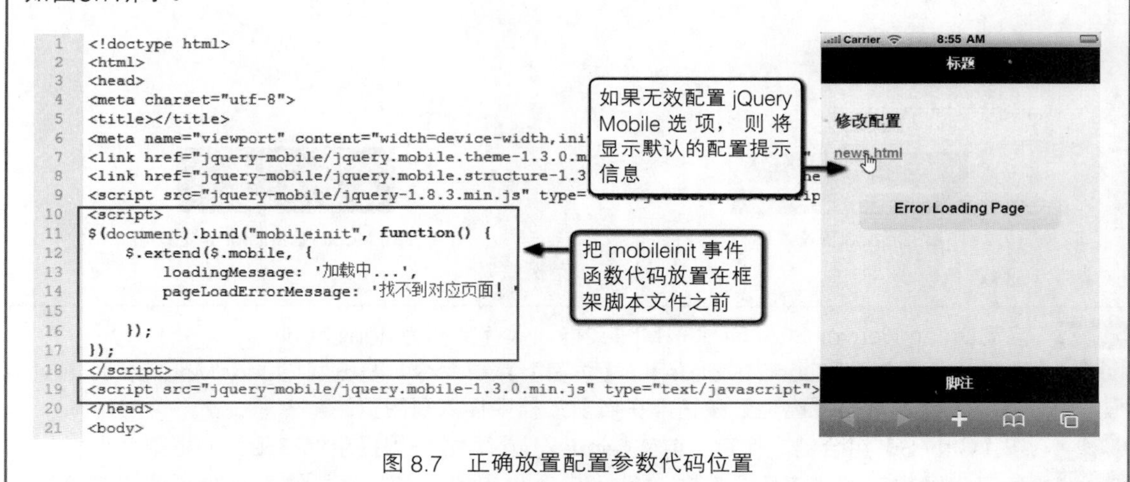

图 8.7　正确放置配置参数代码位置

技法拓展

在上面示例中，借助$.mobile对象，在mobileinit事件中通过下列两行代码，分别修改了页面加载时和加载出错时的提示信息，代码如下：

```
$.extend($.mobile, {
    loadingMessage: '加载中...',
    pageLoadErrorMessage: '找不到对应页面！'
});
```

上述代码调用了jQuery中的$.extend()方法进行扩展，实际上也可以使用$.mobile对象直接对各配置值进行设置，例如上述代码可以这样修改：

```
$(document).bind("mobileinit", function() {
    $.mobile.loadingMessage = '加载中...';
    $.mobile.pageLoadErrorMessage = '找不到对应页面！';
});
```

通过在mobileinit事件中加入上述代码中的任意一种，都可以实现修改默认配置项loadingMessage和pageLoadErrorMes sage的显示内容。

8.1.2 修改grade()配置值

在jQuery Mobile的默认配置中，gradeA配置项表示检侧浏览器是否属于支持类型中的A级别，配置值为布尔型，默认为S. support.mediaquery。除此之外，也可以通过代码检测当前的浏览器是否是支持类型中的A级别，接下来通过一个实例进行详细的说明。

新建一个HTML页面，在页面中添加一个ID为title的<p>标签。当执行该页面的浏览器属于A类支持级别时，在<p>中显示相关提示信息，范例效果如图8.8所示。

范例效果

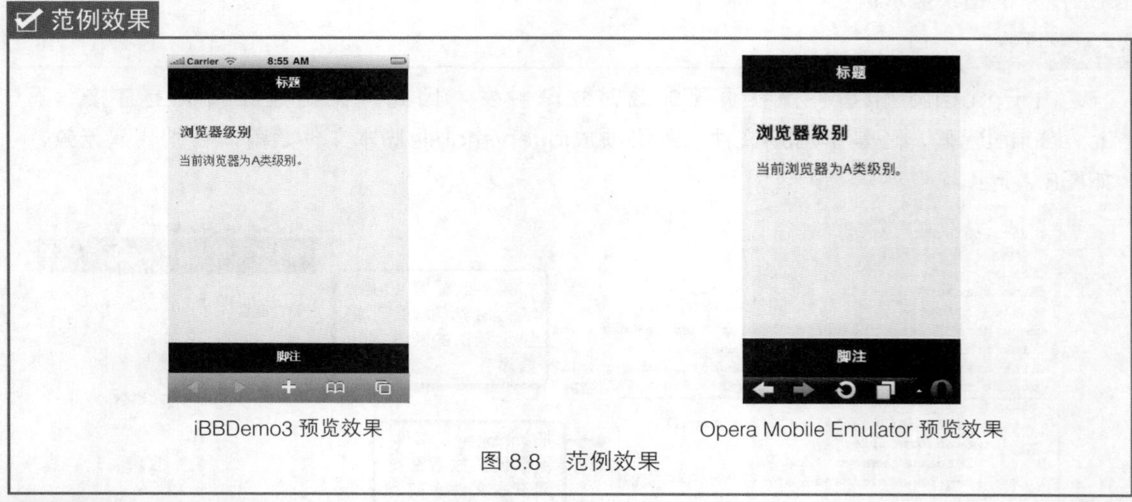

图 8.8 范例效果

1 启动Dreamweaver CC，新建HTML5文档，保存文档为index.html。

2 选择【插入】|【jQuery Mobile】|【页面】菜单命令，打开【jQuery Mobile文件】对话框，保留默认设置，单击【确定】按钮，在当前文档中插入视图页。

3 按【Ctrl+S】组合键，保存当前文档index.html，并根据提示保存相关的框架文件。

4 选中内容栏中的“内容”文本，清除内容栏内的文本，然后输入三级标题“浏览器级别”，插入一个空白段落文本标签，定义ID值为"title"，如图8.9所示。

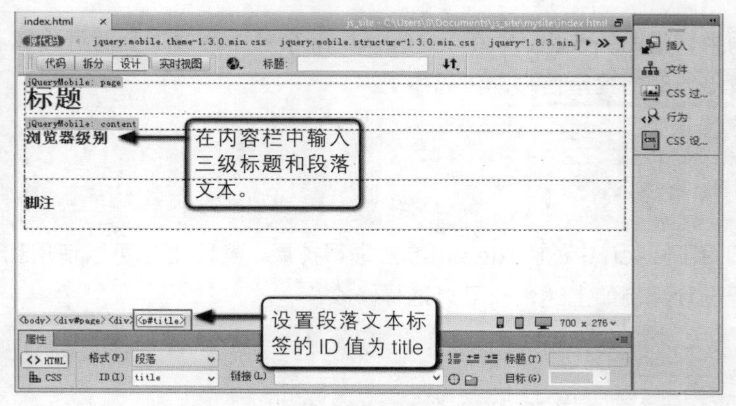

图 8.9 插入标题和段落文本

5 切换到代码视图，在头部区域输入下面脚本代码。

```
<script>
$(function() {
    if($.mobile.gradeA())
        $("#title").html('当前浏览器为A类级别。');
})
</script>
```

在页面初始化事件回调函数中，使用gradeA()工具函数获取当前浏览器的级别信息，如果是A级类型，则在<p id="title">标签中显示提示信息。

6 在头部位置添加如下元信息，定义视图宽度与设备屏幕宽度保持一致。

```
<meta name="viewpo.rt" content="width=device-width,initial-scale=1" />
```

7 完成设计之后，在移动设备中预览index.html页面，当单击超链接选项，将会显示如图8.8所示的提示信息。

技法拓展

我们也可以重写gradeA()函数，用来检测浏览器是否支持其他特性。例如，在<script src="jquery-mobile/jquery.mobile-1.3.0.min.js" type="text/javascript">标签之前编写如下脚本，使用函数的方式创建一个<div>标签，然后检测各类浏览器对该标签中CSS 3样式的支持状态，并将函数返回的值作为gradeA配置项的新值。

```
<script>
$(document).bind("mobileinit", function() {
    $.extend($.mobile, {
        gradeA: function() {
            var divTmp = document.createElement("div");
                divTmp.innerHTML = '<div style="-webkit-transform:rotate(360deg);-moz-
transform:rotate(360deg);"></div>';
            var btnSupport = false;
              btnSupport = (divTmp.firstChild.style.webkitTransform != undefined) || (divTmp.firstChild.
style.MozTransform != undefined);
            return btnSupport;
        }
    });
});
</script>
```

在上述JavaScript代码中，当触发mobileinit事件时，通过$.mobile对象重置gradeA配置值。该配置值是一个函数的返回值。在这个函数中，先创建一个<div>标签，并在该标签中设置一个翻转360度的CSS 3样式效果。然后，根据浏览器对该样式效果的支持情况，返回值false或true。最后，将该值作为整个函数的返回值，对gradeA的配置值进行修改。如果返回值为false，表示浏览器对该样式的支持并未达到A类级别，效果如图8.10（左）所示，如果返回值为true，表示浏览器对该样式的支持已达到A类级别，页面效果如图8.10（右）所示。

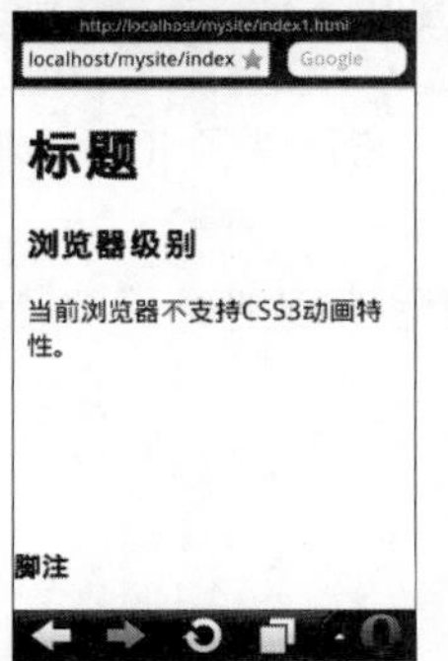

Opera Mobile Emulator 预览效果

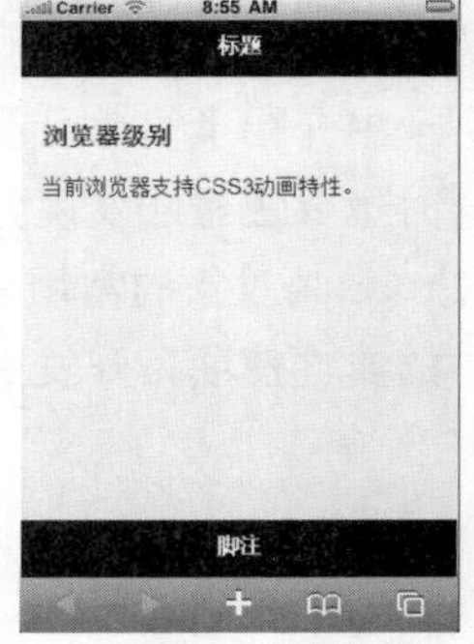

iBBDemo3 预览效果

图 8.10　检测浏览器支持特性

8.1.3 jQuery Mobile配置项

jQuery Mobile把所有配置都封装在 $.mobile中，作为它的属性，因此改变这些属性值就可以改变 jQuery Mobile的默认配置。当 jQuery Mobile 开始执行时，它会在 document 对象上触发 mobileinit 事件，并且这个事件远早于 document.ready 发生，因此用户需要通过如下的形式重写默认配置。

```
$(document).bind("mobileinit", function(){
    //新的配置
});
```

由于 mobileinit 事件会在jQuery Mobile执行后马上触发，因此用户需要在 jQuery Mobile 加载前引入这个新的默认配置，若这些新配置保存在一个名称为 custom-mobile.js 的文件中，则应该按照如下顺序引入 jQuery Mobile 的各个文件。

```
<script src="jquery.min.js"></script>
<script src="custom-mobile.js"></script>
<script src="jquery-mobile.min.js"></script>
```

下面以Ajax导航作为例说明如何自定义jQuery Mobile 的默认配置。

jQuery Mobile 是以Ajax的方式驱动网站，如果某个链接不需要 Ajax ，可以为某个链接添加 data-ajax="false"属性，这是局部的设置，如果用户需要取消默认的 Ajax 方式（全局取消 Ajax），可以自定义默认配置：

```
$(document).bind("mobileinit", function(){
    $.mobile.ajaxEnabled = false;
});
jQuery Mobile 是基于 jQuery 的，因此也可以使用 jQuery 的 $.extend 扩展 $.mobile 对象：
$(document).bind("mobileinit", function(){
    $.extend($.mobile, {
        ajaxEnabled: false
    });
});
```

使用上面的第二种方法可以很方便地自定义多个属性，如在上例的基础上同时设置 activeBtnClass，即为当前页面分配一个 class，原本的默认值为"ui-btn-active"，现在设置为"new-ui-btn-active"，可以这样写：

```
$(document).bind("mobileinit", function(){
    $.extend($.mobile, {
        ajaxEnabled: false,
        activeBtnClass: "new-ui-btn-active"
    });
});
```

上面的例子中介绍了简单且最基本的 jQuery Mobile 事件，它反映了 jQuery Mobile 事件需要如何使用，同时也要注意触发事件的对象和顺序。

以下是 $.mobile对象的常用配置选项及其默认值，作为里程碑的版本，在jQuery Mobile 3版本的配置项中的属性使项目开发更加灵活可控。

- ns

值类型：字符

默认值：""

说明：自定义属性命名空间，防止和其他的命名空间冲突。将[data-属性]的命名空间变更为[data-"自定义字符"属性]。

示例：

```
$(document).bind("mobileinit", function(){
    $.extend($.mobile , { ns: 'eddy-' });
});
```

声明后需要使用新的命名空间来定义属性，如data-eddy-role。

• autoInitializePage：

值类型：布尔

默认：true

说明：在DOM加载完成后是否立即调用$.mobile.initializePage对页面进行自动渲染。如果设置为false，页面将不会被立即渲染，并且保持隐藏状态。直到手动声明$.mobile.initializePage页面才会开始渲染，这样可以方便用户在控制异步操作完成后才开始渲染页面，避免动态元素渲染失败的问题。

示例：

```
$(document).bind("mobileinit", function(){
    $.extend($.mobile , { autoInitializePage: false });
});
```

• subPageUrlKey

值类型：字符

默认值："ui-page "

说明：用于设置引用子页面时哈希表中的标识,URL参数用来引用有JQM生成的子页面，例如example.html&ui-page=subpageIdentifir。在&ui-page=前的部分被JQM框架用来向子页面所在的URL发送一个Ajax请求。

示例：

```
$(document).bind("mobileinit", function(){
    $.extend($.mobile , { subPageUrlKey: 'ui-eddypage' });
});
```

修改后，在URL中"&ui-page="将被转换为"&ui-eddypage="。

• activePageClass

值类型：字符

默认值：" ui-page-active"

说明：处于活动状态的页面的Class名称，用于自定义活动状态的页面的样式引用。在自定义样式时，必须要在样式中声明以下属性：

```
display:block !important; overflow:visible !important;
```

不熟悉jQuery Mobile的CSS框架的用户经常会遇到自定义的样式不起作用的情况，这一般是由于自定义的样式和原有CSS框架的继承关系不同而引起的，可以在不起作用的样式后面加上!important来提高自定义样式的优先级。

• activeBtnClass

值类型：字符

默认值：" ui-btn-active"

说明：按钮在处于活动状态时的样式，包括按钮形态的元素被单击、激活时的显示效果。用于自定义样式风格。

• ajaxEnabled

值类型：布尔

默认：true

说明：在单击链接和提交按钮时，是否使用Ajax方式加载界面和提交数据，如果设置为false，链接和提交方式将会使用HTML原生的跳转和提交方式。

• hashListeningEnabled

值类型：布尔

默认：true

说明：设置jQuery Mobile是否自动监听和处理location.hash的变化，如果设置为false，可以使用手动的方式来处理hash的变化，或者简单地使用链接地址进行跳转，在一个文件中则使用ID标记的方式来切换页面。

• defaultPageTransition

值类型：字符

默认值："slide"

说明：设置默认的页面切换效果，如果设置为"none"，页面切换将没有效果。

可选的效果说明如下。

◆ slide：左右滑入

◆ slideup：由下向上滑入

◆ slidedown：由上向下滑入

◆ pop：由中心展开

◆ fade：渐显

◆ flip：翻转

由于浏览器的支持程度问题，有些效果在某些浏览器中不支持。

• touchOverflowEnabled

值类型：布尔

默认：false

说明：是否使用设备的原生区域滚动特性，除了iOS 5之外大部分的设备还不支持原生的区域滚动特性。

• defaultDialogTransition

值类型：字符

默认值："pop"

说明：设置Ajax对话框的弹出效果，如果设置为"none"，则没有过渡效果。可选的效果与defaultPageTransition属性相同。

• minScrollBack

值类型：数字

默认值：150

说明：当滚动超出所设置的高度时才会触发滚动位置记忆功能，当滚动高度没有超过所设置的高度时，则后退到该页面滚动条会到达顶部。可以此设置来减小位置记忆的数据量。

• loadingMessage

值类型：字符

默认值：" loading "

说明：设置在页面加载时出现的提示框中的文本，如果设置为false，将不显示提示框。

• pageLoadErrorMessage

值类型：字符

默认值：" Error Loading Page"

说明：设置在Ajax加载失败后出现的提示框中的文字内容。

• gradeA()

值类型：函数返回一个布尔值

默认值：$.support.mediaquery

说明：用于判断浏览器是否属于A级浏览器。布尔类型，默认$.support.mediaquery用于返回这个布尔值。

8.2 事件

在移动终端设备中，有一类事件无法触发(如鼠标事件或窗口事件)，但它们又客观存在。因此，在jQuery Mobile中，提供了一些建于本地事件的自定义事件以用来创建一些有用的钩子，注意这些事件是建立于各种已存在的触摸事件之上，如鼠标和窗口事件。借助框架的API将这类型的事件扩展为专门用于移动终端设备的事件，如触摸、设备翻转、页面切换等，开发人员可以使用live()或bind()进行绑定。

8.2.1 触摸事件

在jQuery Mobile中，触摸事件包括5种类型，详细说明如下。

• tap(轻击)：一次快速完整的轻击页面屏幕后触发。

• taphold（轻击不放）：轻击并不放（大约一秒）后触发。

• swipe(划动)：一秒内水平拖动大于30px，同时纵向拖动小于20px的事件发生时触发。

• swipeleft（左划）：划动事件为向左的方向时触发。

• swiperight（右划）：划动事件为向右的方向时触发。

! TIPS

触发swipe事件时需要注意下列属性：

scrollSupressionThreshold：该属性默认值为10px，水平拖动大于该值则停止。

durationThreshold：该属性默认值为1 000ms，划动时超过该值则停止。

horizontalDistanceThreshold：该属性默认值为30px，水平拖动超出该值时才能滑动.

verticalDistanceThreshold：该属性默认值为75px，垂直拖动小于该值时才能滑动。

这4个默认配置属性可以通过下面方法进行修改：

```
$(document).bind("mobileinit", function(){
    $.event.special.swipe.scrollSupressionThreshold ("10px")
    $.event.special.swipe.durationThreshold ("1000ms")
    $.event.special.swipe.horizontalDistanceThreshold ("30px");
    $.event.special.swipe.verticalDistanceThreshold ("75px");
});
```

在下面示例中将使用swipeleft和swiperight事件类型设计图片滑动预览效果，如图8.11所示。

范例效果

图 8.11　范例效果

1 启动Dreamweaver CC，新建HTML5文档，保存文档为index.html。

2 选择【插入】|【jQuery Mobile】|【页面】菜单命令，打开【jQuery Mobile文件】对话框，保留默认设置，单击【确定】按钮，在当前文档中插入视图页。

3 按【Ctrl+S】组合键，保存当前文档index.html，并根据提示保存相关的框架文件。

4 选中内容栏中的“内容”文本，清除内容栏内的文本，然后选择【插入】|【Div】菜单命令，插入一个Class为outer的<div>标签，在【CSS设计器】面板中设计其高度为220px，相对定位，如图8.12所示。

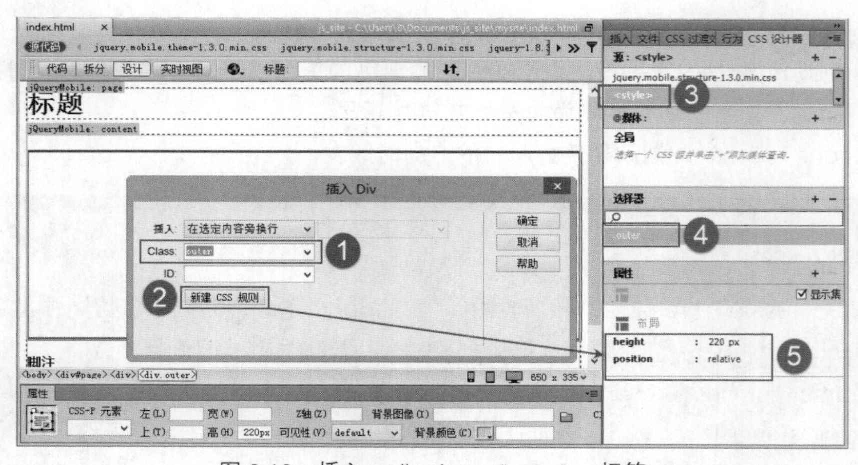

图 8.12　插入 <div class="outer" > 标签

5 选择【插入】|【Div】菜单命令，在<div class="outer" >标签内插入一个Class为inner的<div>标签，在【CSS设计器】面板中设计其高度为100%，相对定位，定义overflow: visible，显示所有内容。

6 选择【插入】|【结构】|【项目列表】菜单命令，在<div class="inner" >标签内插入一个项目列表，在每个项目中插入一个图片。在属性面板中定义项目列表的ID值为“pic_box”，在【CSS设计器】面板中设计其宽度为3 000px，绝对定位，定义overflow: hidden，隐藏超出范围的内容，同时清除项目列表默认的样式，完成代码如下，设置如图8.13所示。

```
.outer ul {
    width: 3000px;
    list-style: none;
    overflow: hidden;
    position: absolute;
    top: 0px;
    left: 0;
    margin: 0;
    padding: 0
}
```

图 8.13　插入并设计列表包含框样式

7 定义列表项向左浮动显示，高度为100%，相对定位，右侧边界为15px，设置如图8.14所示。

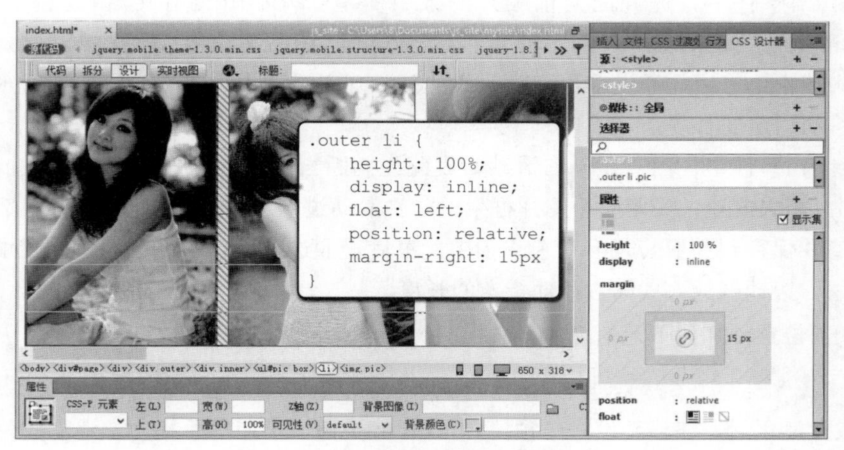

图 8.14　设计列表项目样式

8 在内部样式表中，设置图片的高度为100%。然后切换到代码视图，在头部区域输入下面脚本代码。

```
<script>
$(function() {
    var swiptimg = {
        $index: 0,
        $width: 160,
        $swipt: 0,
        $legth: 5
    }
    var $imgul = $("#pic_box");
    $(".pic").each(function() {
        $(this).swipeleft(function() {
            if (swiptimg.$index < swiptimg.$legth) {
                swiptimg.$index++;
                swiptimg.$swipt = -swiptimg.$index * swiptimg.$width;
                $imgul.animate({ left: swiptimg.$swipt }, "slow");
            }
        }).swiperight(function() {
            if (swiptimg.$index > 0) {
                swiptimg.$index--;
                swiptimg.$swipt = -swiptimg.$index * swiptimg.$width;
                $imgul.animate({ left: swiptimg.$swipt }, "slow");
            }
        })
    })
})
</script>
```

在本实例中，首先在类名为outer的<div>容器中（<div class="outer" >）添加一个<ul>列表，并将全部滑动浏览的图片添加至列表的<li>标签中。

然后，在页面初始化事件回调函数中，先定义了一个全局性对象swiptimg，在该对象中设置需要使用的变量，并将获取的图片加载框架标签（<ul id="pic_box">）保存在$imgul变量中。

最后，无论是将图片绑定swipeleft事件还是swiperight事件，都要调用each()方法遍历全部图片。在遍历时，通过“$(this)”对象获取当前的图片元素，并将它与swipeleft和swiperight事件相绑定。

在swipeleft事件中，先判断当前图片的索引变量swiptimg.$index值是否小于图片总值swiptimg.$legth。如果成立，索引变量自动增加1，然后将需要滑动的长度值保存到变量swiptimg.$swipt中。最后，通过前面保存元素的$imgul变量调用jQucry的animate()方法，以动画的方式向左移动指定的长度。

在swiperight事件中，由于是向右滑动，因此先判断当前图片的索引变量swiptimg.$index的值是否大于0。如果成立，说明整个图片框架已向左滑动过，索引变量自动减少1，然后，获取滑动时的长度值并保存到变量swiptimg.$swipt中。最后，通过前面保存的$imgul变量调用jQuery的animate()方法，以动画的方式向右移动指定的长度。

9 在头部位置添加如下元信息，定义视图宽度与设备屏幕宽度保持一致。

```
<meta name="viewport" content="width=device-width,initial-scale=1" />
```

10 完成设计之后，在移动设备中预览index.html页面，当使用手指向左滑动图片时，将会显示图8.11（左）所示的效果，如果向右滑动则会显示图8.11（右）所示效果。

! TIPS

说明每次滑动的长度值都与当前图片的索引变量相连，因此，每次的滑动长度都会不一样;另外，图片加载完成后，根据滑动的条件，必须按照先从右侧滑动至左侧，然后再从左侧滑动至右侧的顺序进行，其中每次滑动时的长度和图片总数变量可以自行修改。

8.2.2 翻转事件

在智能手机等移动设备中，都有对方向变换的自动感知功能，如当手机方向从水平方向切换到垂直方向时，则会触发该事件。在jQuery Mobile事件中，如果手持设备的方向发生变化，即手持方向为横向或纵向时，将触发orientationchange事件。在orientationchange事件中，通过获取回调函数中返回对象的orientation属性，可以判断用户手持设备的当前方向。orientation属性取值包括"portrait"和"landscape"，其中"portrait"表示纵向垂直，"landscape"表示表示横向水平。

下面示例将根据orientationchange事件判断用户移动设备的手持方向，并及时调整页面布局，以适应不同宽度的显示效果，如图8.15所示。

范例效果

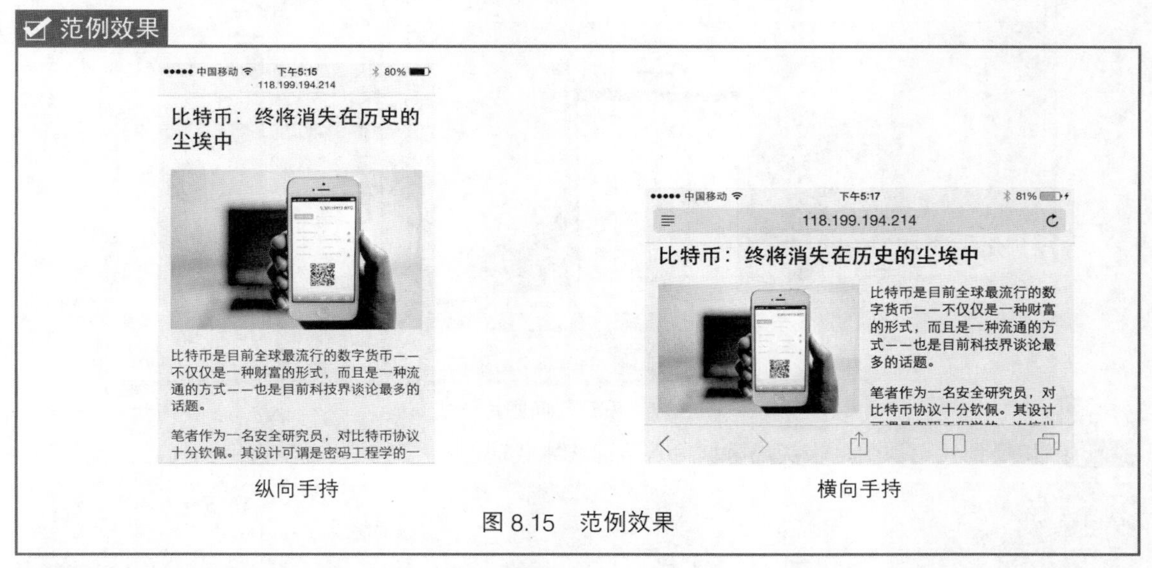

图 8.15 范例效果

1 启动Dreamweaver CC，新建HTML5文档，保存文档为index.html。

2 选择【插入】|【jQuery Mobile】|【页面】菜单命令，打开【jQuery Mobile文件】对话框，保留默认设置，单击【确定】按钮，然后在自动打开的【页面】对话框中，取消勾选“标题”和“脚注”复选框，在当前文档中插入仅包含内容框的视图页，设置如图8.16所示。

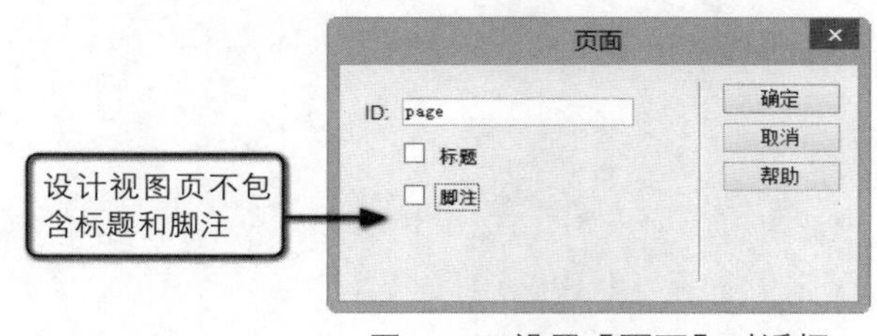

图 8.16 设置【页面】对话框

3 按【Ctrl+S】组合键，保存当前文档index.html，并根据提示保存相关的框架文件。

4 选中内容栏中的“内容”文本，清除内容栏内的文本，然后完成一个简单的新闻内容结构，包括新闻标题、新闻图片和新闻正文，代码如下：

```
<div data-role="page" id="page">
    <div data-role="content">
        <h2>比特币：终将消失在历史的尘埃中</h2>
        <img src="images/1.jpg" class="news_pic"  />
         <p>比特币是目前全球最流行的数字货币——不仅仅是一种财富的形式，而且是一种流通的方式——也是目前科技界谈论最多的话题。</p>
         <p>笔者作为一名安全研究员，对比特币协议十分钦佩。其设计可谓是密码工程学的一次惊世之作，特别是比特币工作机制的验证原理，在发挥得当的情况下，能够将量子计算机（quantum computer）可能制造的竞争所带来的损失降到最低。但是我认为，比特币的货币功能却有着一个重大的缺陷，这一点必将导致比特币永远无法成为一种广泛普及的货币。</p>
    </div>
</div>
```

5 选中图片，在【CSS设计器】面板中设计其宽度为100%，如图8.17所示。

图 8.17　设计新闻图片样式

6 切换到代码视图，在头部区域输入下面脚本代码。

```
<script>
$(function() {
    var $pic = $(".news_pic");
    $( 'body' ).bind( 'orientationchange' , function(event) {
        var $oVal = event.orientation;
        if ($oVal ==  'portrait' ) {
            $pic.css({
                "width" : "100%",
                "margin-right" :0,
                "margin-bottom" :0,
                "float" : "none"
            });
        } else {
            $pic.css({
                "width" : "50%",
                "margin-right" :12,
                "margin-bottom" :12,
                "float" : "left"
```

```
            });
        }
    })
})
</script>
```

在页面加载时，为<body>标签绑定orientationchange事件，在该事件的回调函数中，通过事件对象传回的orientation属性值检测用户移动设备的手持方向。如果为"portrait"，则定义图片宽度为100%，图片右侧和底部边界为0，禁止浮动显示；反之，则定义图片宽度为50%，图片右侧和底部边界为12px，向左浮动显示，从而实现根据不同的移动设备的手持方向，动态地改变图片的显示样式，以适应屏幕宽度的变化。

7 在头部位置添加如下元信息，定义视图宽度与设备屏幕宽度保持一致。

```
<meta name="viewport" content="width=device-width,initial-scale=1" />
```

8 完成设计之后，在移动设备中预览index.html页面，当纵向手持设备时，将会显示图8.15（左）所示的效果，如果横向手持设备时，则显示图8.15（右）所示效果。

! TIPS

在页面中，orientationchange事件的触发前提是必须将$.mobile.orientationChangeEnabled配置选项设为true，如果改变该选项的值，将不会触发该事件，只会触发resize事件。

8.2.3 滚屏事件

当用户在设备上滚动页面时，jQuery Mobile提供了滚动事件进行监听。jQuery Mobile屏幕滚动事件包含两种类型，一种是开始滚动事件（scrollstart）；另一种是结束滚动事件（scroll-stop）。这两种类型的事件主要区别在于触发时间不同，前者是用户开始滚动屏幕中页面时触发，而后者是用户停止滚动屏幕中页面时触发。接下来通过一个完整的实例介绍如何在移动项目的页面中绑定这两个事件，如图8.18所示。

范例效果

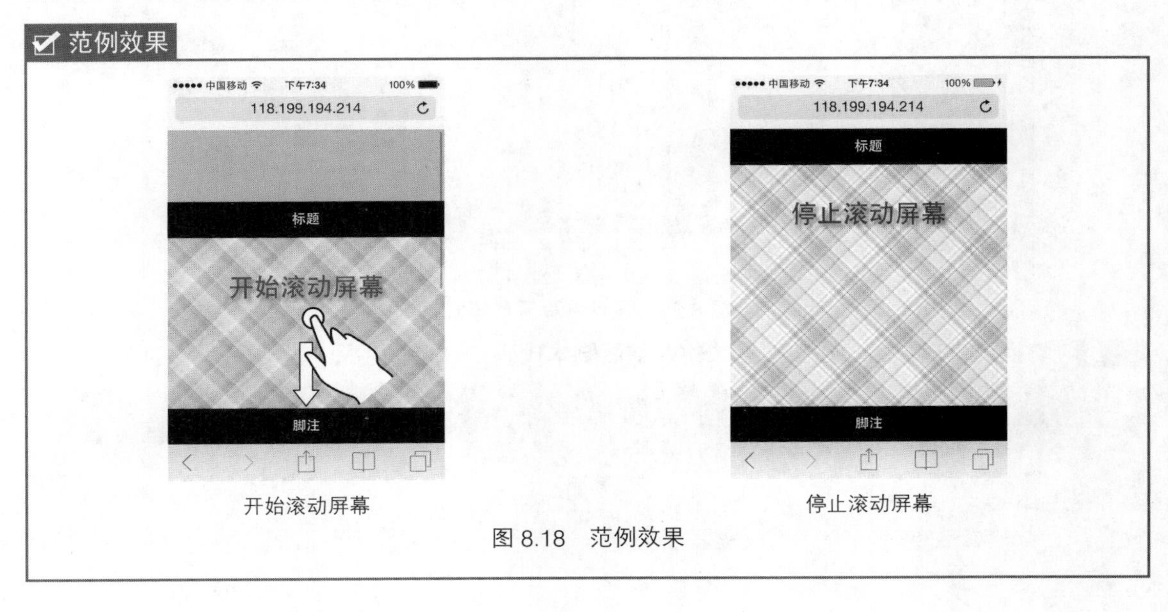

图 8.18 范例效果

1 启动Dreamweaver CC，新建HTML5文档，保存文档为index.html。

2 选择【插入】|【jQuery Mobile】|【页面】菜单命令，打开【jQuery Mobile文件】对话框，保留默认设置，单击【确定】按钮，在当前文档中插入视图页。

3 按【Ctrl+S】组合键，保存当前文档index.html，并根据提示保存相关的框架文件。

4 选中内容栏中的“内容”文本，在属性面板中设置为二级标题，在【CSS设计器】面板中设置布局和文本样式：height: 400px、color: blue、font-size: 30px、text-align: center、-webkit-text-shadow: 4px 4px 4px #938484、text-shadow: 4px 4px 4px #938484，定义标题高度为400px，字体颜色为蓝色，字体大小为30px，文本居中对齐，并添加文本阴影，设置如图8.19所示。

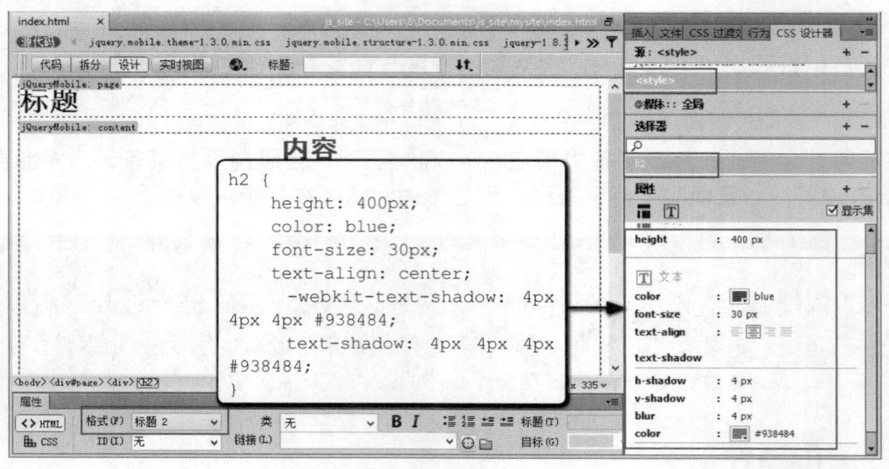

图 8.19　设计标题样式

5 选中<body>标签，在【CSS设计器】面板中为页面定义背景图像，设置如图8.20所示。

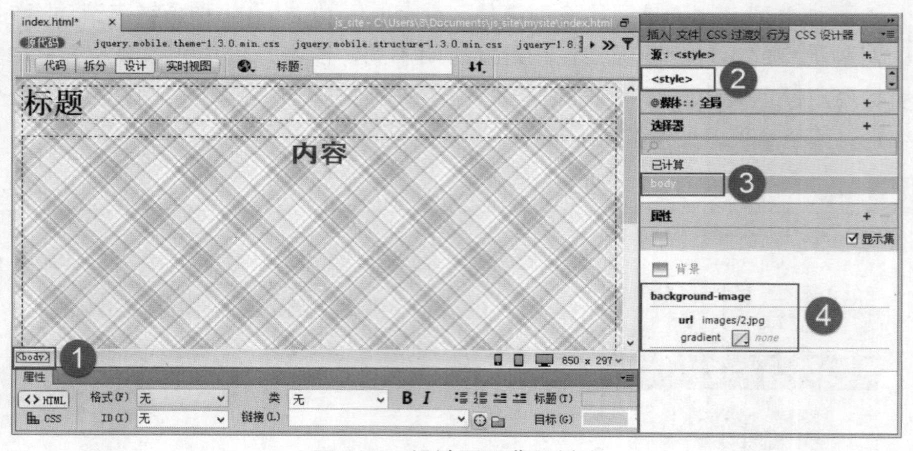

图 8.20　设计网页背景样式

6 切换到代码视图，在头部区域输入下面脚本代码：

```
<script>
$('div[data-role="page"]').live('pageinit', function(event, ui) {
    var div = $('div[data-role="content"]');
    var h2 = $('h2');
    $(window).bind('scrollstart', function() {
        h2.text("开始滚动屏幕").css("color","red");
```

```
        div.css('background-image', 'url(images/3.jpg)');
    })
    $(window).bind('scrollstop', function() {
        h2.text("停止滚动屏幕").css("color","blue");
        div.css('background-image', 'url(images/2.jpg)');
    })
})
</script>
```

在触发pageinit事件时，为Window对象绑定scrollstart和scrollstop事件。window屏幕开始滚动时触发scrollstart事件，在该事件中将<h2>标签包含的文字设为“开始滚动屏幕”字样，设置字体颜色为红色，同时设置内容框背景图像为images/3.jpg；当window屏幕停止滚动时，触发scrollstop事件，在该事件中将<h2>标签包含的文字设为“停止滚动屏幕”字样，设置字体颜色为蓝色，同时设置内容框背景图像为images/2.jpg。

7 在头部位置添加如下元信息，定义视图宽度与设备屏幕宽度保持一致。

```
<meta name="viewport" content="width=device-width,initial-scale=1" />
```

8 完成设计之后，在移动设备中预览index.html页面，当使用手指向下滚动屏幕时，将会显示图8.18（左）所示的效果，如果停止滚动屏幕，则显示图8.18（右）所示效果。

! TIPS

iOS系统中的屏幕在滚动时将停止DOM的操作，停止滚动后再按队列执行已终止的DOM操作。因此，在这样的系统中，屏幕的滚动事件将无效。

8.2.4 页面显示/隐藏事件

当在不同页面之间或同一个页面不同容器之间相互切换时，将触发页面中的显示或隐藏事件。具体包括四种事件类型。

- pagebeforeshow，页面显示前事件，当页面在显示之前、实际切换正在进行时触发，该事件回调函数传回的数据对象中包含一个prevPage属性，该属性是一个jQuery集合对象，它可以获取正在切换远离页的全部DOM元素。
- pagebeforehide，页面隐藏前事件，当页面在隐藏之前、实际切换正在进行时触发，此事件回调函数传回的数据对象中包含一个nextPage属性，该属性是一个jQuery集合对象，它可以获取正在切换目标页的全部DOM元素。
- pageshow，页面显示完成事件，当页面切换完成时触发，此事件回调函数传回的数据对象中包含一个prevPage属性，该属性是一个jQuery集合对象，它可以获取正在切换远离页的全部DOM元素。
- pagehide，页面隐藏完成事件，当页面隐藏完成时触发，此事件回调函数传回的数据对象中有一个nextPage属性，该属性是一个jQuery集合对象，它可以获取正在切换目标页的全部DOM元素。

在下面示例中将新建一个HTML页面，在页面中添加两个Page容器，在每个容器中添加一个<a>标签，然后在两容器间进行切换。在切换过程中绑定页面的显示与和隐藏事件，通过浏览器的控制台显示各类型事件执行的详细信息，范例效果如图8.21所示。

范例效果

在 iPhone5 中预览效果

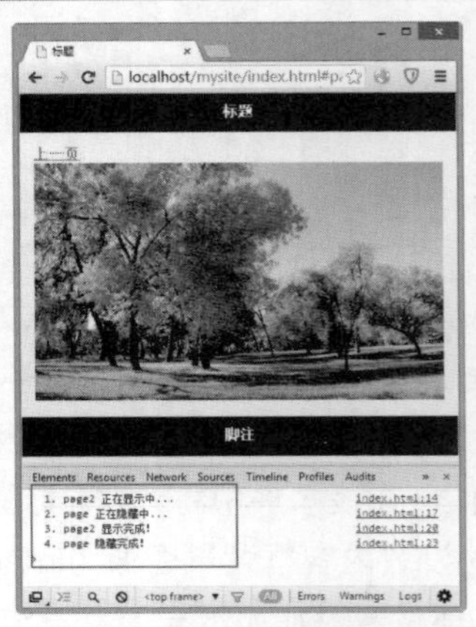

在 Chrome 控制台中查看信息

图 8.21　范例效果

1 启动Dreamweaver CC，新建HTML5文档，保存文档为index.html。

2 选择【插入】|【jQuery Mobile】|【页面】菜单命令，打开【jQuery Mobile文件】对话框，保留默认设置，单击【确定】按钮，在当前文档中插入视图页。

3 继续选择【插入】|【jQuery Mobile】|【页面】菜单命令，在下面再插入一个视图页。其中第一个视图页ID值为page，第二个视图页ID值为page。

4 按【Ctrl+S】组合键，保存当前文档index.html，并根据提示保存相关的框架文件。

5 分别在两个视图内容框中定义一个超链接，设置类型为锚点链接，分别指向对方的ID值，同时在锚链接的下面分别插入一幅图片，以便识别不同页面，代码如下：

```
<div data-role="page" id="page">
    <div data-role="header">
        <h1> 标题 </h1>
    </div>
    <div data-role="content">
                <a href="#page2"> 下一页 </a>
        <img src="images/1.jpg" alt=""/>
    </div>
    <div data-role="footer">
        <h4> 脚注 </h4>
    </div>
</div>
<div data-role="page" id="page2">
    <div data-role="header">
        <h1> 标题 </h1>
    </div>
    <div data-role="content">
                <a href="#page"> 上一页 </a>
        <img src="images/2.jpg" alt=""/>
    </div>
    <div data-role="footer">
        <h4> 脚注 </h4>
    </div>
</div>
```

6 切换到代码视图，在头部区域输入下面脚本代码。

```
<script>
$(function() {
    $('div').live('pagebeforehide', function(event, ui) {
        console.log('1. ' + ui.nextPage[0].id + ' 正在显示中 ... ');
    });
    $('div').live('pagebeforeshow', function(event, ui) {
        console.log('2. ' + ui.prevPage[0].id + ' 正在隐藏中 ... ');
    });
    $('div').live('pagehide', function(event, ui) {
        console.log('3. ' + ui.nextPage[0].id + ' 显示完成！ ');
    });
    $('div').live('pageshow', function(event, ui) {
        console.log('4. ' + ui.prevPage[0].id + ' 隐藏完成！ ');
    })
})
</script>
```

在上述代码中将<div>容器与各类型的页面显示和隐藏事件相绑定。在这些事件中，通过调用console的log方法，记录每个事件中回调函数传回的数据对象属性，这些属性均是jQuery对象。在显示事件中，该对象可以获取切换之前页面（prevPage）的全部DOM元素。在隐藏事件中，该对象可以获取切换之后页面（nextPage）的全部DOM元素，各事件中获取的返回对象不同。

7 在头部位置添加如下元信息，定义视图宽度与设备屏幕宽度保持一致。

```
<meta name="viewport" content="width=device-width,initial-scale=1" />
```

8 完成设计之后，在移动设备中预览index.html页面，将会显示图8.21（左）所示的效果，如果单击链接，则显示图8.21（右）所示效果。

知识拓展

除上面介绍的事件之外，jQuery Mobile还提供了其他页面事件，说明如下。

- pagebeforeload：该事件在加载请求发出前触发，在绑定的回调函数中.可以调用preventDefault()方法表示由该事件来处理load事件。
- pagload：该事件当前页面加载成功并创建了全部的DOM元素后触发，被绑定的回调函数返回一个数据对象，该对象有二个参数，其中第二个参数包含如下信息：url表示调用地址，absurl表示绝对地址。
- pageloadfailed：该事件当页面加载失败时触发，默认情况下触发该事件后，jQuery Mobile将以页面的形式显示出错信息。
- pagcbeforechange：当页面在切换或改变之前触发该事件，在回调函数中包含两个数据对象参数，其中第一个参数toPage表示指定内/外部的页面绝对/相对地址；第二个参数options表示使用changePage()时的配置选项。
- pagechange：当完成changePage()方法请求的页面并完成DOM元素加载时触发该事件。在触发任何pageshow或pagehide事件之前，此事件已完成了触发。
- pagechangefailed：当使用 changcPage()方法请求页面失败时，其回调函数与pagebeforechange事件一样，数据对象包含相同的两个参数。

- pagebeforecreate：当页面在初始化数据之前触发，在触发该事件之前，jQuery Mobile的默认部件将自动初始化数据，另外，通过绑定pagebeforecreate事件然后返false，可以禁止页面中的部件自动操作。
- pagecreate：当页面在初始化数据之后触发，是用户在自定义自己的部件或增强子部件中标记时，最常调用的一个事件。
- pageinit：当页面的数据初始化完成、还没有加载DOM元素时触发该事件。在jQuery Mobile中，Ajax会根据导航把每个页面的内容加载到DOM中。因此，要在任何新页面中加载并执行脚本，就必须绑定pageinit事件而不是ready事件。
- pageremove：当试图从DOM中删除一个外部页面时触发该事件，在该事件的回调函数中可以调用事件对象的preventDefault()方法防止删除页面被访问。
- updatelayout：当动态显示或隐藏内容的组成部分时触发该事件，该事件以冒泡的形式通知页面中需要同时更新的其他组件。

8.3 方法

jQuery Mobile通过API拓展了很多事件，同时jQuery Mobile也借助$.mobile对象提供了不少简单的方法，其中有些方法在前面章节已介绍，本节重点介绍有关URL地址的转换、验证、域名比较及纵向滚动的相关方法。

8.3.1 转换路径

有时需要将文件的访问路径进行统一转换，将一些不规范的相对地址转换为标准的绝对地址，jQuery Mobile允许通过调用$.mobile对象的makePathAbsolute()来实现该项功能。该方法的语法格式如下：

```
$.mobile.path.makePathAbsolute(relPath, absPath)
```

makePathAbsolute()方法包含两个必填参数，一是参数relPath为字符型，表示相对文件的路径，二是参数absPath 为字符型，表示绝对文件的路径。

该方法的功能是以绝对路径为标准，根据相对路径所在目录级别，将相对路径转成一个绝对路径，返回值是一个转换成功的绝对路径字符串。

与makePathAbsolute()相类似，makeUrlAbsolute()方法是将一些不规范的URL地址，转成统一标准的绝对URL地址，该方法调用的格式为：

```
$.nobile.path.makeUrlAbsolute(relUrl,  absUrl)
```

该方法的参数与makePathAbsolute()方法的参数功能相同。

下面通过一个示例比较两个方法的用法和不同，范例效果如图8.22所示。

☑ 范例效果

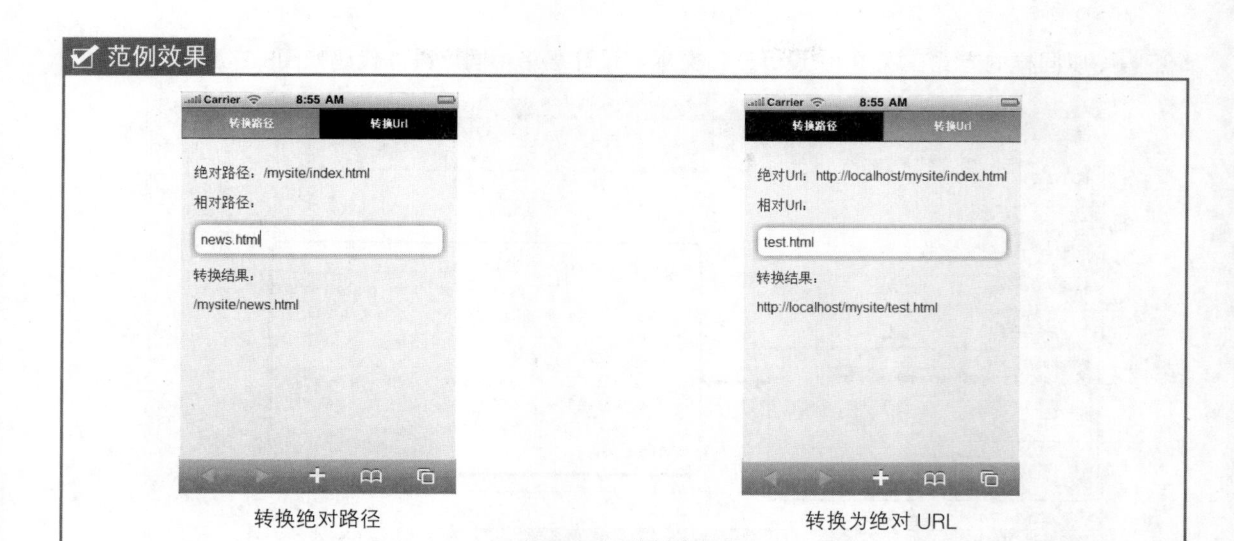

图 8.22　范例效果

1 启动Dreamweaver CC，新建HTML5文档，保存文档为index.html。

2 选择【插入】|【jQuery Mobile】|【页面】菜单命令，打开【jQuery Mobile文件】对话框，设置视图页ID值为page1，取消勾选“脚注”复选框，单击【确定】按钮，在当前文档中插入视图页，如图8.23所示。

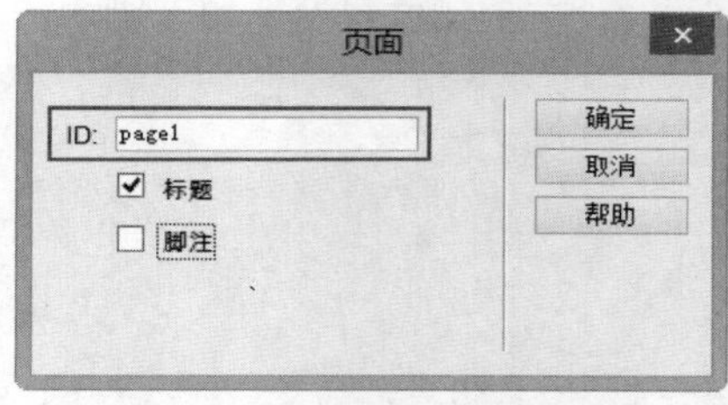

图 8.23　设置页面视图的 ID 值

3 继续选择【插入】|【jQuery Mobile】|【页面】菜单命令，再插入一个视图页，设置视图页ID值为page2。

4 按【Ctrl+S】组合键，保存当前文档index.html，并根据提示保存相关的框架文件。

5 分别在两个视图标题栏中插入一个导航条（<div data-role="navbar">），然后插入一个列表结构，设计两个按钮，分别链接视图1和视图2，代码如下：

```
<div data-role="header">
    <div data-role="navbar">
        <ul>
            <li><a href="#page1" class="ui-btn-active">转换路径</a></li>
            <li><a href="#page2">转换 Url</a></li>
        </ul>
    </div>
</div>
```

6 在视图1的内容框中输入下面代码，设计三行文本，其中在第一行中设置绝对路径模式，第二行文本中插入一个文本框，允许用户输入相对路径的文件名称，第三行文本中提供一个<span>标签，用来显示处理后的绝对路径信息。

```
<div data-role="content">
    <p>绝对路径：<span id="page1-a">/mysite/index.html</span></p>
    <p>相对路径：</p>
    <input id="page1-txt" type="text"/>
    <p>转换结果：</p>
    <span id="page1-b"></span>
</div>
```

7 以同样的方式在视图2中设计三行文本，设计思路相同，具体代码如图8.24所示。

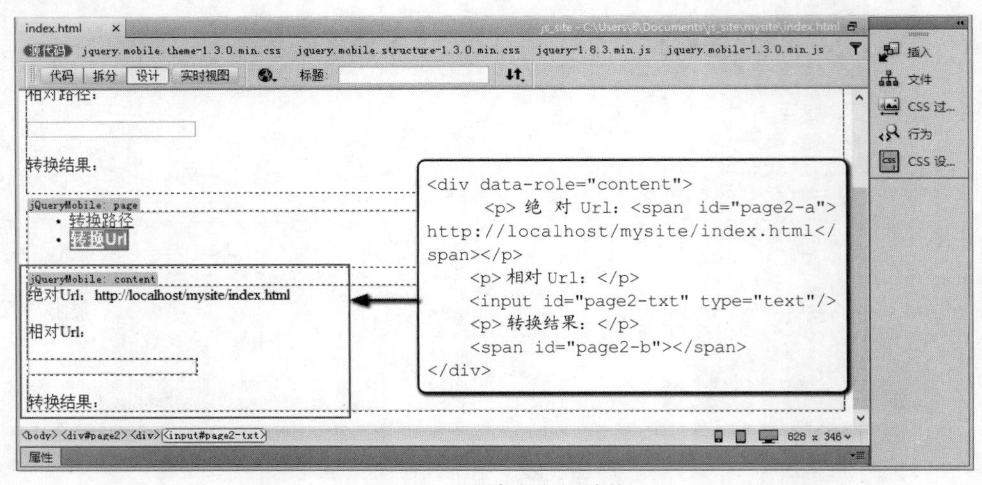

图 8.24　设计内容框结构

8 在头部位置设计如下脚本：

```
<script>
$("#page1").live("pagecreate", function() {
    $("#page1-txt").bind("change", function() {
        var strPath = $("#page1-a").html();
        var absPath = $.mobile.path.makePathAbsolute($(this).val(), strPath);
        $("#page1-b").html(absPath)
    })
})
$("#page2").live("pagecreate", function() {
    $("#page2-txt").bind("change", function() {
        var strPath = $("#page2-a").html();
        var absPath = $.mobile.path.makeUrlAbsolute($(this).val(), strPath);
        $("#page2-b").html(absPath)
    })
})
</script>
```

在上述代码中分别为视图1和视图2绑定pagecreate事件，该事件在视图页被创建时触发。在该事件回调函数中，为文本框绑定changge事件，当在文本框中输入字符时，将会触发该事件，在事件回调函数中使用$.mobile.path.makePathAbsolute()和$.mobile.path.makeUrlAbsolute()方法把用户输入的文件名转换为绝对路径表示形式。

9 在头部位置添加如下元信息，定义视图宽度与设备屏幕宽度保持一致。

```
<meta name="viewport" content="width=device-width,initial-scale=1" />
```

10 完成设计之后，在移动设备中预览index.html页面，然后在第一个视图的文本框中输入文件名，则在下面会显示被转换为绝对路径的字符串，范例效果如图8.22（左）所示，单击导航条中第二个按钮，切换到第二个视图，在其中文本框中输入文件名，将会被转换为绝对路径，范例效果如图8.22（右）所示。

8.3.2　域名比较

在jQuery Mobile中，除提供URL地址验证的方法外，还可以通过isSameDomain()方法比较两个任意URL地址字符串内容是否为同一个域名，该方法的语法格式如下。

```
$.mobile .path.isSameDomain (url1, url12)
```

参数url1、url2为字符型，且为必填项目，其中是一个相对的URL地址。另一个参数url2是一个相对或绝对的URL地址。当url1与ur12的域名相同时，返回true，否则返回false。

在下面示例中将新建一个HTML页面，添加一个Page容器，并在容器中增加两个文本框。当用户在两个文本框中输入不同URL地址后，将调用isSameDomain()方法对这两个地址进行比较，如果是相同域名则在页面中显示提示信息，范例效果如图8.25所示。

范例效果

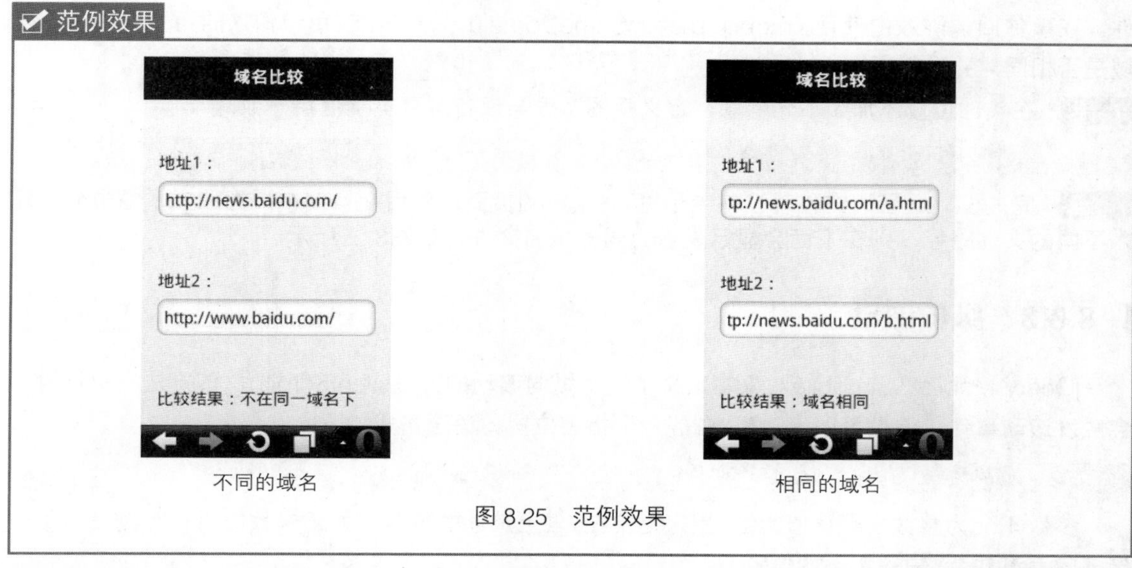

不同的域名　　相同的域名

图 8.25　范例效果

1 启动Dreamweaver CC，新建HTML5文档，保存文档为index.html。

2 选择【插入】|【jQuery Mobile】|【页面】菜单命令，打开【jQuery Mobile文件】对话框，设置视图页ID值为page1，取消勾选“脚注”复选框，单击【确定】按钮，在当前文档中插入视图页，如图8.26所示。

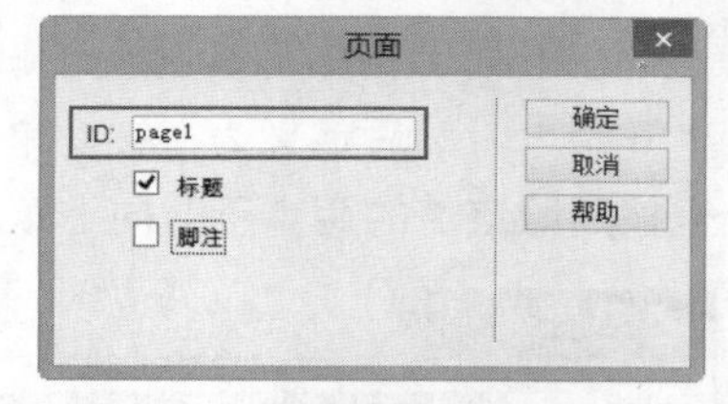

图 8.26　设置页面视图的 ID 值

3 按【Ctrl+S】组合键，保存当前文档index.html，并根据提示保存相关的框架文件。

4 在视图1的内容框中输入下面代码，设计三行文本，其中在第一行和第二行段落中各插入一个文本框，允许用户输入路径字符串，第三行文本中提供一个<span>标签，用来显示比较结果的路径是否同在一个作用域下面。

```
<div data-role="content">
    <p>地址 1：<input id="txt1" type="text"/></p>
    <p>地址 2：<input id="txt2" type="text"/></p>
    <p>比较结果：<span id="bijiao"></span></p>
</div>
```

5 在头部位置设计如下脚本：

```
<script>
$( “#page1").live( “pagecreate", function() {
    $( “#txt1,#txt2").live( “change", function() {
        var $txt1 = $( “#txt1").val();
```

```
        var $txt2 = $("#txt2").val();
        if ($txt1 != "" && $txt2 != "") {
            var blnResult = $.mobile.path.isSameDomain($txt1, $txt2) ? "域名相同" : "不在同一域名下";
             $("#bijiao").html(blnResult)
        }
    })
});
</script>
```

在上述代码中分别为视图1绑定pagecreate事件，该事件在视图页被创建时触发。在该事件回调函数中，为文本框1和文本框2绑定changge事件，当在文本框中输入字符时，将会触发该事件，在事件回调函数中使用$.mobile.path.isSameDomain ()方法比较用户输入的两个文件名所在域是否相同，并进行提示。

6 在头部位置添加如下元信息，定义视图宽度与设备屏幕宽度保持一致。

```
<meta name="viewport" content="width=device-width,initial-scale=1" />
```

7 完成设计之后，在移动设备中预览index.html页面，然后在第一个视图的文本框中分别输入不同的文件路径，则在下面会显示是否为同一域名文件，如图8.25所示。

8.3.3 纵向滚动

jQuery Mobile在$.mobile对象中定义了一个纵向滚动的方法silentScroll()，该方法在执行时不会触发滚动事件，但是可以滚动至Y轴的一个指定位置。语法格式如下：

```
$.mobile.silentScroll (yPos)
```

参数yPos为整数，默认值为0，用来指定在Y轴上滚动的位置。如果参数值为10，则表示整个屏幕向上滚动至Y轴的10px的位置。

在下面示例中将新建一个HTML页面，添加一个<span>标签，并将它的初始内容设置为“开始”，然后定义为按钮，单击该按钮时，它的内容变成不断增加的动态数值，并且整个屏幕也按照照该值的距离不断向上滚动，直至该值显示为50时停止，范例效果如图8.27所示。

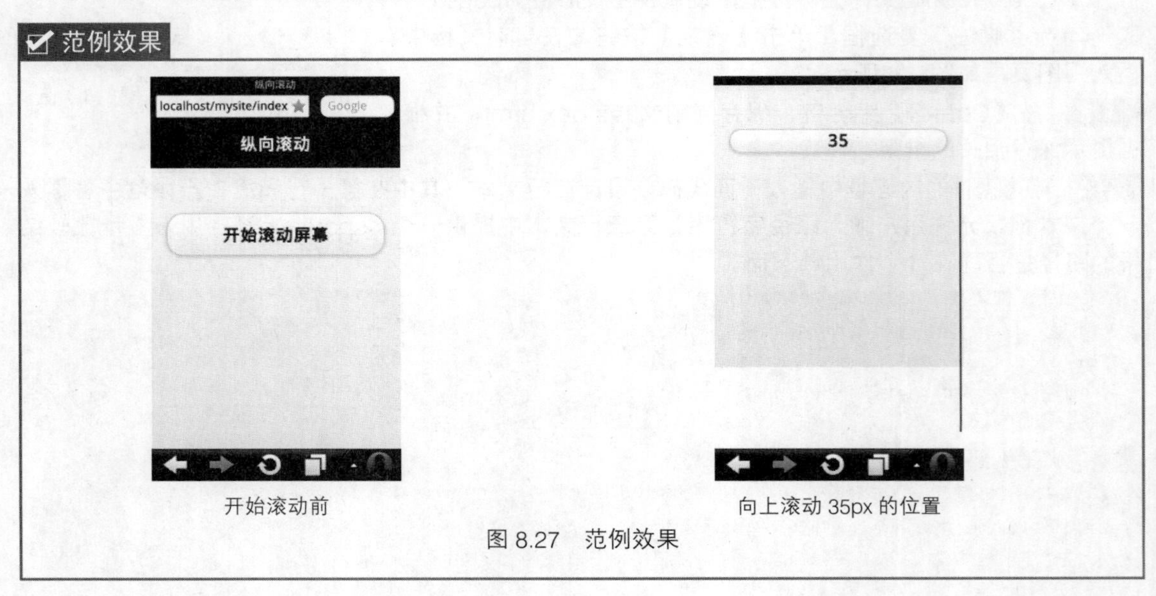

图 8.27 范例效果

1 启动Dreamweaver CC，新建HTML5文档，保存文档为index.html。

2 选择【插入】|【jQuery Mobile】|【页面】菜单命令，打开【jQuery Mobile文件】对话框，设置视图页ID值为page1，取消勾选"脚注"复选框，单击【确定】按钮，在当前文档中插入视图页。

3 按【Ctrl+S】组合键，保存当前文档index.html，并根据提示保存相关的框架文件。

4 在视图1的内容框中使用data-role="button"属性，为<a>标签设计一个按钮，代码如下：

```
<div data-role="content">
    <span id="a1" data-role="button"> 开始滚动屏幕 </span>
</div>
```

5 在头部位置设计如下脚本。

```
<script>
var interval, n = 0;
$("#page1").live("pagecreate", function() {
    $("#a1").live("click", function() {
        interval = window.setInterval(autoScroll, 500);
    })
})
function autoScroll() {
    if (n < 51) {
        $.mobile.silentScroll(n);
        $("#a1").html(n);
        n = n + 1;
    } else {
        window.clearInterval(interval);
    }
}
</script>
```

在上述代码中分别为视图1绑定pagecreate事件，该事件在视图页被创建时触发。在该事件回调函数中，为按钮绑定click事件，当单击按钮时将会触发该事件，在单击事件回调函数中使用window.setInterval()方法设计一个定时器，定义每半秒调用一次autoScroll()函数，在该函数中使用$.mobile.silentScroll(n)方法滚动设备屏幕至指定的位置。

6 在头部位置添加如下元信息，定义视图宽度与设备屏幕宽度保持一致。

```
<meta name="viewport" content="width=device-width,initial-scale=1" />
```

7 完成设计之后，在移动设备中预览index.html页面，单击"开始滚动屏幕"按钮，可以看到屏幕不断向上滚动，并显示滚动的Y轴位置，如图8.27所示。

8.4 设计UI样式

jQuery Mobile提供很多组件，为了满足不同个性设置要求，用户可以对这些组件定义定制，本节通过几节示例展示组件定制的基本方法。

8.4.1 关闭列表项箭头

在jQuery Mobile中，<ul>列表是使用频率最高的标签之一，几乎所有需要加载大量格式化数据时都会考虑使用该标签。为了单击列表选项时链接到某个页面，在列表的<li>选项中，常常会增加一个<<a>标签用于实现单击列表项展开链接的功能。但是，当添加<<a>标签后，

jQucry Mobile默认在列表项的最右侧自动增加一个圆形背景的小箭头，用来表示列表中的选项是一个超链接。在实际开发过程中，用户可以通过修改数据集中的图标属性data-icon关闭该小箭头图标，范例效果如图8.28所示。

范例效果

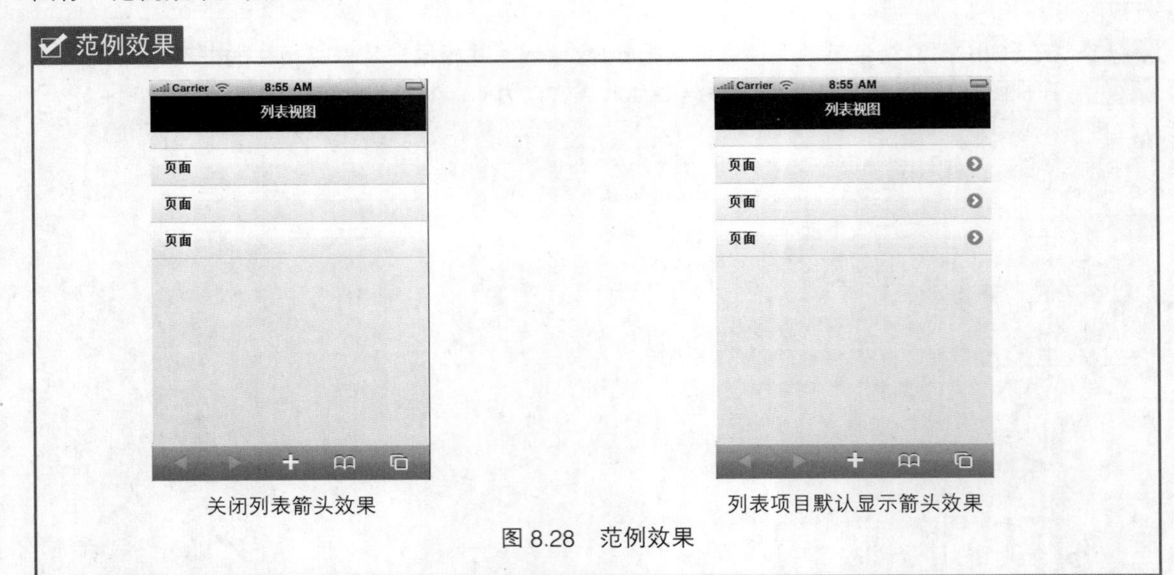

关闭列表箭头效果　　列表项目默认显示箭头效果

图 8.28　范例效果

1 启动Dreamweaver CC，新建HTML5文档，保存文档为index.html。

2 选择【插入】|【jQuery Mobile】|【页面】菜单命令，打开【jQuery Mobile文件】对话框，设置视图页ID值为page1，取消勾选“脚注”复选项卡，单击【确定】按钮，在当前文档中插入视图页。

3 按【Ctrl+S】组合键，保存当前文档index.html，并根据提示保存相关的框架文件。

4 清除视图1的内容框中文本，然后选择【插入】|【jQuery Mobile】|【列表视图】菜单命令，打开【列表视图】对话框，保留默认设置在页面中插入一个列表视图结构，如图8.29所示。

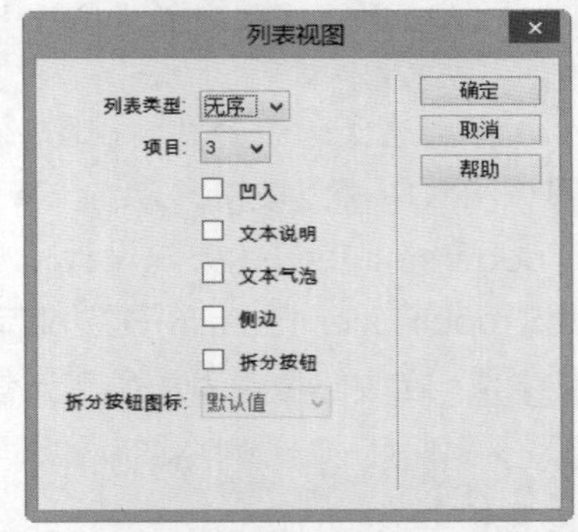

图 8.29　设置【列表视图】对话框

5 切换到代码视图，为每个列表项目<li>标签添加data-icon="false"属性，设置data-icon属性值为false，关闭列表项目右侧的箭头，如图8.30所示。

```
18  <body>
19  <div data-role="page" id="page1">
20      <div data-role="header">
21          <h1>列表视图</h1>
22      </div>
23      <div data-role="content">
24          <ul data-role="listview">
25              <li data-icon="false"><a hre
26              <li data-icon="false"><a hre
27              <li data-icon="false"><a hre
28          </ul>
29      </div>
30  </div>
31  </body>
```

为每个列表项目 <li> 标签添加 data-icon="false" 属性

图 8.30　设置 data-icon="false" 属性

6 完成设计之后，在移动设备中预览index.html页面，列表项目不再显示指示箭头，如图8.28（左）所示。

技法拓展

通过设置列表项中<li>标签的data-icon属性值。可以开启或禁用列表项中最右侧箭头图标的显示状态。该属性默认值为true，则表示显示，如果设置为false则为禁用。

但是如果在data-role属性值为button的<a>标签中，data-icon属性值为按钮中的图标名称，如data-icon属性值为delete，则显示一个“删除”按钮的小图标。还可以将该属性值设置为true或false，用来开启或禁用按钮中图标的显示状态。

在jQuery Mobile中，<a>标签的data-icon属性可以控制图标的显示状态，而data-mini属性则可以控制按钮显示时的高度。该属性默认值为false，表示正常高度显示。如果设置为true，将显示一个高度紧凑型的按钮。

8.4.2 固定标题栏和页脚栏

在默认情况下，在移动设备的浏览器中查看页面时，页面滑动是从上至下，或从下至上的方式。如果加载的内容较多页面很长时，则需要从页脚栏返回标题栏导航条再单击链接地址，这种操作比较麻烦。如果在标题栏或页脚栏的容器中增加data-position属性，将该属性位设置为fixed，可以将滚动屏幕时隐藏的标题栏或页脚栏在停止滚动或单击时重新出现，再次滚动时又自动隐藏。由此实现将标题栏或页脚栏以悬浮的形式固定在固定位置，范例效果如图8.31所示。

范例效果

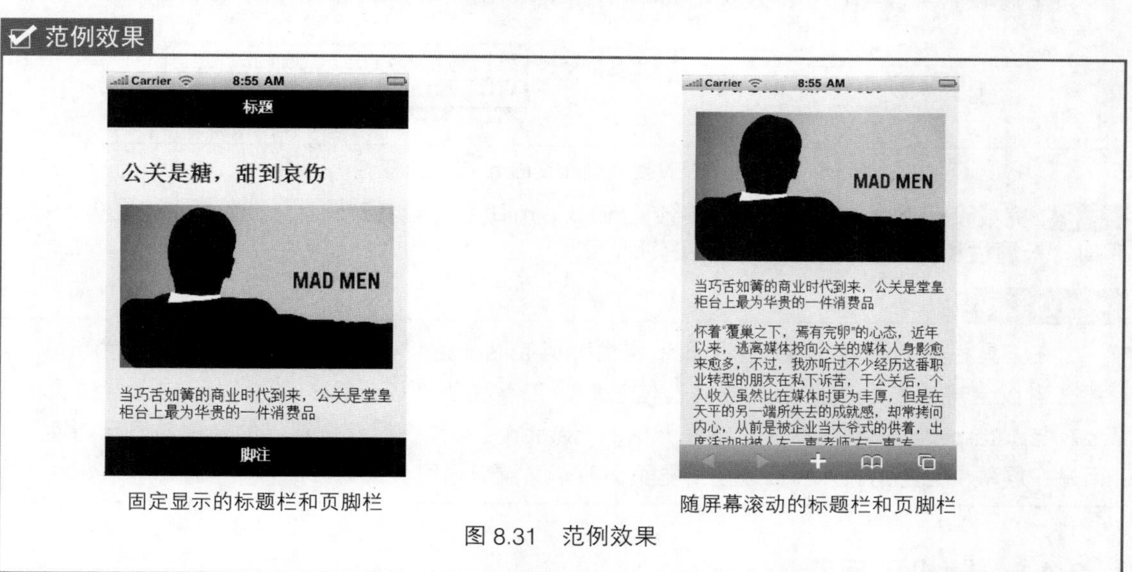

图 8.31　范例效果

1 启动Dreamweaver CC，新建HTML5文档，保存文档为index.html。

2 选择【插入】|【jQuery Mobile】|【页面】菜单命令，打开【jQuery Mobile文件】对话框，按默认设置，在当前文档中插入视图页。

3 按【Ctrl+S】组合键，保存当前文档index.html，并根据提示保存相关的框架文件。

4 清除视图1的内容框中文本，设计一个新闻版面，包括新闻标题、新闻图片和新闻内容，如图8.32所示。

图 8.32　设计一个新闻版面

5 切换到代码视图，为标题栏和页脚栏包含框标签添加data-position="fixed"属性，设置标题栏和页脚栏固定在屏幕顶部和底部显示，如图8.33所示。

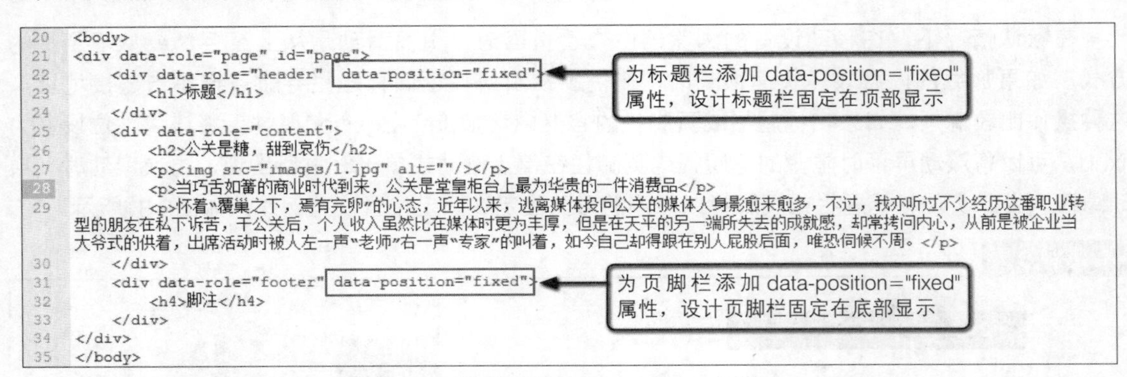

```
20 <body>
21 <div data-role="page" id="page">
22     <div data-role="header" data-position="fixed">
23         <h1>标题</h1>
24     </div>
25     <div data-role="content">
26         <h2>公关是糖，甜到哀伤</h2>
27         <p><img src="images/1.jpg" alt=""/></p>
28         <p>当巧舌如簧的商业时代到来，公关是堂皇柜台上最为华贵的一件消费品</p>
29         <p>怀着"覆巢之下，焉有完卵"的心态，近年以来，逃离媒体投向公关的媒体人身影愈来愈多，不过，我亦听过不少经历这番职业转型的朋友在私下诉苦，干公关后，个人收入虽然比在媒体时更为丰厚，但是在天平的另一端所失去的成就感，却常拷问内心，从前是被企业当大爷式的供着，出席活动时被人左一声"老师"右一声"专家"的叫着，如今自己却得跟在别人屁股后面，唯恐伺候不周。</p>
30     </div>
31     <div data-role="footer" data-position="fixed">
32         <h4>脚注</h4>
33     </div>
34 </div>
35 </body>
```


图 8.33　设置 data-position="fixed" 属性

6 完成设计之后，在移动设备中预览index.html页面，会看到图8.31（左）所示，当滚动屏幕时，标题栏和页脚栏始终固定显示在页面。

技法拓展

在工具栏中，还可以增加全屏显示属性data-fullscreen。如果将该属性的值设置为true，那么当以全屏的方式浏览图片或其他信息时，工具栏仍然以悬浮的形式显示在全屏的页面上。与data-position属性不同，属性data-fullscreen并不是在原有位置上的隐藏与显示切换，而是在屏幕中完全消失，当出现全屏幕页面时，又重新返回页面中。

8.4.3 随机页面背景

jQuery Mobile页面加载的过程与jQuery不同，它可以很方便地捕获到一些有用的事件，如pagecreate页面初始化事件。在pagecreate事件中，所有请求的DOM元素已经创建完毕，并开始加载，此时可以自定义部件元素，实现一些自定义样式效果，如显示加载进度条或随机显示页面背景图片等。

在下面示例中将演示如何动态控制页面背景，设计一种随机背景效果，展示pagecreate页面初始化事件的使用方法，范例效果如图8.34所示。

范例效果

固定显示的标题栏和页脚栏　　　　随屏幕滚动的标题栏和页脚栏

图 8.34　范例效果

1 启动Dreamweaver CC，新建HTML5文档，保存文档为index.html。

2 选择【插入】|【jQuery Mobile】|【页面】菜单命令，打开【jQuery Mobile文件】对话框，按默认设置，在当前文档中插入视图页。

3 按【Ctrl+S】组合键，保存当前文档index.html，并根据提示保存相关的框架文件。

4 设置标题栏中的标题文本为“随机背景”，清除视图内容框中的文本，然后在【CSS设计器】面板中设计内容框背景样式：background-color:transparent、background-origin:content-box、background-size:cover、background-image: url(images/1.jpg)，定义背景图像为images/1.jpg，并覆盖整个内容框区域，同时定义内容框高度为500px，如图8.35所示。

图 8.35　设计内容框背景样式

5 切换到代码视图，在头部位置输入下面脚本代码：

```
<script>
$('#page').live("pagecreate", function() {
    var n = Math.floor(Math.random() * 5)+ 1;
    $("div[data-role='content']").css("background-image","url(images/"+ n +".jpg)")
})
</script>
```

在上面代码中分别为当前视图绑定pagecreate事件，该事件在视图页被创建时触发。在该事件回调函数中，使用Math.random()方法生成一个随机数，然后转换为1~5之间的一个整数，最后为内容栏包含框定义随机背景样式。

6 在头部位置添加如下元信息，定义视图宽度与设备屏幕宽度保持一致。

```
<meta name="viewport" content="width=device-width,initial-scale=1" />
```

7 完成设计之后，在移动设备中预览index.html页面，会看到图8.34所示的效果，当刷新页面会随机显示不同的背景效果。

8.5 定制组件

jQuery Mobile作为jQuery插件，继承了jQuery的优势和用法规则，但作为一个新型的移动框架，在使用它开发项目的过程中，还可以定制组件，根据需要进行个性化开发，使开发人员尽量少走弯路，不断提升代码执行的效率与性能。

8.5.1 设置标题/按钮组件显示字数

在jQuery Mobile中，如果列表选项或按钮中的标题文字过长时，会被自动截断，并用“…”符号表示被截断的部分。不过用户可以通过重置ui-btn-text类样式恢复正常显示。此外，如果在按钮中将data-iconpos的属性值设为notext，可以创建一个没有任何标题文字的按钮。

在下面示例中新建一个HTML页面，在正文内容区域中添加两个data-role属性值为button的<a>标签，定义两个案例，第一个正常显示按钮中超长的标题文字；第二个不显示标题文字，范例效果如图8.36所示。

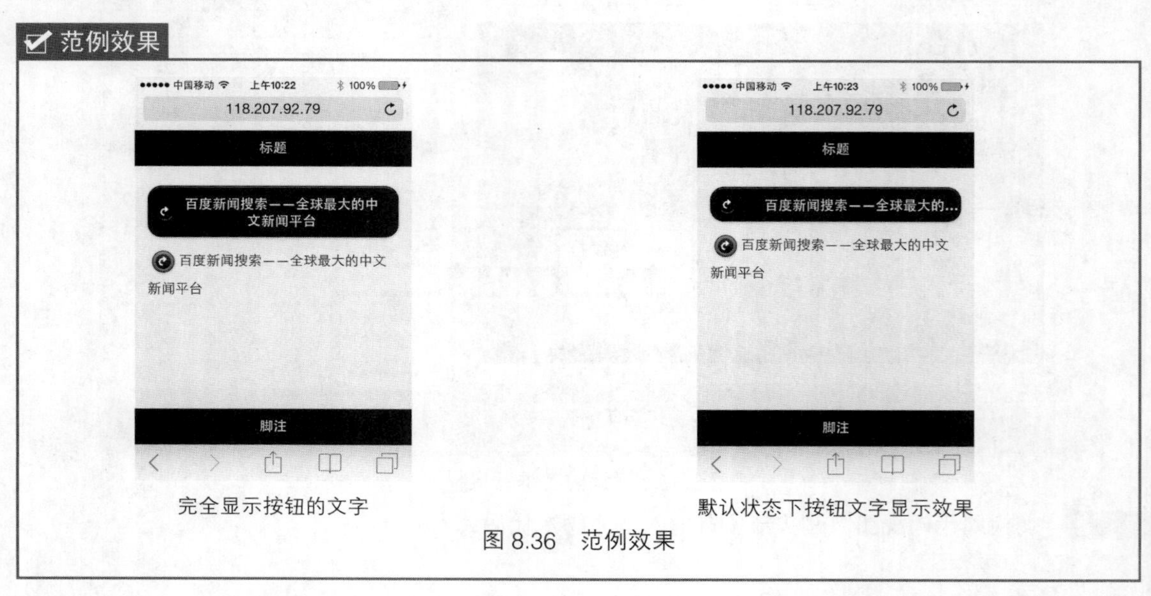

完全显示按钮的文字　　默认状态下按钮文字显示效果

图 8.36　范例效果

1 启动Dreamweaver CC，新建HTML5文档，保存文档为index.html。

2 选择【插入】|【jQuery Mobile】|【页面】菜单命令，打开【jQuery Mobile文件】对话框，按默认设置，在当前文档中插入视图页。

3 按【Ctrl+S】组合键，保存当前文档index.html，并根据提示保存相关的框架文件。

4 清除视图内容框中的文本，添加两个<a>标签，使用data-role="button"属性定义为按钮显示样式，借助data-theme属性分别设置主题样式为a和b，使用data-icon="forward"属性添加按钮图标为跳转效果，在第二个按钮组红添加data-iconpos="notext"属性，设计按钮不显示文本，定义data-inline="true"属性，设计第二个按钮为行内显示。完整代码如下：

```
<div data-role="content">
    <a href="http://news.baidu.com/" data-role="button" data-theme="a" data-icon="forward">百度新闻搜索——全球最大的中文新闻平台 </a>
    <a href="http://news.baidu.com/" data-role="button" data-theme="b" data-icon="forward" data-iconpos="no-text" data-inline="true">百度新闻搜索——全球最大的中文新闻平台 </a>百度新闻搜索——全球最大的中文新闻平台
</div>
```

5 在【CSS设计器】面板中设计ui-btn-text类样式：white-space: normal，显示所有文本，如图8.37所示。

图 8.37 设计按钮文本完全显示

6 在头部位置添加如下元信息，定义视图宽度与设备屏幕宽度保持一致。

```
<meta name="viewport" content="width=device-width,initial-scale=1" />
```

7 完成设计之后，在移动设备中预览index.html页面，会看到如图8.36所示的效果，第一个按钮会完全显示所有的按钮字符；而第二个按钮将会隐藏所有的按钮字符。

技法拓展

使用ui-btn-text类，并定义为white-space: normal，则在jQuery Mobile中所有使用该类的按钮标题文字将正常显示，不再出现截断显示的状态。如果在一个列表项<li>中，标题和段落重置类名分别为ui-li-heading和ui-li-desc，前者用于描述列表中文本标题的样式，后者用于描述列表中段落文本的样式，使用方法如下：

```
.ui-li-heading { white-space: normal;}
.ui-li-desc { white-space: normal;}
```

在上面样式中，设计列表项<<li>中标题和段落的文字内容按正常长度显示，也可以添加其他样式，如设计字体大小、颜色等。

8.5.2 设置按钮状态

jQuery Mobile支持按钮状态控制，这样当用户登录时，如果用户名和密码的文本框内容都为空，那么就可以设置“登录’按钮为不可用状态，这样就可以避免用户错误操作。而如果两项内容中至少一项不为空，那么“登录”按钮将是可用的。要实现这个效果，需要在JavaScript代码中调用按钮的button()方法。

在下面示例中详细介绍如何实现这一效果。新建一个HTML页面，在正文区域中添加一个“开关’组件和一个类型为submit的提交按钮，用户滑动开关后，该按钮的可用性状态将随开关滑动值的变化而变化，范例效果如图8.38所示。

范例效果

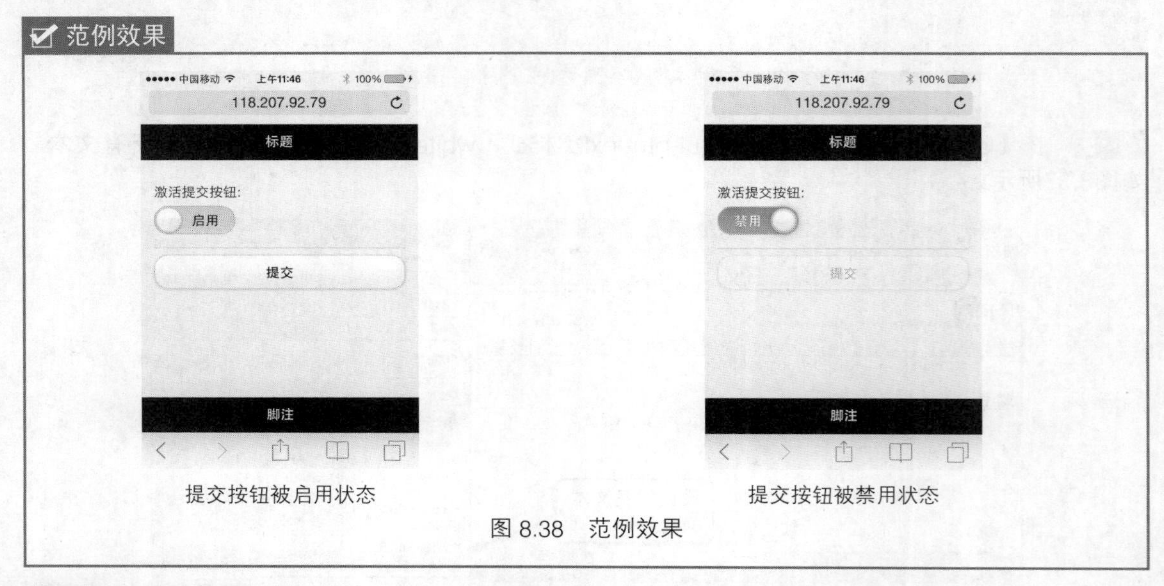

提交按钮被启用状态　　提交按钮被禁用状态

图 8.38　范例效果

1 启动Dreamweaver CC，新建HTML5文档，保存文档为index.html。

2 选择【插入】|【jQuery Mobile】|【页面】菜单命令，打开【jQuery Mobile文件】对话框，按默认设置，在当前文档中插入视图页。

3 按【Ctrl+S】组合键，保存当前文档index.html，并根据提示保存相关的框架文件。

4 清除视图内容框中的文本，选择【插入】|【jQuery Mobile】|【翻转转换开关】菜单命令，在页面中插入一个开关组件，然后切换到代码视图，修改开关标签和值，修改后代码如下：

```
<div data-role="content">
    <div data-role="fieldcontain">
        <label for="flipswitch">激活提交按钮：</label>
        <select name="flipswitch" id="flipswitch" data-role="slider">
            <option value="0">启用</option>
        <option value="1">禁用</option>
        </select>
    </div>
</div>
```

5 选择【插入】|【jQuery Mobile】|【按钮】菜单命令，打开【按钮】对话框，在页面中插入一个输入型提交按钮，设置对话框如图8.39所示。然后在属性面板中设置按钮的ID值和Name都为btn。

6 在头部位置添加如下Javascript脚本代码，设计使用开关滑块控制提交按钮的状态。

```
<script>
$(function() {
    $("#flipswitch").bind("change", function() {
        if ($(this).val() == 1) {
            $('#btn').button('disable');
        } else {
            $('#btn').button('enable');
        }
    })
})
</script>
```

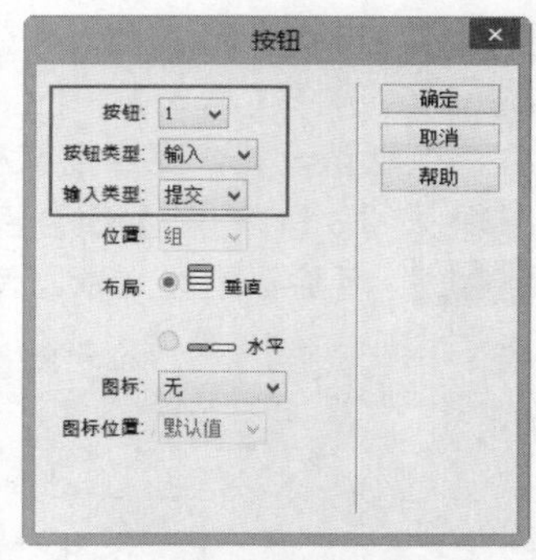

图 8.39　插入按钮对象

在上述代码中，先绑定开关组件的change事件，在该事件回调函数中，用户从开状态切换至关状态时，开关组件的值为0，此时，将按钮的状态通过button()方法设置为disable属性值，表示提交按钮不可用，用户从关”态切换至开状态时，开关组件的属性值为1，此时再将按钮的状态设置为enable，表示可用。

7 完成设计之后，在移动设备中预览index.html页面，会看到如图8.38所示的效果。根据示例效果可以在用户登录页面中使用，在使用过程中，触发按钮改变状态的是文本框中的值，如果都为空，则按钮的状态值为disable，否则为enable。

> **! TIPS**
>
> 按钮的button()方法只是针对表单中的按钮，即通过<input>标签指定类型来创建，而时于<a>标签中通过data-role属性创建的按钮则无效。

8.5.3　禁用异步打开链接

在jQuery Mobile中，在同一域名内所有页面链接都会自动转成Ajax请求，使用哈希值来指向内部的链接页面，通过动画效果实现页面间的切换。但这种链接方式仅限于目标页面是单个Page容器。如果目标页面中存在多个Page容器，必须禁止使用Ajax请求的方式链接，才能在打开目标页面之后完成各个Page之间的正常切换功能。

在下面示例中将新建两个HTML页面，一个作为链接源页面，另一个作为目标链接页。在链接源页面中添加两个Page容器，当切换至第二个容器并单击“更多”超链接时，进入目标链接页。在目标链接页中添加两个Page容器，当切换到第二个容器并单击“返回”链接时，重返链接源页面，范例效果如图8.40所示。

范例效果

118.207.92.79
首页　导航
导航页面
详细页
脚注

在视图页之间进行异步切换

118.207.92.79
详细页
返回首页
脚注

在文档页之间进行同步切换

图 8.40　范例效果

1 启动Dreamweaver CC，新建HTML5文档，保存文档为index.html。

2 选择【插入】|【jQuery Mobile】|【页面】菜单命令，打开【jQuery Mobile文件】对话框，按默认设置，在当前文档中插入视图页。

3 按【Ctrl+S】组合键，保存当前文档index.html，并根据提示保存相关的框架文件。

4 清除标题栏文本，使用data-role="navbar"属性设计一个导航工具条。

```
<div data-role="header"  data-position="fixed">
    <div data-role="navbar">
        <ul>
            <li><a href="#page" class="ui-btn-active">首页</a></li>
            <li><a href="#page1">导航页</a></li>
        </ul>
    </div>
</div>
```

5 选择【插入】|【jQuery Mobile】|【页面】菜单命令，在底部再插入一个视图页面，复制上一步视图中的导航工具条到标题栏中，在内容框中插入一个链接，链接到目标页面。使用data-ajax="false"属性关闭Ajax异步请求切换，代码如下。整个页面结构设计如图8.41所示。

```
<a href=" index1.html"  data-ajax=" false" >详细页</a>
```

```
17 <div data-role="page" id="page">
18     <div data-role="header"  data-position="fixed">
19         <div data-role="navbar">
20             <ul>
21                 <li><a href="#page" class="ui-btn-active">首页</a></li>
22                 <li><a href="#page1">导航页</a></li>
23             </ul>
24         </div>
25     </div>
26     <div data-role="content">
27         <h2>首页页面</h2>
28     </div>
29     <div data-role="footer" data-position="fixed">
30         <h4>脚注</h4>
31     </div>
32 </div>
33 <div data-role="page" id="page1">
34     <div data-role="header"  data-position="fixed">
35         <div data-role="navbar">
36             <ul>
37                 <li><a href="#page">首页</a></li>
38                 <li><a href="#page1" class="ui-btn-active">导航</a></li>
39             </ul>
40         </div>
41     </div>
42     <div data-role="content">
43         <h2>导航页面</h2>
44         <a href="index1.html" data-ajax="false">详细页</a>
45     </div>
46     <div data-role="footer" data-position="fixed">
47         <h4>脚注</h4>
48     </div>
49 </div>
```


图 8.41　设计链接源页面结构

6 新建HTML5文档，保存文档为index1.html。选择【插入】|【jQuery Mobile】|【页面】菜单命令，打开【jQuery Mobile文件】对话框，按默认设置，在当前文档中插入视图页。在内容框中插入一个链接，设计以同步方式返回首页，代码如下：

```
<a href="index.html" data-role="button" data-ajax="false">返回首页</a></p>
```

7 完成设计之后，在移动设备中预览index.html页面，会看到图8.40所示的效果。当在页面内不同视图之间进行切换时，页面以异步动画方式打开，而单击“详细页”链接，跳转到另一个文档页index1.html时，则会以同步方式打开，不再显示动画效果。

✔知识拓展

当链接源页面与目标链接页间有多个Page容器时，按默认的方式使用Ajax异步请求页面链接，那么在打开目标页时只能显示默认的第一个容器，而打开其他容器的链接将无效，原因是使用Ajax记录链接历史的哈希值与页面内部链接指向的哈希值存在冲突。为了解决这个问题，在链接多容器的目标页时将链接元素的data-ajax属性值设置为false，浏览器将目标链接页作一次刷新，清除URL中的Ajax值，从而实现多容器目标页中各个容器间的正常切换效果。

如果在链接中禁用Ajax请求，还可以将rel属性值设置为external或增加target属性。但在使用时，rel和target属性主要用于链接的目标页是其他域名下的页面，而data-ajax属性主要用于链接的目标页在同一域名下。

8.6 HTML5应用

jQuery Mobile构建在HTML5基础之上，因此对于HTML5特性提供了完全支持，本节将通过几小节介绍如何使用jQuery Mobile支持HTML5功能的应用案例。

8.6.1 动态传递参数

使用jQuery Mobile开发移动项目时，经常需要在Page容器或跨页间传递链接参数，使用传统的URL方式传递链接参数不是很方便，代码实现相对复杂，兼容性不强。由于jQuery Mobile是完全基于IITML 5标准开发，则可以使用HTML 5的localStorage对象实现链接参数值的传递。

下面示例介绍如何使用localStorage对象实现参数传递。新建一个HTML页面，添加两个Page容器，在第一个容器中单击“传值”链接时，通过localStorage对象设置参数值，当切换到第二个容器时，将显示localStorage对象保存的值，范例效果如图8.42所示。

✔范例效果

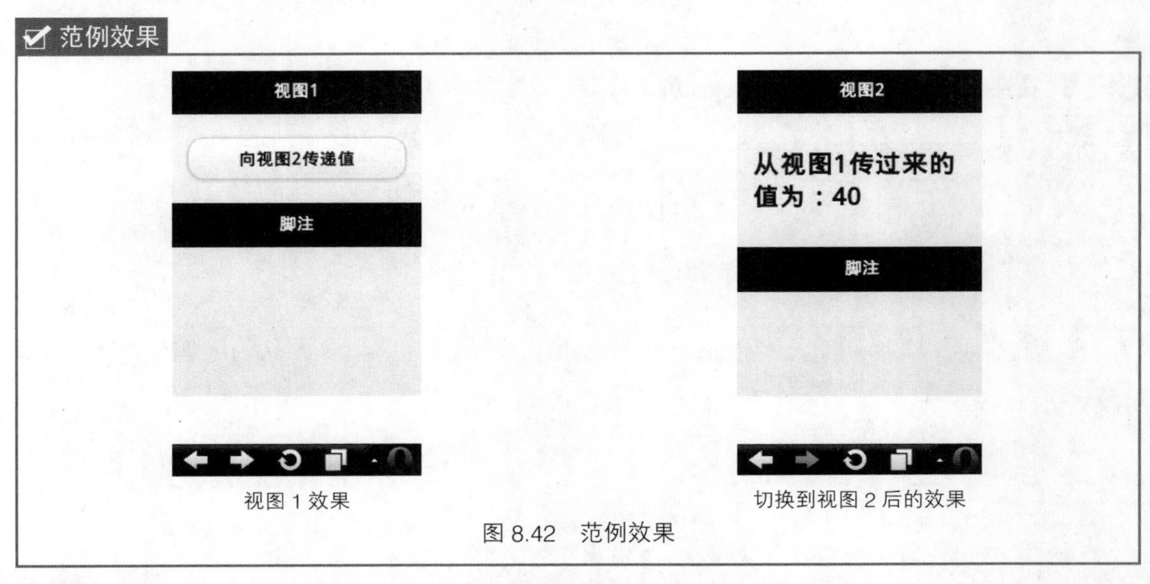

视图 1 效果　　切换到视图 2 后的效果

图 8.42　范例效果

1　启动Dreamweaver CC，新建HTML5文档，保存文档为index.html。

2　选择【插入】|【jQuery Mobile】|【页面】菜单命令，打开【jQuery Mobile文件】对话框，

设置ID值为page1，其他设置保持默认值，然后单击【确定】按钮，在当前文档中插入视图页，如图5.43所示。

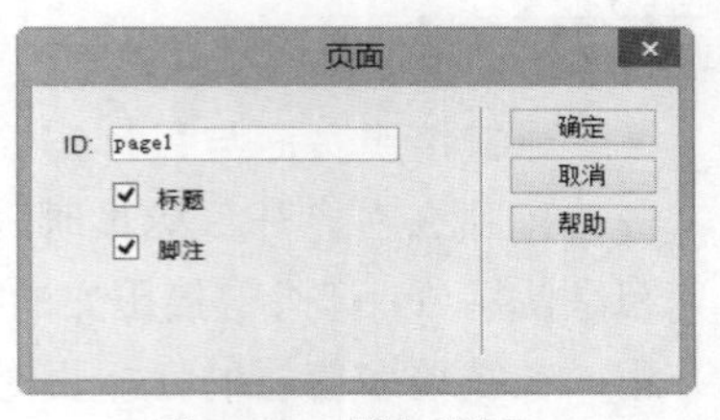

图 8.43　插入视图 1

3 继续选择【插入】|【jQuery Mobile】|【页面】菜单命令，设置ID值为page2，在当前文档中插入另一个视图页。

4 按【Ctrl+S】组合键，保存当前文档index.html，并根据提示保存相关的框架文件。

5 分别修改视图1和视图2的标题文本为“视图1”和“视图2”，然后在第1个视图的内容框中插入一个按钮，切换到代码视图为该按钮添加data-value="40"属性，设置ID值为a1，显示文本为“向视图2传递值”，在第二个视图内容框中插入一个空的二级标题。完整代码如下：

```
<div data-role="page" id="page1">
    <div data-role="header">
        <h1>视图 1</h1>
    </div>
    <div data-role="content">
         <a id="a1" href="#page2" data-role="button" data-value="40">向视图 2 传递值 </a>
    </div>
    <div data-role="footer">
        <h4>脚注 </h4>
    </div>
</div>
<div data-role="page" id="page2">
    <div data-role="header">
        <h1>视图 2</h1>
    </div>
    <div data-role="content">
        <h2 id="p1"></h2>
    </div>
    <div data-role="footer">
        <h4>脚注 </h4>
    </div>
</div>
```

6 在头部位置插入下面Javascript脚本：

```
<script>
var Param = function() {
    this.author ='html5';
    this.version = '2.0';
    this.website = 'http://www.mysite.cn';
}
Param.prototype = {
    setParam: function(name, value) {
        localStorage.setItem(name, value)
    },
    getParam: function(name) {
        return localStorage.getItem(name)
    }
}
var param = new Param();
$("#page1").live("pagecreate", function() {
    $("#a1").on('click', function(e) {
        param.setParam('id', $(this).data('value'))
    })
```

```
})
$("#page2").live("pagecreate", function() {
    var str = '从视图 1 传过来的值为: ';
    var id = param.getParam('id');
    $("#p1").html(str + id);
})
</script>
```

在上面JavaScript代码中，首先定义一个Param()类型函数，包含三个本地参数属性，为该类型定义两个原型方法，一个为setParam()，即调用localStorage对象中的setItem()方法设置参数名称和值；另一个为getParam()，即调用localStorage对象的getItem()方法获取设置的对应参数值。

然后，在Page1视图容器的pagecreate事件中，先获取正文区域超链接标签，为链接对象绑定单击事件，在该事件中调用Param()类型实例的setParam()方法设置需要传递的参数值。

最后，在Page2视图容器的pagecreate事件中，先获取正文区域标题对象，然后调用Param()类型实例的getParam()方法获取传递来的参数值，并将数据显示在标题中。

需要传递的数据以data属性的方式绑定在链接标签的data-value属性中，该属性可以修改为data-加任意字母的格式，通过调用jQuery的data()方法可以获取该属性的值。

7 完成设计之后，在移动设备中预览index.html页面，会看到图8.42所示的效果。当在页面内视图1中单击按钮，则切换到视图2中，同时会从视图1中传递过来的参数值。

8.6.2 离线访问

jQuery Mobile能借助HTML 5离线功能实现应用的离线访问。离线访问就是将一些资源文件保存在本地，这样后续的页面重新加载将使用本地资源文件，在离线情况下可以继续访问应用，同时通过一定的手法可以更新、删除离线存储等操作。

下面通过一个简单的离线页面详细介绍该功能的实现过程。新建一个HTML页面，在正文内容框中增加一个新闻文章，该页面在网络正常时和在离线时都可以访问，如果是离线访问，则在标题栏会显示网络状态为“离线状态”，否则显示为“在线状态”，范例效果如图8.44所示。

范例效果

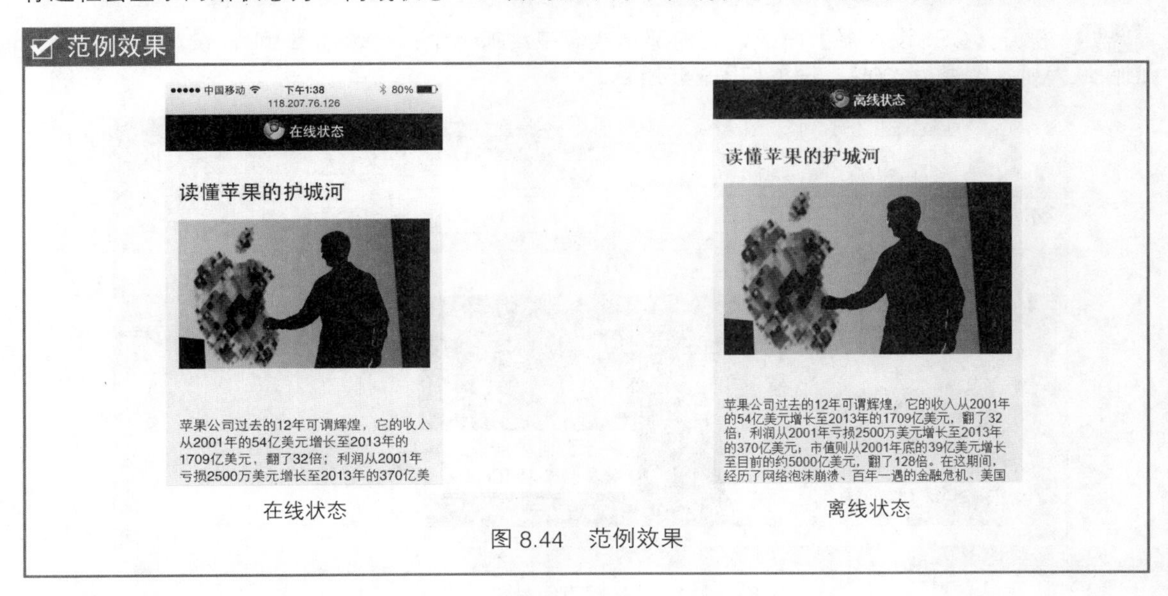

在线状态　　离线状态

图 8.44　范例效果

1 启动Dreamweaver CC，新建HTML5文档，保存文档为index.html。

2 选择【插入】|【jQuery Mobile】|【页面】菜单命令，打开【jQuery Mobile文件】对话框，保持默认值，然后单击【确定】按钮，在当前文档中插入视图页。

3 按【Ctrl+S】组合键，保存当前文档index.html，并根据提示保存相关的框架文件。

4 在内容框中设计一篇静态新闻稿版面，包括新闻标题、新闻图片和新闻正文。完整代码如下：

```
<div data-role="content">
    <h2> 读懂苹果的护城河 </h2>
    <p><img src="images/4.jpg" alt=""/></p>
    <p> 苹果公司过去的 12 年可谓辉煌，它的收入从 2001 年的 54 亿美元增长至 2013 年的 1709 亿美元，翻了 32 倍；利润从 2001 年亏损 2500 万美元增长至 2013 年的 370 亿美元；市值则从 2001 年底的 39 亿美元增长至目前的约 5000 亿美元，翻了 128 倍。在这期间，经历了网络泡沫崩溃、百年一遇的金融危机、美国政党更替、各种自然灾害、传奇创始人乔布斯离世，等等。想当年，戴尔公司的创始人迈克尔·戴尔曾经建议苹果公司的董事会把公司解散，将钱分给股东，乔布斯没有听从戴尔的建议。颇具讽刺意味的是，戴尔倒是按照自己当年给苹果的建议，在公司面临困境的时候决定将公司私有化退市。</p>
</div>
```

5 在头部位置插入下面Javascript脚本：

```
<script>
$("#page").live("pagecreate", function() {
    if (navigator.onLine) {
        $("div[data-role='header'] h1").html("<img src='images/on.png' /> 在线状态 ");
    } else {
        $("div[data-role='header'] h1").html("<img src='images/off.png' /> 离线状态 ");
    }
})
</script>
```

在上面代码中分别为当前视图绑定pagecreate事件，该事件在视图页被创建时触发。在该事件回调函数中，调用HTML5的离线应用API状态属性onLine，以此判断当前网络是否为在线，如果在线，则在标题栏中显示在线提示信息和图标，否则显示离线状态和图标。

6 在头部位置添加如下元信息，定义视图宽度与设备屏幕宽度保持一致。

```
<meta name="viewport" content="width=device-width,initial-scale=1" />
```

7 打开【CSS设计器】面板，在内部样式表中添加一个标签选择器img，设计页面内所有图像最大显示宽度为100%，设置如图8.45所示。

图 8.45　设计网页图像最大宽度

8 在【CSS设计器】面板中新添加一个复合选择器，设计标题栏图标高度为24px，然后使用相对定位设置图标在行内居中显示。在属性列表框中设置布局样式：height:24px、position:relative、top:4px，设置高度为24px，相对定位，顶部偏移位置为4px，设置如图8.46所示。

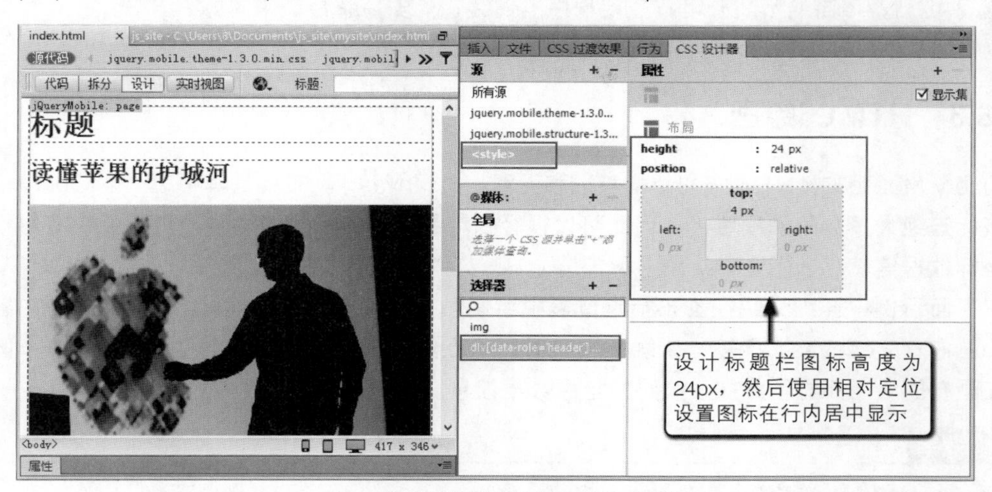

图 8.46　设计网页标题栏图标样式

9 新建缓存文件（文本文件），另存为cache.manifest，扩展名为.manifest，在这个文本文件中输入下面代码：

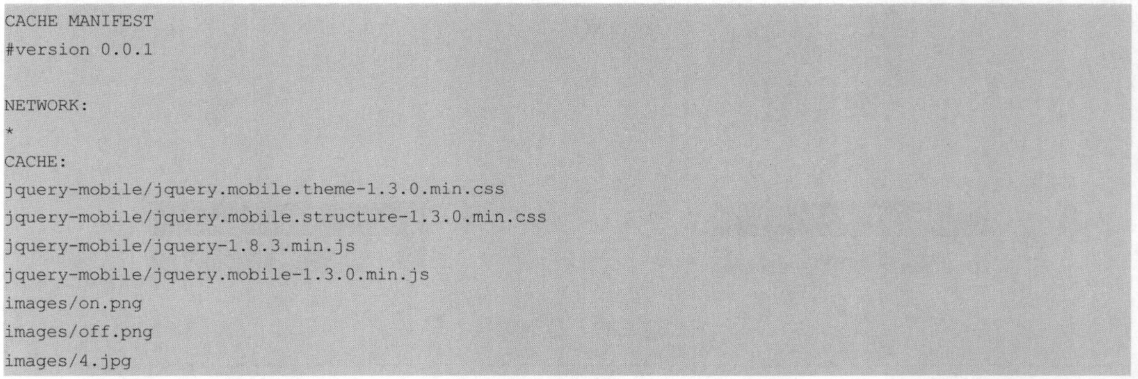

```
CACHE MANIFEST
#version 0.0.1

NETWORK:
*
CACHE:
jquery-mobile/jquery.mobile.theme-1.3.0.min.css
jquery-mobile/jquery.mobile.structure-1.3.0.min.css
jquery-mobile/jquery-1.8.3.min.js
jquery-mobile/jquery.mobile-1.3.0.min.js
images/on.png
images/off.png
images/4.jpg
```

HTML5离线存储使用一个manifest文件来标明哪些文件是需要被存储的，在使用页面中引入一个manifest文件，这个文件的路径可以是相对，也可以是绝对。对于manifest文件要求：文件的mime-type必须是 text/cache-manifest类型。如果需要设置服务器，则应该在web.xml中配置请求后缀为manifest的格式。

10 在页面的<html>标签中使用manifest属性引入该缓存文件，代码如下：

```
<!doctype html>
<html manifest="cache.manifest">
<head>
<meta charset="utf-8">
```

当首次在线访问该页面时，浏览器将请求返回文件中全部的资源文件，并将新获取的资源文件更新至本地缓存中。当浏览器再次访问该页面时，如果cachc.manifest文件没有发生变化，将直接调用本地的缓存响应用户的请求，从而实现浏览页面的功能。

11 完成设计之后，在移动设备中预览index.html页面，如果在线预览则会看到图8.44（左）所示的效果，当在离线状态下预览则会显示图8.44（右）所示的效果。

! TIPS

目前主要手机端浏览器对页面离线功能的支持并不好，仅有少数浏览器支持，不过随着各手机浏览厂商的不断升级，应用程序的离线功能支持将会越来越好。

8.6.3 HTML5绘画

jQuery Mobile支持HTML 5的新增特征和元素，<canvas>画布就是其中之一，jQuery Mobile支持该标签绝大多数的触摸事件，因此可以很轻松地绑定画布的触摸事件，获取用户在触摸时返回的坐标数据信息。

在下面示例中详细介绍在画布指定位置中绘制触摸点的方法。新建HTML页面，在内容栏添加一个画布（<canvas>标签）。触摸画布时，将在触摸处绘制一个半径为1px的实体小圆点，同时在画布的最上面显示此次触摸时的坐标数据信息，范例效果如图8.47所示。

范例效果

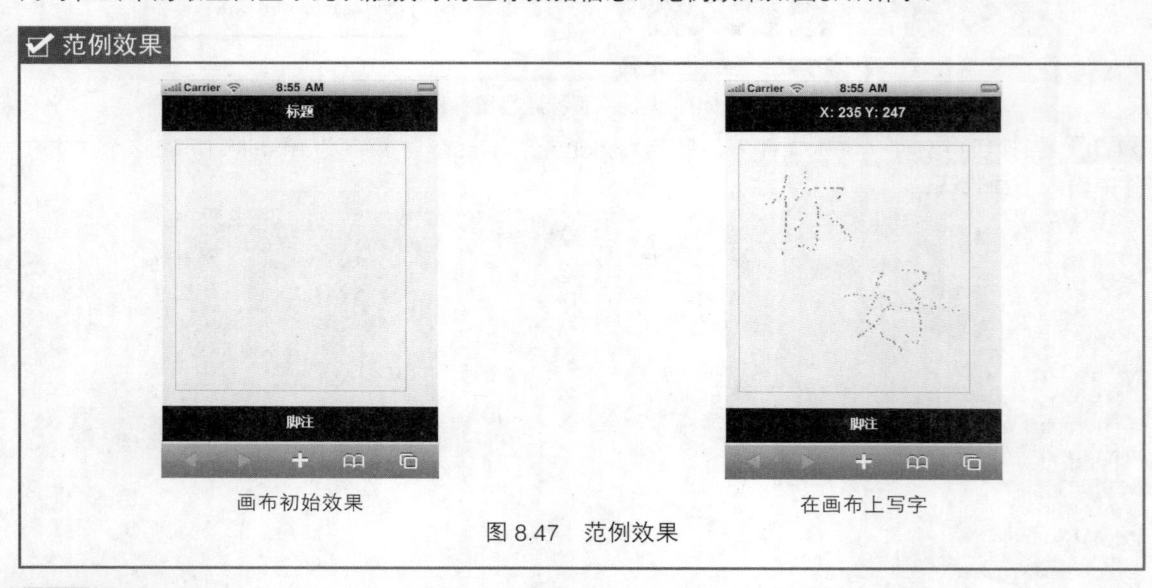

画布初始效果　　在画布上写字

图 8.47　范例效果

1 启动Dreamweaver CC，新建HTML5文档，保存文档为index.html。

2 选择【插入】|【jQuery Mobile】|【页面】菜单命令，打开【jQuery Mobile文件】对话框，保持默认值，然后单击【确定】按钮，在当前文档中插入视图页。

3 按【Ctrl+S】组合键，保存当前文档index.html，并根据提示保存相关的框架文件。

4 选择【插入】|【j画布】菜单命令，在内容框中设计一个画布，在属性面板中设置ID值为blackboard，在【CSS设计器】面板给画布添加边框线，并定义光标类型为手形，如图8.48所示。

5 在头部位置插入下面Javascript脚本：

```
<script>
$(function() {
    var cnv = $("#blackboard");
    var cxt = cnv.get(0).getContext('2d');
    var w = window.innerWidth / 1.2;
    var h = window.innerHeight / 1.2;
    var $tip = $('div[data-role="header"] h1');
```

```
    cnv.attr("width", w);
    cnv.attr("height", h);
    //绑定画布的 tap 事件
    cnv.bind('tap', function(event) {
        var obj = this;
        var t = obj.offsetTop;
        var l = obj.offsetLeft;
        while (obj = obj.offsetParent) {
            t += obj.offsetTop;
            l += obj.offsetLeft;
        }
        tapX = event.pageX;
        tapY = event.pageY;
        cxt.beginPath();
        cxt.arc(tapX - l, tapY - t, 1, 0, Math.PI * 2, true);
        cxt.closePath();
        cxt.fillStyle = "#666";
        cxt.fill();
        $tip.html("X: " + (tapX - l) + " Y: " + tapY);
    })
})
</script>
```

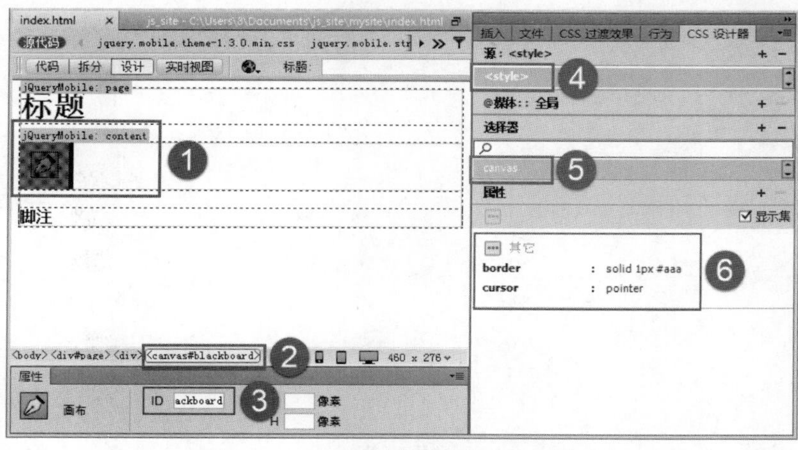

图 8.48 插入画布并设置 ID 值和样式

在上述Javascript代码中，首先获取页面中的画布元素并保存在变量中，并通过画布变量取得画布的上下文环境对象。根据文档显示区的宽度与高度计算出画布显示时的宽度与高度，然后通过jQuery的attr()方法将宽度和高度赋予画布，设计画布的宽度和高度。

通过bind()方法绑定画布元素的tap事件，在该事件中计算画布元素在屏幕中的坐标距离并保存变量中。通过offsetLeft属性获取画布元素的左边距离，如果画布元素还存在父容器，则通过while语句将父容器的左边距离与画布元素的左边距离相累加，计算出画布上边距离最终值，另外通过tapX和tapY变量分别记录触摸画布时返回的横坐标与纵坐标的值。

最后开始点画，点的横坐标为触摸事件返回的横坐标值tapX减去画布在屏幕中的横坐标值。同理，可以获取画布中点的真实纵坐标值，根据获取点坐标位，以1px为半径在画布中调用arc()方法绘制一个圆点，通过fill()方法为圆形填充设置的颜色，并将圆点的坐标位置在信息显示在标题栏中。

6 在头部位置添加如下元信息，定义视图宽度与设备屏幕宽度保持一致。

```
<meta name="viewport" content="width=device-width,initial-scale=1" />
```

7 完成设计之后，在移动设备中预览index.html页面，如果使用手指触摸画布，就可以在上面点画，如图8.47（右）所示的效果。

Style for Dreamweaver

Chapter 09

综合案例：飞鸽记事

对应版本

学习难易度

1 2 3 4 5

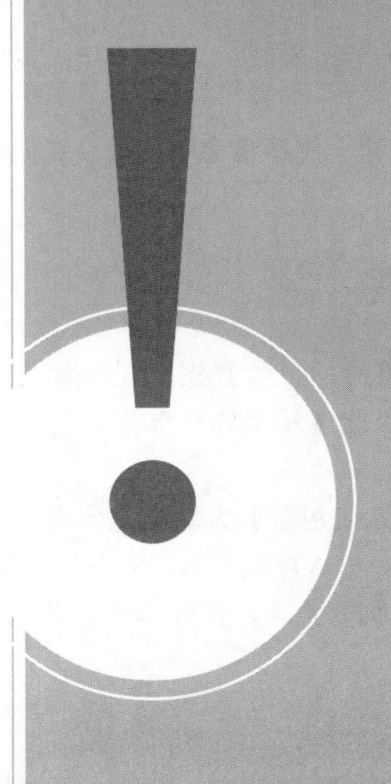

CHAPTER

09

综合案例：飞鸽记事

Web应用的发展，使得客户端存储的用途也越来越多，而实现客户端存储的方式则是多种多样。最简单且兼容性最佳的方案是Cookie，但是作为真正的客户端存储，Cookie则存在很多缺陷。此外，在IE6及以上版本中还可以使用userData Behavior，在Firefox中可以使用globalStorage，而在Flash插件环境中可以使用Flash Local Storage，但是这几种方式都存在兼容性方面的局限性，因此都不是理想的选择。

针对这种情况，HTML5提出了更加理想的解决方案：如果存储复杂的数据，可以使用Web Database，该方法可以像客户端程序一样使用SQL；如果需要存储简单的key/value（键值对）信息，可以使用Web Storage。本章将通过一个完整的记事本应用程序的开发，详细介绍在jQuery Mobile中使用localStorage对象开发移动项目的方法与技巧。

9.1 设计思路

整个记事本应用程序中，主要包括如下几个需求。

- 进入首页后，以列表的形式展示各类别记事数据的总量信息，单击某类别选项进入该类别的记录列表页。
- 在分类记事列表页中展示该类别下的全部记事标题内容，并增加根据记事标题进行搜索的功能。
- 如果单击类别列表中的某记事标题，则进入记事信息详细页，在该页面中展示记事信息的标题和正文信息。在该页面添加一个删除按钮，用以删除该条记事信息。
- 如果在记事信息的详细页中单击“修改”按钮，则进入记事信息编辑页，在该页中可以编辑标题和正文信息。
- 无论在首页还是记事列表页中，单击“记录”按钮，就可以进入记事信息增加页，在该页中可以增加一条新的记事信息。

9.2 设计流程

飞鸽记事应用程序定位目标是：方便、快捷地记录和管理用户的记事数据。在总体设计时，重点把握操作简洁、流程简单、系统可拓展性强的原则。因此本示例的总体设计流程如图9.1所示。

上面流程图列出了本案例应用程序的功能和操作流程。整个系统包含五大功能：分类列表页、记事列表页、记事详细页、修改记事页和增加记事页。当用户进入应用系统，首先进入id-nex.html页面，浏览记事分类列表，然后选择记事分类，即可进入列表页面，在分类和记事列表页中都可以进入增加记事页，但只有在记事列表页中才能进入记事详细页。在记事详细页中，进入修改记事页。最后，在完成增加或者修改记事的操作后，都返回相应类别的记事列表页。

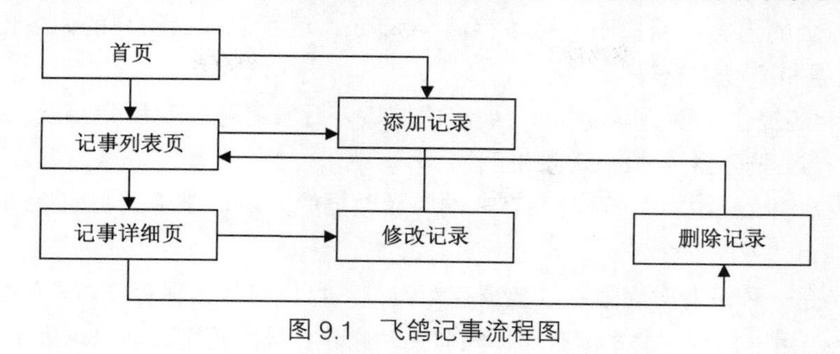

图 9.1　飞鸽记事流程图

9.3　难点技术分解

根据设计思路和设计流程，本案例灵活使用jQuery Mobile技术框架设计了5个功能页面，具体说明如下。

• 首页（index.html）

在本页面中，利用HTML本地存储技术，使用Javascript遍历localStorage对象，读取其保存的记事数据。在遍历过程中，以累加方式记录各类别下记事数据的总量，并通过<ul>列表显示类别名称和对应记事数据总量。当单击<ul>列表中某选项时，则进入该类别下的记事列表页（list.html）。

• 记事列表页（list.html）

本页将根据localStorage对象存储的记事类别，获取该类别名称下的记事数据，并通过列表的方式将记事标题信息显示在页面中。同时，将列表元素的data-filter属性值设置为true，使该列表具有根据记事标题信息进行搜索的功能。当单击<ul>列表中某选项时，则进入该标题下的记事详细页（notedetail.html）。

• 记事详细页（notedetail.html）

在该页面中，根据localStorage对象存储的记事ID编号，获取对应的记事数据，并将记录的标题与内容显示在页面中。在该页面中当单击头部栏左侧“修改”按钮时，进入修改记事页。单击头部栏右侧“删除”按钮时，弹出询问对话框，单击“确定”按钮后，将删除该条记事数据。

• 修改记事页（editnote.html）

在该页面中，以文本框的方式显示某条记事数据的类别、标题和内容，用户可以对这三项内容进行修改。修改后，单击头部栏右侧“保存”按钮，便完成了该条记事数据的修改。

• 增加记事页（addnote.html）

在分类列表页或记事列表页中，当单击头部栏右侧“写日记”按钮时，进入增加记事页。在该页面中，用户可以选择记事的类别，输入记事标题、内容，然后单击该页面中的头部栏右侧“保存’按钮，便完成了一条新记事数据的增加。

9.4　Web存储技术

Web Storage存储机制比传统的Cookie更加强大，弥补了Cookie的诸多缺点，主要在以下两个方面做了加强。第一，Web Storage提供了易于使用的API接口，只需设置键值即可使用，简单方便。第二，在存储容量方面可根据用户分配的磁盘配额进行存储，能够在每个用户域存储5MB～10MB以上的内容，用户不仅可以存储session，还可以存储用户的许多信息，如设置偏好、本地化的数据和离线数据等。

Web Storage还提供了使用JavaScript编程的接口，开发者可以使用JavaScript客户端脚本实现大部分以前只能在服务器端才能完成的工作。

HTML5的Web Storage提供了两种在客户端存储数据的方法，简单说明如下。

• localStorage

localStorage是一种没有时间限制的数据存储方式，可以将数据保存在客户端的硬盘或其他存储器。localStorage用于持久化的本地存储，除非主动删除数据，否则数据是永远不会过期的。

• sessionStorage

sessionStorage用于本地存储一个会话（session）中的数据，这些数据只有在同一个会话中的页面才能访问并且当会话结束后数据也随之销毁。因此sessionStorage不是一种持久化的本地存储，仅仅是会话级别的存储。

从以上介绍可以看出，localStorage可以永久保存数据，而sessionStorage只能暂时保存数据，这是两者之间的重要区别，在具体使用时应该注意。

9.4.1 兼容性检查

在Web Storage API中，特定域名下的Storage数据库可以直接通过window对象访问。因此首先确定用户的浏览器是否支持Web Storage就非常重要。在编写代码时，只要检测window.localStorage和window. sessionStorage是否存在即可，详细代码如下：

```
function checkStorageSupport() {
    if(window.sessionStorage) {
        alert('当前浏览器支持 sessionStorage');
    } else {
        alert('当前浏览器不支持 sessionStorage');
    }
    if(window.localStorage) {
        alert('当前浏览器支持 localStorage');
    } else {
        alert('当前浏览器不支持 localStorage');
    }
}
```

许多浏览器不支持从文件系统直接访问文件式的sessionStorage。所以，在上机测试代码之前，应当确保是从Web服务器上获取页面。例如，可以通过本地虚拟服务器发出页面请求：

http://localhost/test.html

对于很多API来说，特定的浏览器可能只支持其部分功能，但是因为Web Storage API非常小。所以它已经得到了相当广泛的支特。不过出于安全考虑，即使浏览器本身支持Web Storage，用户仍然可自行选择是否将其关闭。

• sessionStorage测试

测试方法：打开页面A，在页面A中写入当前的session数据，然后通过页面A中的链接或按钮进入页面B，如果页面B中能够访问页面A中的数据则说明浏览器将当前情况的页面A、B视为同一个session，测试结果如表9.1所示。

表9.1　sessionStorage兼容性测试

浏览器	执行的运算	target="_blank"	window.open	ctrl + click	跨域访问
IE	是	是	是	是	否
Firefox	是	是	是	否（null）	否
Chrome	是	是	是	否（undefined）	否
Safari	是	否	是	否（undefined）	否
Opera	是	否	否	否（undefined）	否

上面主要针对sessionStorage的一些特性进行了测试，测试的重点在于各浏览器对于session的定义及跨域情况。从表9.1中可以看出，处于安全性考虑，所有浏览器下session数据都是不允许跨域访问的，包括跨子域也是不允许的。其他方面主流浏览器中的实现较为一致。

API测试方法包括setItem(key,value)、removeItem(key)、getItem(key)、clear()、key(index)，属性包括length、remainingSpace(非标准)。不过存储数据时可以简单地使用localStorage.key=value的方式。

标准中定义的接口在各浏览器中都已实现，此外，IE浏览器新增了一个非标准的remainingSpace属性，用于获取存储空间中剩余的空间，结果如表9.2所示。

表9.2　API测试

浏览器	setItem	removeItem	getItem	clear	key	length	remainingSpace
IE	是	是	是	是	是	是	是
Firefox	是	是	是	是	是	是	否
Chrome	是	是	是	是	是	是	否
Safari	是	是	是	是	是	是	否
Opera	是	是	是	是	是	是	否

此外关于setItem(key,value)方法中的value类型，理论上可以是任意类型，实际上浏览器会调用value的toString()方法来获取其字符串值并存储到本地，因此如果是自定义的类型则需要自己定义有意义的toString()方法。

Web Storage标准事件为onstorage，当存储空间中的数据发生变化时触发。此外，IE自定义了一个onstoragecommit事件，当数据写入的时候触发。onstorage事件中的事件对象应该支持以下属性。

- key：被改变的键。
- oldValue：被改变键的旧值。
- newValue：被改变键的新值。
- url：被改变键的文档地址。
- storageArea：影响存储对象。

对于这一标准的实现，Webkit内核的浏览器（Chrome、Safari）及Opera是完全遵循标准的，IE则仅实现了url，Firefox浏览器则均未实现，具体结果如表9.3所示。

表9.3　onStorage事件对象属性测试

浏览器	key	oldValue	newValue	url	storageArea
IE	无	无	无	有	无
Firefox	无	无	无	无	无
Chrome	有	有	有	有	有
Safari	有	有	有	有	有
Opera	有	有	有	有	有

此外，不同的浏览器事件注册的方式及对象也不一致，其中IE和Firefox在document对象上注册，Chrome5和Opera在window对象上注册，而Safari在body对象上注册。Firefox必须使用document.addEventListener注册，否则无效。

9.4.2 读写数据

下面介绍如何使用sessionStorage设置和获取网页中的简单数据。设置数据值很简单，具体用法如下：

window.sessionStorage.setItem('myFirstKey', 'myFirstValue');

使用上面的存储访问语句时，需要注意三点：

- 实现Web Storage的对象是window对象的子对象，因此window.sessionStorage包含了开发人员需要调用的函数。
- setItem()方法需要一个字符串类型的键和一个字符串类型的值作为参数。虽然Web Storage支持传递非字符数据，但是目前浏览器可能还不支持其他数据类型。
- 调用的结果是将字符串myFirstKey设置到sessionStorage中，这些数据随后可以通过键myFirstKey获取。

获取数据需要调用get Item()函数。例如，如果把下面的声明语句添加到前面的示例中：

```
alert(window.sessionStorage.get Item('myFirstKey'));
```

浏览器将弹出提示对话框，显示文本myFirstValue。可以看出，使用Web Storage设置和获取数据非常简单。不过，访问Storage对象还有更简单的方法。可以使用点语法设置数据，使用这种方法，可完全避免调用setItem()和getItem()，而只是根据键值的配对关系，直接在sessionStorage对象上设置和获取数据。使用这种方法设置数据调用代码可以改写为：

```
window.sessionStorage.myFirstKey = 'myFirstValue';
```

同样，获取数据的代码可以改写为：

```
alert(window.sessionStorage.myFirstKey);
```

JavaScript允许开发人员设置和获取几乎任何对象的属性，那么为什么还要引入sessionStorage对象。其实，二者之间最大的不同在于作用域。只要网页是同源的（包括规则、主机和端口），基于相同的键，我们都能够在其他网页中获得设置在sessionStorage上的数据。在对同一页面后续多次加载的情况下也是如此。大部分开发者对页面重新加载时经常会丢失脚本数据，但通过Web Storage保存的数据不再如此，重新加载页面后这些数据仍然还在。

有时，一个应用程序会用到多个标签页或窗口中的数据，或多个视图共享的数据。在这种情况下，比较恰当的做法是使用HTML5 Web Storage的另一种实现方式localStorage。localStorage与sessionStorage用法相同，唯一的区别是访问它们的名称不同，分别是通过localStorage和sessionStorag对象来访问。二者在行为上的差异主要是数据的保存时长及它们的共享方式。

localStorage数据的生命周期要比浏览器和窗口的生命周期长，同时被同源的多个窗口或者标签页共享；而sessionStorag数据的生命周期只在构建它们的窗口或者标签页中可见，数据被保存到存储它的窗口或者标签页关闭时。

9.4.3 使用Web Storage

在使用 sessionStorage或localStorage对象的文档中，可以通过window对象来获取。除了名字和数据的生命周期外，它们的功能完全相同。具体说明如下。

使用length属性获取目前Storage对象中存储的键值对的数量。注意，Storage对象是同源的，这意味着Storage对象的长度只反映同源情况下的长度。

key(index)方法允许获取一个指定位置的键一般。一般而言，最有用的情况是遍历特定Storage对象的所有键。键的索引从零开始，即第一个键的索引是0，最后一个键的索引是index（length-1）.获取到键后，就可以用它来获取其相应的数据。除非键本身或者在它前面的键被删除，否则其索引值会在指定Storage对象的生命周期内一直保留。

getItem(key)函数是根据指定的键返回相应数据的一种方式；另一种方式是将Storage对象当作数组，而将键作为数组的索引。在这种情况下，如果Storag中不存在指定键，则返回null。

与getItem(key)函数类似，setItem(key, value)函数能够将数据存入指定键对应的位置。如果值已存在，则替换原值。需要注意的是，设置数据可能会出错。如果用户已关闭网站的存储或者存储已达到其最大容量，那么此时设置数据将会抛出错误。因此，在需要设置数据的场合，务必保证应用程序能够处理此类异常。

removeItem(key)函数的作用是删除数据项，如果数据存储在键参数下，则调用此函数会将相应的数据项剔除。如果键参数没有对应数据，则不执行任何操作。提示：与某些数据集或数据框架不同，删除数据项时不会将原有数据作为结果返回。在删除操作前请确保已经存储相应数据的副本。

clear()函数能删除存储列表中的所有数据。空的Storage对象调用clear()方法是安全的，此时调用不执行任何操作。

9.4.4 Web Storage事件监测

某些复杂情况下，多个网页、标签页或者Worker都需要访问存储的数据。此时，应用程序可能会在存储数据被修改后触发一系列操作。对于这种情况，Web Storage内建了一套事件通知机制，它可以将数据更新通知发送给监听者。无论监听窗口本身是否存储过数据，与执行存储操作的窗口同源的每个窗口的window对象上都会触发Web Storage事件。添加如下事件监听器，即可接收同源窗口的Storage事件。

```
window.addEventListener("storage", displayStorageEvent, true);
```

其中事件类型参数是storage，只要有同源的Storage事件发生(包括SessionStorage和LocaLStorage触发的事件)，已注册的所有事件侦听器作为事件处理程序就会接收到相应的Storage事件。

StorageEvent对象是传入事件处理程序的第一个对象，它包含了与存储变化有关的所有必要信息。

key属性包含了存储中被更新或删除的键。

oldValue属性包含了更新前键对应的数据，newValue属性包含更新后的数据。如果是新添加的数据，则oldValue属性值为null；如果是被删除的数据，newValue属性值为null。

url属性指向Storage事件发生的源。

storageArea属性是一个引用。它指向值发生改变的1ocalStorage或sessionStorage对象，因此，处理程序就可以方便地查询到Storage中的当前值，或基于其他Storage的改变而执行其他操作。

例如，下面代码是一个简单的事件处理程序，它以提示框的形式显示在当前页面上触发的Storage事件的详细信息。

```
function displayStorageEvent(e) {
    var logged = "key:" + e.key + ", newValue:" + e.newValue + ", oldValue:" + e.oldValue + ", url:" + e.url
+ ", storageArea:" + e.storageArea;
    alert(logged);
}
window.addEventListener("storage", displayStorageEvent, true);
```

9.5 开发详解

本节将对每个页面的设计进行详细讲解，帮助用户一步步完成整个系统的搭建工作。

9.5.1 设计首页

用户进入本案例应用系统时，将首先进入系统首页面。在该页面中，通过<ul>标签以列表视图的形式显示记事数据的全部类别名称，并将各类别记事数据的总数显示在列表中对应类别的右侧，效果如图9.2所示。

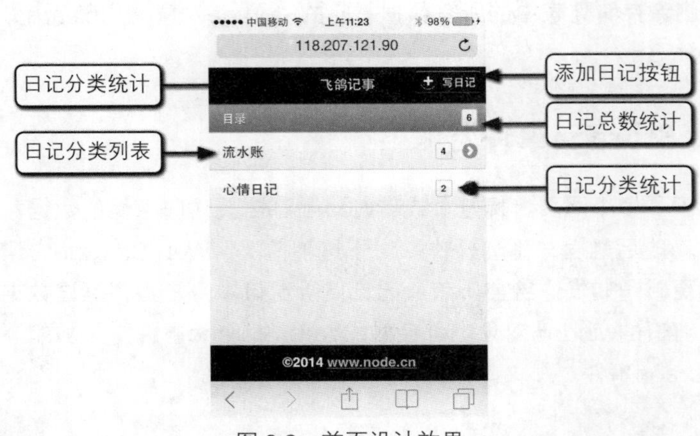

图9.2 首页设计效果

新建一个HTML5页面，在页面Page容器中添加一个<ul>列表标签，在列表中显示记事数据的分类名称与类别总数，单击该列表选项进入记事列表页。具体操作步骤如下。

1 启动Dreamweaver CC，选择【文件】|【新建】菜单命令，打开【新建文档】对话框。在该对话框中选择“空白页”项，设置页面类型为“HTML”，设置文档类型为“HTML5”，然后单击【创建】按钮，完成文档的创建操作，如图9.3所示。

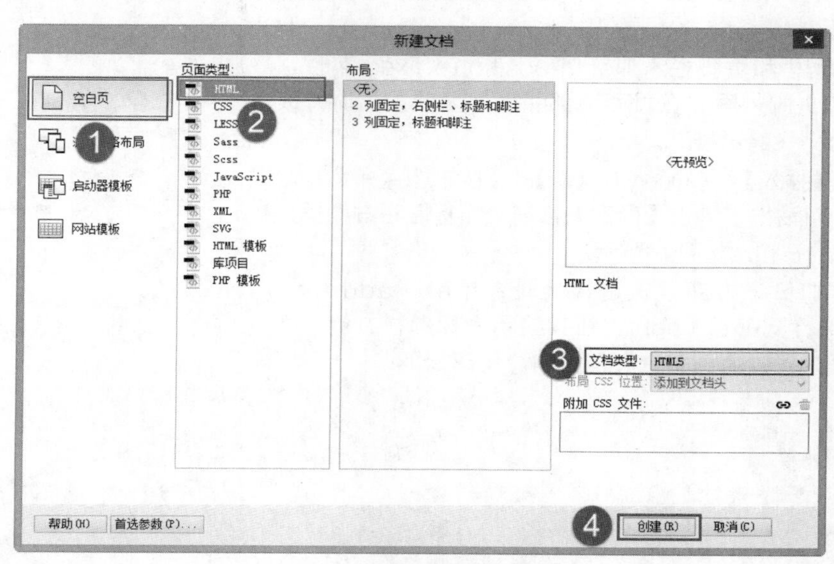

图 9.3 新建 HTML5 类型文档

2 按【Ctrl+S】组合键，保存文档为index.html。选择【插入】|【jQuery Mobile】|【页面】菜单命令，打开【jQuery Mobile文件】对话框，保留默认设置，单击【确定】按钮，完成在当前文档中插入视图页，设置如图9.4所示。

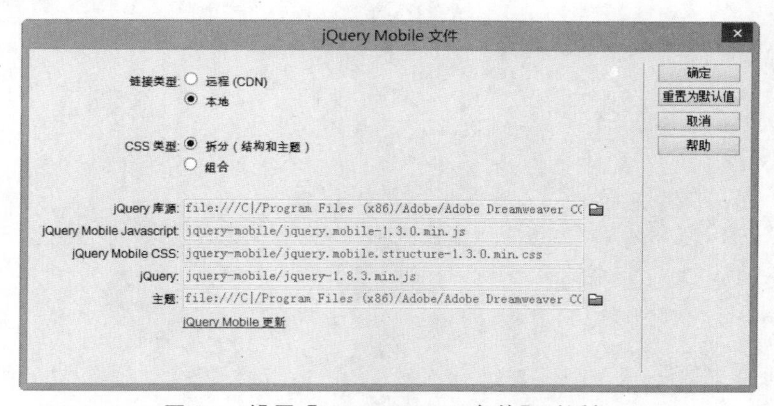

图 9.4 设置【jQuery Mobile 文件】对话框

3 单击【确定】按钮，关闭【jQuery Mobile文件】对话框，然后打开【页面】对话框，在该对话框中设置页面的ID值为index，同时设置页面视图包含标题栏和页脚栏，单击【确定】按钮，完成在当前HTML5文档中插入页面视图结构操作，设置如图9.5所示。

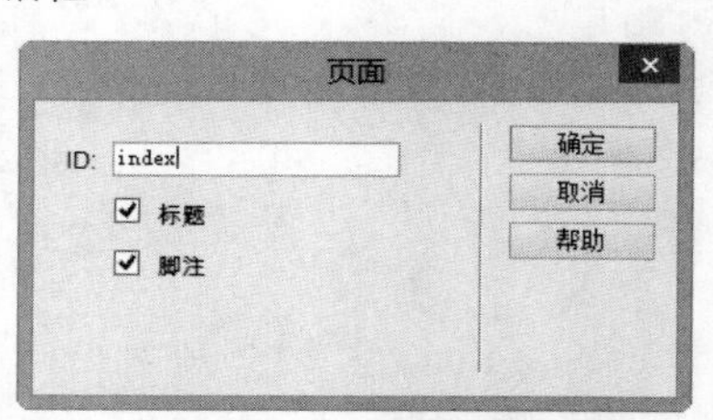

图 9.5 设置【页面】对话框

4 按【Ctrl+S】组合键，保存当前文档index.html。此时，Dreamweaver CC会弹出对话框提示保存相关的框架文件。

此时，在编辑窗口中，可以看到Dreamweaver CC新建了一个页面，页面视图包含标题栏、内容框和页脚栏，同时在【文件】面板的列表中可以看到复制的相关库文件。

5 选中内容栏中的“内容”文本，清除内容栏内的文本，然后选择【插入】|【结构】|【项目列表】菜单命令，在内容栏插入一个空项目列表结构。为<ul>标签定义data-role="listview"属性，设计列表视图。

6 为标题栏和页脚栏添加data-position="fixed"属性，定义标题栏和页脚栏固定在页面顶部和底部显示，同时修改标题栏标题为“飞鸽记事”。

7 选择【插入】|【jQuery Mobile】|【按钮】菜单命令，打开【按钮】对话框，单击【确定】按钮，在标题栏右侧插入一个添加日记的按钮，如图9.6所示。

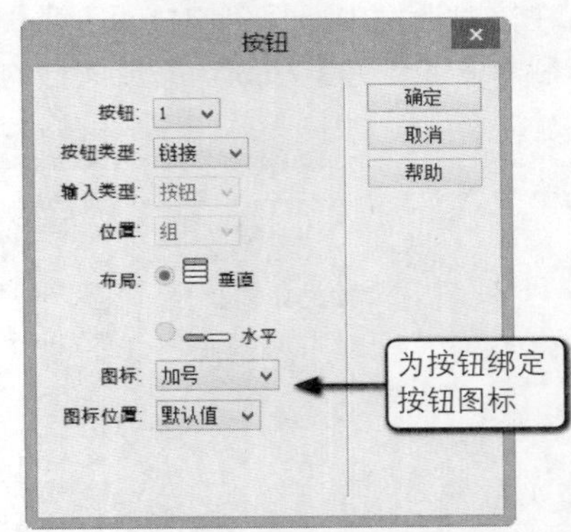

图 9.6　插入按钮

8 为添加日记按钮设置链接地址：href="addnote.html"，绑定类样式ui-btn-right，让其显示在标题栏右侧。切换到代码视图，可以看到整个文档结构，代码如下：

```
<div data-role="page" id="index">
    <div data-role="header" data-position="fixed" data-position="inline">
        <h2>飞鸽记事</h2>
         <a href="addnote.html" class="ui-btn-right" data-role="button" data-icon="plus">写日记</a> </
div>
    <div data-role="content">
        <ul data-role="listview"></ul>
    </div>
    <div data-role="footer" data-position="fixed" >
                <h1>©2014 <a href="http://www.node.cn/" target="_blank">www.node.cn</a></h1>
    </div>
</div>
```

9 新建Javascript文件，保存为js/note.js，在其中编写如下代码：

```
//Web 存储对象
var myNode = {
    author: 'node',
    version: '2.1',
    website: 'http://www.node.cn/'
}
myNode.utils = {
    setParam: function(name, value) {
        localStorage.setItem(name, value)
    },
    getParam: function(name) {
        return localStorage.getItem(name)
    }
}
//首页页面创建事件
$("#index").live("pagecreate", function() {
    var $listview = $(this).find('ul[data-role="listview"]');
    var $strKey = "";
    var $m = 0, $n = 0;
    var $strHTML = "";
    for (var intI = 0; intI < localStorage.length; intI++) {
        $strKey = localStorage.key(intI);
```

```
        if ($strKey.substring(0, 4) == "note") {
            var getData = JSON.parse(myNode.utils.getParam($strKey));
            if (getData.type == "a") {
                $m++;
            }
            if (getData.type == "b") {
                $n++;
            }
        }
    }
    var $sum = parseInt($m) + parseInt($n);
    $strHTML += '<li data-role="list-divider">目录<span class="ui-li-count">' + $sum + '</span></li>';
     $strHTML += '<li><a href="list.html" data-ajax="false" data-id="a" data-name="流水账">流水账<span
class="ui-li-count">' + $m + '</span></li>';
    $strHTML += '<li><a href="list.html" data-ajax="false" data-id="b" data-name="心情日记">心情日记<span
class="ui-li-count">' + $n + '</span></li>';
    $listview.html($strHTML);
    $listview.delegate('li a', 'click', function(e) {
        myNode.utils.setParam('link_type', $(this).data('id'))
        myNode.utils.setParam('type_name', $(this).data('name'))
    })
})
```

在上面代码中，首先定义一个myNode对象，用来存储版权信息，同时为其定义一个子对象utils，该对象包含两个方法：setParam()和getParam()，其中setParam()方法用来存储记事信息，而getParam()方法用来从本地存储中读取已经写过的记事信息。

然后，为首页视图绑定pagecreate事件，在页面视图创建时执行其中代码。在视图创建事件回调函数中，先定义一些数值和元素变量，供后续代码的使用。由于全部的记事数据都保存在localStorage对象中，需要遍历全部的localStorage对象，根据键值中前4个字符为note的标准，筛选对象中保存的记事数据，并通过JSON.parse()方法，将该数据字符内容转换成JSON格式对象，再根据该对象的类型值，将不同类型的记事数量进行累加，分别保存在变量$m和$n中。

最后，在页面列表<ul>标签中组织显示内容，并保存在变量$strHTML中，调用列表<ul>标签的html()方法，将内容赋值于页面列表<ul>标签中。使用delegate()方法设置列表选项触发单击事件时需要执行的代码。

由于本系统的数据全部保存在用户本地的localStorage时象中，读取数据的速度很快，当将字符串内容赋值于列表<ul>标签时，已完成样式加载，无须再调用refresh()方法。

10 在头部位置添加如下元信息，定义视图宽度与设备屏幕宽度保持一致。同时使用<script>标签加载js/note.js文件，代码如下：

```
<meta name="viewport" content="width=device-width,initial-scale=1" />
<script src="js/note.js" type="text/javascript" ></script>
```

11 完成设计之后，在移动设备中预览index.html页面，将会显示如图9.1所示。

9.5.2 设计列表页

用户在首页单击列表中某类别选项时，将类别名称写入localStorage对象的对应键值中，当从首页切换至记事列表页时，再将这个已保存的类别键值与整个localStorage对象保存的数据进行匹配，获取该类别键值对应的记事数据，并通过<ul>列表将数据内容显示在页面中，页面演示效果如图9.7所示。

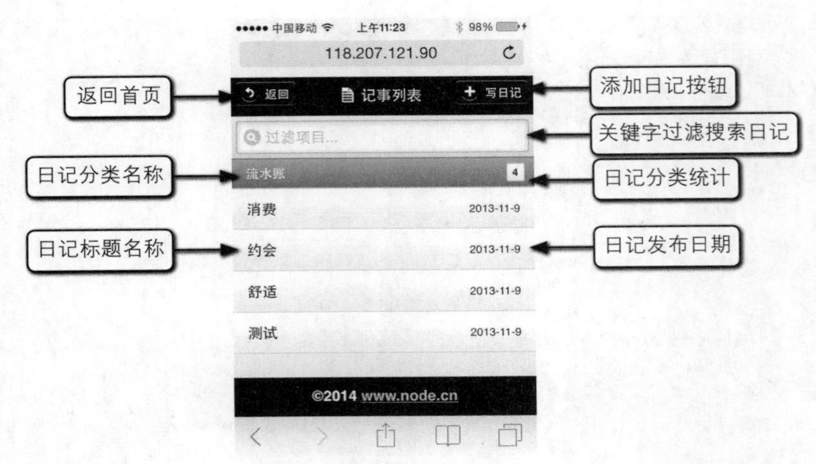

图 9.7　列表页设计效果

新建一个HTML5页面，在页面Page容器中添加一个<ul>列表标签，在列表中显示指定类别下的记事数据，同时开放列表过滤搜索功能。具体操作步骤如下所示。

1 启动Dreamweaver CC，选择【文件】|【新建】菜单命令，打开【新建文档】对话框。在该对话框中选择“空白页”项，设置页面类型为“HTML”，设置文档类型为“HTML5”，然后单击【创建】按钮，完成文档的创建操作。

2 按【Ctrl+S】组合键，保存文档为list.html。选择【插入】|【jQuery Mobile】|【页面】菜单命令，打开【jQuery Mobile文件】对话框，保留默认设置，在当前文档中插入视图页。

3 单击【确定】按钮，关闭【jQuery Mobile文件】对话框，然后打开【页面】对话框，在该对话框中设置页面的ID值为list，同时设置页面视图包含标题栏和页脚栏，单击【确定】按钮，完成在当前HTML5文档中插入页面视图结构操作，设置如图9.8所示。

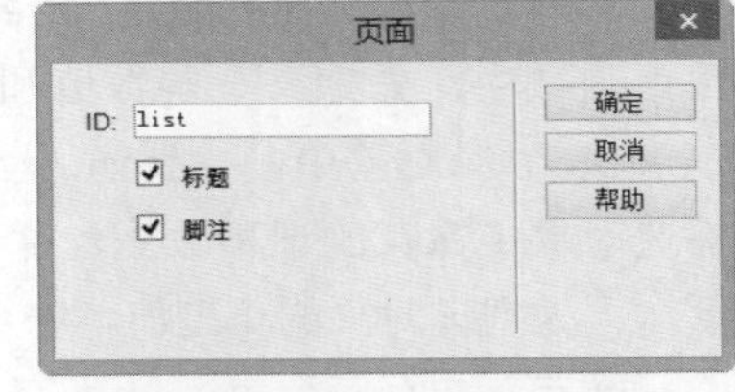

图 9.8　设置【页面】对话框

4 按【Ctrl+S】组合键，保存当前文档list.html。此时，Dreamweaver CC会弹出对话框提示保存相关的框架文件。

5 选中内容栏中的“内容”文本，清除内容栏内的文本，然后选择【插入】|【结构】|【项目列表】菜单命令，在内容栏插入一个空项目列表结构。为<ul>标签定义data-role=”listview”属性，设计列表视图。

为列表视图开启搜索功能，方法是在<ul>标签中添加data-filter="true"属性，然后定义data-filter-placeholder="过滤项目..."属性，设置搜索框中显示的替代文本的提示信息。完成代码如下：

```
<div data-role="content">
    <ul data-role="listview" data-filter="true" data-filter-placeholder="过滤项目 ..."></ul>
</div>
```

6 为标题栏和页脚栏添加data-position="fixed"属性，定义标题栏和页脚栏固定在页面顶部和底部显示，同时修改标题栏标题为“记事列表”。选择【插入】|【图像】|【图像】菜单命令，在标题栏标题标签中插入一个图标images/node3.png，设置类样式为class="h_icon"。

7 选择【插入】|【jQuery Mobile】|【按钮】菜单命令，打开【按钮】对话框，设置如图9.9所示，单击【确定】按钮，在标题

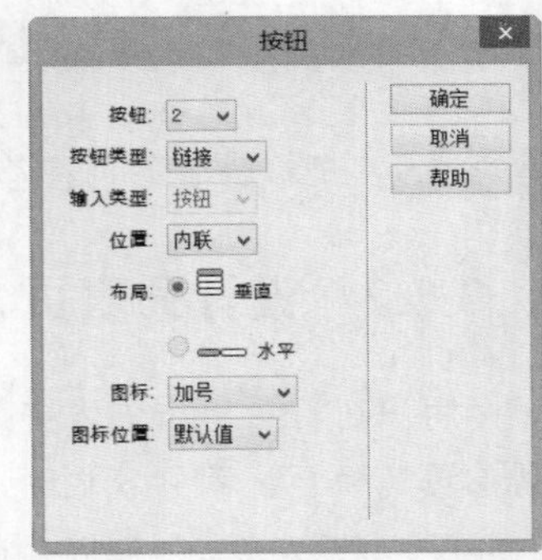

图 9.9　设置【按钮】对话框

栏插入两个按钮。然后在代码中修改按钮的标签字符和属性，设置第一个按钮的字符为“返回”，标签图标为data-icon="back"，链接地址为href="index.html"，第二个按钮的字符为“写日记"，链接地址为"addnote.html"，完整代码如下：

```
<div data-role="header" data-position="fixed" data-position="inline">
    <h2><img src="images/node3.png" class="h_icon" alt="" /> 记事列表 </h2>
    <a href="index.html" data-role="button" data-icon="back" data-inline="true">返回</a>
    <a href="addnote.html" data-role="button" data-icon="plus" data-inline="true">写日记</a>
</div>
```

8 打开js/note.js文档，在其中编写如下代码：

```
//列表页面创建事件
$("#list").live("pagecreate", function() {
    var $listview = $(this).find('ul[data-role="listview"]');
    var $strKey = "", $strHTML = "", $intSum = 0;
    var $strType = myNode.utils.getParam('link_type');
    var $strName = myNode.utils.getParam('type_name');
    for (var intI = 0; intI < localStorage.length; intI++) {
        $strKey = localStorage.key(intI);
        if ($strKey.substring(0, 4) == "note") {
            var getData = JSON.parse(myNode.utils.getParam($strKey));
            if (getData.type == $strType) {
                if(getData.date)
                    var date = new Date(getData.date);
                if(date)
                    var _date = date.getFullYear() + "-" + date.getMonth() + "-" + date.getDate();
                else
                    var _date = "";
                 $strHTML += '<li data-icon="false" data-ajax="false"><a href="notedetail.html" data-id="' +
getData.nid + '">' + getData.title + '<p class="ui-li-aside">' + _date + '</p></a></li>';
                $intSum++;
            }
        }
    }
    var strTitle = '<li data-role="list-divider">' + $strName + '<span class="ui-li-count">' + $intSum +
'</span></li>';
    $listview.html(strTitle + $strHTML);
    $listview.delegate('li a', 'click', function(e) {
        myNode.utils.setParam('list_link_id', $(this).data('id'))
    })
})
```

在上述代码中，先定义一些字符和元素对象变量，并通过自定义函数的方法getParam()获取传递的类别字符和名称，分别保存在变量$strType和$strNamc中。然后遍历整个localStorage对象筛选记事数据。在遍历过程中，将记事的字符数据转换成JSON对象，再根据对象的类别与保存的类别变量相比较，如果符合，则将该条记事的ID编号和标题信息追加到字符串变量$strHTML中，并通过变量$intSum累加该类别下的记事数据总量。

最后，将获取的数字变量$intSum放人列表<ul>元素的分割项中，并将保存分割项内容的字符变量strTitle和保存列表项内容的字符变量$strHTML进行组合，通过元素的html()方法将组合后的内容赋值于列表对象。同时，使用delegate()方法设置列表选项被单击时执行的代码。

9 在头部位置添加如下元信息，定义视图宽度与设备屏幕宽度保持一致。

```
<meta name="viewport" content="width=device-width,initial-scale=1" />
```

10 完成设计之后，在移动设备中预览index.html页面，然后单击记事分类项目，则会跳转到list.html页面，显示效果如图9.6所示。

9.5.3 设计详细页

当用户在记事列表页中单击某记事标题按钮时，将该记事标题的ID编号通过key/value的方式保存在localStorage对象中。当进入记事详细页时，先调出保存的键值作为传回的记事数据ID值，并将该ID值作为键名获取对应的键值，然后将获取的键值字符串数据转成JSON对象，再将该对象的记事标题和内容显示在页面指定的元素中，页面演示效果如图9.10所示。

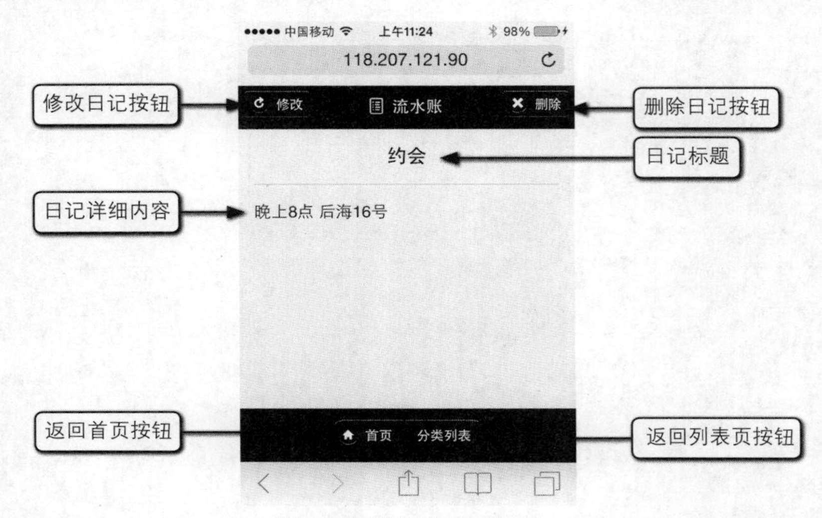

图 9.10 详细页设计效果

新建一个HTML页面，在Page容器的正文区域中添加一个<h3>和两个<p>标签，分别用于显示记事信息的标题和内容，单击头部栏左侧的“修改”按钮进入记事编辑页，单击头部栏右侧的“删除”按钮，可以删除当前的记事数据。具体操作步骤如下所示。

1 启动Dreamweaver CC，选择【文件】|【新建】菜单命令，打开【新建文档】对话框。在该对话框中选择“空白页”项，设置页面类型为“HTML”，设置文档类型为“HTML5”，然后单击【创建】按钮，完成文档的创建操作。

2 按【Ctrl+S】组合键，保存文档为notedetail.html。选择【插入】|【jQuery Mobile】|【页面】菜单命令，打开【jQuery Mobile文件】对话框，保留默认设置，在当前文档中插入视图页。

3 单击【确定】按钮，关闭【jQuery Mobile文件】对话框，然后打开【页面】对话框，在该对话框中设置页面的ID值为notedetail，同时设置页面视图包含标题栏和页脚栏，单击【确定】按钮，完成在当前HTML5文档中插入页面视图结构操作，设置如图9.11所示。

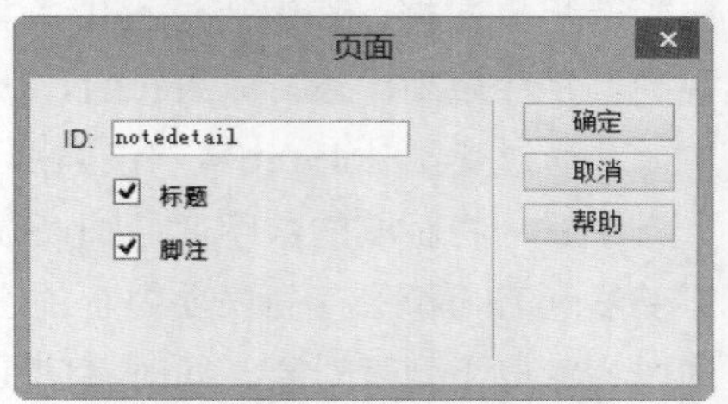

图 9.11 设置【页面】对话框

4 按【Ctrl+S】组合键，保存当前文档notedetail.html。此时，Dreamweaver CC会弹出对话框提示保存相关的框架文件。

5 选中内容栏中的“内容”文本，清除内容栏内的文本，然后插入一个三级标题和两个段落文本，设置标题的ID值为title，段落文本的ID值为content，具体代码如下：

```
<div data-role="content">
    <h3 id="title"></h3>
    <p class="notep"></p>
    <p id="content"></p>
</div>
```

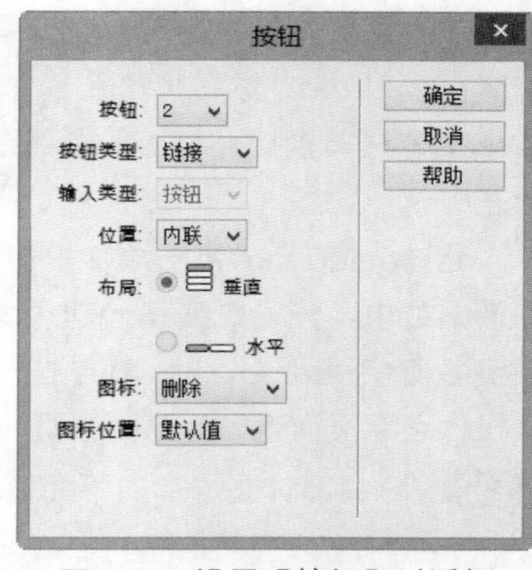

图 9.12　设置【按钮】对话框

6 为标题栏和页脚栏添加data-position="fixed"属性，定义标题栏和页脚栏固定在页面顶部和底部显示，同时删除标题栏标题字符，显示为空标题。

7 选择【插入】|【jQuery Mobile】|【按钮 】菜单命令，打开【按钮】对话框，设置如图9.12所示，单击【确定】按钮，在标题栏插入两个按钮。然后在代码中修改按钮的标签字符和属性，设置第一个按钮的字符为“修改”，标签图标为data-icon="refresh"，链接地址为href="editnote.html"，第二个按钮的字符为“删除”，链接地址为”#”，完整代码如下：

```
<div data-role="header" data-position="fixed" data-position="inline">
    <h4></h4>
     <a href="editnote.html" data-ajax="false" data-role="button" data-icon="refresh" data-inline="true">
修改 </a>
    <a href="javascript:" id="alink_delete"  data-role="button" data-icon="delete" data-inline="true"> 删除
</a>
</div>
```

8 以同样的方式在页脚栏插入两个按钮，然后在代码中修改按钮的标签字符和属性，设置第一个按钮的字符为“首页”，标签图标为data-icon="home"，链接地址为href="index.html"，第二个按钮的字符为“分类列表"，链接地址为"list.html"，完整代码如下：

```
<div data-role="footer" data-position="fixed" >
    <h1 data-role="controlgroup" data-type="horizontal">
        <a href="index.html" data-role="button" data-icon="home"> 首页 </a>
        <a href="list.html" data-role="button"> 分类列表 </a>
    </h1>
</div>
```

9 打开js/note.js文档，在其中编写如下代码：

```
// 详细页面创建事件
$("#notedetail").live("pagecreate", function() {
    var $type = $(this).find('div[data-role="header"] h4');
    var $strId = myNode.utils.getParam('list_link_id');
    var $titile = $("#title");
    var $content = $("#content");
    var listData = JSON.parse(myNode.utils.getParam($strId));
    var strType = listData.type == "a" ? " 流水账 " : " 心情日记 ";
    $type.html('<img src="images/node5.png" class="h_icon" alt=""/> ' + strType);
    $titile.html(listData.title);
    $content.html(listData.content);
    $(this).delegate('#alink_delete', 'click', function(e) {
        var yn = confirm(" 确定要删除吗？ ");
        if (yn) {
            localStorage.removeItem($strId);
            window.location.href = "list.html";
        }
    })
})
```

在上面代码中先定义一些变量，通过自定义方法getParam()获取传递的某记事ID值，并保存在变量$strId中。然后将该变量作为键名，获取对应的键值字符串，并将键值字符串调用JSON.parse()方法转换成JSON对象，在该对象中依次获取记事的标题和内容，显示在内容区域对应的标签中。

通过delegate()方法添加单击事件，当单击“删除”按钮时触发记录删除操作。在该事件的回调函数中，先通过变量yn保存confirm()函数返回的true或false值，如果为真，将根据记事数据的键名值使用removeItem()方法，删除指定键名的全部对应键值，实现删除记事数据的功能，删除操作之后页面返回记事列表页。

10 在头部位置添加如下元信息，定义视图宽度与设备屏幕宽度保持一致。

```
<meta name="viewport" content="width=device-width,initial-scale=1" />
```

11 完成设计之后，在移动设备中预览记事列表页面（list.html），然后单击某条记事项目，则会跳转到notedetail.html页面，显示效果如图9.9所示。

9.5.4 设计修改页

当在记事详细页中单击标题栏左侧的“修改”按钮时，进入修改记事内容页，在该页面中，可以修改某条记事数据的类、标题和内容信息，修改完成后返回记事详细页。页面演示效果如图9.13所示。

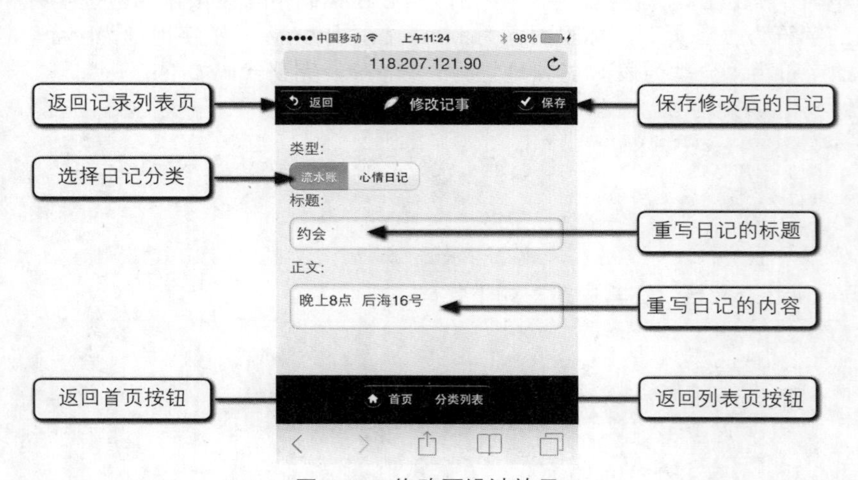

图 9.13 修改页设计效果

新建HTML5页面，在Page视图容器的正文区域中，通过水平式的单选按钮组显示记事数据的所属类别，一个文本框和一个文本区域框显示记事数据的标题和内容，用户可以重新选择所属类别、编辑标题和内容数据。单击“保存”按钮，则完成数据的修改操作，并返回列表页。具体操作步骤如下所示。

1 启动Dreamweaver CC，选择【文件】|【新建】菜单命令，打开【新建文档】对话框。在该对话框中选择“空白页”项，设置页面类型为“HTML”，设置文档类型为“HTML5”，然后单击【创建】按钮，完成文档的创建操作。

2 按【Ctrl+S】组合键，保存文档为editnote.html。选择【插入】|【jQuery Mobile】|【页面】菜单命令，打开【jQuery Mobile文件】对话框，保留默认设置，在当前文档中插入视图页。

3 单击【确定】按钮，关闭【jQuery Mobile文件】对话框，然后打开【页面】对话框，在该对话框中设置页面的ID值为editnote，同时设置页面视图包含标题栏和页脚栏，单击【确定】按钮，完成在当前HTML5文档中插入页面视图结构操作，设置如图9.14所示。

4 按【Ctrl+S】组合键，保存当前文档notedetail.html。此时，Dreamweaver CC会弹出对话框提示保存相关的框架文件。

5 选中内容栏中的“内容”文本，清除内容栏内的文本。选择【插入】|【jQuery Mobile】|【单选按钮】菜单命令，打开【单选按钮】对话框，设置名称为rdo-type，设置单选按钮个数为2，水平布局，设置如图9.15所示。

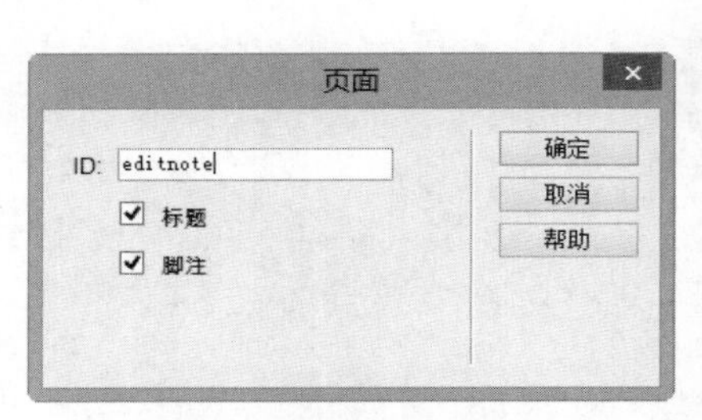

图 9.14　设置【页面】对话框

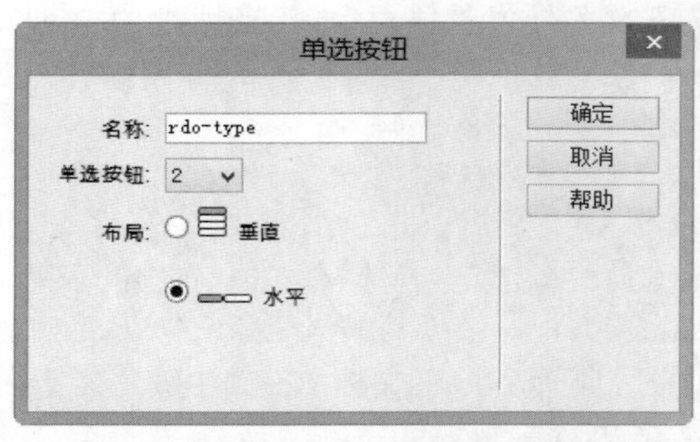

图 9.15　设置【单选按钮】对话框

6 单击【确定】按钮，在内容区域插入一个单选按钮组，为每个单选按钮设置ID值，修改单选按钮的标签及绑定属性值，并在该单选按钮中插入一个隐藏域，ID为hidtype，值为a。完整代码如下：

```
<div data-role="fieldcontain">
    <fieldset data-role="controlgroup" data-type="horizontal"  id="rdo-type" data-mini="true" >
        <legend for="rdo-type" >类型 :</legend>
        <input type="radio" name="rdo-type" id="rdo-type-0" value="a" />
        <label for="rdo-type-0" id="lbl-type-0">流水账 </label>
        <input type="radio" name="rdo-type" id="rdo-type-1" value="b" />
        <label for="rdo-type-1" id="lbl-type-1">心情日记 </label>
        <input type="hidden" id="hidtype"  value="a"/>
    </fieldset>
</div>
```

7 选择【插入】|【jQuery Mobile】|【文本】菜单命令，在内容区域插入单行文本框，修改文本框的ID值及<label.>标签的for属性值，绑定标签和文本框，设置<label.>标签包含字符为“标题”，完成后的代码如下：

```
<div data-role="fieldcontain">
    <label for="txt-title">标题 :</label>
    <input type="text" name="txt-title" id="txt-title" value=""  />
</div>
```

8 选择【插入】|【jQuery Mobile】|【文本区域】菜单命令，在内容区域插入多行文本框，修改文本区域的ID值及<label.>标签的for属性值，绑定标签和文本区域，设置<label.>标签包含字符为“正文”，完成后的代码如下：

```
<div data-role="fieldcontain">
    <label for="txta-content">正文 :</label>
    <textarea cols="40" rows="8" name="txta-content" id="txta-content"></textarea>
</div>
```

9 为标题栏和页脚栏添加data-position="fixed"属性，定义标题栏和页脚栏固定在页面顶部

和底部显示，同时修改标题栏标题为“修改记事”。选择【插入】|【图像】|【图像】菜单命令，在标题栏标题标签中插入一个图标images/node.png，设置类样式为class="h_icon"。

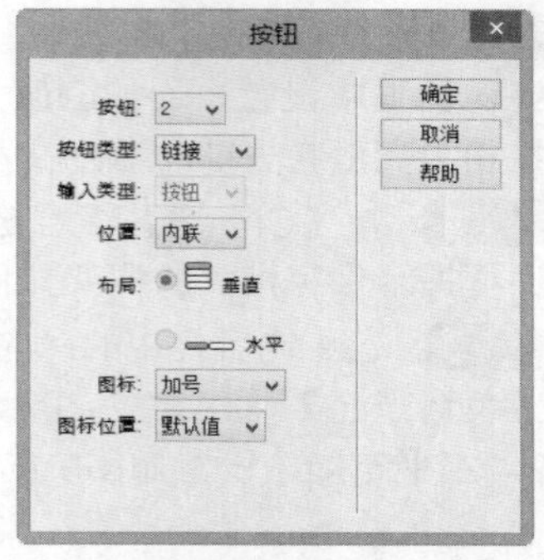

图 9.16　设置【按钮】对话框

10 选择【插入】|【jQuery Mobile】|【按钮】菜单命令，打开【按钮】对话框，设置如图9.16所示，单击【确定】按钮，在标题栏插入两个按钮。然后在代码中修改按钮的标签字符和属性，设置第一个按钮的字符为“返回”，标签图标为data-icon="back"，链接地址为href="notedetail.html"，第二个按钮的字符为“保存"，链接地址为"javascript:"，完整代码如下：

```
<div data-role="header" data-position="fixed" data-position="inline">
    <h2><img src="images/node.png" class="h_icon" alt=""/> 修改记事 </h2>
    <a href="notedetail.html" data-ajax="false"  data-role="button"  data-icon="back"  data-inline="true">
返回 </a>
    <a href="javascript:" data-role="button"  data-icon="check"  data-inline="true">保存 </a>
</div>
```

11 打开js/note.js文档，在其中编写如下代码：

```
//修改页面创建事件
$("#editnote").live("pageshow", function() {
    var $strId = myNode.utils.getParam('list_link_id');
    var $header = $(this).find('div[data-role="header"]');
    var $rdotype = $("input[type='radio']");
    var $hidtype = $("#hidtype");
    var $txttitle = $("#txt-title");
    var $txtacontent = $("#txta-content");
    var editData = JSON.parse(myNode.utils.getParam($strId));
    $hidtype.val(editData.type);
    $txttitle.val(editData.title);
    $txtacontent.val(editData.content);
    if (editData.type == "a") {
        $("#lbl-type-0").removeClass("ui-radio-off").addClass("ui-radio-on ui-btn-active");
    } else {
        $("#lbl-type-1").removeClass("ui-radio-off").addClass("ui-radio-on ui-btn-active");
    }
    $rdotype.bind("change", function() {
        $hidtype.val(this.value);
    });
    $header.delegate('a', 'click', function(e) {
        if ($txttitle.val().length > 0 && $txtacontent.val().length > 0) {
            var strnid = $strId;
            var notedata = new Object;
            notedata.nid = strnid;
            notedata.type = $hidtype.val();
            notedata.title = $txttitle.val();
            notedata.content = $txtacontent.val();
            var jsonotedata = JSON.stringify(notedata);
            myNode.utils.setParam(strnid, jsonotedata);
            window.location.href = "list.html";
        }
    })
})
```

在上述代码中首先调用自定义的getParam()方法获取当前修改的记事数据ID编号，并保存在变量$strId中，然后将该变量值作为localStorage对象的键名，通过该键名获取对应的键值字符串，并将该字符串转换成JSON格式对象。在该对象中，通过属性的方式获取记事数据的类、标题和正文信息，依次显示在页面指定的表单对象中。

再次，当通过水平单选按钮组显示记事类型数据时，先将对象的类型值保存在ID属性值为hidtype的隐藏表单域中，再根据该值的内容，使用removeClass()和addClass()方法修改按钮组中单个按钮的样式，使整个按钮组的选中项与记事数据的类型一致。为单选按钮组绑定change事件，在该事件中，当修改默认类型时，ID属性值为hidtype的隐藏表单域的值也随之发生变化，以确保记事类型修改后，该值可以实时保存。

最后，设置标题栏中右侧“保存”按钮click事件。在该事件中，先检测标题文本框和正文文本区域的字符长度是否大于0，来检测标题和正文是否为空。当两者都不为空时，实例化一个新的Object对象，并将记事数据的信息作为该对象的属性值，保存在该对象中。然后，通过调用JSON.stringify()方法将对象转换成JSON格式的文本字符串，使用自定义的setParam()方法，将数据写入localStorage对象对应键名的键值中，最终实现记事数据更新的功能。

12 在头部位置添加如下元信息，定义视图宽度与设备屏幕宽度保持一致。

```
<meta name="viewport" content="width=device-width,initial-scale=1" />
```

13 完成设计之后，在移动设备中预览详细页面（notedetail.html），然后单击某条记事项目，则会跳转到editnote.html页面，显示效果如图9.12所示。

9.5.5 设计添加页

在首页或列表页中，单击标题栏右侧的“写日记”按钮后，将进入添加记事内容页，在该页面中，用户可以通过单选按钮组选择记事类型，在文本框中输入记事标题，在文本区域中输入记事内容，单击该页面头部栏右侧的“保存”按钮后，写入的日记信息便被保存起来，系统中新增了一条记事数据，页面演示效果如图9.17所示。

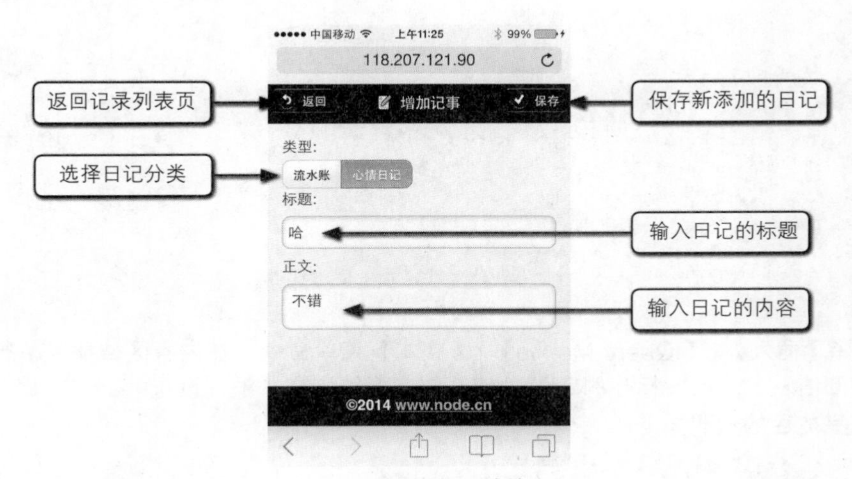

图 9.17　添加页设计效果

新建HTML5页面，在Page视图容器的正文区域中，插入水平单选按钮组用于选择记事类型，同时插入一个文本框和一个文本区域，分别用于输入记事标题和内容，当用户选择记事数据类型，同时输入记事数据标题和内容，单击“保存”按钮则完成数据的添加操作，返回列表页。

具体操作步骤如下。

1 启动Dreamweaver CC，选择【文件】|【新建】菜单命令，打开【新建文档】对话框。在该对话框中选择“空白页”项，设置页面类型为“HTML”，设置文档类型为“HTML5”，然后单击【创建】按钮，完成文档的创建操作。

2 按【Ctrl+S】组合键，保存文档为addnote.html。选择【插入】|【jQuery Mobile】|【页面】菜单命令，打开【jQuery Mobile文件】对话框，保留默认设置，在当前文档中插入视图页。

3 单击【确定】按钮，关闭【jQuery Mobile文件】对话框，然后打开【页面】对话框，在该对话框中设置页面的ID值为addnote，同时设置页面视图包含标题栏和页脚栏，单击【确定】按钮，完成在当前HTML5文档中插入页面视图结构操作，设置如图9.18所示。

4 按【Ctrl+S】组合键，保存当前文档addnote.html。此时，Dreamweaver CC会弹出对话框提示保存相关的框架文件。

5 选中内容栏中的“内容”文本，清除内容栏内的文本。选择【插入】|【jQuery Mobile】|【单选按钮】菜单命令，打开【单选按钮】对话框，设置名称为rdo-type，设置单选按钮个数为2，水平布局，设置如图9.19所示。

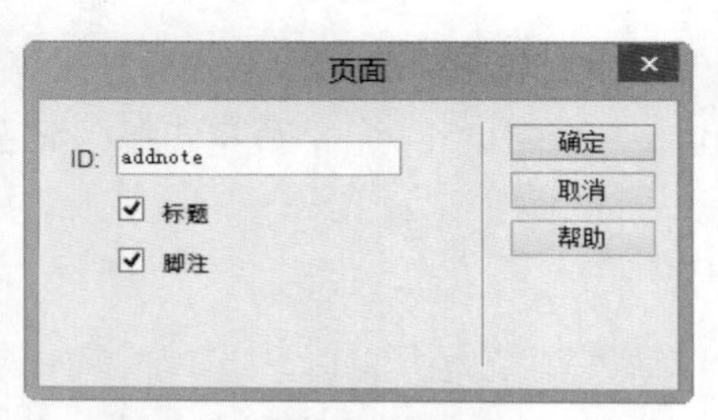

图 9.18　设置【页面】对话框

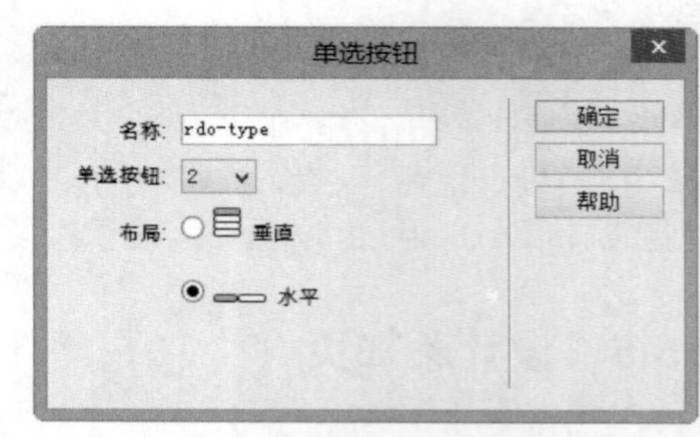

图 9.19　设置【单选按钮】对话框

6 单击【确定】按钮，在内容区域插入一个单选按钮组，为每个单选按钮设置ID值，修改单选按钮的标签及绑定属性值，并在该单选按钮中插入一个隐藏域，ID为hidtype，值为a。完整代码如下：

```
<div data-role="fieldcontain">
    <fieldset data-role="controlgroup" data-type="horizontal"  id="rdo-type" data-mini="true"  da-
ta-mini="true" >
      <legend for="rdo-type" >类型 :</legend>
      <input type="radio" name="rdo-type" id="rdo-type-0" value="a" checked="checked"  />
      <label for="rdo-type-0" id="lbl-type-0">流水账 </label>
      <input type="radio" name="rdo-type" id="rdo-type-1" value="b" />
      <label for="rdo-type-1" id="lbl-type-1">心情日记 </label>
      <input type="hidden" id="hidtype"  value="a"/>
   </fieldset>
</div>
```

7 选择【插入】|【jQuery Mobile】|【文本】菜单命令，在内容区域插入单行文本框，修改文本框的ID值及<label.>标签的for属性值，绑定标签和文本框，设置<label.>标签包含字符为“标题”，完成后的代码如下：

```
<div data-role="fieldcontain">
   <label for="txt-title">标题 :</label>
   <input type="text" name="txt-title" id="txt-title" value=""  />
</div>
```

8 选择【插入】|【jQuery Mobile】|【文本区域】菜单命令，在内容区域插入多行文本

框，修改文本区域的ID值，以及<label.>标签的for属性值，绑定标签和文本区域，设置<label.>标签包含字符为“正文”，完成后的代码如下：

```
<div data-role="fieldcontain">
    <label for="txta-content">正文 :</label>
    <textarea name="txta-content" id="txta-content"></textarea>
</div>
```

9 为标题栏和页脚栏添加data-position="fixed"属性，定义标题栏和页脚栏固定在页面顶部和底部显示，同时修改标题栏标题为“增加记事”。选择【插入】|【图像】|【图像】菜单命令，在标题栏标题标签中插入一个图标images/write.png，设置类样式为class="h_icon"。

10 选择【插入】|【jQuery Mobile】|【按钮 】菜单命令，打开【按钮】对话框，设置如图9.20所示，单击【确定】按钮，在标题栏插入两个按钮。然后在代码中修改按钮的标签字符和属性，设置第一个按钮的字符为“返回”，标签图标为data-icon="back"，链接地址为href="javascript:"，第二个按钮的字符为“保存”，链接地址为"javascript:"，完整代码如下：

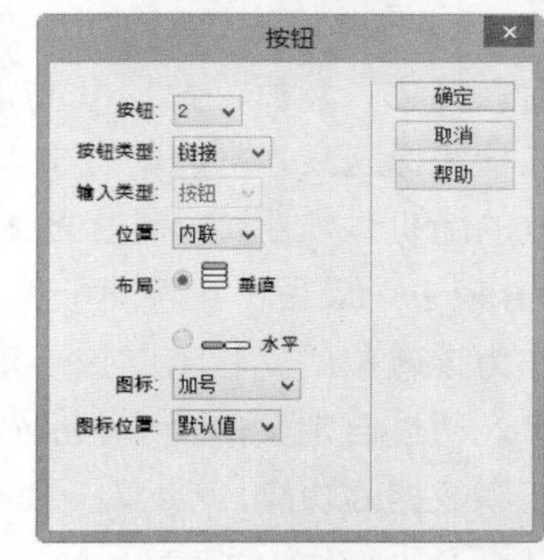

图 9.20 设置【按钮】对话框

```
<div data-role="header" data-position="fixed" data-position="inline">
    <h2><img src="images/write.png" class="h_icon" alt=""/> 增加记事 </h2>
    <a href="javascript:" data-ajax="false" data-role="button" data-icon="back" data-inline="true">返回
</a>
    <a href="javascript:" data-role="button" data-icon="check" data-inline="true">保存 </a>
</div>
```

11 打开js/note.js文档，在其中编写如下代码：

```
//增加页面创建事件
$("#addnote").live("pagecreate", function() {
    var $header = $(this).find('div[data-role="header"]');
    var $rdotype = $("input[type='radio']");
    var $hidtype = $("#hidtype");
    var $txttitle = $("#txt-title");
    var $txtacontent = $("#txta-content");
    $rdotype.bind("change", function() {
        $hidtype.val(this.value);
    });
    $header.delegate('a', 'click', function(e) {
        if ($txttitle.val().length > 0 && $txtacontent.val().length > 0) {
            var strnid = "note_" + RetRndNum(3);
            var notedata = new Object;
            notedata.nid = strnid;
            notedata.type = $hidtype.val();
            notedata.title = $txttitle.val();
            notedata.content = $txtacontent.val();
                        notedata.date = new Date().valueOf();
            var jsonotedata = JSON.stringify(notedata);
            myNode.utils.setParam(strnid, jsonotedata);
            window.location.href = "list.html";
        }
    });
    function RetRndNum(n) {
        var strRnd = "";
        for (var intI = 0; intI < n; intI++) {
```

```
            strRnd += Math.floor(Math.random() * 10);
        }
        return strRnd;
    }
})
```

在上述代码中，首先通过定义一些变量保存页面中的各元素对象，并设置单选按钮组的change事件。在该事件中，当单选按钮的选项中发生变化时，保存选项值的隐藏型元素值也将随之变化。然后，使用delegate()方法添加标题栏右侧“保存”按钮的单击事件。在该事件中，先检测标题文本框和内容文本域的内容是否为空，如果不为空，那么调用一个自定义的按长度生成的随机数，生成一个3位数的随机数字，并与note字符一起组成记事数据的ID编号保存在变量strnid中。最后，实例化一个新的Object对象，将记事数据的ID编号、类型、标题、正文内容都作为该对象的属性值赋值于对象，使用JSON.stringify()方法将对象转换成JSON格式的文本字符串，通过自定义的setParam()方法，保存在以记事数据的ID编号为键名的对应键值中，实现添加记事数据的功能。

12 在头部位置添加如下元信息，定义视图宽度与设备屏幕宽度保持一致。

```
<meta name="viewport" content="width=device-width,initial-scale=1" />
```

13 完成设计之后，在移动设备中首页（index.html）或列表页（list.html）中单击“写日记”按钮，则会跳转到addnote.html页面，显示效果如图9.16所示。

9.6 开发小结

本章通过一个完整的移动终端记事应用程序的开发，详细介绍了在jQuery Mobile框架中，如何使用localStorage实现数据的增加、删除、修改和查询。localStorage对象是HTML5新增加的一个对象，用于在客户端保存用户的数据信息，它以key/value的方式进行数据的存取，并且该对象目前被绝大多数新版移动设备的浏览器所支持，因此，使用localStorage对象开发项目越来越多。